艾新法　袁　航　主编

变电站异常运行处理及反事故演习

第三版

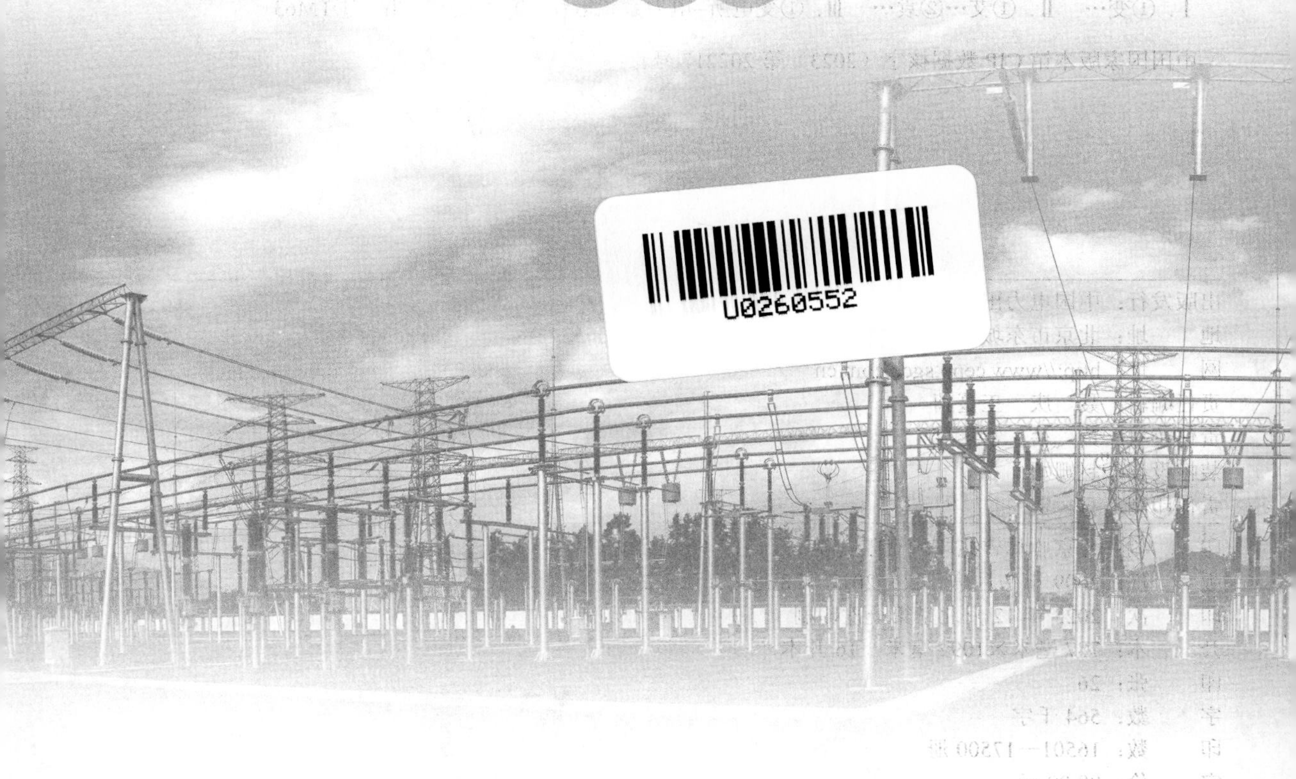

U0260552

内 容 提 要

本书以提高变电运维人员对事故和异常运行的分析判断、处理的能力为主要目的，分上、下两篇，上篇主要叙述35～500kV变电站及电力系统异常运行和事故发生时，运维人员和电网运行监控值班员应怎样分析、判断和处理，内容包括变压器、高压电抗器、高压断路器、互感器、高压隔离开关、电容器及并联电抗器、变电站母线失压以及有关电力系统的常见异常运行和典型故障，具体介绍事故的现象以及判断、处理的程序和方法。下篇为110～500kV仿真变电站反事故演习训练题精选，介绍假设的事故象征、初步分析判断、具体检查处理和操作过程、再分析、恢复系统运行方式，以及故障分析和演习点评，使运维和监控值班人员了解具体的处理方法。

本书内容通俗易懂，针对性强，所述内容具有一定的普遍性和典型性，是一本实用的变电站运维和监控值班岗位技能培训教材，可供有关电网调度、检修试验人员、变电运维工程技术人员及相关管理人员参考。

图书在版编目（CIP）数据

变电站异常运行处理及反事故演习 / 艾新法，袁航主编. —3版. —北京：中国电力出版社，2023.12
ISBN 978-7-5198-8208-2

Ⅰ. ①变… Ⅱ. ①艾…②袁… Ⅲ. ①变电所–电力系统运行–事故–处理 Ⅳ. ①TM63

中国国家版本馆CIP数据核字（2023）第202217号

出版发行：中国电力出版社
地　　址：北京市东城区北京站西街19号（邮政编码100005）
网　　址：http://www.cepp.sgcc.com.cn
责任编辑：聂　庆　王蔓莉
责任校对：黄　蓓　常燕昆
装帧设计：赵姗姗
责任印制：石　雷

印　　刷：北京雁林吉兆印刷有限公司
版　　次：2009年7月第一版　2017年8月第二版　2023年12月第三版
印　　次：2023年12月北京第一次印刷
开　　本：787毫米×1092毫米　16开本
印　　张：26
字　　数：564千字
印　　数：16501—17500册
定　　价：98.00元

版 权 专 有　侵 权 必 究

本书如有印装质量问题，我社营销中心负责退换

编 委 会 名 单

主　　编：艾新法　袁　航

编写人员：艾晓雨　张真涛　李晓航
王高举　郝明信　范文杰

前言 PREFACE

变电运行工岗位技能培训教材《变电站异常运行处理及反事故演习》一书，自2009 年出版并在全国发行以来，深受广大读者的欢迎。中国电力出版社数次重印发行，并于 2016 年发行了第二版。

近几年，电网和变电站的生产管理模式发生了变化。负责电网和变电站设备运行监视的调控中心，由隶属于“大运行”的调度体系改变为归属变电运维专业管辖，成立运维监控专业，更名为集控站。每个集控站由一个监控班和几个运维班构成。各变电站的运行监视由监控班负责。集控站监控班和变电运维班之间更便于协调。在变电站设备异常运行处理方面，监控班值班员承担的工作稍有增加，有利于对故障早发现、早隔离、早恢复供电。因此，第三版对于监控班和变电运维班之间的配合，内容较第二版进一步详实。

变电站设备增加了一些在线监测手段，新设备完善了安防、消防设施，一些变电站配备了机器人、无人机、远程智能巡检摄像机等执行现场巡视工作。这些措施为及时发现设备异常情况、区分和分析故障提供了方便，也为设备故障判断增加了依据。因此，第三版根据变电设备及其在线监测手段进步，新加入了一些对事故和异常运行的分析判断判据、检测手段，例如保护装置的动作和采样报告、故障测距和录波信息、设备在线监测显示、变压器的压力释放和绕组超温保护等。另外，第三版还增加了电气设备着火事故处理的章节，且在事故和故障分析方面，第三版较第二版更为清晰。

本书原来参加编写的人员，因为岗位职务变动等原因，多数不能再次参与。因此，第三版编写人员按需要重新组织。

本书坚持按照变电运维专业岗位职责，不讲高深的理论，立足于提高岗位技能的需要。不讲如何修复故障设备，主要叙述怎样发现、分析判断和隔离故障，怎样恢复系统正常运行，怎样保持和恢复对用户的供电。希望能够对电网安全、稳定运行有益，对提高变电运维人员的岗位工作技能有帮助。

本书编写过程中，得到国网河南省电力公司、平顶山供电公司领导的大力支持，在此特表示感谢。由于编者水平有限，难免有疏漏之处，恳请广大读者批评指正。

编　者
2023 年 9 月

第一版前言 PREFACE

变电运行工岗位技能培训教材《变电设备异常运行及事故处理》一书，自 1993 年出版并在全国发行以来，深受广大读者的欢迎。作为编者，十年来，有幸接触过各地数百位读者，他们有的是变电运行值班工，有的是变电专业工程技术人员和基层领导。他们都认为，这本书通俗易懂，非常实用，很适合现场岗位培训的需要。

正是因为它适用于变电运行工的培训需要，1995 年，原能源部电力电化教育中心把它制作成了教学录像片。

十多年来，我国的电力工业飞速发展，新建变电站不断增加，很多变电站经过了技术改造，大量采用了新技术、新设备，如变电站微机综合监控设备、微机保护、“四遥”“五遥”、无人值班变电站、集控站等。设备的更新换代，使变电站具有更高的可靠性；综合自动化程度提高，微机继电保护装置大量应用，使得变电运行人员对于异常运行和事故的判断更加方便、快捷、准确。

然而，对于变电设备的异常运行和事故处理，发生变化的，只是某些具体细节。在不少领导、同事和变电运行值班人员的鼓动下，经过近几年的学习和实践，我对本书进行了重新修编，使之更加合理，更加实用。书中增加了一些新型设备和新的运行值班模式（无人值班集控站、操作队）的相关内容，同时叙述涉及有关微机保护、微机综合自动化等相关内容，使之适应设备更新换代后的要求。

本书经过重新修编，更名为《变电站异常运行处理及反事故演习》，加入了变电运行仿真培训的反事故演习训练内容，增加了一部分事故处理的经验和教训。这些经验和教训，源自我所接触过的一些供电单位的工程技术人员提供的素材。这些素材经过整理，读后可以使变电站运行人员对新技术、新设备有更深入的了解，希望它能对变电运行值班工的现场岗位培训提供参考。

本书坚持按照变电运行工的岗位职责，立足于提高运行岗位技能的需要，不讲高深的理论，不讲具体如何修复故障设备，主要叙述怎样发现、分析判断和隔离故障，怎样恢复系统正常运行，怎样保持和恢复对用户的供电。希望能够对电网安全、稳定运行有益，对提高变电运行人员的工作技能有益。

本书在编写过程中，得到了河南省电力公司、平顶山供电公司有关领导和专家的大力支持，在此向他们致以最崇高的谢意！

由于编者水平有限，加之时间仓促，书中难免存在不足之处，恳请广大读者批评指正。

编　者

2009 年 6 月

第二版前言 PREFACE

《变电站异常运行处理及反事故演习》一书自2009年出版以来，深受广大读者欢迎，并数次重印。

近几年，电网飞速发展，电网和变电站的生产管理模式发生了深刻的变化。国家电网公司全面建成“三集五大”体系，其中运维检修一体化是实现“大检修”的重要途径。电网调度、负责电网和变电站设备运行监视的调控中心隶属于“大运行”体系。原来的变电站运行专业，改为变电运维专业；变电站的运行监视职责划归调控中心，增加了设备运行维护职责。变电运维专业的职责范围有现场巡视检查、现场倒闸操作、运行维护、设备管理、异常运行及事故的现场处理。

在运维一体化模式下，若发生变电站异常运行及事故，应在调度员指挥下，由变电运维班和调控中心相互配合，协力进行处理。因此，变电站异常运行和事故处理的相关技术要求也随之发生变化。为了提高变电站运维专业人员的技术水平和岗位技能，适应运维一体化的要求，在总结变电运维岗位培训的基础上，修订了《变电站异常运行处理及反事故演习》一书，在第一版的基础上，融入变电运维岗位培训的要求。书中按无人值班变电站异常处理的实际需要，讲述变电运维人员、调控中心值班员应如何相互配合；特别是根据实际工作要求重新画了异常处理程序框图，处理各种异常以减少事故造成的损失。

采用GIS、HGIS组合电器的变电站越来越多，运维人员如果没有掌握其检查发现内部问题的方法，不能正确分析故障，就谈不上能做到正确处理事故。针对这一现实情况，编者总结了运维人员在没有仪器检测的条件下，如何分析、发现GIS、HGIS组合电器内部故障点的方法。书中详细叙述了检查发现判断、处理GIS、HGIS组合电器内部故障及常见异常，正确处理GIS、HGIS组合电器母线失压事故等内容。

500kV变电站的异常运行和事故处理与35～220kV变电站基本相同，但仍有一定的不同之处和自身特点。因此，本书针对500kV变电站的一次系统主接线的特点，针对其保护装置配置、其低压侧一般不对外供电（仅连接有站用变压器和无功补偿设备）、其特有设备（如并联电抗器和线路高压并联电抗器）的特点，讲解异常和事故的分析、判断和处理。

此外，本书还增加了高压断路器、互感器、隔离开关、电抗器及电容器等一次设备的异常处理，补充了一些故障分析实例，有助于提高变电运维和调控人员的工作技能。

本书的特点是按照变电运维专业岗位职责，不讲高深的理论，立足于提高岗位技能的需要；不讲如何修复故障设备，主要叙述怎样发现、分析判断和隔离故障，怎样恢复系统正常运行，怎样保持和恢复对客户的供电。因此，本书很适合岗位培训的实际需要，对提高变电运维人员的岗位技能大有裨益。

本书编写过程中，得到国网河南省电力公司、平顶山供电公司领导的大力支持，在此特表示感谢。由于编者水平有限，加之时间仓促，书中难免有疏漏之处，恳请广大读者批评指正。

编　者

2016 年 5 月

目 录 CONTENTS

下篇　110～500kV 仿真变电站反事故演习训练题精选

上篇

变电站异常运行及事故判断和处理

第一章

事故处理的基本要求

电力系统中的事故可以分为电气设备事故和电力系统事故两大类。如电气设备发生事故，将使所在系统和客户受到影响，属于局部性事故；而电力系统发生事故，将使系统解列成几个部分，破坏了整个系统的稳定性，是使大量客户受影响的系统性事故。电气设备事故可能会发展成为系统性事故，影响整个系统的稳定性。而系统性事故又可能使某些电气设备损坏。处理事故和异常时，必须立足于电网，在调度的统一指挥下进行正确的检查、分析和判断。

第一节　事故处理的一般原则

事故处理的重要原则是坚持“保人身、保电网、保对客户供电、保设备”（简称“四保”）的原则。在事故处理中只有遵循“四保”原则，才能保证事故处理的正确性。

保人身，是说保证人身安全是第一位的。如果发生的事故对于人身安全存在威胁，就要首先解除对人身的威胁；发生了对人身有伤害的事故，首先要进行解救。

保电网，是要求变电运维人员要有电网的观念，保电网比保设备和其他更重要，不能把思路禁锢在变电站的圈子内。如果不能保电网，就谈不上保对客户供电和保设备。

保对客户供电，就是要正确处理好排除设备的故障和恢复供电之间的关系，这需要用正确的分析、判断来保证。一般情况下，应当对具备送电条件的客户先恢复供电，先恢复无故障设备的运行，再检查处理故障设备，以减小损失。否则，将扩大事故和延误恢复送电，造成不应有的损失。

一、事故处理的一般原则

（1）根据当时的运行方式，天气、工作情况、继电保护及自动装置的动作情况、报出的信号、表计指示和设备情况，判明事故的性质和范围。迅速限制事故的发展，消除事故的根源，解除对人身、电网和设备安全的威胁。

要想正确、迅速地处理事故，首先必须准确判断出事故的性质和范围，包括因事故影响的停电范围和故障可能发生的范围。明确了这些范围，处理时才不会扩大事故，才能及时恢复供电和系统的正常运行。否则，向故障点合闸送电，会加重设备损坏，甚至扩大事故范围和影响。

变电站综合自动化系统（以下简称为综自系统）[1]后台机显示和打印出来的事件顺序信息，记录了各种信号、断路器分合闸动作、保护装置动作和异常信息以及操作、通信等发生的时刻和次序，是分析事故的重要依据。保护屏上的故障信息、测距报告、保护动作信号，是分析判断故障的重要依据。

（2）迅速消除系统振荡，阻止频率、电压的继续恶化，防止频率和电压崩溃，恢复系统稳定。要在调度员的正确指挥下，优先处理系统性事故，恢复电网的稳定。

（3）采取一切可能的措施保持设备继续运行，保持对客户的供电。事故处理中，对于停运、可能会影响系统安全和供电的设备，即使存在过负荷等问题，也应当设法保持继续运行。经调整、倒换运行方式后使系统和设备恢复正常，做到不对客户停电，保持系统之间的联系。

（4）尽快恢复对已停电客户的供电，要优先恢复站用电，优先恢复对重要客户的供电。恢复电网稳定运行，恢复对客户的供电，是事故处理的根本目的。

（5）设备发生损坏且无法自行处理时，应立即汇报上级。在检修人员到达现场之前，应先做好安全措施。

（6）调整系统运行方式，恢复正常运行。

二、事故处理的一般程序

事故处理的一般程序为：

（1）及时检查记录保护及自动装置的动作信号和事故象征。

（2）迅速对故障范围内的设备进行外部检查，并将事故象征和检查情况向调度汇报。

（3）根据事故象征，分析判断故障范围和事故停电范围。

（4）采取措施，限制事故的发展，解除对人身和设备安全的威胁。

（5）对无故障部分恢复供电。

（6）迅速隔离或排除故障，恢复供电。

（7）对损坏的设备做好安全措施，向有关上级汇报，由专业人员检修故障设备。

事故处理的一般程序可以概括为：及时记录，迅速检查，简明汇报，认真分析，准确判断，限制发展，排除故障，恢复供电。当然，也不是在任何情况下都生搬硬套，例如设备发生故障时，如果现场实际条件许可，应该首先经倒运行方式恢复供电，然后再检查处理设备的故障。

第二节　事故处理有关注意事项

（1）事故处理时，应设法保证站用电不能失压。如果发生事故时已经失去了站用电，应当首先设法恢复站用电。在夜间，应考虑事故照明。

[1] 为贴近现场工作实际，方便阅读，综合自动化系统后统一简称“综自系统”。

站用电的地位很重要。失去站用电就可能失去操作能源，失去调度、通信电源，这将给事故处理带来很大的困难。对于强油风冷变压器，失去站用电就意味着失去冷却电源，如果在规定时间内站用电不能恢复，会使事故停电范围扩大。

（2）尽快限制事故发展，判断清楚故障性质和范围，及时将故障设备隔离，缩小影响范围，解除事故对人身安全和设备安全的威胁。

（3）将故障现象、表计指示变化、所报信号、保护及自动装置动作情况、处理过程中与调度和监控班值班员之间的联系、调度命令、操作、时间等作详细记录。

全面掌握事故时的保护及自动装置动作情况，对正确分析判断事故至关重要。为了全面掌握这些重要的依据，检查、记录和恢复保护信号应同时进行，并且应当一直到信号全部复归为止，做到全面地检查保护及自动装置的动作情况，不至于遗漏，防止造成误判断。

全面掌握事故时的保护及自动装置动作情况，要以保护屏上的信号为主要依据。在现场，既要检查记录后台机上的信号、测量信息、设备位置显示变化，还要检查保护屏上的保护信号。因为综自系统不能全面地反映保护装置的每一种异常情况。另外，连续报出的信号比较多时，后面的信号可能会覆盖前面的信号，造成比较重要的事故信号可能不在屏幕当前的画面上，所以有必要在后台机上调出当前所报全部信号，从保护屏上、后台机上打印出保护动作及故障测距信息，打印事件顺序信息报告和故障录波报告。

上述信息和报告有助于判断事故性质、范围和事件发生的顺序，有利于正确处理事故。

全面掌握事故时的保护及自动装置动作情况，并不是说检查保护动作信号时对每一个信号都要查看。报出事故信号时，要首先看各级母线电压指示情况，接着检查断路器跳闸情况。搞清楚事故停电范围后，依据上述情况，有目标、有针对性地全面检查保护动作信号。

发生事故跳闸后，绝大多数信号能够复归。但是，对于变压器瓦斯保护、压力释放保护和绕组超温保护则不一样；瓦斯保护的信号可能会不能立即复归；而压力释放保护的信号，需要人为手动使压力释放器复位，才能复归信号。绕组的温度若不降低，绕组超温信号则不能复归。

（4）发生事故时，对于装有自动装置的情况，如果自动装置应该动作而没有动作时，可以手动执行。例如系统中发生了事故，电力系统频率已经降低到“低频减载装置”的动作值，如果该装置应该动作而没有动作，监控班值班员应立即遥控操作，将应跳闸而没有跳闸的断路器断开，降低负荷，使频率回升到正常值，使系统尽快恢复正常。但是，对于备用电源自投装置，如果应该动作而没有动作，应当按现场规程规定执行。后备保护动作跳闸时，自投装置如果没有动作，手动执行是不合适的，因为可能会导致重新向故障点送电。由于电源失压，自投装置应该动作而没有动作，可以手动执行，但必须先断开失压的电源，后投入备用电源。

（5）事故处理过程中，应及时将出现的情况、保护及自动装置动作信号、处理和操作情况汇报调度，听从调度的指挥。

发生事故时，应当汇报调度。事故处理的每一阶段也要汇报。第一次汇报的主要内容应包括事故和异常发生的时间、保护及自动装置动作情况、表计指示、断路器跳闸情况、事故造成的停电范围等主要事故象征。

（6）为了能够准确地分析事故，准确地分析设备的故障原因，在不影响事故处理且不影响停送电的情况下，应尽可能地保留事故现场和故障设备的原状。

例如线路故障越级跳闸以后，为了查明断路器不跳闸的原因，短时间不能恢复供电时，在停电情况下，可以将拒跳断路器两侧隔离开关拉开；先将无故障部分恢复送电正常以后，再分析检查故障原因。如果先人为地使不跳闸的断路器动作，则某些故障可能会暂时性地自行消失，这将导致找不到故障原因。

（7）事故处理中的操作，应注意防止误使系统解列或非同期并列。对于联络线，应尽量经并列装置检同期合闸。确认线路上无电时，方可将并列装置投于“手动”位置。无并列装置的，应确知线路上无电或无非同期并列的可能时方能合闸。合联络线断路器之前，应该明确当前操作的性质，搞清楚当前操作的目的，是对线路充电、合环操作，还是系统之间的并列操作，这是防止非同期并列的有效措施。

（8）恢复送电和调整运行方式的操作程序，应当考虑方便不同电源的系统之间的并列操作。

（9）注意备用电源的负荷能力。事故处理时，某些设备（如变压器）在一定条件下，允许过负荷运行，但要注意其允许运行条件。特别是对于利用变压器中压侧的备用电源恢复送电时，能否带全部负荷；注意防止因负荷增大使保护误动作，同时加强监视并及时消除过负荷。

（10）因事故处理需要改变运行方式时，应注意保护及自动装置的投退方式，按现场规程的规定作相应的改动，以适应新运行方式的要求（如母线保护、断路器保护、失灵保护、变压器后备保护的联跳回路、变压器中性点零序保护等）。

（11）做保护及断路器传动试验时，注意退出联跳其他运行断路器的压板，并退出其启动失灵保护的压板。防止传动时误跳其他运行断路器。

（12）处理好排除设备故障与恢复供电之间的关系。除了灭火、解除对人身和设备安全的威胁以外，应首先对无故障部分恢复供电，恢复系统之间的联系，再检查故障设备的问题。

一般地说，发生事故时，故障点应该在已经停电的范围之内。但是，在已经停电的范围内，不一定每一方面都有故障。处理事故应该按照一般原则，对经判定无故障的部分，应先恢复供电。对于故障点所在的范围，应先隔离故障，然后恢复供电，再检查处理故障设备的问题。故障设备的故障排除之后，如果具备送电的条件，可以恢复供电。

（13）在某些紧急情况下，为防止事故扩大、解除事故对人身安全和设备安全的威胁，必须进行的操作，可以先执行，事后再向调度汇报。这些情况有：

1）危及人身和设备安全的事故。

2）将已损坏的设备隔离。

3）母线失压时，按现场规程的规定，将失压母线上所连接的断路器断开。

4）站用电全停或部分停止时，恢复站用电的操作。

5）事故处理规程中，有明文规定可以先执行然后汇报的操作。例如与调度失去通信联系时，或者调度授权自行处理时，可以按现场规程的规定执行。同时，设法与调度取得联系。

（14）事故处理中，有关上级领导到现场，可以对事故处理给予指导。但是，对于所有事故处理中的操作命令，必须由调度员发布。

（15）监控班值班员对于监控系统所报出的信号、查看的远程图像信息、收到的远程巡查信息，以及事故停电范围和设备外部情况等，可以做出必要的初步分析判断。

第三节　变电站事故处理有关技术问题

一、倒闸操作

1. 主变压器操作

（1）主变压器投入运行时，一般先从电源侧充电，后合上负荷侧断路器。主变压器停电时，操作顺序相反。

（2）空载主变压器充电时，应有完备的继电保护，并保证有足够的灵敏度。

（3）220～500kV 主变压器停送电时，各侧中性点应保持接地。运行中的变压器中性点接地如需倒换，应先合另一台变压器中性点接地开关，后拉原来一台变压器中性点接地开关。

（4）主变压器中性点零序保护的投退方式，应及时按照中性点接地方式改变。

2. 500kV 线路高压电抗器（以下简称高抗）操作

线路高抗经隔离开关接于线路上，投、停高抗的操作，必须在线路本侧或对侧线路已接地的情况下进行。如无法接地，可以待线路停电转冷备用 15min 后拉开高抗隔离开关。

3. 无功补偿设备操作

（1）电抗器、电容器不得同时处于投入状态。

（2）电容器组跳闸（包括失压保护动作），5min 内不得重新合闸。

（3）根据系统电压情况决定电抗器、电容器投入和退出运行。

4. 断路器操作

（1）遥控操作失灵，按现场规程规定进行近控操作时，不得分相操作。

（2）3/2 主接线方式下，设备送电时，应先合母线侧断路器（串中的边断路器），后合中间断路器（串中的中断路器）；设备停电时，应先断开中间断路器，后断开母线侧断路器。

5. 隔离开关操作

拉、合隔离开关操作，必须在断路器断开后进行。允许用隔离开关单独进行以下操作：

（1）系统无接地故障时拉合电压互感器。

（2）无雷电时拉合避雷器。

（3）拉合不超过 5A 的母线充电电流；拉合励磁电流不超过 2A 的空载站用变压器。

（4）系统无接地故障时拉合变压器中性点接地开关或消弧线圈隔离开关。

（5）断路器在合闸状态下，拉合与断路器并联的旁路电流。

（6）拉合 3/2 主接线方式的母线环流（等电位法操作，至少在有 3 个串断路器合环运行状态下进行）。

（7）母联断路器在合闸位置时，进行回路倒母线操作（等电位法操作）。

使用隔离开关进行解合环、拉合空载变压器、空载母线等特殊操作，须符合有关规定或经过计算、试验并经主管领导批准。

6. 母线操作

（1）对母线充电时，应使用配有反应各种故障类型的速动保护的断路器（如母联或电源主进线断路器）。迫不得已使用隔离开关对母线充电时，必须检查、确认母线绝缘正常。

（2）用主变压器向 110 或 220kV 母线充电时，变压器中性点必须接地。向中性点不接地或经消弧线圈接地系统母线充电时，应防止铁磁谐振或母线三相对地电容不平衡而产生过电压；如有可能出现上述异常，应先投入一台站用变压器或低压电抗器（或电容器组）消谐。

（3）正常倒母线操作时，母联断路器应在合闸位置，并断开其操作电源。母差保护应改变投入方式，投入其“操作中”或“非选择”压板（具有“自适应”功能的微机型母差保护除外）。事故处理中倒母线操作，在母联断路器、线路断路器在分闸位置的条件下，以先拉、后合的顺序，将线路倒至另一母线上恢复热备用。

（4）双母线、双母联带分段断路器接线方式，正常倒母线操作应逐段进行。一段母线操作完毕，再进行另一段的倒母线操作。不得断开与操作要求无关的母联、分段断路器的操作电源。事故处理中倒母线操作，在母联断路器、线路断路器在分闸位置的条件下，以先拉、后合的顺序，将线路倒至另一母线上恢复热备用。

（5）对于双母线主接线，在母线停电转检修、检修转运行操作中，应防止母线电压互感器（以下简称 TV）低压反充高压母线。

（6）主接线为 3/2 接线的 500kV 母线，母线停电时，断开母线侧所有边断路器，先拉开母线侧隔离开关，后拉开线路侧隔离开关。送电时的操作顺序与此相反。

二、SF_6 气体安全防护要求

纯净的 SF_6 气体是无色、无味、无毒、化学性很稳定的气体。SF_6 气体经电弧分解（特别是有潮气）后，会产生有毒的、具有腐蚀性的气体和固体分解物。这些产物不仅影响绝缘性能，而且危及运行、检修人员的安全。处理漏气故障时，必须采取防护措施。

进入安装有 SF_6 断路器、互感器、气体绝缘开关柜的高压室，应首先检查 SF_6 气体泄漏报警装置有无告警信号，并开通风机通风 15min，并检查室内氧气密度是否正常。报警装置若有告警信号，进入高压室以前，应戴防毒面具，穿防护服。

运行中发生 SF_6 气体泄漏，嗅到有强烈刺激性的气味时，工作人员必须穿戴防护用具，包括工作手套、工作鞋、护目镜、密闭式工作服、防毒面具等，并根据工作条件使用。工作中若发生流泪、流鼻涕、咽喉中有热辣感、发音嘶哑、头晕以及胸闷、恶心、颈部不适等中毒症状，应迅速离开现场，到空气新鲜处休息。必要时，应经医生治疗。

在现场处理 SF_6 气体泄漏的异常（在设备附近检查、操作、布置安全措施）之后，应将防护用具清洗干净，人员要洗手或洗澡。在进行上述工作、操作、检查和清洗防护用具时，必须有监护人在场。

三、GIS、HGIS 设备内部故障的检查判断

GIS、HGIS 组合电器由多个密闭气室构成，各气室的 SF_6 气体相互隔绝。组合电器与敞开布置设备不同，内部发生故障时，外部故障象征不明显。外部检查时，较难发现故障点所在气室。如果不能查明故障点所在气室，就很难隔离故障，无故障部分也不能恢复运行。

在事故的检查、分析、判断和处理方面，组合电器与敞开布置设备有区别。没有专用仪器的条件下，在事故处理中检查 GIS、HGIS 设备，难以直接发现故障点。根据国内多起 GIS、HGIS 组合电器事故调查、分析，可以从以下几个方面检查、判断来发现故障。

1. 外部检查分析法

（1）气室 SF_6 气压降低情况。经检查，SF_6 气压降低较严重的气室有故障的可能较大。因为 SF_6 气压降低，绝缘强度下降，会导致内部发生故障；气室内部故障，也会造成密封破坏。

（2）检查各部外壳接地扁铁上的螺栓压接部位、接地连接部位，看有无电弧灼伤痕迹，同时设备外壳是否有熏黑痕迹。

110kV 及以上电网中，发生单相接地故障概率最大。相间故障也多是由单相故障引起的。接地短路故障的零序电流流过外壳接地扁铁，大电流在螺栓压接部位、接地连接部位产生很大的热量，该部位会有电弧灼伤痕迹，同时设备外壳有熏黑痕迹。有上述象征的部位，该气室及其相邻气室可能发生故障。流过单相接地故障电流的气室外壳接地体如图 1－1 所示。

图 1－1　流过单相接地故障电流的气室外壳接地体

（3）外部检查各部盆式绝缘子有无损伤痕迹。盆式绝缘子是不同气室之间的分界和密封部位，同时又是内部主导流接触部位。由于安装、检修质量原因，接触部位会产生热量，高温可能使发热部位烧损，发展到产生大电弧时，盆式绝缘子会损坏。

（4）外部检查各部盆式绝缘子部位、连接法兰部位有无 SF_6 气体电弧分解物（白色）溢出。有上述象征的部位，其相邻气室可能发生故障。

（5）外部检查各隔离开关气室的位置观察孔，内部及玻璃上有无 SF_6 气体电弧分解物（白色），若有则表明该气室及其相邻气室可能发生故障。有 SF_6 气体电弧分解物的隔离开关气室如图 1－2 所示。

图 1－2　有 SF_6 气体电弧分解物的隔离开关气室

（6）外部检查伸缩节有无损伤，外壁油漆有无有熔退、起泡痕迹。伸缩节是组合电器外壳的最薄的部位。内部发生故障时，伸缩节外壁上的烧损会比较明显。内部严重发热时，外壁会发生油漆熔退、起泡、变黑等；烧损较严重时，会导致漏气。伸缩节外壁的油漆熔退、起泡痕迹如图 1－3 所示。

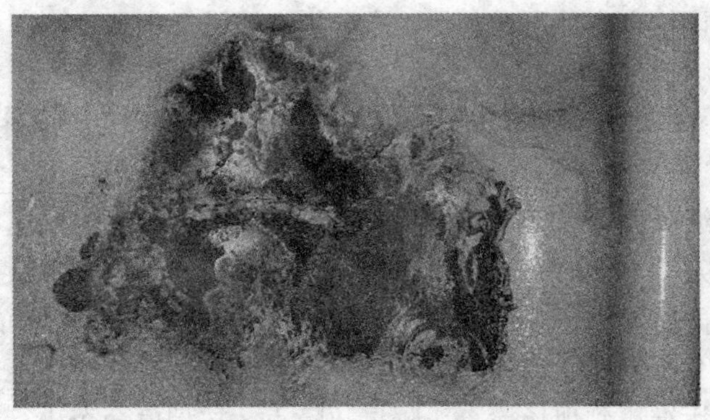

图 1－3　伸缩节外壁的油漆熔退、起泡痕迹

（7）外部检查避雷器防爆孔有无烧蚀、防爆膜有无破损痕迹。

（8）外部检查支架与气室之间的支撑部位，有无短路电流的电动力导致的位移等异常现象。气室与支撑部位若有位移，则故障点可能在与其相关的气室内。例如某 220kV 线路遭雷击，GIS 线路侧电流互感器（以下简称“TA”）与隔离开关两气室之间的盆式绝缘子发生击穿，电动力导致 GIS 线路侧连接气室支架的橡胶垫发生位移，如图 1－4 所示。

图 1－4　支撑点支架与气室之间的橡胶垫发生位移

2. 保护动作情况分析法

110kV 及以上组合电器的断路器两侧各安装一组 TA。断路器线路侧的 TA 二次绕组接入母线保护装置；而断路器母线侧 TA 二次绕组接入线路保护装置。两组 TA 之间的气室是线路保护与母线保护的“保护范围交叉覆盖区”。母差保护动作跳闸时，线路保护装置如果同时有动作信号、保护出口信号，该线路间隔的断路器与两侧 TA 之间的气室内部极有可能发生故障。

母联断路器两侧也各安装一组 TA。两组 TA 之间的气室是两段母线的母差保护范围的“交叉覆盖区”。

3. 查看线路保护装置的故障测距信息

打印出线路保护装置的相关信息，查看故障测距数据，若不足 200m，则说明故障点很可能在站内，可以结合本节所述其他检查分析方法进行有重点检查。

第四节　无人值班变电站异常及事故处理相关要求

在集控站－运维班运行模式下，监控班值班员负责各变电站的运行监视。电网和变电站有异常运行或发生事故时，监控班值班员负责收集、整理相关故障信息（包括事故发生时间、主要保护动作信息、断路器跳闸情况及潮流、频率、电压的变化等），并根据故障信息进行初步分析判断，通知运维班进行现场检查、确认。监控班值班员按调度命令进行应急处置。运维班到现场检查、隔离故障点，按调度命令进行现场处理。在调度的指挥下，监控班、运维班相互配合进行异常及事故处理。

一、无人值班变电站异常运行及事故处理的程序

无人值班变电站异常运行及事故处理程序如图 1－5 所示。

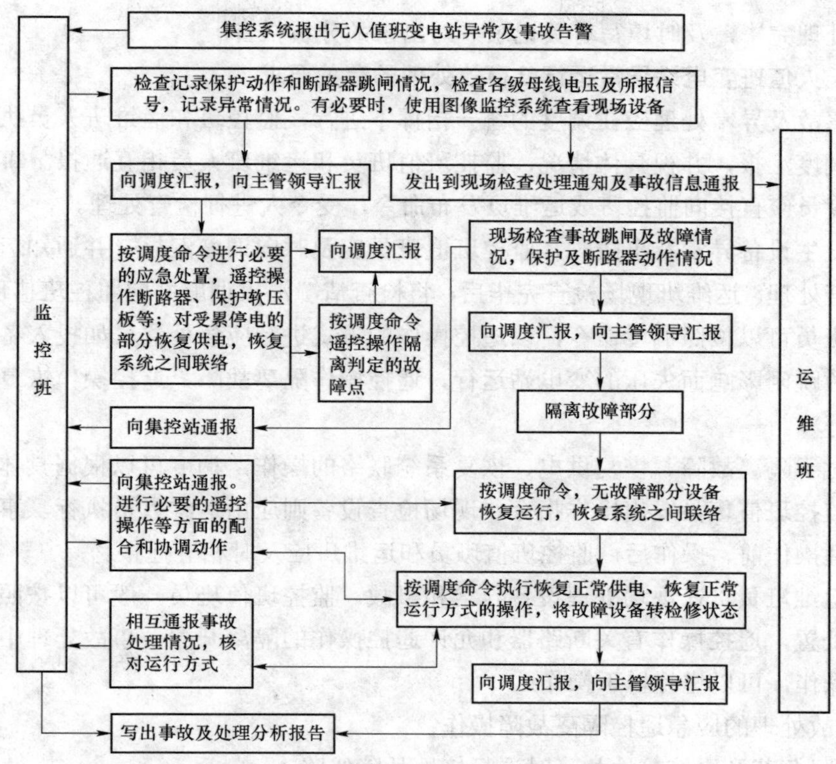

图1－5　无人值班变电站异常运行及事故处理程序

（1）发生设备异常及事故时，监控班值班员应检查、记录保护动作情况、断路器跳闸情况，检查各级母线电压及所报信号，记录出现的异常情况，及时向当值调度汇报并通知相应的运维班。

智能变电站的变电设备在线监测系统发出报警，监控班值班员应及时通知检修人员现场检查和处理。

（2）对于故障点在站内的事故、站内设备可能严重损坏的事故或有火灾告警信号的事故，监控班值班员要使用图像监控系统查看相关设备。

（3）监控班值班员按照调度命令，执行遥控操作，进行必要的应急处置。例如输电线路保护动作跳闸，使某变电站失压（或部分失压），监控班值班员可以按调度命令执行遥控操作，投入备用电源，恢复供电，及时向当值调度汇报，并通知相应的运维班。

（4）运维班在现场检查、记录保护动作情况、断路器跳闸情况，检查各级母线电压及所报信号，记录出现的异常情况，及时向当值调度汇报，并通知监控班值班员。

（5）运维班现场检查、隔离故障，按照调度命令恢复无故障部分运行，恢复系统之间联络。及时向当值调度汇报，并通知监控班值班员。

（6）运维班按调度命令恢复正常供电，进行恢复运行方式的操作，将故障设备转检修状态。及时向当值调度汇报，并通知监控班值班员，核对运行方式。

（7）事故处理中，监控班值班员和运维班值班员应及时向上级主管领导汇报有关情况。事故处理完毕，及时填写有关记录，写出事故分析报告。

二、无人值班变电站异常运行及事故处理的有关要求

（1）事故及异常处理应在调度的统一指挥下进行，监控班和运维班人员执行的操作应及时向调度汇报，并视具体情况，监控班值班员和运维班人员相互通报。事故处理过程中，调度员应直接向监控班或运维班发布命令，受令人进行检查处理。

（2）发生设备异常及事故时，监控班值班员应及时向调度汇报，并通知运维班人员到现场检查处理。运维班现场检查完毕后，将检查情况汇报调度并向监控班值班员通报。监控班值班员可以按照调度命令，以遥控操作的方式进行应急处置（如投入备用电源，恢复受事故跳闸影响而失压的变电站运行，遥控操作隔离故障，遥控操作恢复无故障部分的供电等）。

（3）对于隔离故障、恢复供电、恢复系统联络的操作，调度可以根据具体情况，向运维班或监控班值班员发出操作指令。现场检查设备则应由运维人员执行。事故处理过程中，处理操作前、操作后，监控班值班员和运维班应及时相互通报。

（4）运维班负责在现场处理设备异常和事故。监控班值班员一般可以按照调度命令进行应急处置，遥控操作有关断路器和允许遥控操作的隔离开关。事故处理中，监控班执行遥控操作，可以进行以下操作：

1）事故处理的应急遥控隔离故障操作；

2）压限负荷及系统接地故障时选择接地故障线路；

3）投入备用电源，对明确属于受累停电的部分和变电站恢复供电；

4）应急投入无功补偿设备；

5）遥控操作拉、合具有强制五防闭锁功能的隔离开关，拉、合 GIS 组合电器的断路器和隔离开关；

6）远方投、退继电保护装置的软压板。

（5）特殊情况下，监控班值班员可不待调度命令，依据现场运行规程或事故处理预案，遥控断路器操作，将危及人身、设备安全的设备停电，立即向调度汇报，并向运维班通报有关情况。

（6）如果事故涉及两个及以上无人值班变电站，运维班班长要合理分派人员到现场处理。班长负责与调度的联系，统一协调、指挥所派出人员。

如果经判定其中某个变电站完全可以用遥控操作进行处理，则可以只向其他变电站派出人员检查处理。由监控班值班员遥控操作事故处理的变电站，处理过后，运维班还要进行现场检查、核对。此种情况下，监控班值班长应做好协调工作。

赶赴不同变电站现场的运维班人员，应将现场检查情况、操作情况等向调度汇报，还要向运维班班长汇报。运维班班长统一协调各个现场的运维班人员，进行现场检查、判断和处理工作。

进行上述事故处理的操作、检查结果、处理中出现的情况，集控站和运维班应当相互配合，相互通报，不能各行其是。

（7）事故处理后，集控站和运维班应相互核对运行方式、设备状态和现场安全措施。

三、运维班进行异常及事故处理的注意事项

（1）运维班出发前，应先了解事故有关情况，尽可能地了解保护动作情况、断路器跳闸情况、事故造成的停电范围。

（2）运维班到现场进行检查处理之前，要根据监控班介绍的保护动作情况和有关事故象征，根据事故前的运行方式、所报信号、遥测指示情况和屏幕显示设备变位情况，作出初步分析判断，进行合理安排、合理分工。

（3）行动迅速，忙而不乱。为了能够快速反应，运维班平时要保持车况良好，燃油充足；操作用具、安全工器具、钥匙、携带型仪表等要方便取用、防止遗忘。

（4）注意行车交通安全，兼职驾驶员要注意力集中。在途中，其他人才可以思考事故处理的问题。

（5）监控班通过远程图像监控系统终端查看的设备情况，不能替代对设备的现场检查。

（6）班长派人到现场检查、处理异常时，要详细、明确地交代任务，提出具体要求。所派出人员到达现场，应及时与调度联系，听从调度的统一指挥。

（7）现场事故处理中，在改变设备运行状态之后和需要监控班配合时，应及时与监控班联系。

（8）运维班在现场执行倒闸操作任务时，其他无人值班变电站发生事故。接到监控班值班员通知后，应停止操作，赶赴事故所在站，检查处理事故。监控班值班员要详细、明确地交代有关情况。

（9）现场检查、处理的每一个阶段，向调度汇报的同时，也要向监控班值班员通报。调度员对监控班发布的遥控操作指令，监控班值班员执行完毕，应及时向调度汇报，及时向在现场的运维班人员通报。

（10）在现场检查保护及自动装置动作情况、断路器跳闸情况等事故象征以后，结合综自后台机的信号、遥测指示变化、设备变位情况，进行综合分析判断。同时向调度汇报，使调度能全面掌握事故象征。

（11）运维班管辖下的单人留守值班变电站，发生异常运行和事故时，留守值班人员要迅速检查、记录异常和事故各方面的象征，向调度和运维班值班长汇报。在运维班所派人员到达之前，可以按照本单位现场规程的规定，执行单人允许的处理工作。运维班所派人员到达现场后，应向其详细、完整地介绍现场有关情况，并配合继续处理异常和事故。

（12）因综自系统检修或信息通道中断等原因，临时由单人留守值班的变电站，发生异常运行和事故时，留守值班人员可以一个人进行处理的工作如下：

1）检查遥控操作后的设备位置等情况；

2）及时、准确地将有关情况向调度和运维班值班长汇报；

3）事故时，如果通信全部中断，可以根据情况，按照现场规程规定自行处理，事后向调度和运维班值班长汇报；

4）对于严重危及人身和设备安全的事故，可以采取必要的措施，事后向调度和运维班值班长汇报；

5）进行触电急救。

第五节 继电保护装置异常报文信号辨识及处理原则

继电保护及自动装置运行中发生异常，可能导致误动作，也可能电网发生故障时拒动，造成事故扩大。只有及时消除隐患，才能保障电网安全运行。

集控站的集控系统，不能显示继电保护及自动装置具体的异常情况；某些变电站现场的综自后台机上，也只能显示继电保护装置的公用告警信号。因此，监控班值班员在运行监视中，发现继电保护及自动装置有异常告警信号，应及时通知运维班到现场检查鉴定。现场检查鉴定异常情况时，应在保护屏上查看继电保护装置的报文告警信息、告警灯显示和运行工况。

一些型号的继电保护装置，在发生异常情况时，现场也是只有一个公用的告警信息；有些型号的继电保护装置，只有两个告警信号：告警Ⅰ（闭锁异常）和告警Ⅱ（保护异常）。告警Ⅰ是装置有严重异常情况，保护被闭锁；告警Ⅱ是装置有一般异常情况，不闭锁保护；两种告警信号，均需要检查具体的报文信息，才能分析判断。

继电保护装置的“运行”“保护运行”指示灯，显示的是保护装置 CPU 的工作情况。若“运行”指示灯熄灭，表示保护装置被闭锁，发生了严重异常。继电保护装置的“电源”指示灯和“±5V”“±15V”等电源指示灯熄灭，表示相应的继电保护装置失去作用。因此，现场检查告警指示灯以后，还需要检查具体的报文信息。

无论是监控班值班员还是运维人员，都要正确理解继电保护及自动装置的异常告警信号，知道这些异常对继电保护装置和对电网的威胁。继电保护装置异常严重的情况，监控班值班员可以直接通知继电保护专业人员到现场检查处理。

事故处理中，发现某线路或设备保护装置有异常，可能是越级跳闸、保护不正确动作、保护拒动、误动的原因。例如断路器位置指示灯不亮、有“控制回路断线”信号、微机保护装置液晶显示器无显示或显示异常、微机保护装置各电源指示灯和位置指示灯不亮、有保护自检出错报告信息，保护就可能拒动。微机保护装置的 CPU，如果检测有装置本身硬件发生故障，如 RAM 异常、程序存储器出错、EPROM 出错、定值无效、光电隔离失电报警、DSP 出错、跳闸出口异常、直流电源异常、采样数据异常等，将报出装置闭锁信号，同时闭锁整套保护，保护装置“运行”灯熄灭。

根据智能变电站智能设备的功能和技术特性，当合并单元、智能终端、交换机故障时，应视为失去相应的继电保护装置。公用交换机故障，应及时向调度和主管领导汇报，申请停用可能受影响的继电保护装置，并及时处理。

继电保护装置异常报文信号辨识及处理原则见表 1－1。

表 1-1　　继电保护装置异常报文信号辨识及处理原则

序号	信号名称	信号含义	原因及处理原则	备注
1	TA 断线	保护装置检测到电流互感器二次电流回路开路	原因：电流互感器本体故障或二次回路断线或短路。 处理原则： （1）检查保护装置告警信息，退出可能误动的保护； （2）检查 TA 是否有异常，TA 二次电流回路有无异常； （3）向主管领导汇报，由专业人员处理	
2	TV 断线	保护装置的电压值达到断线告警值	原因：TV 二次空气开关跳闸，TV 二次回路断线或短路。 处理原则： （1）检查保护装置告警信息及运行工况； （2）退出可能误动的保护和自动装置； （3）检查 TV 二次空气开关、保护屏电压开关是否跳闸；检查电压切换箱有无异常； （4）向主管领导汇报，由相关专业人员处理	保护装置的 TV 断线灯亮
3	检修状态	保护置检修状态压板在投入状态	原因：主变压器保护装置检修时，将保护装置检修状态压板投入，防止保护装置试验信号输送到监控后台机干扰运行值班。 处理原则： 按制造厂要求执行，此压板正常运行中应打开	
4	EEPROM 出错	存储器故障	原因：存储器硬件故障。 处理原则： （1）检查保护装置告警信息，按调度命令退出相关保护压板； （2）向主管领导汇报，由专业人员处理	“运行”灯灭，闭锁保护
5	A/D 自检错	模/数转换出错	原因：模/数转换故障。 处理原则： （1）检查保护装置告警信息，按调度命令退出相关保护压板； （2）向主管领导汇报，由专业人员处理	“运行”灯灭，闭锁保护
6	定值自检出错	保护定值出错	原因：所选定值校验码错或定值指针错；或 EEPROM（电可擦可编程只读存储器）芯片及其连线回路故障。 处理原则： （1）检查保护装置告警信息，重新输入正确定值； （2）按调度命令退出相关保护压板； （3）向主管领导汇报，由专业人员处理	“运行”灯灭，闭锁保护装置
7	定值区变化（无效）	保护装置检测到该区定值无效	原因：装置参数中二次额定电流更改后，定值未重新整定。 处理原则： （1）检查保护装置告警信息，按调度命令退出相关保护压板； （2）切换到有效定值区或输入正确定值； （3）向主管领导汇报，由专业人员处理	“运行”灯灭，闭锁保护
8	定值校验出错	保护定值校验出错	原因：所选定值校验码错或定值指针错，或 EEPROM 芯片及其连线回路故障。 处理原则： （1）检查保护装置告警信息，按调度命令退出相关保护压板； （2）重新输入正确定值； （3）向主管领导汇报，由专业人员处理	“运行”灯灭，闭锁保护
9	CPU 采样异常	CPU 采样异常	原因：CPU 采样板损坏，或相关程序出错。 处理原则： （1）检查保护装置告警信息，按调度命令退出相关保护压板； （2）向主管领导汇报，由专业人员处理	“运行”灯灭，闭锁保护装置
10	DSP 采样异常	DSP 采样异常	原因：CPU 上 DSP 损坏。 处理原则： （1）检查保护装置告警信息，按调度命令退出相关保护压板； （2）向主管领导汇报，由专业人员处理	“运行”灯灭，闭锁保护

续表

序号	信号名称	信号含义	原因及处理原则	备注
11	CPU电流异常	保护装置检测到CPU电流异常	原因：电流二次回路异常，或CPU损坏，或相关程序出错。 处理原则： （1）检查保护装置告警信息，按调度命令退出相关保护压板； （2）向主管领导汇报，由专业人员处理	闭锁保护
12	零序长期起动	零序电流值达到启动定值，经固定延时发信	原因：TA二次回路断线或短路。 处理原则： （1）检查保护装置告警信息及运行工况； （2）检查TA及二次电流回路有无明显异常； （3）向主管领导汇报，由专业人员处理	装置告警、TA断线告警
13	装置长期起动	保护装置启动元件动作，经固定延时发信	原因：负荷连续频繁突变或保护装置启动元件频繁动作，经固定延时发信。 处理原则： （1）检查保护装置告警信息及运行工况； （2）向主管领导汇报，由专业人员处理	
14	跳合出口异常（或出口自检错）	跳合闸出口回路异常	原因：跳合闸开出回路元件击穿损坏或断线。 处理原则： （1）检查保护装置告警信息，按调度命令退出相关保护压板； （2）向主管领导汇报，由专业人员处理	“运行”灯灭，闭锁保护
15	直流电源异常	保护装置直流电源回路异常	原因：220V或110V直流电源回路故障，或电源插件故障。 处理原则： （1）检查保护装置告警信息，按调度命令退出相关保护压板； （2）检查保护屏、直流屏上的直流电源空气开关； （3）向主管领导汇报，由专业人员处理	“运行”灯灭，闭锁保护
16	光耦电源异常	光隔回路电源异常	原因：保护电源插件损坏或光隔电源回路故障。 处理原则： （1）检查保护装置告警信息，按调度命令退出相关保护压板； （2）检测保护电源及光隔电源是否正常； （3）向主管领导汇报，由专业人员处理	“运行”灯灭，闭锁保护
17	电源自检错	保护装置电源板故障	原因：保护装置内逆变电源故障。 处理原则： （1）检查保护装置告警信息，检查保护装置电源板； （2）按调度命令退出相关保护压板； （3）向主管领导汇报，由专业人员处理	
18	差流越限告警	差动电流回路不平衡电流超限值	原因：TA断线、二次回路异常或定值设置不当。 处理原则： （1）检查保护装置告警信息及运行工况； （2）向主管领导汇报，由专业人员处理	
19	保护装置告警	保护装置异常综合告警信号	原因：TV或TA二次回路断线（含端子松动、接触不良）、短路，或保护自检、巡检异常。 处理原则： （1）检查主变压器保护装置报文信号及各种灯光指示是否正常； （2）检查保护装置、TV、TA的二次回路有无明显异常； （3）向主管领导汇报，由专业人员处理	
20	电量保护装置失电告警	主变压器电量保护装置失电信号	原因：电量保护装置电源消失、空气开关跳闸、电源插件损坏，电量保护装置电源回路断线或短路。 处理原则： （1）检查电量保护装置运行工况及告警信息； （2）检查电量保护装置电源空气开关是否跳开； （3）检查电量保护装置电源回路及插件有无明显异常； （4）向主管领导汇报，由专业人员处理	变压器保护

续表

序号	信号名称	信号含义	原因及处理原则	备注
21	非电量装置失电告警	主变压器非电量保护装置失电信号	原因：非电量保护电源失、空气开关跳闸或电源插件损坏。 处理原则： （1）检查非电量保护装置运行工况及告警信息； （2）检查非电量保护装置电源空气开关是否跳开； （3）检查非电量保护装置电源回路及插件有无明显异常； （4）向主管领导汇报，由专业人员迅速处理	变压器保护
22	电压切换继电器同时动作	操作箱Ⅰ、Ⅱ母电压切换继电器同时动作信号	原因：双母线接线，母线隔离开关位置双跨。母线侧隔离开关辅助触点黏死或电压切换装置故障。 处理原则： （1）检查母线侧隔离开关位置，辅助触点切换是否正常； （2）检查电压切换装置； （3）向主管领导汇报，由专业人员处理	
23	电压切换回路直流消失	测控装置检测到电压切换回路直流电源消失	原因：电压切换回路电源消失、空气开关跳闸或电源插件损坏，或电压切换回路断线或短路。 处理原则： （1）检查保护装置、测控装置运行工况及告警信息； （2）检查电压切换回路电源空气开关是否跳闸； （3）检查电压切换回路及插件有无明显异常； （4）向主管领导汇报，由专业人员处理	
24	控制回路断线	测控装置检测到主变压器断路器控制回路断线信号	原因： （1）控制回路断线（含端子松动、接触不良），空气开关跳闸； （2）弹簧机构弹簧未储能或液压机构压力降至闭锁值，或 SF_6 气体压力降至闭锁值； （3）断路器机构“远方/就地”切换开关损坏或断路器位置指示灯损坏。 处理原则： （1）检查主变压器测控装置告警信息及运行工况； （2）检查控制回路空气开关、跳合闸线圈、端子接线、辅助开关等是否接触良好； （3）检查弹簧机构储能情况、液压机构压力值和断路器 SF_6 压力值；检查断路器机构箱“远方/就地”切换开关及断路器位置指示； （4）向主管领导汇报，由专业人员处理	控制回路电源跳闸，控回断线告警
25	存储器出错	保护装置检测到存储器出错	原因：存储器损坏。 处理原则： （1）检查保护告警信息，按调度命令退出相关保护压板； （2）向主管领导汇报，由专业人员处理	“运行”灯灭，闭锁保护
26	远跳异常	远跳装置长时间开入	原因：远跳装置故障。 处理原则： （1）检查保护装置告警信息及运行工况； （2）向主管领导汇报，由专业人员处理	装置告警；闭锁远跳保护
27	SRAM 自检异常	静态随机存储器异常	原因：SRAM（静态随机存储器）芯片虚焊或损坏。 处理原则： （1）检查保护告警信息及运行工况，按调度命令退出相关保护； （2）向主管领导汇报，由专业人员处理	装置告警，闭锁保护
28	Flash 自检异常	电可擦闪速存储器异常	原因：Flash（电可擦闪速存储器）芯片虚焊或损坏。 处理原则： （1）检查保护告警信息及运行工况，按调度命令退出相关保护； （2）向主管领导汇报，由专业人员处理	装置告警，闭锁保护

续表

序号	信号名称	信号含义	原因及处理原则	备注
29	通道A（或通道B）异常	通道A（或通道B）异常	原因： （1）通信设置错误，通道误码率高于通道异常定值； （2）光电转换器故障，尾纤插头松动。 处理原则： （1）检查保护告警信息，检查光电转换器工作情况； （2）向主管领导汇报，由专业人员处理	“通道异常”灯亮，闭锁相应通道的纵联保护
30	通道A（或通道B）数据异常	通道A（或通道B）接收不到正确的数据	原因：通信设置错误，通信有误码，光电转换器故障。 处理原则： （1）检查保护告警信息，检查光电转换器工作情况； （2）向主管领导汇报，由专业人员处理	“通道异常”灯亮，闭锁相应通道的纵联保护
31	通道A（或通道B）纵联码错	通道A（或通道B）接收的纵联码与定值中对侧纵联码不一致	原因：通道接线交叉；或纵联码整定错误。 处理原则： （1）检查保护装置告警信息及运行工况； （2）向主管领导汇报，由专业人员处理	“通道异常”灯亮，闭锁相应通道的纵联保护
32	通道A（或通道B）严重误码	通道A（或通道B）误码率大于规定值	原因：通信设置错误，光电转换器故障，尾纤插头松动。 处理原则： （1）检查保护告警信息，检查光电转换器工作情况； （2）向主管领导汇报，由专业人员处理	闭锁相应通道的纵联保护
33	通道A（或通道B）长期差流	通道A（或通道B）差动电流大于告警定值	原因：线路两侧设备参数差异过大，或TA二次回路断线，或两侧差动压板投入不一致。 处理原则： （1）检查保护装置告警信息及运行工况； （2）检查TA二次电流回路有无明显异常； （3）向主管领导汇报，由专业人员处理	装置告警、TA断线告警
34	通道A（或通道B）差动退出	差动保护因通道A（或通道B）异常自动退出	原因：两侧硬压板或控制字投入不一致，两侧硬压板或控制字同时退出。 处理原则： （1）检查保护装置告警信息及运行工况； （2）向主管领导汇报，由专业人员处理	装置告警；闭锁相应通道纵联保护
35	TWJ异常	断路器在跳位，且该相有电流	原因：操作箱跳位继电器与断路器实际位置不一致。 处理原则： （1）检查保护装置动作信息及运行工况； （2）检查跳位、合位继电器及断路器辅助触点是否正常； （3）向主管领导汇报，由专业人员处理	断路器保护装置有此信号
36	断路器保护装置失电告警	线路测控装置检测到断路器保护装置失去电源	原因：保护装置电源消失、电源空气开关跳闸、电源插件损坏、保护装置电源回路断线或短路。 处理原则： （1）检查断路器保护运行工况、线路测控装置告警信息； （2）检查保护装置电源空气开关是否跳闸； （3）检查保护装置电源回路及插件有无明显异常； （4）向主管领导汇报，由相关专业人员处理	
37	操作箱第一组（或第二组）电源断线	操作箱第一组（或第二组）电源断线	原因：操作箱第一组（或第二组）直流电源空气开关跳闸、回路接线松动，直流屏对应电源空气开关跳闸。 处理原则： （1）检查第一组（或第二组）直流电源空气开关及相关二次回路； （2）向主管领导汇报，由相关专业人员处理	500kV

续表

序号	信号名称	信号含义	原因及处理原则	备注
38	第一组（或第二组）控制回路断线	分相操作箱断路器第一组（或第二组）控制回路断线	原因： （1）控制回路空气开关跳闸或回路断线； （2）断路器机构“远方/就地”切换开关位置错误； （3）弹簧机构弹簧未储能或断路器机构压力降至闭锁值、SF_6气体压力降至闭锁值。 处理原则： （1）检查控制回路空气开关位置，检查跳合闸线圈，端子接线及辅助开关等是否接触良好； （2）检查弹簧机构、断路器机构和 SF_6 的压力值； （3）检查断路器位置指示灯； （4）向主管领导汇报，由相关专业人员处理	500kV
39	装置内部通信中断	母线保护装置到装置内部通信中断	原因：保护板与管理板之间的通信出错。 处理原则： （1）检查保护装置告警信息； （2）检查保护板与管理板之间的通信电缆是否接好； （3）向主管领导汇报，由专业人员处理	某些型号保护装置为“通信故障”
40	管理主机自检异常	自检出管理板硬件或程序故障	原因：管理板硬件或程序故障。 处理原则： （1）检查保护装置告警信息，按调度命令退出相关保护压板； （2）向主管领导汇报，由专业人员处理	“运行”灯灭，闭锁保护
41	保护主机自检异常	自检出保护板硬件或程序故障	原因：保护板硬件或程序故障。 处理原则： （1）检查保护装置告警信息，按调度命令退出相关保护压板； （2）向主管领导汇报，由专业人员处理	“运行”灯灭，闭锁保护
42	程序出错	保护装置检测到程序出错	原因：程序损坏，或相关硬件损坏。 处理原则： （1）检查保护装置告警信息，按调度命令退出相关保护压板； （2）向主管领导汇报，由专业人员处理	“运行”灯灭，闭锁保护
43	跳闸出口报警	跳闸出口回路异常	原因：出口三极管损坏。 处理原则： （1）检查保护装置告警信息，按调度命令退出相关保护压板； （2）向主管领导汇报，由专业人员处理	“运行”灯灭，闭锁保护
44	FPGA 出错	FPGA 芯片校验出错	原因：FPGA 芯片校验出错。 处理原则： （1）检查保护装置告警信息，按调度命令退出相关保护压板； （2）向主管领导汇报，由专业人员处理	“运行”灯灭，闭锁保护
45	CPLD 出错	CPLD 芯片校验出错	原因：CPLD 芯片校验出错。 处理原则： （1）检查保护装置告警信息，按调度命令退出相关保护压板； （2）向主管领导汇报，由专业人员处理	“运行”灯灭，闭锁保护
46	保护装置报警	保护发出不闭锁保护的总告警信号	处理原则： （1）根据保护装置告警信息报文，采取相应的措施； （2）向主管领导汇报，由相关专业人员处理	与“告警Ⅱ”信号相同
47	保护装置闭锁	保护发出的闭锁保护的总告警信号	处理原则： （1）根据保护装置告警信息报文，采取相应的措施； （2）按调度命令退出相关保护压板； （3）向主管领导汇报，由专业人员处理	与“告警Ⅰ”信号相同，“运行”灯灭，闭锁保护

续表

序号	信号名称	信号含义	原因及处理原则	备注
48	保护装置电源消失	保护装置保护装置失去电源	原因：保护装置电源消失、空气开关跳开或电源插件损坏；保护装置电源回路断线或短路。 处理原则： （1）检查保护装置电源空气开关是否跳开，保护装置电源回路及插件有无明显异常； （2）向主管领导汇报，由相关专业人员处理	“运行”灯灭，闭锁保护
49	开入异常	保护装置开入回路异常	原因： （1）开入插件损坏或装置的24V 电源输出异常； （2）开入检测不响应或开入回路元件损坏。 处理原则： （1）检查保护告警信息，按调度令退出相关保护压板； （2）向主管领导汇报，由专业人员处理	“运行”灯灭，闭锁保护
50	开出异常	保护装置开出回路异常	原因：开出回路元件损坏，开出检测不响应，有开出变位未复归或确认。 处理原则： （1）检查保护装置告警信息及运行工况； （2）检查开出量状态与现场设备状态是否一致，如一致，复归信号或确认； （3）向主管领导汇报，由专业人员处理	“运行”灯灭，闭锁保护
51	CPU闪存错误	保护装置检测到CPU闪存错误	原因：CPU 损坏，或相关程序出错。 处理原则： （1）检查保护告警信息，按调度命令退出相关保护压板； （2）向主管领导汇报，由专业人员处理	“运行”灯灭，闭锁保护
52	CPU 内部电源偏低	线路保护装置内部电源电压偏低	原因：逆变电源异常。 处理原则： （1）检查保护告警信息，按调度命令退出相关保护压板； （2）向主管领导汇报，由专业人员进行处理	“运行”灯灭，闭锁保护
53	CPU零漂越限	线路保护装置检测到零漂越限	原因：采集模块故障。 处理原则： （1）检查保护告警信息，按调度命令退出相关保护压板； （2）向主管领导汇报，由专业人员进行处理	“运行”灯灭，闭锁保护
54	差动数据通道失效	每帧接收数据CRC校验异常	原因：每帧接收数据CRC校验大于规定值。 处理原则： （1）检查保护告警信息，按调度命令退出相关保护压板； （2）向主管领导汇报，由专业人员进行处理	“通道异常”灯亮，闭锁相应通道的纵联保护
55	差动数据同步错	接收的数据与本侧不同步	原因：接收的数据与本侧不同步。 处理原则： （1）检查保护告警信息，按调度命令退出相关保护压板； （2）向主管领导汇报，由专业人员进行处理	“通道异常”灯亮，闭锁相应通道的纵联保护
56	通道告警	保护装置检测到通道告警	原因：通信设置错误，光电转换器故障，尾纤插头松动。 处理原则： （1）检查保护告警信息，按调度命令退出相关保护压板； （2）向主管领导汇报，由专业人员进行处理	保护装置“告警”灯亮
57	通道数据通信中断	保护装置接收到线路对侧数据丢失帧数大于规定值	原因：通信设置错误；通道故障。 处理原则： （1）核查保护定值、通信设置，检查保护告警信息； （2）检查通信线是否松动及通信接口是否故障； （3）按调度命令退出相关保护压板； （4）向主管领导汇报，由专业人员进行处理	“通道异常”灯亮，闭锁相应通道的纵联保护

续表

序号	信号名称	信号含义	原因及处理原则	备注
58	通道延时过长	通道延时大于规定值	原因：通信设置错误，光电转换器故障。 处理原则： （1）检查保护装置告警信息，检查光电转换器工作情况； （2）向主管领导汇报，按调度命令退出相关保护压板，由专业人员进行处理	保护装置“告警”灯亮
59	通道延时不稳定	通道延时时间差大于规定值	原因：通信设置错误，光电转换器故障，尾纤插头松动。 处理原则： （1）检查保护装置告警信息，检查光电转换器工作情况； （2）向主管领导汇报，由专业人员进行处理	保护装置“告警”灯亮
60	通道对侧编号不匹配	保护装置检测到线路对侧编号不匹配	原因：定值编码设置错误。 处理原则： （1）检查保护告警信息，按调度命令退出相关保护压板； （2）向主管领导汇报，由专业人员进行处理	“通道异常”灯亮，闭锁相应通道的纵联保护
61	对侧报通道异常	线路对侧接收通道异常，向本侧发信	原因：对侧接收通道异常。 处理原则： （1）检查保护告警信息，按调度命令退出相关保护压板； （2）向主管领导汇报，由专业人员进行处理	“通道异常”灯亮，闭锁相应通道的纵联保护
62	通道差流长期存在	保护装置检测到差流长期存在	原因：线路两侧设备参数差异过大；TA 二次回路断线或两侧差动压板投入不一致。 处理原则： （1）检查保护装置告警信息及运行工况； （2）检查电流互感器二次电流回路有无明显异常； （3）向主管领导汇报，由专业人员进行处理	保护装置“告警”灯亮
63	高压侧过负荷闭锁有载调压	高压侧过负荷，闭锁有载调压	原因：高压侧负荷电流超过额定值。 处理原则： （1）检查变压器温度、冷却装置运行情况及负荷情况； （2）汇报调度，转移负荷	变压器保护

第六节　事故处理分析判断实例

一、断路器误跳闸实例之一

二次回路中潜伏下来的短路点，一般在正常运行中并不暴露，而是在保护及自动装置和某些信号动作时，造成一定的后果。某供电企业 JS 变电站曾经因为这种隐患，导致主变压器断路器误跳闸，幸亏有备用电源自投装置，才没有造成母线失压的严重后果。

某日，JS 变电站 2 号主变压器两侧断路器跳闸。当时的象征是：事故喇叭响，2 号主变压器高、低压侧断路器（112、102）绿灯闪光。10kVⅠ、Ⅱ段母线分段断路器南 100（原在断开备用位置），由自投装置动作，自动合闸成功（红灯闪光）。检查所报出的信号，仅有一个“掉牌未复归”光字牌。

值班人员立即将南 100 断路器的控制开关扭到了“合闸后”位置，并退出了自投装置，为了防止在检查故障时，南 100 断路器误跳闸，断开了 2 号主变压器过流保护联跳南 100 断路器压板。

检查保护动作情况，2 号主变压器和其他设备无任何保护信号掉牌；全站仅有一个

“10kVⅠ段母线接地”信号掉牌。此情况证明，在当时仅发生了10kVⅠ段母线瞬间接地故障。将接地信号掉牌复归，“掉牌未复归”光字牌熄灭。2号主变压器跳闸（112、102断路器跳闸）时，除上述情况外，无任何短路时的冲击现象。10kVⅠ、Ⅱ段母线电压均正常。

值班人员将上述情况向调度作了汇报。对本站有关一次设备进行检查，没有发现任何异常。检查10kVⅠ段母线，各分路均无保护信号掉牌，并且都运行正常。

JS变电站一次主接线有关部分如图1-6所示。跳闸之前的运行方式为：三台主变压器各带一段10kV母线负荷。南100断路器和北100断路器都在断开位置。

10kVⅠ、Ⅱ段母线，在分段运行的运行方式下，Ⅰ段母线发生瞬间接地，为什么会使2号主变压器跳闸呢？跳闸时，Ⅱ段母线上并无接地信号，也没有短路故障时引起的冲击摆动，一次设备没有任何异常。所有的10kV分路都没有保护动作信号；2号主变压器也没有任何保护动作信号。所以，不会是在两段母线上发生不同名相的两点接地故障造成短路。检查直流系统对地绝缘良好，也不会是直流多点接地造成误动作跳闸。而112、102两台断路器的操作机构同时有问题，自行脱扣的可能性极小。站内一、二次设备上，无任何工作，人为误动的因素也不存在。所以怀疑可能是二次回路短路，造成保护误动。那么，10kVⅠ段母线上发生瞬间接地，和112、102两开关跳闸，二者之间有什么联系呢？

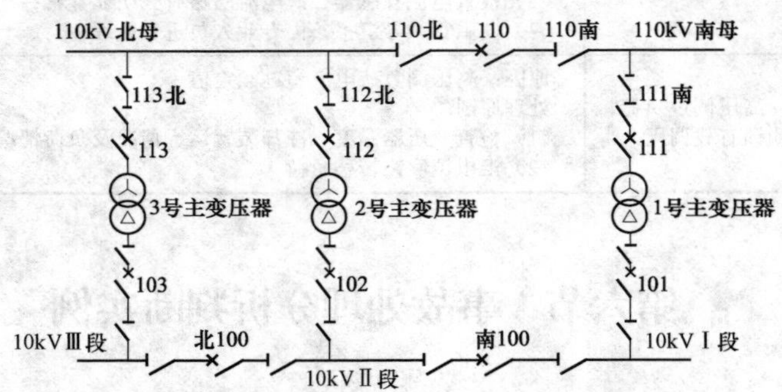

图1-6　JS变电站一次主接线有关部分

将2号主变压器各侧隔离开关拉开。做保护传动试验，断路器动作情况和报出的信号都正常。经反复分析，二次回路中的短路点可能与“掉牌未复归小母线”有关系。

根据分析，决定对各保护盘上的信号继电器做详细的检查。在2号主变压器保护盘上，发现过流保护信号继电器3KS的接线柱“2”和“4”之间，搭有一小丛铁屑。如果不是用手电筒照明，不仔细观察，很难看清楚（见图1-7）。

根据对有关二次回路分析，因信号继电器3KS接线柱上的铁屑造成二次回路短路，使“掉牌未复归”小母线与2号主变压器过流保护跳闸回路连通。正常运行中，“掉牌未复归”小母线不带正电，不造成什么后果，不会有异常现象。当任一个信号继电器动作，只要其接点闭合，+WAUX上的正电源经其接点接通到“掉牌未复归”小母线上；再经铁屑，通到2号主变压器过流保护跳闸回路，导致112、102两断路器误跳闸。因此，Ⅰ

段母线瞬间接地时，经 KS 的接点、"掉牌未复归"小母线、铁屑、到 2 号主变压器过流跳闸回路，2 号主变压器即误跳闸。

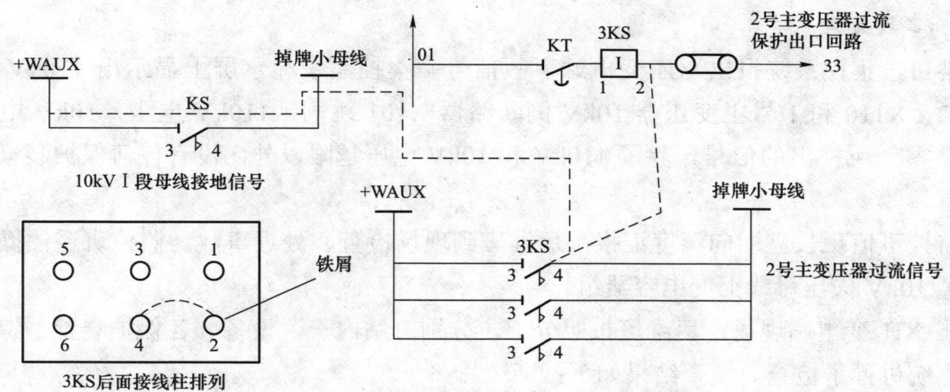

图 1-7　2 号主变压器 3KS 掉上铁屑误跳闸

信号继电器上的铁屑，是继电保护人员在盘上打孔作业时，安全防护措施不当造成的。粗心大意留下了隐患，工作验收时没有发现，平时巡视检查时很难看得到。时间过了三个多月后，造成了误动跳闸。由此可见，在二次回路上工作时，安全措施一定要全面考虑，防止遗留隐患。在运行的盘上打孔作业时，不能仅仅是采取防止振动造成误动的措施，还要采取防止使二次回路短路、损坏二次线的防护措施。同时，运维人员也应严把验收检查关。

二、断路器误跳闸实例之二

某供电公司新投入运行的 110kV XH 变电站，有两条 110kV 进线。110kV 部分是内桥接线，如图 1-8 所示。

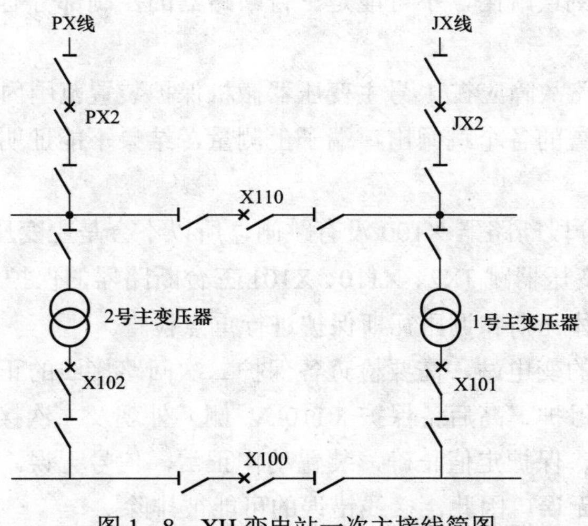

图 1-8　XH 变电站一次主接线简图

XH 变电站事故前运行方式是：JX 线带全站负荷，PX 线由对侧充电（PX2 断路器断开备用）备用；1 号主变压器运行，2 号主变压器备用。主变压器 110kV 侧电流 89A，负荷 16.5MW。

1. 事故处理

某日，集控系统报出 XH 变电站事故信号。集控系统显示屏上显示出 110kV 断路器 JX2、X110 和 1 号主变压器 10kV 侧断路器 X101 跳闸；110kV 电压、10kV 电压显示都是零。所报出的信号，除了 110kV 和 10kV 电压越限以外，没有任何保护装置动作的信息。

监控班值班长立即向调度汇报，运维班到现场检查、处理事故。监控班遥控操作，断开了 10kV 失压母线上的电容器组。

在 XH 变电站现场，运维班按照分工，分别对站内一次设备、各保护装置、综合自动化系统进行了检查。检查结果如下：

站内一次设备没有发现任何问题。所有微机保护装置没有动作信息；各指示灯、液晶显示情况均正常。综自系统后台机所显示的内容和集控站没有差别。打印出的信号、事件顺序信息，只有 JX2、X110、X101 断路器“由合到分”信号。

运维人员检查站内设备的同时，赶赴 JX 线上一级变电站运维班人员打印出 JX 线微机保护装置的录波信息。根据录波信息显示，系统没有发生任何故障。

根据检查结果，结合录波信息，系统没有故障情况，判定属于误跳闸。随后，倒运行方式，经由 PX 线、2 号主变压器带全部 10kV 负荷，恢复了供电。

2. 误跳闸原因检查

JX2、X110、X101 三台断路器，在同一时刻误跳闸。经分析，不可能是操作机构问题而自行脱扣。因此，可以排除机械原因。

XH 变电站是一个末端变电站，110kV 主进线 JX 线不装保护装置。JX2、X110、X101 三台断路器在同一时刻误跳闸，不可能是三台断路器的控制部分有问题，同时发生二次回路短路。

经判断，二次回路故障应在 1 号主变压器微机保护装置范围内。使用表计，在 1 号主变压器微机保护装置的各个跳闸出口端子上测量，结果不能证明主变压器哪一保护有问题。

因为 10kV 母线分段断路器 X100 没有跳闸，所以不会是主变压器 10kV 过流保护有问题。应该着重对主变压器跳 JX2、X110、X101 三台断路器的保护：主变压器纵差保护，高压侧后备保护、本体瓦斯和调压瓦斯保护进行重点检查。

新投入运行不久的变电站，需要检查各保护二次回路接线的正确性。专业人员到达现场，分别检查纵差保护、高后备保护（110kV 侧）外观及二次接线，没有发现问题。外加模拟故障量检查，保护定值正确，装置动作正常，信号无误。本体瓦斯和调压瓦斯保护、二次接线检查无误。因此，接线错误的可能被排除。

从以上检查结果分析，二次回路中一定有短路点。可能是某些部位绝缘不好，应该检查哪些保护的二次线绝缘不良。

本体重瓦斯和调压重瓦斯保护的二次接线有室外部分，应该先检查。

调压瓦斯绝缘检查，绝缘电阻值 5MΩ（使用 500V 绝缘电阻表），换用 1000V 绝缘电阻表检查，绝缘电阻值为 0.1MΩ。由此可以认定，误跳闸的原因就是调压瓦斯保护回路绝缘不良。

经进一步检查，调压瓦斯保护回路的接线端子绝缘部分有制造方面的缺陷，使二次回路（经一定电阻）短路。

误跳闸时，为什么没有调压瓦斯保护动作信号呢？应该怎么解释？

从图纸上可以看出，跳闸出口中间继电器和信号继电器是并联的。由专业人员对出口中间继电器和信号继电器进行检查，调压重瓦斯出口中间继电器最低启动电压为 137V，信号继电器最低启动电压为 164V。

误跳闸时，没有调压瓦斯保护动作信号的解释是：调压重瓦斯的出口中间继电器和信号继电器采用并联回路，其回路电阻和继电器线圈匹配不合适，最低启动电压最大差值达 27V，可能出现跳闸出口中间继电器启动时，信号继电器不会启动，故报不出信号。

3. 防范措施

（1）将调压重瓦斯的出口中间和信号继电器回路电阻值重新匹配，其最低启动电压最大差值在 5V 左右，可以保证使出口中间继电器和信号继电器同时启动。

（2）调压重瓦斯接线端子为小型端子，增加防护措施后，绝缘电阻达到 30MΩ。

三、TV 二次故障造成母线失压事故处理及实例分析

110kV RH 变电站一次系统主接线图如图 1－9 所示，其主要负荷为高频炼钢炉和矿业。

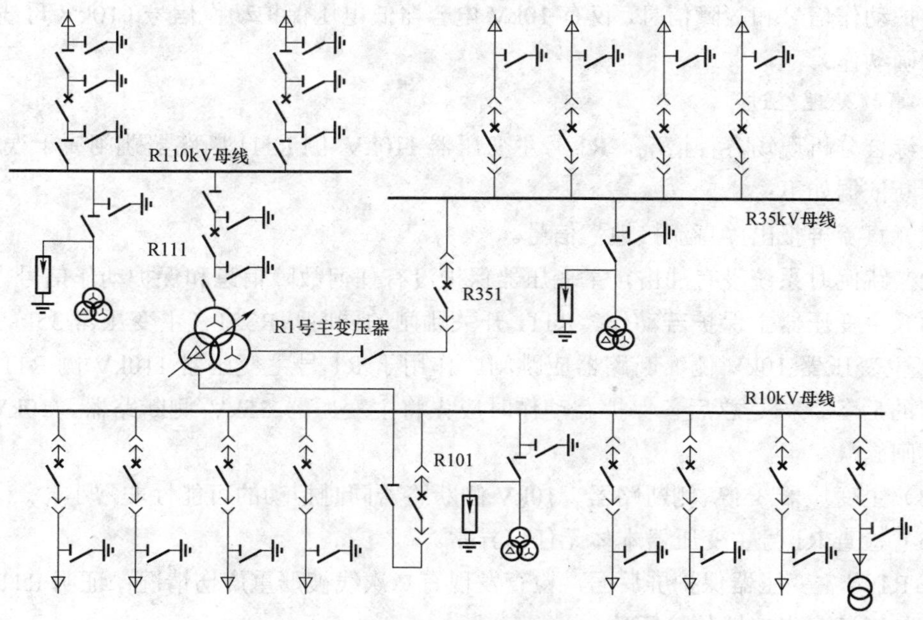

图 1－9　110kV RH 变电站一次系统主接线图

1. 事故发生经过

某日 12:55，RH 变电站综自后台机报出："35kVⅠ段母线接地"预告信号，检查35kV 母线各相对地电压：$U_a=24.5$kV、$U_b=1.2$kV、$U_c=12.8$kV，检查站内设备发现R1 号主变压器和站用变压器变有较大的"嗡嗡"声，其他设备无异常情况。询问 35kV系统各变电站和客户无异常情况，判断可能是 TV 高压保险熔断或系统谐波分量过大引起的异常。

12:59，综自后台机报出："35 kVⅠ段 TV 计量电压消失""35kVⅠ段 TV 断线"预告信号。检查发现 35 kVⅠ段 TV 二次接线盒冒烟，在确认系统无单相接地故障的情况下，按调度命令将有问题的 35 kVⅠ段 TV 停止运行。

13:06，综自后台机报出："直流系统接地"预告信号。检查直流系统绝缘监察装置正对地 180V、负对地 60V。发现 110kV 控母空气开关跳闸，R1 号主变压器保护屏低压侧操作电源及低后备保护电源开关跳闸，造成 110kV 线路、主变压器、35kV 线路的保护及测控装置失去直流电源。

13:09，按照调度命令，合上 110kV 控母空气开关、R1 号主变压器保护屏低压侧操作电源及低后备保护电源开关。各保护电源恢复正常。

14:04，监控后台机再次报出："直流系统接地"预告信号。检查直流系统绝缘监察装置，正对地 180V、负对地 60V。

14:12，开始查找直流接地故障。

14:25，查找直流接地故障时，报出事故音响，R111 断路器及 10kV 电容器组跳闸。R35kV 西母、R10kV 西母失压。经检查，综自后台机和 R1 号主变压器保护屏上均没有任何保护动作信号和故障信息，仅有 10kV 电容器低电压保护动作信号（10kV 母线失压，属于正确动作）。

2. 事故处理经过

经综合分析现场各种情况，R1 号主变压器 110kV 侧 R111 断路器跳闸属于误动作。分析判断依据如下：

（1）直流屏报出"直流接地"信号。

（2）跳闸时系统没有冲击，主变压器保护没有任何故障信息和保护动作信号。

（3）主变压器主保护若动作，R111 开关跳闸的同时，R351（主变压器 35kV 侧）、R101（主变压器 10kV 侧）断路器应跳闸。作用于 R1 号主变压器 110kV 侧 R111 断路器跳闸的后备保护是总后备保护。动作时应先将主变压器 35kV 侧断路器、10kV 侧断路器跳闸。

（4）主变压器 35kV 侧断路器、10kV 侧断路器同时拒动的可能性非常小。

（5）检查 R1 号主变压器本体无任何异常。

在 R1 号主变压器保护屏后面，检查发现有二次线被严重烧伤情况；证明 R111 断路器跳闸是直流多点接地故障所致。

14:56，按照调度命令，R1 号主变压器加入运行，恢复对各客户的供电。

3. 事故技术原因分析

（1）故障调查情况：

16:06，有关专业人员到达现场，检查情况如下：

1）直流屏上仍有直流接地告警信号。直流绝缘监察装置液晶显示："14:04，控母正对地 51V，母线负对地 168V"。

2）R35kV 母线 B 相 TV 二次接线盒短路烧毁，本体主绝缘没有损坏。

3）R35kV 母线 TV 间隔二次线有烧损情况，二次接线端子、电缆均有外绝缘烧损。

4）R1 号主变压器保护屏后面，有二次线被严重烧伤的情况。所烧伤的是从屏顶小母线下来的 35kV 母线 TV 二次电压小母线、R1 号主变压器保护直流回路。

5）对 35kV 母线 TV 接线情况进行检查核对。35kV 母线 TV 的接线图如图 1－10 所示，是由四只 TV 组成的抗谐振接线。三相母线 TV 的高压侧"N"端子从下部引出（和二次引出端子同一个接线盒），三相"N"端子相互连接，再接零相 TV 的 A 端子；零相 TV 的 B 端子接地。从原理上看，此接线正确无误。

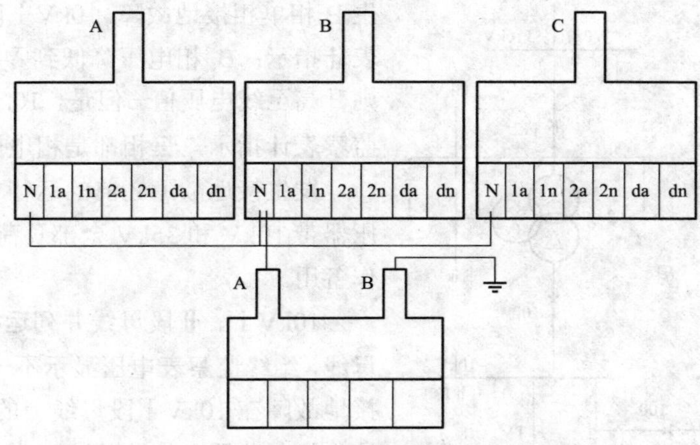

图 1－10　35kV 母线 TV 接线图

（2）技术原因分析。

1）直流接地故障是由于 35kV 西母 TV 故障导致。分析依据：从 R1 号主变压器保护屏后面二次线烧坏情况分析，从屏顶小母线下来的 35kV TV 二次电缆芯烧伤，将邻近的直流电缆线芯外绝缘烧坏，造成交流与直流相混，导致直流多点接地故障。

2）35kV TV 二次线多处烧损，是由于高电压窜入引起。分析依据：① 35kV TV 二次线多处烧损，发生在报出 35kV 系统接地故障信号以后；② 35kV TV 二次如果有短路，应在互感器本身，不会同时多处发生，且不会造成二次线多处烧损；③ 高电压窜入 35kV 西母 TV 二次线的分析：报出"35kV Ⅰ段母线接地"信号时，35kV 西母各相对地电压：$U_a=24.5$kV、$U_b=1.2$kV、$U_c=12.8$kV。A 相对地电压没有升高，另两相对地电压降低，说明系统可能发生了断线或谐振过电压，也可能是系统谐波分量过大产生过电压。由于电压互感器的一次"N"端子与二次端子在同一个接线盒内，中性点位移，"N"端子上的高电压将二次线绝缘击穿，导致 35kV 西母 TV 二次线多处烧损。

4. 结论

RH 变电站 35kV 母线 TV 三相应是全绝缘型，开关柜生产厂家安装的是半绝缘型 TV，与设计不符；而零相 TV 则选用了全绝缘型，二者刚好相反。半绝缘结构的互感器，其一次“N”端子与二次端子在同一个接线盒内，只要系统发生中性点位移、单相接地、谐波分量严重超标、谐振过电压等故障，“N”端子上都会有高电位。系统单相接地故障时，“N”端子上的电压高达 21～23kV，很容易使 TV 二次线窜入高电压。

因此，经专业人员现场实际进行谐波测量，故障时 R1 号主变压器和站用变压器都有比较大的“嗡嗡”声，证明本次 R111 断路器误跳闸，是由于炼钢负荷导致谐波分量严重超标，系统中性点位移，使 TV 二次线窜入高电压，二次线多处烧坏，导致直流系统多点接地造成的。

四、TV 二次故障处理及实例分析

110kV FJ 变电站一次系统接线简图如图 1－11 所示。某日，FJ 变电站 10kV 系统发生 B 相单相接地故障。10kV Ⅰ段母线绝缘监察表计指示：B 相电压降低到零；A，C 相电压则升高至线电压值。但是，10kV Ⅱ段母线绝缘监察表计指示，三相都是相电压值。

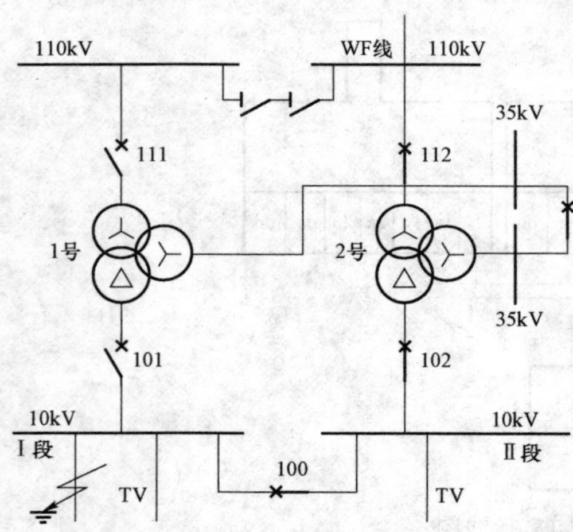

图 1－11　110kV FJ 变电站一次系统接线简图

发生接地故障之前的运行方式：2 号主变压器带 10kV 和 35kV 全部负荷，1 号主变压器作备用。

10kV Ⅰ、Ⅱ段母线并列运行。并列运行的母线，绝缘监察表电压显示不一致。经过查找，接地故障在 10kV Ⅰ段母线上的一条出线，断开该出线断路器，接地故障消失。

为了查清 10kV Ⅱ段母线绝缘监察表计的异常指示现象，进行了模拟接地故障下的检查。使用 F112 万用表，在两母线 TV 二次测量每相对地电压。

测量结果：10kV Ⅰ段 A、B、C 三相电压分别为 100V、11V、100V（TV 为 Y－Y 接线）；而 10kV Ⅱ段则三相均为 57.7V 左右。显然，Ⅰ段母线表计正确显示了单相接地故障，而Ⅱ段母线则未能正确指示。

1. 异常分析

10kV Ⅱ段母线绝缘监察表这种异常指示，有以下几种可能：

（1）绝缘监察表接线错误。

（2）10kV Ⅱ段母线 TV 一次中性点没有接地。

（3）10kV Ⅱ段母线 TV 一、二次接线错误。

结合现场实际情况，10kV Ⅰ、Ⅱ段母线共用一套绝缘监察表计，绝缘监察表接线的错误不存在。

现场检查，10kVⅡ段母线TV一次中性点接地良好。检查10kVⅡ段母线TV一、二次接线符合设计，并且与制造厂说明书相符。

通过模拟实验，证实了10kVⅡ段母线TV本身没有问题。造成不能正确反映单相接地故障的原因，只能是接线上的问题，需要对接线进行再分析。

2. 实际接线分析

10kVⅡ段母线TV为四线圈抗谐振式TV，型号为JSZG（F）－10。制造厂提供的一、二次接线有两种。现场实际采用的接线如图1－12所示。

那么，为什么图1－12的接线会造成上述现象呢？现进行分析。

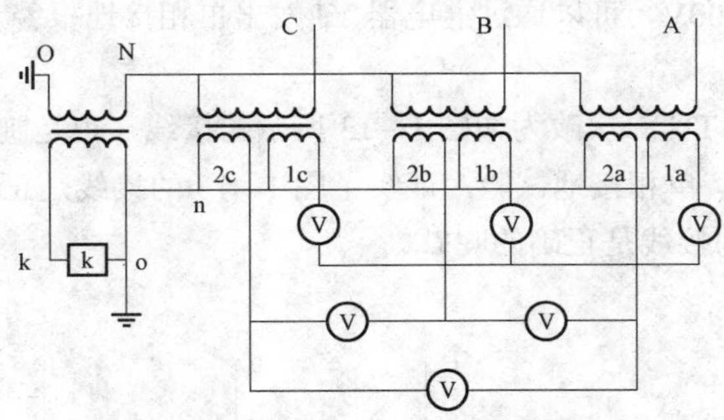

图1－12 抗谐振TV第一种接线

（1）正常运行时。当系统正常运行时，A、B、C三相电压基本对称，中性点基本为地电位。TV反应到二次的电压仍为三相对称，为57.7V左右，该接线能正确反应系统三相对地电压。

（2）单相接地故障时。当系统发生B相单相接地时（其他相单相接地类推），若以B相电压为参考，则TV一次对地电压应为：

$$\dot{U}_{AO}=\sqrt{3}U_{\varphi}e^{j150^{\circ}}\text{（V）}$$
$$\dot{U}_{BO}=0\text{（V）}$$
$$\dot{U}_{CO}=\sqrt{3}U_{\varphi}e^{-j150^{\circ}}\text{（V）}$$
$$\dot{U}_{N0}=U_{\varphi}e^{j180^{\circ}}\text{（V）} \qquad (1)$$

式中，U_{φ}为正常运行时的相电压。

从而得出：

$$\dot{U}_{AN}=\dot{U}_{AO}-\dot{U}_{NO}=U_{\varphi}e^{j120^{\circ}}\text{（V）}$$
$$\dot{U}_{BN}=\dot{U}_{BO}-\dot{U}_{NO}=U_{\varphi}\text{（V）}$$
$$\dot{U}_{CN}=\dot{U}_{CO}-\dot{U}_{NO}=U_{\varphi}e^{-j120^{\circ}}\text{（V）} \qquad (2)$$

反应到TV的二次电压为：

$$\dot{U}_{an}=\frac{\dot{U}_{AN}}{K}=\frac{100}{\sqrt{3}}e^{j120^{\circ}}\text{（V）}$$

$$\dot{U}_{bn}=\frac{\dot{U}_{BN}}{K}=\frac{100}{\sqrt{3}}(V)$$

$$\dot{U}_{cn}=\frac{\dot{U}_{CN}}{K}=\frac{100}{\sqrt{3}}e^{-j120^\circ}(V)$$

$$\dot{U}_{yjo}=\frac{\dot{U}_{NO}}{K}=-\frac{U_\varphi}{K}=-100(V) \tag{3}$$

式中，K 为 TV 的变比。

由以上计算可见，在发生单相接地故障时，二次电压三相仍然完全对称，绝缘监察表计是反映不出哪一相有接地故障的，其指示如同系统正常运行。但是，零序 TV 二次线圈 yjo 上的电压为 100V，可以通过继电器 YJ 发出单相接地报警。

3. 改进接线

将 10kVⅡ段母线 TV 二次改为如图 1－13 所示的接线（也是制造厂提供的接线方式之一）。通过模拟 10kV 单相接地试验，证实了图 1－13 的接线是正确的。

为什么图 1－13 的接线是正确的呢？

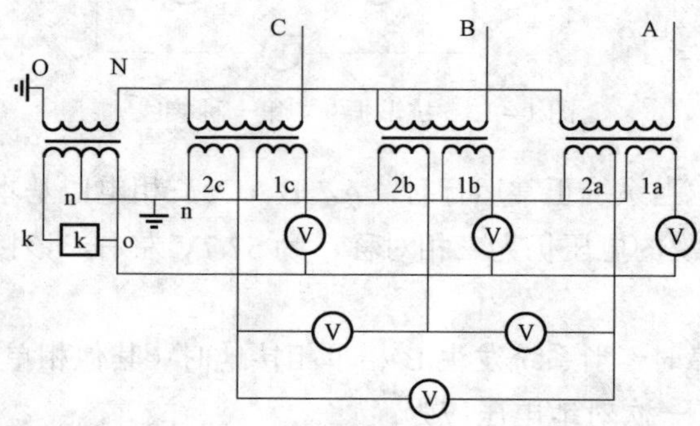

图 1－13　抗谐振 TV 的第二种接线

（1）正常运行时。当系统正常运行时，N 点的电位基本为地电位。零序 TV 二次线圈 no 上的电压，在理论上应为 0。所以，TV 二次的电压仍为三相对称，能够正确的反映系统三相对地电压。

（2）单相接地故障时。当系统发生 B 相单相接地时（其他相单相接地类推），若以 B 相电压为参考，则 TV 一次电压仍为式（1）和式（2）。所不同的是，零序 TV 二次线圈 no 串入了 a、b、c 二次回路，而

$$\dot{U}_{no}=\frac{\dot{U}_{NO}}{K}\times K_c=-\frac{U_\varphi}{K}\times K_c=-\frac{100}{\sqrt{3}}(V)$$

式中，K_c 为线圈 no 与 yjo 的匝数比，通过测量得，$K_c=0.58\approx\frac{1}{\sqrt{3}}$。

故

$$\dot{U}'_{ao}=\dot{U}_{an}+\dot{U}_{no}=\frac{100}{\sqrt{3}}e^{j120^{\circ}}-\frac{100}{\sqrt{3}}=100e^{j150^{\circ}}\text{（V）}$$

$$\dot{U}'_{bo}=\dot{U}_{bn}+\dot{U}_{no}=\frac{100}{\sqrt{3}}-\frac{100}{\sqrt{3}}=0\text{（V）}$$

$$\dot{U}'_{co}=\dot{U}_{cn}+\dot{U}_{no}=\frac{100}{\sqrt{3}}e^{-j120^{\circ}}-\frac{100}{\sqrt{3}}=100e^{-j150^{\circ}}\text{（V）}$$

可见，图 1－13 中的接线完全可以指示出单相接地时的故障相，该接线应当在现场采用，而不应采用图 1－12 中的接线。

4. 结论和建议

第二种接线方式（图 1－13），不但可以做到接地报警，还可以指示出哪一相有接地故障。较第一种接线更完美，应该予以采用。但为了满足继电保护装置使用 A、B、C、N、L 五线制，需要另外敷设 1 根电缆芯到控制室，这一点应引起设计人员的注意。另外，建议厂家在提供图纸资料时，注明每种接线可实现的功能，以便客户选择。

第二章 变压器异常运行和事故处理

变压器没有转动部分，和其他电气设备相比，它的故障是比较少的。但是，变压器一旦发生事故，就可能会中断对部分客户的供电，修复变压器所用的时间也很长，会造成严重的经济损失。为了确保安全运行，监控班值班员和变电运维人员要加强运行监视，做好日常维护工作，将事故消灭在萌芽状态。万一发生事故，要能够正确判断原因和性质，迅速、正确地处理事故，防止事故扩大。

500kV 变电站的主变压器低压侧基本上不对外供电，仅接有站用变压器和无功补偿设备（电容器组和并联电抗器）；并且低压侧母线互不联络，主变压器停电，其低压侧母线必然停止运行。500kV 变压器异常运行和事故处理，应按低压侧不对外供电分析、判断和处理。

第一节　变压器异常运行的检查处理

监控班值班员，应随时对主变压器的运行状况进行监视，主要是对主变压器的负荷情况、上层油温、绕组温度进行监视，并通过图像监控系统对主变压器进行远方巡视检查。若有异常情况，应及时通知运维班到现场检查鉴定。

运维人员现场巡视检查，通过变压器的声音、振动、气味、油温、油色及外部状况等现象的变化，来判断有无异常。分析异常运行原因、部位及程度，以便及时采取相应的措施。

一、变压器的一般异常运行情况

（1）噪声比平时大，音调异常。正常运行中变压器的声音，应该是均匀的“嗡嗡”声。如果变压器声音不均匀或有其他异常声音，都属于不正常情况，但不一定都是内部异常。

1）变压器内部有比较高且沉重的“嗡嗡”声。这种情况可能是因为过负荷运行，电流大，铁芯振动力增大引起。可以根据变压器负荷情况鉴定，并加强监视。

2）变压器内部有短时的“哇哇”声。一种可能是电网中发生过电压，如中性点不接地系统，有单相接地故障或铁磁谐振；另一种可能是大动力设备（如电弧炉、大电机等）

起动，负荷突然变大，因高次谐波的作用产生。这种情况可以参考当时有无接地信号，电压、电流表指示情况，有无负荷的摆动来判定。

3）变压器内部有尖细的“哼哼”声。“哼哼”声会忽粗忽细。可能是系统中有铁磁谐振现象，也可能是系统中有一相断线或单相接地故障。这种情况可以参考当时有无接地信号、电压表指示、绝缘监察电压表指示情况进行判断。

4）系统内发生短路或接地故障，变压器内部通过短路电流，发出很大的噪声。

5）变压器内部有“吱吱”或“劈啪”响声，可能是内部有放电故障。如铁芯接触不良，分接开关接触不良，内部引线对外壳放电等。

6）变压器内部个别零件松动，发出异音。如负荷突变，个别零件松动，内部有“叮当”声；轻负载时，某些离开叠层的硅钢片振动发出“营营”声；铁芯松动，内部有强烈而不均匀的噪声。

以上前 4 种情况，属于外部因素引起；而后 2 种，则可能属于内部因素造成。变压器运行中的异常声音比较复杂。检查时，要注意以下几点：

1）综合观察电压、电流表指示变化情况，表计有无摆动。变压器有异常声音的同时，继电保护有无动作信号；系统内有无接地故障发生。

2）用绝缘杆敲击油箱外部附件或引线，判断响声是否来自外部附件、外部设备。借助于听音棒，仔细听内部声音的变化。

3）站在几个不同的位置听响声，并注意排除变压器以外的其他声音。

4）在不同的天气条件、不同时间（白天或夜间），不同的运行状态下（负载或操作）巡视检查，仔细观察和听其响声。

5）注意变压器有异常声音的同时，有关系统、站内一次设备的运行状况和继电保护及信号动作情况。

6）查看变压器在线监测装置显示情况，若数据变化量较大或超标，则内部可能有异常。或在必要时，向有关上级汇报，由专业人员取油样做色谱分析，测量铁芯接地电流，检测内部有无过热、局部放电等潜伏性故障。

（2）变压器上层油温异常升高：在相同负荷和冷却条件下，变压器的油温比平时升高。在不过负荷的条件下，如果发现变压器上层油温超出允许值，温升超过规定，属于不正常。在相同的运行条件下（负荷、环境温度、冷却器运行情况），上层油温比平时升高 10℃及以上；或者负荷不变，但上层油温不断上升，也应当认为变压器温度属于异常。

检查变压器上层油温异常的原因：

1）检查各散热器是否正常，各散热器阀门是否全部都打开，温度是否一致。散热器的工作状态与变压器上层油温有直接关系。进行红外测温检查，各散热器的外表温度如果不一致，说明温度较低的散热器组散热效率差，油不循环，散热器阀门可能没有打开或油泵不转等。散热器的各散热管之间被油垢、脏物堵塞或覆盖，都会影响散热。

某 220kV 变电站，强油风冷变压器散热器的散热管，曾因粘满被风扇打死的飞虫而影响散热，变压器运行中上层油温异常升高至 85℃。而当时的负荷电流，还不到额定值的70%。冲洗散热器以后，变压器上层油温降低到65℃以下。

对于影响散热器散热效率的油垢、脏物堵塞或覆盖问题，应及时清理。

2）检查冷却器风冷系统和油循环系统有无异常，风扇、油泵转向是否正确。

3）检查负荷、气温有无变化。

如以上没有问题，可能是变压器内部有问题。但应注意温度计指示是否正确，有无大的误差或失灵。用几个不同安装点的温度计、绕组温度计及远方测温指示，相互参照比较；测量上层油温和测量绕组温度的温度计指示，相互比较，才能正确判别。

（3）外部发现漏油现象。变压器有比较轻微的渗油，应当纪录、汇报缺陷，按检修计划处理。发生比较严重的漏油时，应向上级汇报，尽快安排处理缺陷。

变压器渗漏油检查、处理应按照不同的渗漏点区别对待。油箱本体渗漏油，不涉及内部有异常情况，多数情况下不需要立即停电处理。对于绝缘套管，如果有渗油情况，也不需要立即停电处理；但是，绝缘套管有漏油情况时，套管内部可能有问题，需要尽快停电处理。

变压器本体渗漏油面积稍大，应当仔细检查，确定具体部位。可以先进行清擦，再进行观察，找准渗漏油的部位，便于专业人员处理。

（4）油色异常。

（5）油面有显著上升或下降。排除渗漏油原因，变压器的油面变化决定于上层油温。影响上层油温的因素有负荷变化、环境温度的变化、冷却系统的运行情况等。如果上层油温异常升高，油面会随之升高。不随油温变化的油面，可能属于假油面。如果变压器渗漏油严重，油面严重下降，均为不正常运行。缺油的原因有：

1）修试工作多次放油，取油样多次放油而未补油。

2）长时间渗漏油或大量漏油。

3）储油柜的储油容量不足，气温过低。

发现上述问题，应当记录缺陷，向有关上级汇报。

（6）套管有闪络放电现象。

（7）盘根和塞垫向外凸出。

发现上述异常情况时，应当汇报调度和有关上级。经判定声音、油温异常等确属内部问题时，为防止变压器损坏，应投入备用变压器或备用电源（500kV 变电站还应先切换站用电），将故障变压器停电检查。对于油色有变化、套管有放电闪络，本体漏油和油面降低等情况，若问题不严重，应汇报有关上级，安排停电或带电处理。但如果问题比较严重，应转移负荷，投入备用变压器，将故障变压器停电检修。

二、变压器的严重异常运行情况

若发现变压器运行中出现下列情况之一，应立即投入备用变压器或备用电源（500kV 变电站还应先切换站用电），再将故障变压器停止运行：

（1）内部响声大，不均匀，有放电爆裂声。这种情况可能是由于铁芯穿芯螺栓松动，硅钢片间产生振动，破坏片间绝缘，引起局部过热。内部“吱吱”声大，可能是线圈或引出线对外壳放电，或是铁芯接地线断线，使铁芯对外壳感应高电压放电引起。放电持续发展为电弧放电，会使变压器绝缘损坏。

（2）储油柜、呼吸器、压力释放阀向外喷油。此情况表明，变压器内部已有严重损伤。喷油的同时，瓦斯保护可能动作跳闸，若没有跳闸，应将该变压器各侧断路器断开。若瓦斯保护没有动作，也应切断变压器的电源。

有时，某些储油柜或呼吸器冒油，是在安装或大修以后，储油柜中的隔膜气袋安装不当，空气不能排出，或是呼吸器不畅，在大负荷下或高温天气使油温上升，油面异常升高而冒油。此时，油位计中的油面也很高，应注意分辨，汇报上级，按主管领导的命令执行。

（3）正常负荷和冷却条件下，上层油温异常升高并继续上升。此种情况下，如果散热器和冷却风扇、油泵无异常，说明变压器内部有故障，如铁芯严重发热或线圈有匝间短路。

铁芯发热是由涡流引起，或铁芯穿芯螺丝绝缘损坏造成的。因为涡流使铁芯长期过热，使铁芯片间绝缘破坏，铁损增大，油温升高，油劣化速度加快。穿芯螺丝绝缘损坏会短接硅钢片，使涡流增大，铁芯过热，并引起油的分解劣化。油化验分析时，发现油中有大量油泥沉淀、油色变暗，闪光点降低等，多为上述故障引起。

铁芯发热发展下去，使油色发暗，闪光点降低。由于靠近发热部位温度升高很快，使油的温度渐达燃点，故障点的铁芯过热熔化，甚至会溶焊在一起。若不及时断开电源，可能发生火灾或爆炸事故。

（4）绕组超温保护动作报出信号。如果同时发生变压器上层油温异常升高，说明变压器内部可能有问题。监控班在运行监视中，报出绕组超温保护动作信号，应向调度汇报，投入备用变压器，将异常运行的变压器停电检查。

（5）严重漏油，油位计和气体继电器内看不到油面。

（6）油色变化过甚（储油柜中无隔膜胶囊压油袋的，或油位计直接与储油柜相通的），油质急剧下降，易引起线圈和外壳之间发生击穿事故。

（7）套管严重破损、放电闪络。套管上有大的破损和裂纹，表面上有放电及电弧闪络，会使套管的绝缘击穿，剧烈发热，表面膨胀不均，严重时会爆炸。

（8）变压器着火。变压器运行中若报出自动灭火装置告警信号，监控班值班员应使用图像监控系统查看变压器，发现变压器着火，应向调度汇报，投入备用变压器，故障变压器停电检查。若属于误动作，应通知运维班到现场检查处理。

对于以上故障，一般情况下，变压器保护会动作，如因故没有动作，应投入备用变压器或备用电源（500kV 变电站还应先切换站用电），再将故障变压器停电检查。

第二节　变压器轻瓦斯保护动作

瓦斯保护是变压器的主保护，它能反应变压器内部发生的各种故障。变压器内部发生故障，一般是由较轻微故障逐步发展为严重故障的。所以，大部分情况是先报出轻瓦斯动作信号，然后发展到重瓦斯动作跳闸。因此，监控班值班员应向调度汇报，提前做好转移负荷的准备，减少重瓦斯动作跳闸的停电损失。

轻瓦斯保护动作报出信号，不一定都是变压器内部有故障。所以，处理时的重点应该是正确判断故障原因。把内部故障当作进入空气去处理，会使变压器损坏程度加重。

一、变压器轻瓦斯保护动作原因

（1）变压器内部有较轻微故障，产生气体。

（2）变压器内部进入空气。例如变压器加油、滤油，更换净器内的硅胶，检修散热器或潜油泵等工作以后，都可能进入空气。变压器新安装或大修时进入空气，修后没有完全排出。运行中可能由于冷却器、潜油泵等密封不严进入空气。

（3）外部发生穿越性短路故障。

（4）油位严重降低至气体继电器以下，使浮筒式气体继电器动作。

（5）直流多点接地、二次回路短路。例如气体继电器接线盒进水，电缆长时间受渗出的变压器油的腐蚀，绝缘老化等。

（6）受强烈振动影响。

（7）气体继电器本身问题，例如轻瓦斯浮子进油、继电器机构失灵、干簧管触点引出线因油垢长时间侵蚀，绝缘降低。

有载调压变压器调压油箱轻瓦斯动作，报出信号，其原因还有：调压油箱在线滤油装置未能有效使用（滤油装置故障停用、不能自动滤油），运行中带负荷调压次数过多，没有及时滤油或换油，有载分接开关检修超期，频繁的调压以后分解出的气体超过整定值。

二、变压器轻瓦斯保护动作处理程序

运维班接到监控班值班员的通知，应赶赴现场，对变压器作外部检查，然后取气分析。根据检查和取气分析结果，采取相应的措施。监控班值班员可以迅速执行调度命令，投入备用变压器或备用电源，转移负荷，有异常的变压器进行停电检查，取油样做色谱分析。变压器维持运行期间，监控班值班员可以检查变压器上层油温，使用图像监控系统对变压器进行外部查看。

1. 对变压器进行外部检查

进行外部检查前，应先检查记录保护动作信号。外部检查的主要内容有：

（1）变压器负荷情况，直流系统绝缘情况，变压器有无其他保护动作信号，其他设备有无保护动作信号。如果同时有变压器压力释放保护动作或有绕组超温保护告警信息，则属于内部故障的可能非常大。

（2）变压器的油位、油色是否正常。如果变压器油色异常，可能是内部发生故障。如果看不到油面，气体继电器内也没有充满油，则可能是油位低于气体继电器而误动。负荷小且严寒天气下，油位可能会更低，可能会低于气体继电器。

（3）变压器声音有无异常。变压器如果有噪声，则属于内部故障。在没有较大的噪声时，可以用一根木棒顶在油箱上，另一端贴在耳边细听。内部若有不均匀的噪声，或有“吱吱”放电闪络声，或有“叮当”等异音，说明内部有问题。

（4）检查上层油温、绕组温度是否比平时明显升高。

（5）检查储油柜、压力释放器有无喷油、冒油；盘根和塞垫有无凸出变形。

（6）查看变压器在线监测装置显示情况，数据变化量较大或超标，则内部有异常。

（7）气体继电器内有无气体，若有应取气，检查分析气体的性质。

如果气体继电器内充满油，并且无气泡上冒，同时变压器其他方面无任何异常，则属于误动作。

如果检查变压器没有发现明显故障现象，气体继电器内有气体，应立即取气，分析气体的性质。如果变压器有明显严重异常，应汇报调度，投入备用变压器或备用电源，故障变压器停电后，再取气分析；因为变压器内部有严重异常，随时可能会发生严重事故，危及人身安全。

2. 取气分析

变压器内部故障时析出的气体或进入的空气，积聚在气体继电器内。取气时，可以用胶管连接专用取气瓶（也可以用注射器），连接气体继电器的放气孔。观察记录气体继电器内气体的容积以后，打开放气阀取气。

从气体继电器内取气分析，主要是鉴别气体的颜色、气味、可燃性，以此判别有无故障以及故障的性质。

气体的颜色和可燃性鉴别必须迅速进行。因为气体内有色物质会沉淀，经一定时间后会消失。气体如果有色、有味、可燃，说明变压器内部有故障。分析判断如下：

（1）检查变压器无任何异常情况，气体纯净，无色、无味、不可燃，属于进入空气。判定属于进入空气的依据还有：报出轻瓦斯信号之前，变压器曾经进行过有可能进入空气的工作。

（2）黄色不易燃气体，为固体（木质）绝缘过热损坏而分解的气体。对于这种气体在进行油化验时，可以发现一氧化碳含量增大（大于1%～2%）。

（3）白色、淡灰色，有强烈臭味的可燃气体，为纸绝缘、麻绝缘损坏。

（4）灰黑色、褐色、有焦油味的易燃气体，为油过热或闪络而分解的气体。

气体继电器内的气体，可燃成分占总容积的 20%～25%时，气体即可点燃。气体的可燃性、油的闪点降低，可以直接判断变压器内部故障的严重性。因此，从气体继电器内取气，检查气体的颜色、气味和可燃性，是判定内部有无故障简便可行的方法。如果气体不可燃，又怀疑不是空气时，且变压器在线监测装置数据变化量较大或超标，说明变压器内部有问题，应取油样（由专业人员进行）做油色谱分析。若乙炔、总烃含量超标，变压器应停电检查（对于调压油箱轻瓦斯动作，则可能是调压频繁所致）。

检查气体是否可燃时，须特别小心。取气后，应在远离变压器的地方点火检查。

3. 根据检查分析确定处理的方法

（1）如果外部检查发现有故障现象和明显异常，气体继电器内有气体。如声音、油色异常，上层油温、绕组温度异常升高，或者压力释放器有冒油现象、有明显故障（本章第一节中所列的严重异常情况之一者）的，均应立即投入备用变压器或备用电源，切换站用电，故障变压器停电检查，再取气分析。变压器不经检查试验合格，不能投入运行。

（2）如果变压器经外部检查，无明显故障和异常现象，取气检查气体可燃、有色、有味，或者变压器有压力释放保护动作信号，说明属于内部故障。应汇报调度，投入备用变压器或备用电源，切换站用电，故障变压器停电检查，不经试验合格，不许投入运行。

（3）如果变压器经外部检查，没有发现任何异常及故障现象，取气检查为无色、无味、不可燃的气体，气体很纯净，可能属于进入了空气。将气体放出后，检查有无可能进入空气的部位，如散热器、潜油泵、各接口阀门等，有无密封破坏进入空气之处，若有，则的确属于进入空气。

如果属于进入空气，应及时排出，监视并记录每次轻瓦斯信号报出的时间间隔。如时间间隔逐渐变长，说明变压器内部和密封无问题，空气会逐渐排完。如果时间间隔不变，甚至变短，说明有密封不严、进入空气之处。应汇报调度和主管领导，并按其命令执行。认真检查可能进气的部位，如散热器、净油器的接口、阀门和密封点，特别是潜油泵的各密封点。

可以用小纸片放在密封处检查（进气处的负压可吸引纸片），也可以使各组冷却器轮流停止工作，观察轻瓦斯信号报出的时间间隔是否加长的方法来检查。如果某一组冷却器停用后，报出信号的时间间隔加长或停报信号，则应重点检查该组冷却器的密封点。无备用变压器时，可以根据调度命令，将重瓦斯保护暂时改投信号位置。

（4）如果经过检查，变压器未发现任何异常及故障现象，取气检查不可燃、无味、颜色很淡，不能确定为空气，气体的性质在现场不能明确。应汇报调度和有关上级，投入备用变压器或备用电源，切换站用电，对故障变压器停电检查。如果没有备用变压器或备用电源，应按主管领导的命令执行。运行中，应对变压器严密监视。无论能否立即停电，均应由专业人员取气以及取油样，进行化验和色谱分析。

（5）变压器无明显异常和故障现象，发现储油柜上的油位计内无油面，气体继电器内没有充满油，取气检查为无色、无味、不可燃的气体，这种情况是油位过低造成的。无备用变压器或备用电源时，可以暂时维持运行，汇报调度和上级，设法处理漏油及带电加油（注意先将重瓦斯保护改投于信号位置，防止误跳闸）。有备用变压器的，投入备用变压器，故障变压器停电处理渗漏油并加油。

（6）检查变压器无任何异常和故障现象，气体继电器内充满油无气体存在，说明属于误动作。这种情况，可能是二次回路问题，也可能是气体继电器本身有问题，还可能是受振动过大或外部有穿越性短路故障。

区分误动原因的方法和依据是：检查气体继电器的上触点的位置，检查直流系统绝缘情况，检查轻瓦斯信号能否复归。

1）轻瓦斯保护信号不能复归，检查气体继电器的上触点在闭合位置，直流系统绝缘良好。这种情况属气体继电器本身有问题，如浮子进油、机构失灵等。应汇报调度和上级，安排计划停电处理。

2）轻瓦斯信号能复归，气体继电器上触点在打开位置，直流系统绝缘良好。可能是有较大振动或外部有穿越性短路，造成误动作。需要作进一步判断。

3）轻瓦斯信号不能复归，气体继电器上触点在打开位置，直流系统对地绝缘正常。这种情况可能是二次回路短路，造成误动作。应先检查气体继电器接线盒有无进水、端子排有无受潮。再检查气体继电器的引出电缆，看是否受腐蚀严重而短路等。

4）轻瓦斯信号不能复归，气体继电器上触点在打开位置，直流系统对地绝缘不良。这种情况可能是直流系统多点接地，造成误动作。应查明接地故障点，并排除故障。检查出的问题，不能自行处理的，应汇报上级，由专业人员处理。

处理变压器报出轻瓦斯信号故障，除了能够判定确实属于误动作的情况以外，只要检查气体继电器中有气体，不论气体可否点燃，都要取气并取油样作色谱分析（由专业人员进行）。因为变压器内部故障很轻微时，气体中的可燃成分较少，不一定能点燃。在夜间，灯光下很难辨别清楚气体的颜色（气体颜色较淡时）。经专业人员对气体和油使用仪器化验，得出的结论才是最准确的。

有载调压变压器调压油箱轻瓦斯动作，报出信号，还要结合带负荷调压累计次数、在线滤油装置使用情况、调压操作是否频繁等情况，进行综合分析。

为使上述处理方法一目了然，总结其处理步骤，如图 2-1 所示：

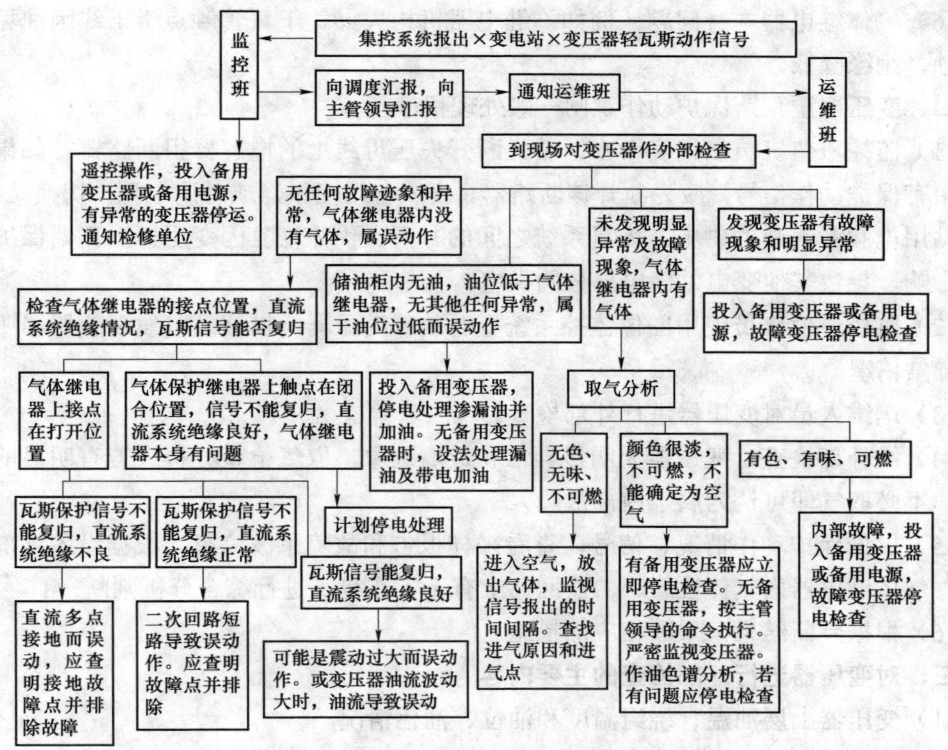

图 2-1 变压器轻瓦斯保护动作的处理框图

第三节　变压器重瓦斯保护动作跳闸

变压器的瓦斯保护，只能反应变压器本体内部的故障。因此，变压器重瓦斯保护动作跳闸后，应当汇报调度，只要其他设备的保护没有动作，就可以先投入备用变压器或备用电源，恢复对全部或部分客户的供电，恢复系统之间的联络，再检查处理故障变压器的问题。为了尽快恢复供电，上述操作一般应由监控班值班员执行。

变压器内部发生故障，一般是由较轻微故障，逐步发展为严重故障的。所以，大部分情况是先报出轻瓦斯动作信号，然后发展到重瓦斯动作跳闸。因此，监控班值班员应向调度汇报，提前做好转移负荷的准备，减少重瓦斯动作跳闸的停电损失。

一、变压器重瓦斯保护动作跳闸原因

（1）变玉器内部严重故障。

（2）二次回路问题误动作。

（3）某些情况下，由于储油柜内的胶囊安装不良，造成呼吸器堵塞。油温发生变化后，呼吸器突然冲开，油流冲动使气体继电器误动跳闸。

（4）外部发生穿越性短路故障（浮筒式气体继电器可能误动）。

（5）变压器附近有较强烈的振动。

（6）气体继电器本身问题，例如：继电器机构失灵、干簧管触点引出线因油垢长时间侵蚀，绝缘降低。

二、变压器重瓦斯保护动作跳闸一般处理程序

（1）监控班值班员按调度命令，首先断开失压母线上的电容器组断路器。如果同时分路中有保护动作信号，应先断开该断路器。投入备用变压器或备用电源，切换站用电，恢复站用电和对客户的供电，恢复系统之间的并列。优先恢复因变压器重瓦斯保护动作跳闸影响，导致其他变电站停电部分的供电。

（2）监控班值班员使用图像监控系统查看故障变压器，以便及时发现变压器明显的严重异常情况。

（3）运维人员对变压器进行外部检查。

（4）经外部检查，变压器无明显异常和故障迹象，取气检查分析（若有明显的故障迹象，不必取气即可认为属于内部故障）。

（5）根据保护动作情况、信号，查看采样报告和故障录波信息。根据设备外部检查结果、气体继电器内气体性质、二次回路上有无工作等，进行综合分析判断。

（6）根据判断结果，采取相应的措施。

三、对变压器进行外部检查的主要内容

（1）变压器上层油温、绕组温度和油位、油色情况。

（2）变压器的储油柜、呼吸器、压力释放器有无喷油和冒油现象。

（3）各法兰连接处、导油管等处有无冒油。

（4）盘根是否因油膨胀而变形、流油。

（5）外壳有无鼓起变形，套管有无破损裂纹。

（6）气体继电器内有无气体。

（7）有无其他保护动作信号。

（8）压力释放器（安全阀）动作与否（若动作应报出信号）。

（9）查询变压器有无绕组超温保护信息。

（10）现场取气，检查分析气体的性质。

四、变压器重瓦斯保护动作的分析判断依据

（1）变压器的差动、速断、压力释放、绕组超温等其他保护，是否有动作信号。变压器的差动保护、电流速断保护等，是反应电气故障量的保护装置；瓦斯保护、压力释放保护和绕组超温保护，则反应的是非电气故障量，瓦斯保护能够反应变压器的磁路故障，也能反应电气故障（相间、匝间、层间故障等）。如果变压器的差动保护、压力释放保护等同时动作，说明变压器内部有故障。如果查询到变压器绕组超温保护在跳闸前有动作、告警信息，变压器内部有故障的可能性也很大。

（2）跳闸前轻瓦斯动作与否。变压器的内部故障，一般是由比较轻微的故障，发展到比较严重故障的。如果重瓦斯动作跳闸前，曾经先有轻瓦斯信号，则可以检查到变压器的声音等有无异常情况。

（3）外部检查有无发现异常和故障迹象。如果变压器经外部检查，发现有明显的异常和故障迹象，说明内部有故障。

（4）取气检查分析结果。如果发现气体继电器内的气体有色、有味、可点燃（主要是可燃性）。则无论在外部检查时是否有明显的故障现象，有无明显的异常，都应该判定为变压器内部故障。

（5）变压器跳闸时，附近有无过大振动。

（6）检查直流系统的对地绝缘情况，根据重瓦斯保护信号能否复归，结合变压器外部检查情况，以及前面的各项判断依据，综合判断是否属于直流系统多点接地或二次回路短路所引起的误动。

经检查，变压器没有任何故障现象和异常，气体继电器内充满油并且无气体；没有发生外部短路故障；跳闸前没有报出轻瓦斯动作信号，变压器也没有其他保护（差动保护、压力释放保护、绕组超温保护、速断保护）动作信号。如果重瓦斯信号不能恢复，观察气体继电器的下触点没有闭合，并且保护出口跳闸继电器触点仍在闭合位置，说明是二次回路有短路故障而造成误动作跳闸。与上述现象相同，如果直流系统绝缘不良，有直流系统接地信号，则为直流多点接地造成的误动跳闸。

二次回路短路或接地故障所造成误动跳闸的原因有：① 回路上有人工作，工作人员失误；② 气体继电器的接线盒进水；③ 气体继电器渗油，使二次电缆长时间受腐蚀，绝缘破坏；④ 二次接线端子排受潮等。

五、变压器重瓦斯保护动作的处理方法

（1）经判定为内部故障，未经内部检查并试验合格，不得重新投入运行，防止扩大事故。有以下几种情况：

1）经外部检查，发现有明显的异常情况和故障象征。不经检查分析气体的性质，即可认为属内部故障。

2）外部检查无明显异常现象，跳闸前有轻瓦斯信号，取气分析有味、有色、可燃，也属于内部故障。因为外部象征虽不明显，但内部故障可能比较严重。

3）变压器有差动保护等反应电气量的保护动作信号，跳闸前有轻瓦斯信号。无论变压器外部有无明显异常，取气分析是否有色、是否可燃，或未查明气体的性质（可疑），均应认为内部有问题。

4）变压器同时有压力释放保护动作信号时，应认为是内部有问题。

（2）外部检查没有发现任何异常，经取气分析，气体无色、无味、不可燃，并且气体纯净无杂质；同时变压器其他保护均没有动作。跳闸前，轻瓦斯信号报出时，变压器的声音、油温、油位、油色均无异常，可能属于进入空气太多，析出太快。应查明进气的部位并处理（如关闭进气的冷却器、潜油泵阀门，停用进气的冷却器组等）。无备用变压器或备用电源时，根据调度和主管领导的命令，试送一次。严密监视变压器运行情况，由检修人员处理密封不良的问题。

（3）经外部检查，无任何故障迹象和异常，变压器其他保护没有动作。取气分析，气体颜色很淡、无味、不可燃，气体的性质不易鉴别（可疑），没有可靠的根据证明属于误动作。没有备用变压器和备用电源者，根据调度和主管领导的命令执行。拉开变压器的各侧隔离开关，摇测绝缘无问题，放出气体后试送一次，如果不成功，应做内部检查。有备用变压器者，由专业人员取油样进行色谱分析，经试验合格后方能投运。

（4）变压器经外部检查，没有任何故障迹象和异常，气体继电器内没有气体。证明确属于误动跳闸。处理如下：

1）重瓦斯保护信号能够复归，可能属于振动过大原因误动跳闸，可以投入运行。

2）重瓦斯保护信号不能复归。若经检查直流系统对地绝缘良好，没有直流系统接地信号，可能属于二次回路短路，造成误动跳闸。如果检查直流系统对地绝缘不良，有直流系统接地信号，则可能是直流系统多点接地造成的误动跳闸。

应检查气体继电器接线盒内有无进水，端子箱内二次线有无受潮，气体继电器的引出电缆，有无被油严重腐蚀。分别作如下处理：

a）能及时排除故障的，排除故障后变压器可以投入运行。

b）不能在短时间内查明并排除故障的，没有备用变压器或备用电源时，在变压器有可靠的差动保护（或速断保护）和可靠的后备保护条件下，根据调度命令，暂时退出重瓦斯保护后，变压器投入运行，恢复对客户的供电。然后再检查、处理二次回路的问题。

变压器重瓦斯保护动作跳闸的一般处理程序如图 2－2 所示。

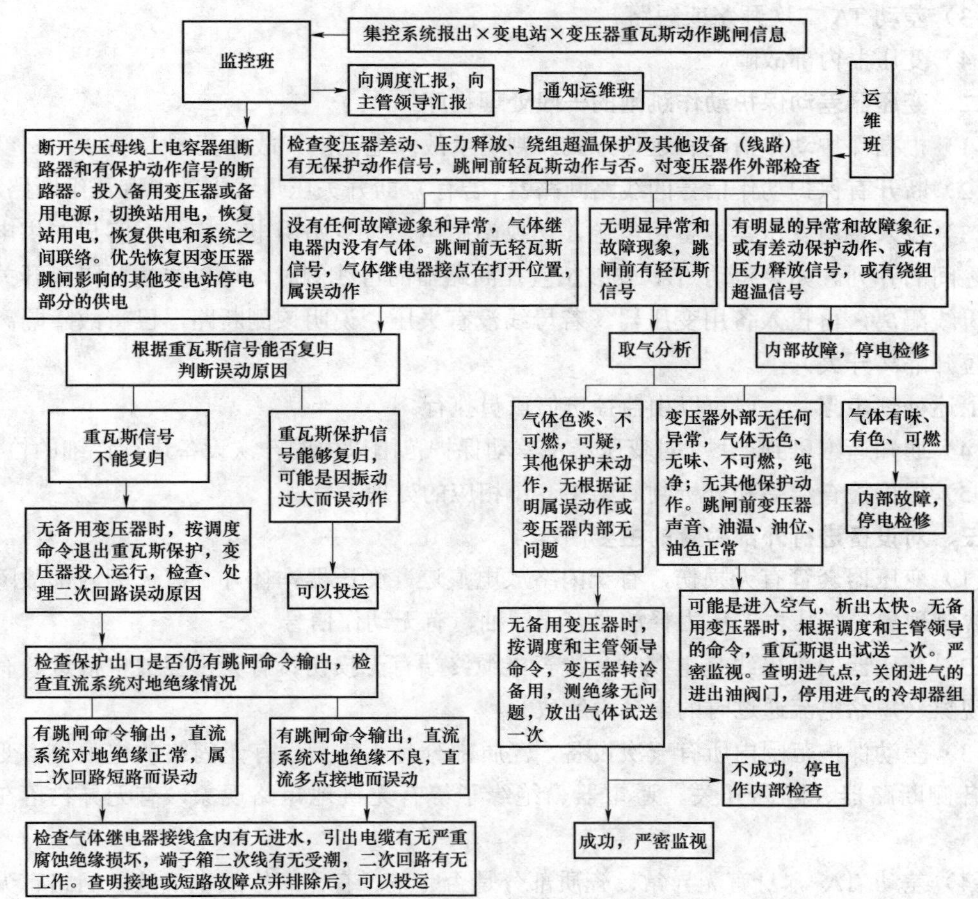

图 2-2 变压器重瓦斯保护动作跳闸的处理框图

第四节 变压器差动保护动作跳闸

变压器差动保护的保护范围，是变压器各侧差动电流互感器（以下简称 TA）之间的一次电气部分，主要反应以下故障：

（1）变压器引出线及内部线圈的相间短路。

（2）严重的线圈层间短路故障。

（3）大电流接地系统中，线圈及引出线的接地故障。

变压器差动保护能迅速而有选择地切除保护范围内的故障。只要接线正确并调整得当，外部故障时不会误动。差动保护对变压器内部不严重的匝间短路反应不够灵敏。

一、变压器差动保护动作跳闸的原因

（1）变压器及其套管引出线，各侧差动 TA 以内的一次设备故障。

（2）保护二次回路问题误动作。

（3）差动 TA 二次开路或短路。

（4）变压器内部故障。

二、变压器差动保护动作跳闸的一般处理程序

（1）根据保护动作情况和运行方式，判明事故停电范围和故障范围。

（2）断开有保护动作信号的线路断路器（若有），断开失压母线上的电容器组断路器。

（3）投入备用变压器或备用电源，切换站用电，恢复站用电，恢复对客户的供电和系统之间的并列。如果差动 TA 安装位置在断路器的母线侧时，可以先拉开隔离开关与失压母线隔离，再投入备用变压器（若母线没有失压，说明该侧断路器已将故障隔离，无须拉开隔离开关）。

上述处理步骤，一般可以由监控班值班员执行。

（4）通知运维班到现场，对变压器及差动保护范围以内的一次设备进行详细的检查。

（5）根据检查结果和分析判断结果，作相应的处理。

三、对设备进行外部检查的主要内容

（1）变压器套管有无损伤，有无闪络放电痕迹，变压器本体外部有无因内部故障引起的异常现象。变压器的压力释放器有无冒油，有无动作信号。

（2）变压器的引出线是电缆时，检查电缆终端有无损伤、有无击穿放电痕迹、有无移动现象（短路电流通过时的电动力所致）。

（3）差动保护范围内所有一次设备，瓷质部分是否完整，有无闪络放电痕迹。变压器及各侧断路器、隔离开关、避雷器、绝缘子等有无接地短路现象，有无异物落在设备上。

（4）差动 TA 本身有无异常，瓷质部分是否完整、有无闪络放电痕迹，回路有无断线接地。对于微机保护装置，若 TA 二次开路，会报出“TA 断线”信号。

（5）差动保护范围外有无短路故障（其他设备有无保护动作）。

（6）在保护屏上，检查保护动作情况、信号，查看采样报告和故障录波信息。

四、分析判断依据

（1）差动保护动作跳闸的同时，瓦斯保护、压力释放保护、绕组超温保护动作与否。如果变压器瓦斯保护或压力释放保护同时动作，即使是报出轻瓦斯信号，变压器内部故障的可能性也极大。如果查询到变压器绕组超温保护在跳闸前有动作、告警信息，变压器内部有故障的可能也很大。

（2）检查差动保护范围内一次设备（包括变压器在内）有无故障现象。

（3）差动保护范围外其他设备有无短路故障，其他线路有无保护动作信号。

如果差动保护整定不当，保护范围外发生故障时，差动电流回路不平衡电流增大，可能误动作。差动电流回路接线若有错误，外部故障时会误动作（内部故障时则可能不动作）。

从变压器和其他有动作信号的微机保护装置的采样报告、录波信息中，可以查看、分析变压器和系统中是否有故障。

（4）变压器差动保护动作信号能否复归。检查变压器及差动保护范围内的一次设备，如果没有发现任何故障迹象，跳闸时，无表计指示冲击摆动，瓦斯保护和压力释放保护、绕组超温保护没有动作，变压器差动保护范围以外无接地、短路故障，应根据变压器差动保护动作信号能否复归，作进一步分析、检查。在变压器各侧断路器已经跳闸的情况下，差动保护动作信号若不能复归，则二次回路可能有问题。

微机型变压器保护装置，可依据保护装置有无“长期起动”告警信息，测量跳闸出口输出端子上有无正电脉冲，证实上述判断。

（5）保护及二次回路上是否有人工作。变压器及差动保护范围内一次设备，如果检查没有任何故障迹象，其他保护也没有动作，差动保护范围以外设备也没有接地、短路故障，微机型保护装置跳闸出口输出端子上无正电脉冲，在这些前提下，若保护及二次回路上有人工作，可能属于人为因素误动作。如果无人工作，可能有以下原因：

1）差动 TA 二次开路（或短路）而误动作（正常运行中可能性很小）。微机型保护装置差动 TA 二次开路，会报出“TA 断线”信号，会有“×侧 TA 异常”信息。

2）变压器内部故障，外部无明显异常现象。

五、处理方法

（1）检查发现故障明显可见，变压器压力释放器有冒油现象，变压器本体有明显的异常和故障迹象，差动保护范围内一次设备上有故障现象，应停电检查处理故障，经检修试验合格后方能投运。

对于三绕组变压器，如果故障点不在变压器本体上，且可以用隔离开关隔离时，应迅速隔离故障。检查变压器本体无问题，可以先恢复变压器无故障的两侧运行。这样，在没有备用变压器或备用电源时，能够先恢复对部分客户的供电，或者可以恢复站用电正常运行方式，降低事故造成的损失。

（2）经检查没有发现明显的异常和故障迹象。但是变压器有瓦斯保护动作，即使只是报出轻瓦斯信号，属于变压器内部故障的可能性也极大，应经内部检查并试验合格后方能投入运行。如果变压器同时有压力释放保护信号或有绕组超温保护告警信息，属于变压器内部故障的可能也很大，必须经过试验，证明变压器无问题后，方能投入运行。

（3）检查变压器以及差动保护范围内的所有设备，没有发现任何明显异常和故障迹象，变压器其他保护也没有动作，差动保护动作信号能够恢复。站内没有保护和二次回路上的工作，差动保护范围以外有接地、短路故障（其他设备或线路有保护动作信号）。

这种情况，可能是差动保护范围以外有故障，差动保护因为电流回路接线有错误，导致误动作跳闸。也可能是保护整定、调整不当，不能躲过外部故障。这一点可以通过微机保护“差流越限”告警，但微机保护的采样报告中没有故障电气量信息而得到证明。

处理：隔离外部故障，拉开变压器各侧隔离开关，测量变压器绝缘无问题，根据调度命令试送一次。试送成功后，检查差动保护误动作原因。根据调度的命令，退出差动保护，由专业人员测量差动电流回路的相位关系，检验有无接线错误；检查保护整定值有无问题。

（4）检查变压器以及差动保护范围内一次设备，没有发现任何故障的痕迹和异常。变压器瓦斯保护、压力释放保护均未动作。其他设备和线路没有保护动作信号。跳闸之前，二次回路上有人工作。

处理：应分析工作和变压器差动保护动作跳闸有无关系。如果是工作人员失误，导致误动跳闸，应立即停止工作，断开工作电源和工作接线。没有备用变压器或备用电源时，应根据调度命令，拉开变压器的各侧隔离开关，测量变压器绝缘无问题试送一次，如果成功，及时恢复对客户的供电，恢复站用电正常运行方式。

（5）检查变压器以及差动保护范围内一次设备，没有发现任何故障的痕迹和异常。变压器瓦斯保护、压力释放保护均未动作。其他设备和线路没有保护动作信号。跳闸之前，二次回路上没有人工作。

此种情况下，应进一步检查判断。变压器保护有无“长期起动”告警信息，保护跳闸出口端子上有无正电脉冲，查看微机保护采样报告和故障录波信息，有无故障电气量信息。

1）保护无“长期起动”告警信息，跳闸出口端子上无正电脉冲。查看微机保护的采样报告，没有故障电气量信息。

此种情况下，应检查差动电流回路有无断线或短路、接地，并汇报有关上级，由专业人员进行检查。微机型变压器保护装置，报出“TA 断线”信号，有“××侧 TA 异常”信息，说明差动 TA 二次回路有问题。如果查出是电流回路有问题，应排除故障，再恢复变压器运行和对客户的供电。如果经过检查二次回路没有问题，变压器应做试验检查无问题后再投入运行。无备用变压器或备用电源时，按调度和主管领导的命令执行。

2）保护有“长期起动”告警信息，跳闸出口端子上有正电脉冲。查看微机保护的采样报告中，没有故障电气量信息。

此种情况，可以认为属于差动保护误动作。可以根据直流系统对地绝缘情况，区分故障性质。直流系统对地绝缘不良，有“直流接地”信号，则是直流多点接地造成误动跳闸。反之，直流系统对地绝缘正常，可能是二次回路短路所致。

处理：无备用变压器或备用电源时，可以根据调度命令，先退出差动保护，变压器投入运行，恢复供电、恢复站用电正常运行方式，再检查二次回路的问题。解除变压器差动保护时，应保证瓦斯保护及其他保护在投入的条件下，变压器方能运行。差动保护必须在 24h 内重新投入。

变压器差动保护动作跳闸的一般处理程序如图 2－3 所示。

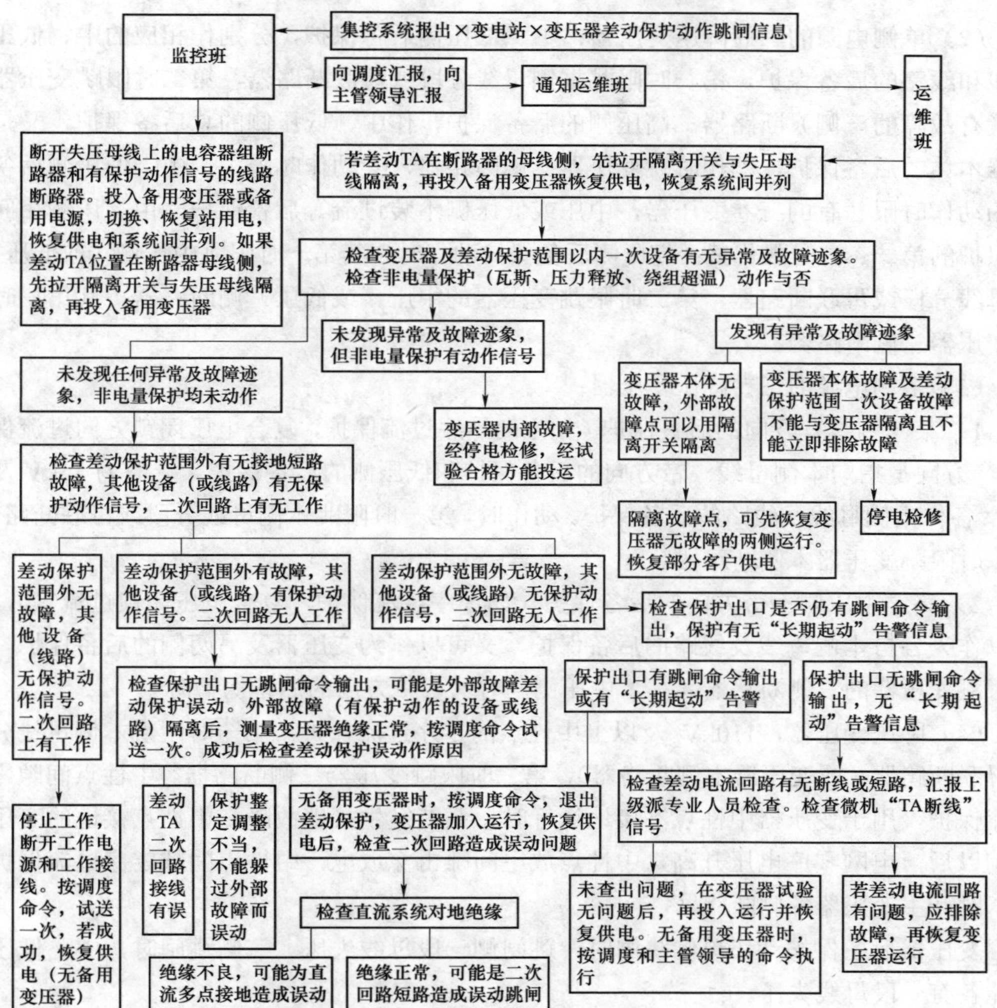

图2-3　变压器差动保护动作跳闸的处理框图

第五节　变压器后备保护动作跳闸

变压器过流等后备保护动作跳闸，主保护没有动作，一般应视为外部（差动保护范围以外）故障，即母线故障或线路故障越级跳闸。变压器本体发生故障，由过流等后备保护动作跳闸的概率很小。

变压器过流等后备保护动作跳闸，要正确判断故障范围和停电范围，必须熟知变压器后备保护的保护范围，动作时跳哪些断路器：

（1）单侧电源双卷降压变压器：后备保护一般装在高压侧，作低压侧母线及各分路的后备保护。动作时，第一时限跳低压侧母线分段或母联断路器，第二时限跳变压器两侧断路器。

（2）单侧电源的三卷降压变压器：中、低压侧后备保护，分别作相应的中、低压侧母线和线路的后备保护，第一时限跳本侧母线分段或母联断路器，第二时限跳变压器本侧（有故障的一侧）断路器。高压侧的后备保护，作中、低压侧的总后备保护，又是变压器本体的后备保护，动作时跳变压器三侧断路器，其动作时限大于中、低压侧后备保护的动作时限。有的三卷变压器，中压或低压侧不装过流等后备保护，由高压侧相间后备保护的第一、二时限代替；高压侧后备保护动作时，其第一时限跳中压侧（或低压侧）的母线分段或母联断路器，第二时限跳变压器的中压（或低压）侧断路器，其第三时限跳变压器三侧断路器。

（3）多侧电源的三卷降压变压器：

1）某一侧带有方向的后备保护（如方向零序过流保护，复合电压闭锁方向过流保护等），方向是指向本侧母线。带方向的后备保护和低压侧的后备保护（一般为35kV及以下），各作本侧母线及线路的后备保护。动作时，第一时限跳本侧母线分段或母联断路器，第二时限跳变压器本侧断路器。

2）高、中压侧不带方向的后备保护（如零序过流保护，复合电压闭锁过流等），既可以作为各自本侧母线及线路的后备保护，又可以作为变压器及另两侧的后备保护。动作时跳变压器的三侧断路器（高、中压侧同时又有带方向的后备保护时）。

（4）降压变压器，110kV及以上中性点的零序过流保护，第一时限跳本侧母线分段或母联断路器（或变压器本侧断路器），第二时限跳变压器三侧断路器。中性点间隙零序过流保护，用于变压器中性点不接地运行时，系统发生接地故障，中性点接地的变压器跳闸以后，电网零序电压升高，中性点放电间隙击穿放电，中性点间隙零序过流保护动作，跳开主变压器各侧断路器。

变压器后备保护动作单侧跳闸时，跳闸侧一段母线失压。三侧跳闸时，中、低压侧可能各有一段母线失压。

一、微机型220kV主变压器后备保护的作用范围举例

某220kV变电站主变压器后备保护配置、作用范围举例如下：

220kV复合电压闭锁过流保护：是总后备保护，动作于跳主变压器三侧断路器。

220kV零序方向过流Ⅰ段保护：方向指向220kV母线，是反应220kV系统单相接地故障的后备保护。第一时限动作于跳220kV侧母联（或分段）断路器；第二时限动作于跳主变压器220kV侧断路器。

220kV零序方向过流Ⅱ段：与Ⅰ段相同，第一时限动作于跳220kV侧母联（分段）断路器；第二时限动作于跳主变压器220kV侧断路器。

220kV零序过流：220kV侧中性点接地运行时投入，是反应220kV系统单相接地故障的后备保护。第一时限动作于跳主变压器220kV侧断路器；第二时限动作于跳主变压器三侧断路器。

220kV间隙零序过流保护：220kV中性点不接地运行时投入，是反应220kV系统单相接地故障的后备保护。整定时间0.5s，动作于跳主变压器三侧断路器。在220kV系统

发生接地故障时，中性点接地的变压器跳闸以后，电网零序电压升高，中性点放电间隙击穿放电，中性点间隙零序过流保护动作，跳开主变压器各侧断路器。

220kV 复合电压闭锁方向过流Ⅰ段保护：用作主变压器、110kV 系统的后备保护。动作于跳 110kV 侧母联（分段）断路器；第二时限动作于跳主变压器 110kV 侧断路器。

220kV 复合电压闭锁方向过流Ⅱ段保护：用作主变压器、110kV 系统及低压侧的后备保护。第一时限动作于跳主变压器 110kV 侧断路器；第二时限动作于跳主变压器三侧断路器。

110kV 复合电压闭锁过流：是总后备保护，动作于跳主变压器三侧断路器。

110kV 零序方向过流Ⅰ段：方向指向 110kV 母线，是反应 110kV 系统单相接地故障的后备保护。其第一时限动作于跳 110kV 侧母联（或分段）断路器；第二时限动作于跳主变压器 110kV 侧断路器。

110kV 零序方向过流Ⅱ段：与Ⅰ段相同，第一时限动作于跳 110kV 侧母联（分段）断路器；第二时限动作于跳主变压器 110kV 侧断路器。

110kV 间隙零序保护：110kV 侧中性点不接地运行时投入，是反应 110kV 系统单相接地故障的后备保护。整定时间 0.5s，动作于跳主变压器三侧断路器。在 110kV 系统发生接地故障时，中性点接地的变压器跳闸以后，电网零序电压升高，中性点放电间隙击穿放电，中性点间隙零序过流保护动作，跳开主变压器各侧断路器。

110kV 复合电压闭锁方向过流Ⅰ段保护：方向指向 110kV 母线，110kV 系统的后备保护。第一时限动作于跳 110kV 侧母联（或分段）断路器；第二时限动作于跳主变压器 110kV 侧断路器。

110kV 复合电压闭锁方向过流Ⅱ段保护：用作主变压器、110kV 系统及低压侧的后备保护。第一时限动作于跳主变压器 110kV 侧断路器；第二时限动作于跳主变压器三侧断路器。

110kV 零序过流保护：110kV 中性点接地运行时投入，是反应 110kV 系统单相接地故障的后备保护。第一时限动作于跳主变压器 110kV 侧断路器；第二时限动作于跳主变压器三侧断路器。

10kV 复合电压闭锁过流：是 10kV 系统的后备保护。第一时限动作于跳 10kV 侧分段断路器；第二时限动作于跳主变压器 10kV 侧断路器。

二、变压器后备保护动作单侧跳闸的处理

变压器中、低压侧，某一侧过流等后备保护动作，单侧跳闸。跳闸的一侧一段母线失压（该侧母线分段或母联断路器先跳开，只有一段母线失压。另一段母线上，只要有电源，即正常运行）。其原因为：失压的母线上故障或线路故障越级。其中，线路故障越级跳闸的可能性比母线故障大。

1. 故障范围的分析判断

（1）事故前系统运行情况。

小电流接地系统在事故跳闸之前，发生了单相接地故障。由于接地故障点的电弧、

或非故障相对地电压升高，可能会发展成为相间短路或不同名相两点接地短路故障。这种故障的故障点可能在一个设备或线路上；也可能不在一个设备或线路上。并且，只是发生了 B 相接地故障的线路，保护不能反应，断路器不跳闸。因此，单相接地故障告警信号、接地故障选线装置信号和显示信息是重要的判断依据。有接地故障的线路，极有可能是导致变压器后备保护动作跳闸时的故障点之一。

事故跳闸时，必须断开接地故障选线装置显示有接地故障的线路；恢复供电时，不能试送选线装置显示有接地的线路。

（2）事故前设备运行情况。断路器在运行中，液压机构压力降低而“分闸闭锁”，SF_6 断路器气压降低到闭锁压力值等，发生母线失压事故时，有属于这些断路器所控制的线路故障越级的可能。

（3）各分路中有无保护动作信号。失压的母线上，各分路中有保护动作信号时，属于线路上发生故障，保护动作而断路器未跳闸造成的越级。有保护动作信号的线路上有故障。

失压的母线上，各分路都没有保护动作信号时，有两种可能：① 线路上有故障时，线路保护不动作，造成越级跳闸；② 母线上发生故障，变压器后备保护动作跳闸。母线故障时的故障点，又可以分为能用断路器和隔离开关隔离的和不能隔离的两种情况。

各分路上都没有保护动作信号时，要区分故障，依据对母线及连接设备外部的检查和对于保护装置的外部检查来判断。

（4）保护装置的外部检查。各分路上都没有保护动作信号时，如果某一分路断路器位置指示灯不亮、有“控制回路断线”信号、微机保护装置液晶显示器无显示或显示异常、微机保护装置各电源指示灯和位置指示灯不亮、有保护自检出错报告（显示）“ERR”信息，属于该线路故障时，保护不动作而导致越级跳闸的可能性很大。微机保护装置，有硬件故障自检报告，发出闭锁信号，线路故障时将越级跳闸。

2. *处理方法*

监控班值班员要做出初步分析判断，按调度命令进行应急处置。通知运维班到现场检查处理时，要全面介绍情况。

（1）监控班值班员向调度汇报，通知运维班到现场检查处理。根据保护动作情况、信号、仪表指示等，判断故障范围和停电范围。检查各分路有无保护动作信号，运维班到现场对保护装置进行外部检查。如果站用电失去，可以先倒站用电，投入事故照明（夜间）。

（2）监控班值班员遥控操作，断开失压的母线上各分路断路器，断开电容器组断路器，并检查是否确已断开。发现有未断开的，由运维班到现场手动打跳或拉开其两侧隔离开关。

（3）分路上有保护动作信号。监控班值班员遥控操作，立即将有保护动作信号的线路断路器断开。若断不开，由运维班到现场手动打跳闸铁芯或脱扣机构，把断路器断开，或拉开其两侧隔离开关。检查母线及变压器跳闸断路器无问题，合上变压器跳闸侧断路器，对失压母线充电正常，恢复对其余各分路的供电，然后检查故障线路断路器拒跳的原因。

断开有保护动作信号的线路断路器以后，也可以由监控班值班员遥控操作恢复供电，运维人员同时做其他相关处理工作，使系统尽快恢复正常。

（4）各分路上均无保护动作信号。应现场检查失压母线及连接设备上有无故障迹象及异常。并检查各分路断路器位置指示灯指示，有无“控制回路断线”信号，微机保护装置液晶显示器有无“黑屏”或显示异常，微机保护装置各电源指示灯和位置指示灯情况，有无自检出错报告（显示）“ERR”信息和保护被闭锁的信号。

根据检查结果，处理方法：

1）发现有故障现象，故障点可以隔离时，立即拉开隔离开关隔离。合上变压器跳闸侧断路器，对失压母线充电正常，然后恢复对客户的供电。如果因隔离故障点，使母线TV停电时，可合上母线分段（或母联）断路器，合上TV二次联络开关，使保护装置不失去交流电压。

2）发现母线上有故障，故障点不能用断路器或隔离开关隔离时。各分路转移负荷，较重要的客户可倒旁路母线恢复供电。双母线接线，可以将各分路倒至另一段母线上恢复送电。

3）检查失压母线及连接设备上无任何故障迹象和异常，各线路（设备）保护装置均正常。可以在各分路断路器全部断开的情况下，根据调度命令，合上变压器跳闸侧断路器；对母线试充电正常后，依次逐条分路试送，查明保护拒动的线路。试合各分路断路器时，应当严密注意线路的表计指示，若有短路冲击现象，应立即断开断路器。无故障分路恢复供电后，检查未跳断路器的保护拒动原因。

4）检查失压母线及连接设备上无任何故障迹象和异常，线路（设备）保护装置有异常情况。在各分路断路器均在断开位置的情况下，合上变压器跳闸断路器，母线充电正常后，依次试送保护装置无异常的各分路。保护装置有异常的线路，异常处理后（或经鉴定可以运行），线路经确认无问题或故障已隔离，再投入运行。

变压器过流等后备保护动作，单侧跳闸的一般处理程序如图2-4所示。

三、双卷变压器过流等后备保护动作跳闸的处理

双卷变压器后备保护动作跳闸，判断、分析和处理的方法和三卷变压器单侧跳闸时基本相同。只是在检查设备时，还要检查变压器及连接设备，如果有故障现象，变压器不能投入运行。

如果变压器及连接设备上有故障，就应检查低压侧母线有无异常，各分路有无保护动作信号，利用备用电源或合上母线分段（或母联）开关，对低压侧母线充电正常以后，依次对各分路试送电。

四、变压器后备保护动作三侧断路器跳闸的处理

变电站的降压三卷变压器，高压侧一般是中、低压侧的主电源。

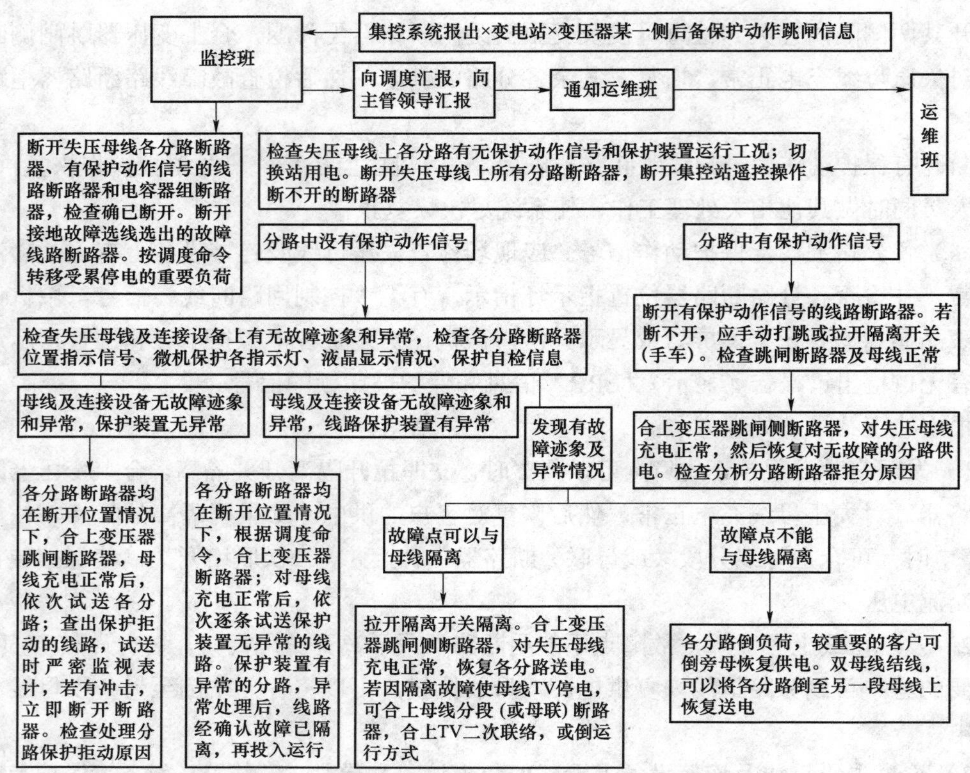

图2－4　变压器过流等后备保护动作单侧跳闸的处理框图

变压器过流等后备保护动作，三侧断路器跳闸，会使中、低压侧各有一段母线失压。只要变压器本体及连接设备无问题，变压器即可投入运行，恢复对无故障部分的供电。在这种情况下，对于故障发生的范围，需要作认真的分析和判断。对失压的中、低压侧母线，判定出某一侧范围内有故障，对另一侧母线可以迅速恢复供电。对于经判定无故障的母线及各出线，应由监控班值班员执行调度命令，恢复供电、恢复系统之间联络。

1. 区分故障的依据

（1）变压器跳三侧的后备保护动作跳闸。如果变压器某一侧有跳单侧的后备保护动作信号，则该侧失压母线的范围内有故障。

（2）某一侧失压母线上，若有分路断路器断不开，断路器位置指示灯不亮、有“控制回路断线”信号、保护装置液晶显示器“黑屏”或显示异常、微机保护装置各电源指示灯和位置指示灯不亮、有保护自检出错报告（显示）“ERR”信息，这一段母线属于故障范围的可能性很大。微机保护装置有硬件故障自检报告，发出闭锁信号，线路故障时将越级跳闸。

（3）变压器跳三侧的后备保护动作跳闸。若变压器某一侧断路器没有跳开，这一侧失压母线的范围内发生故障的可能性非常大。

（4）变压器后备保护动作，三侧断路器跳闸。若某一侧失压的母线上有分路保护动作信号，有变压器主进线以外的其他电源进线跳闸，或某一侧母线的分段（或母联）断路器跳闸；该侧失压的母线多为故障所在范围。

（5）检查设备时，发现有故障现象的母线为故障所在范围。

2. 处理方法

（1）监控班值班员向调度汇报，通知运维班到现场检查处理。根据变压器保护动作情况，检查各侧母线上的分路中有无保护动作信号。并根据仪表指示、断路器跳闸情况、对保护装置的检查、变压器和失压母线上各断路器位置指示情况等，判断故障所在范围和停电范围。如果已经失去站用电，应先恢复站用电。在夜间，应投入事故照明。

（2）监控班值班员遥控操作，断开失压的母线上各分路断路器，断开电容器组断路器，并检查是否确已断开。发现有未断开的，由运维班到现场手动打脱扣机构断开断路器，或拉开其两侧隔离开关。

如果未断开的断路器同时有保护装置异常情况，说明就是因为该断路器问题，线路故障不能跳闸，造成越级跳闸。

（3）经过检查，变压器本体无异常，根据以上判断，恢复其无故障的两侧运行（一般可以由监控班值班员执行）。

首先，对判定无故障的一侧母线充电正常后，试送各分路。

对另一侧失压母线（故障点所在范围），根据保护动作情况、分路中有无保护动作信号、断路器跳闸情况、对保护装置的检查情况、检查母线及连接设备上有无故障等现象，根据调度命令，将故障点隔离以后，使用备用电源或经过倒运行方式恢复供电。具体处理方法和变压器后备保护动作，单侧跳闸时基本相同。

（4）各侧失压母线恢复运行后，对各无故障分路恢复供电。然后检查处理有关保护拒动、断路器拒跳的问题。

应当说明，变压器跳三侧的后备保护动作跳闸，对于经判定无故障的一侧失压母线，首先恢复正常供电。对于另一侧失压的母线，应当尽量使用其他的电源合闸充电。这是因为，已经发生了越级使变压器三侧断路器跳闸事故，说明变压器的该侧后备保护或者该侧断路器跳闸已经不可靠。

用倒运行方式的方法，恢复对隔离故障后的母线供电时，应该按有关规程规定，对有关保护及自动装置的投退方式，作相应的变动。

以上隔离故障、恢复供电、恢复系统联络的操作，调度可以根据具体情况向运维班或监控班值班员发出操作指令。现场检查设备，则应由运维人员执行。

五、变压器作高压侧母线及线路的后备保护动作跳闸

变压器配置的作高压侧母线及线路的后备保护有：高压侧中性点零序保护（过流、过压），方向零序保护，高压侧方向过流保护等。根据保护的方向和保护范围可以知道，在这种情况下，故障范围是在高压侧母线及线路上。这时，高压侧母线（到少有一段）失压。同时，中、低压侧母线也可能失压。高压侧母线失压，很可能不只是一座变电站有故障跳闸的情况，其他变电站也会有受累停电的情况。因此，事故处理应在调度统一指挥下进行。监控班值班员按调度命令遥控操作，恢复系统正常和受累停电的部分正常运行。运维班则可能需要到数个变电站现场检查处理。

处理方法：

（1）监控班值班员向调度汇报，通知运维班到现场检查处理。根据事故前的运行方式，保护及自动装置动作情况、所报信号、断路器跳闸情况、设备外状等，判明故障性质，判明故障发生的范围和事故停电范围。

（2）监控班值班员遥控操作，断开失压母线上的电容器组断路器、有保护动作信号的分路断路器、保护装置有异常的断路器。有条件时，首先恢复站用电，或由运维班到现场操作，恢复站用电正常运行。

（3）汇报调度，如果变压器的中、低压侧有一段母线失压，应将变压器的各侧断路器断开。

（4）监控班值班员遥控操作，投入备用变压器（合上分段或母联断路器），对失压的中、低压侧母线及其各分路恢复供电，恢复系统之间的联系。恢复受累停电的其他变电站的正常运行。

（5）无备用变压器时，根据调度命令，可以使用备用电源，恢复中、低压侧母线及其各分路的供电（可以由监控班值班员执行）。例如：失压的中压侧母线上有备用电源，可以先恢复中压侧母线和各分路的供电以后，再恢复变压器中、低压侧运行（高压侧中性点必须接地），对低压侧母线及各分路恢复供电。

必须注意备用电源的负荷能力。必要时，可以只恢复对重要客户的供电；或根据调度命令，退出因过负荷可能误动作的保护。

（6）检查处理高压侧母线失压事故。处理方法和变压器后备保护动作单侧跳闸基本相同。

（7）高压侧母线恢复运行后，恢复原正常运行方式。

（8）进行上述处理的同时或处理后，运维班派人到受累停电的其他变电站检查相关设备，检查监控班值班员遥控操作过的设备，恢复原正常运行方式。

第六节　500kV 变压器后备保护动作跳闸

500kV 变电站，220kV 及以上主变压器、线路、母线保护装置都是双配置，并配置有断路器保护或失灵保护。因此，母线或线路发生故障，由主变压器后备保护切除故障的概率很小。只有在其中一套保护装置停用的情况下，母线或线路发生故障时，才有可能由主变压器后备保护动作切除故障。

500kV 变压器过流等后备保护动作跳闸，要正确判断故障范围和停电范围，必须熟知变压器后备保护的保护范围，动作时跳哪些断路器：

（1）中压侧（220kV 侧）带有方向的后备保护（如方向零序过流保护，复合电压闭锁方向过流保护等），方向是指向中压侧母线。带方向的中压侧后备保护和低压侧后备保护，各作本侧母线及线路的后备保护。动作时，第一时限跳本侧母线分段（或母联）断路器，第二时限跳变压器本侧断路器。

（2）高、中压侧不带方向的后备保护（如零序过流保护，复合电压闭锁过流等）；既可以作为各自本侧母线及线路的后备保护，又可以作为变压器及另两侧的后备保护。动作时跳变压器三侧断路器（高、中压侧同时又有带方向的后备保护时）。

（3）中性点零序过流保护、中性点间隙零序过流保护，跳主变压器各侧断路器。中性点间隙零序过流保护，用于变压器中性点不接地运行时，系统有接地故障的情况。中性点接地的变压器跳闸以后，电网零序电压升高，中性点放电间隙击穿放电，中性点间隙零序过流保护动作，跳开主变压器各侧断路器。

一、变压器中压侧（220kV）后备保护动作跳闸的处理

变压器中压侧过流等后备保护动作跳闸，一段母线失压（母联断路器先跳开，只有一段母线失压。另一段母线上只要有电源，即正常运行）。其原因为：失压的母线上故障或线路故障越级。其中，线路故障越级跳闸的可能性要比母线故障大。

1. 故障范围的分析判断

（1）线路发生故障，保护装置动作，断路器若没有跳闸，则断路器失灵保护应该动作，该线路所连接母线所有断路器和母联断路器跳闸；若线路保护装置动作，断路器失灵保护因某种原因没有动作，会导致变压器中压侧过流等后备保护动作跳闸。如果线路发生故障，线路保护装置没有动作，则断路器失灵保护不会启动，会导致变压器中压侧过流等后备保护动作跳闸。

（2）母线发生故障，应由母差保护动作，故障母线所有断路器和母联断路器跳闸。如果母差保护因某种原因没有动作，则导致变压器中压侧过流等后备保护动作跳闸。

（3）事故前系统和设备运行情况。断路器在运行中，液压机构压力降低而“分闸闭锁”，SF_6 断路器气压降低到闭锁压力值等，发生母线失压事故时，有属于这些断路器所控制的线路故障越级的可能。

（4）各分路中有无保护动作信号。失压的母线上，各分路中有保护动作信号时，属于线路上发生故障，保护动作，断路器未跳闸造成的越级跳闸。据此可以判断，出现保护动作信号的线路上发生故障。

失压的母线上各分路都没有保护动作信号时，有两种可能：① 线路上有故障时，线路保护不动作，造成越级跳闸；② 母线上发生故障，变压器后备保护动作跳闸。母线故障时的故障点，又可以分为能用断路器、隔离开关隔离的故障和不能隔离的故障两种情况。

各分路上都没有保护动作信号时，要区分故障，应依据对母线及连接设备外部的检查和对于保护装置的外部检查来判断。

（5）保护装置的外部检查。各分路上都没有保护动作信号时，如果某一分路断路器位置指示灯不亮、有“控制回路断线”信号、微机保护装置液晶显示器无显示或显示异常、微机保护装置各电源指示灯和位置指示灯不亮、有保护自检出错报告（显示）信息，属于该线路故障时，保护不动作而导致越级跳闸的可能性很大。微机保护装置，有硬件

故障自检报告，发出闭锁信号，线路故障时，将越级跳闸。

2. 处理方法

（1）监控班值班员根据保护动作情况、信号、仪表指示等，判断故障范围和停电范围。检查各分路有无保护动作信号。向调度汇报，并通知运维班到现场，检查相关设备，同时对保护装置进行外部检查。

（2）监控班值班员遥控操作，断开失压的母线上各分路断路器，并检查是否确已断开。发现有未断开的，由运维班在现场手动打脱扣机构断开跳断路器，或拉开其两侧隔离开关。

（3）监控班值班员按调度命令，恢复受累的其他变电站停电部分的供电，恢复系统之间联络及正常运行方式。

（4）分路上有保护动作信号时，应立即将有保护动作信号的线路断路器断开（先由监控班值班员遥控操作 1 次）。若断不开，在现场手动打跳闸铁芯或脱扣机构，把断路器断开，或拉开其两侧隔离开关。检查母线及变压器跳闸断路器无问题，合上变压器中压侧断路器，对失压母线充电正常，恢复对其余各分路的供电和系统之间联络，然后检查故障线路断路器拒跳的原因。

（5）各分路上均无保护动作信号时，首先，应检查失压母线及连接设备上有无故障迹象及异常，并检查各分路断路器位置指示灯指示情况，检查有无“控制回路断线”信号。其次，检查微机保护装置液晶显示器有无“黑屏”或显示异常，微机保护装置各电源指示灯和位置指示灯情况，有无自检出错报告（显示）信息和保护被闭锁的信号。

根据检查结果，有针对性的选择以下处理方法：

1）发现有故障现象，故障点可以隔离时，立即拉开隔离开关进行隔离。合上变压器中压侧断路器，对失压母线充电正常，然后恢复对客户的供电，恢复系统之间联络。如果因隔离故障点使母线 TV 停电时，可以合上母线分段（或母联）断路器，合上 TV 二次联络开关，使保护装置不失去交流电压。

2）发现母线上有故障，故障点不能用断路器或隔离开关隔离。可以将各分路倒至另一段母线上恢复送电（母线侧隔离开关应先拉、后合），恢复系统之间联络。

3）检查失压母线及连接设备上无任何故障迹象和异常，各线路（设备）保护装置均正常。可以在各分路断路器全部断开的情况下，根据调度命令，合上变压器中压侧断路器；对母线试充电正常后，依次逐条分路试送，查明保护拒动的线路。试合各分路断路器时，应当严密注意线路的表计指示，若有短路冲击现象，应立即断开断路器。无故障分路恢复供电后，检查未跳断路器的保护拒动原因。

4）检查失压母线及连接设备上无任何故障迹象和异常，线路（设备）保护装置有异常情况。在各分路断路器均在断开位置的情况下，合上变压器中压侧断路器，母线充电正常后，依次试送保护装置无异常的各分路。保护装置有异常的线路，异常处理后（或经鉴定可以运行），线路经确认无问题或故障已隔离再投入运行。

以上隔离故障、恢复供电、恢复系统联络的操作，调度可以根据具体情况，向运维班或监控班值班员发出操作指令。现场检查设备，则应由运维人员执行。

（6）由专业人员检查、处理母差保护或断路器失灵保护装置的问题。

二、变压器低压侧后备保护动作跳闸的处理

500kV 变压器低压侧不对外供电，低压侧母线与其他母线没有联系。变压器低压侧过流等后备保护动作跳闸，低压侧母线失压；同时，电容器组的低电压保护动作跳闸。其原因为：低压母线故障或电容器组、并联电抗器、站用变压器故障越级跳闸。

1. 故障范围的分析判断

（1）事故前系统和设备运行情况。若小电流接地系统在事故跳闸前发生了单相接地故障，那么由于接地故障点的电弧或非故障相对地电压升高，可能会发展成为相间短路或不同名相两点接地短路故障。这种故障的故障点可能在同一设备上；也可能不在同一设备上。

（2）各设备中有无保护动作信号。在失压的母线上，若各设备中有保护动作信号时（电容器组的低电压保护除外），属于该设备上发生故障而保护动作，但断路器未跳闸造成的越级。

失压的母线上，各分路都没有保护动作信号时，有两种可能：① 设备有故障时保护不动作，造成越级跳闸；② 母线上发生故障，变压器后备保护动作跳闸。母线故障时的故障点，又可以分为能隔离的和不能隔离的两种情况。

各设备上都没有保护动作信号时，要区分故障，依据对母线及连接设备外部的检查和对于保护装置的外部检查来判断。

（3）保护装置的外部检查。各设备都没有保护动作信号时，如果某一分路断路器位置指示灯不亮、有“控制回路断线”信号、微机保护装置液晶显示器无显示或显示异常、微机保护装置各电源指示灯和位置指示灯不亮、有保护自检出错报告（显示）信息，属于该设备故障时，保护不动作而导致越级跳闸的可能性很大。微机保护装置，有硬件故障自检报告，发出闭锁信号，线路故障时，将越级跳闸。

2. 处理方法

（1）监控班值班员遥控操作，断开失压的母线上所有断路器，断开电容器组断路器，并检查是否确已断开。发现有未断开的，由运维班在现场手动打脱口机构断开断路器，或拉开其两侧隔离开关。

（2）先切换站用电，投入事故照明（夜间）。再根据保护动作情况、信号、仪表指示等，判断故障范围。检查各设备有无保护动作信号，运维班现场对保护装置进行外部检查。

（3）立即将有保护动作信号的断路器断开（可以由监控班值班员执行）。若断不开，应在现场手动打跳闸铁芯或脱扣机构，把断路器断开，或拉开其两侧隔离开关。检查母线及变压器跳闸断路器无问题，合上变压器低压侧断路器，对失压母线充电正常，恢复其余各设备运行，然后检查故障设备断路器拒跳的原因。

（4）各分路上均无保护动作信号时，应检查失压母线及连接设备上有无故障迹象及

异常，检查各分路设备（电容器组、并联电抗器、站用变、TV 等）。检查各分路断路器位置指示灯指示，有无“控制回路断线”信号，微机保护装置液晶显示器有无“黑屏”或显示异常，微机保护装置各电源指示灯和位置指示灯情况，有无自检出错报告（显示）信息和保护被闭锁的信号。

根据检查结果，有针对性地选择以下处理方法：

1）母线有故障，故障点可以隔离时，立即拉开隔离开关进行隔离。合上变压器低压侧断路器，对失压母线充电至正常，然后各无故障设备恢复运行。如果因隔离故障点使母线 TV 停电时，则可以按调度命令，退出电容器组低电压保护，电容器组加入运行。

2）母线上有故障，故障点不能隔离时，故障母线检修完毕方可恢复运行。

3）检查低压侧母线各分路设备，发现故障迹象和异常时，将故障设备的断路器、隔离开关拉开，隔离故障。根据调度命令，合上主变压器低压侧断路器；对母线试充电至正常后，依次恢复其他设备运行。无故障设备恢复运行后，检查未跳断路器的保护拒动原因。

三、主变压器后备保护动作三侧断路器跳闸的处理

主变压器过流等后备保护动作，三侧断路器跳闸，会使中、低压侧各有一段母线失压。只要主变压器本体及连接设备无问题，即可投入运行，恢复对无故障部分的供电。在这种情况下，对于故障发生的范围，需要作认真地分析和判断。对失压的中、低压侧母线，判定出某一侧范围内有故障，对另一侧母线可以迅速恢复供电。

500kV 主变压器低压侧不对外供电，低压侧母线与其他母线没有联系。如果该范围以内有故障，则可以在现场检查设备时发现故障点。

1. 故障范围的分析判断

（1）220kV 线路发生故障，保护装置动作，断路器若没有跳闸，则断路器失灵保护应该动作，该线路所连接母线的所有断路器和母联断路器跳闸；若线路保护装置动作，断路器失灵保护因某种原因没有动作，会导致变压器后备保护动作跳闸。如果线路发生故障，线路保护装置没有动作，则断路器失灵保护不会启动，会导致变压器后备保护动作跳闸。

（2）220kV 母线发生故障，应由母差保护动作，故障母线所有断路器和母联断路器跳闸。如果母差保护因某种原因没有动作，则导致变压器后备保护动作跳闸。

（3）主变压器保护装置动作情况。中性点零序过流保护或中性点间隙零序过流保护动作，可以立即判断出故障范围；如中压侧（220kV）中性点零序过流保护或中性点间隙零序过流保护动作，则可以判断故障就在中压侧失压母线的范围内。

（4）主变压器跳三侧的后备保护动作跳闸。如果变压器某一侧，同时有跳单侧的后备保护动作信号，则该侧失压母线的范围内有故障。

（5）某一侧失压的母线上，如果有分路断路器断不开，分路断路器位置指示灯不亮、有“控制回路断线”信号、微机保护装置液晶显示器“黑屏”或显示异常、微机保护装置各电源指示灯和位置指示灯不亮、有保护自检出错报告（显示）信息，这一段母线属于故障范围的可能性很大。微机保护装置有硬件故障自检报告，发出闭锁信号，线路故障时将越级跳闸。

（6）主变压器跳三侧的后备保护动作跳闸。若主变压器某一侧断路器没有跳开，这一侧失压母线的范围内，发生故障的可能性非常大。

（7）主变压器后备保护动作，三侧断路器跳闸。若某一侧失压的母线上有分路保护动作信号，有主变压器主进线以外的其他电源进线（联络线）跳闸，或某一侧母线的母联断路器跳闸；该侧失压的母线，多为故障所在范围。

（8）检查设备时，发现有故障现象的母线，为故障所在范围。

2. 处理方法

（1）监控班值班员向调度汇报，通知运维班到现场检查处理。根据主变压器保护动作情况，检查各侧母线上的分路中有无保护动作信号。并根据仪表指示、断路器跳闸情况、对保护装置的检查、主变压器和失压母线上各断路器位置指示情况等，判断故障所在范围和停电范围。

（2）监控班值班员遥控操作，断开失压母线上的各分路断路器，断开电容器组断路器，并检查是否确已断开。发现有未断开的，运维班应在现场手动打跳或拉开其两侧隔离开关。

如果未断开的断路器同时有保护装置异常情况，说明就是因为该断路器使线路故障不能跳闸，造成越级跳闸。

（3）运维班到现场检查，若失去站用电，应先恢复站用电。在夜间，应投入事故照明。

（4）经过检查，主变压器本体无异常，根据以上判断，应当恢复其无故障的两侧运行。

首先，对判定无故障的一侧母线充电正常后，试送各分路（可以由监控班值班员执行）。

对另一侧失压母线，根据保护动作情况、分路中有无保护动作信号、断路器跳闸情况、对保护装置的检查情况、检查母线及连接设备上有无故障等现象，根据调度命令，将故障点隔离以后，恢复运行。对于220kV母线，使用备用电源或经过倒运行方式恢复供电。具体处理方法和变压器后备保护动作单侧跳闸时基本相同。

（5）各侧失压母线恢复运行后，对各无故障分路恢复供电。然后检查处理有关保护拒动、断路器拒跳的问题。

（6）由专业人员检查、处理母差保护或断路器失灵保护装置的问题。

应当说明，主变压器跳三侧的后备保护动作跳闸，对于经判定无故障的一侧失压母线，首先恢复正常供电。对于另一侧失压的母线、220kV 母线，应当尽量使用其他的电源合闸充电。这是因为，已经发生了越级使主变压器三侧断路器跳闸事故，说明主变压器的该侧后备保护或者该侧断路器跳闸可能已不可靠。

用倒运行方式的方法，恢复对隔离故障后的母线供电时，应该按有关规程规定，对有关保护及自动装置的投退方式作相应的变动。

以上隔离故障、恢复供电、恢复系统联络的操作，调度可以根据具体情况，向运维班或监控班值班员发出操作指令。现场检查设备则应由运维人员执行。

四、变压器作高压侧母线及线路的后备保护动作跳闸

1. 故障分析判断

变压器用作高压侧（500kV）母线及线路的后备保护动作时，500kV 侧应有其他设备保护装置动作，故障范围是在 500kV 侧母线或线路上。例如：

（1）与变压器同一串的线路发生故障，该串的中断路器拒分，会造成变压器高压侧后备保护动作跳闸，直至变压器三侧断路器跳闸切除故障。

（2）某一段 500kV 母线发生故障，变压器的 500kV 侧边断路器拒分，会造成变压器高压侧后备保护动作跳闸，直至变压器三侧断路器跳闸切除故障。

其他情况下，导致变压器用作高压侧（500kV）母线及线路的后备保护动作跳闸，其概率极低。

2. 处理方法

变压器用作 500kV 母线及线路后备保护动作时，会有一段 500kV 侧母线失压或某一串全停事故。同时，中、低压侧母线也可能失压。因此，事故处理应在调度统一指挥下进行。

（1）监控班值班员向调度汇报，通知运维班到现场检查处理。根据事故前的运行方式，保护及自动装置动作情况、所报信号、断路器跳闸情况、设备外状等，判明故障性质，判明故障发生的范围和事故停电范围。

（2）监控班遥控操作，断开失压母线上的电容器组断路器、有保护动作信号的分路断路器、保护装置有异常的断路器。有条件时，首先恢复站用电。向调度汇报，通知运维班到现场检查处理。

（3）监控班遥控操作，投入备用变压器（合上分段或母联断路器），对失压的中压侧（220kV）母线及其各分路恢复运行，恢复系统之间的联系。

（4）无备用变压器时，根据调度命令，可以使用备用电源，恢复中压侧母线及其各分路的供电。例如失压的中压侧母线上有备用电源，可以先恢复中压侧母线和各分路的供电以后，再恢复变压器中、低压侧运行（高压侧中性点必须接地），对低压侧母线及各分路恢复运行（主要是恢复站用变压器运行）。

（5）检查处理 500kV 侧事故。隔离故障，拉开拒分断路器两侧的隔离开关。检查跳闸的变压器无异常，恢复该变压器运行。

（6）500kV 母线恢复运行后，恢复原正常运行方式。

以上隔离故障、恢复供电、恢复系统联络的操作，调度可以根据具体情况，向运维班或监控班值班员发出操作指令。现场检查设备则应由运维人员执行。

第七节　有载调压分接开关故障处理

为了保证供电电压质量，不少变压器的有载调压分接开关，经由微机型“电压、无功自动控制装置”或“全网无功优化自动控制系统”控制。“电压、无功自动控制装置”

安装在现场；“全网无功优化自动控制系统”一般在调度中心实施自动控制。在现场检查、处理有载调压分接开关故障，应暂时解除这些自动装置对有载分接开关的控制功能。

一、油位的异常

有载调压变压器中，变压器本体油箱里面的油和调压装置油箱里的油是相互隔绝的。所以，它们的储油柜也分为相互隔绝的两部分，一部分和变压器本体油箱相通，另一部分和调压装置的油箱相通。

正常运行中，变压器本体油箱中的油，与调压装置油箱中的油，是绝对不能混合的。因为，有载调压分接开关经常带负荷调压，分接开关在动作过程中，会产生电弧，使油质劣化。两个油箱中的油如果相混，会使变压器本体中的油质变坏，绝缘降低，影响变压器的安全运行。

某 220kV 变压器，安装施工竣工后投入运行。因主变压器顶部的抽真空用连通阀门没有按制造厂要求关闭（示意图见图 2-5），验收时也没有发现，使调压油箱内的变压器油与本体油箱内的油相通；运行中因天气、负荷、油温变化，使变压器本体和调压油箱的油相互交换，导致混油。调压油箱内含有大量乙炔、一氧化碳、二氧化碳的劣质油进入本体油箱，本体油箱油中的乙炔含量逐步增加，变压器投运 1 年多就被迫提前大修。

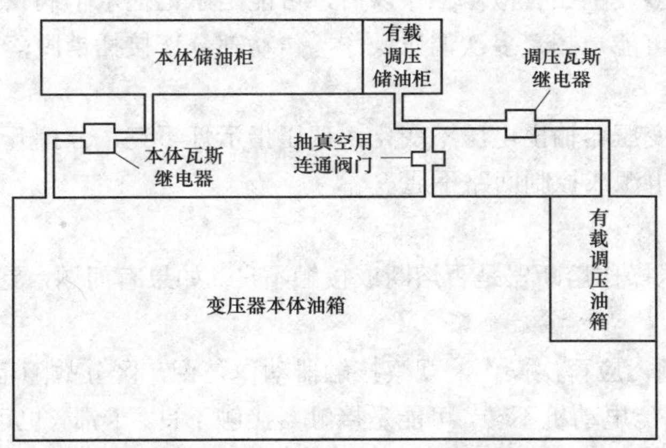

图 2-5　变压器本体油箱、调压油箱中混油分析示意图

根据以上所述，对变压器的运行监视中，应将变压器本体的油位和调压装置的油位相比较。两者经常保持不同，说明两个油箱、储油柜之间的密封良好。当然，如果经常保持变压器本体的油位比调压装置的油位高则更好。如果发现两部分油位呈接近相等的趋势，或两者已保持相平，应当汇报上级，取油样作色谱分析，以防止内部密封不良，造成两个油箱中的油混合。

二、调压操作中出现的故障

正常情况下，调压时应采用电动操作。每操作调压按钮一次，只许调节一个挡位。操作时，当调压指示灯亮，应立即松开使按钮返回。同时应注意电压表、电流表指示，注意挡位指示变化情况。这样可以及时发现异常，有故障时便于区分判断。一个挡位调整完毕，应稍停 1min 左右，方可再调至下一个挡位。

监控班使用“遥调”进行调压操作时，注意事项与上述内容相同。当自动调压信号报出以后，也要查看电压和挡位指示的变化；发现异常，应正确判断，通知运维人员及时赶到现场检查处理。

自动调压的变压器，处理之前，要将“电压、无功自动控制装置”改投于“不可控”位置，防止发生意外。

经“全网无功优化自动控制系统”的变压器，报出自动调压信号，发现有异常情况，现场检查处理之前，应向调度汇报。解除“全网无功优化自动控制系统”对该调压开关的控制，防止处理时发生意外。

“遥调”、自动调压失灵，应现场电动操作调压，区分故障范围。如果现场电动操作调压正常，则集控系统、信息通道、自动装置、变电站综自系统等部分可能有问题。现场电动操作调压不正常时，再以现场出现的象征进行判断。

1. 调压操作时变压器输出电压不变化

（1）操作时，变压器输出电压不变化，调压指示灯亮，分接开关挡位指示也不变化。属电动机空转，而操动机构未动作。

处理：此情况多发生在有检修工作以后，可能是忘记把水平涡轮上的连接套装上，使电动机空转。也可能是频繁多次调压操作，传动部分连接插销脱落。将连接套或插销装好即可继续操作。

（2）操作时，变压器输出电压不变化，调压指示灯不亮，分接开关的挡位指示也不变化。属于无操作电源或控制回路不通。

处理：

1）先检查调压操作熔断器是否熔断或接触不良。如果有问题，更换处理以后，可以继续调压操作。

2）无上述问题，应再次操作，观察接触器动作与否，区分故障范围。

3）接触器动作。电动机不转，可能是接触器接触不良、卡滞，也可能是电动机问题。测量电动机接线端子上的电压，若不正常，属于接触器的问题。反之，属于电动机问题。此情况下，如果不能自行处理，应汇报上级，由专业人员处理。

4）接触器不动作，属于回路不通，应汇报上级，由专业人员检查处理。

（3）操作时，变压器输出电压不变化，调压指示灯亮，分接开关的挡位指示已经变化。这说明操动机构已动作，可能属过死点机构（快速机构）问题，选择开关已经动作，但是切换开关没有动作。此情况下应切记，千万不可再次按下调压操作按钮。否则，选择开关拉弧，可能会烧坏。

处理：应迅速手动使用手柄操作，将调压操动机构先恢复到原来的挡位上。汇报调度和上级，按调度和主管领导的命令执行。同时应仔细倾听，调压装置内部有无异音。如果有异常，应投入备用变压器或备用电源，将故障变压器停电检修。如无异常，应由专业人员取油样，作色谱分析。

2. 一次调压操作连续多挡位调压

出现这种情况，分接开关可能会一直调到“终点”位置，操动机构实现机械闭锁限位。原因多为接触器保持，接点打不开。不论机构是否调压动作到“终点”位置，都应迅速断开调压电动机的电源（时机应选在刚好一个挡位调整的动作完成时，或在“终点”挡位时）。然后现场使用操作手柄，手力调压操作，调到适当的挡位，不使变压器输出电压过高或过低。通知检修人员，处理接触器不返回的缺陷。同时，应仔细倾听调压装置内部有无异音。如有异常，应投入备用变压器或备用电源，故障变压器停电检修。

第八节　变压器瓦斯保护动作事故处理实例

一、ZH 变电站 1 号主变压器重瓦斯和差动保护动作跳闸

ZH 变电站一次主接线简图如图 2－6 所示。该站 110kV 部分是内桥接线。

某日，ZH 变电站 1 号主变压器重瓦斯和差动保护同时动作，造成全站失压。事故及处理情况如下：

事故之前的运行方式为：110kV 电源主进线 PZ 线带全站负荷，1 号、2 号主变压器运行，6kV 两段母线分段运行（分段断路器 Z60 断开备用）；110kV 另一个电源主进线 XZ 线断路器（XZ2）断开备用（线路带电，两 110kV 线路正常不允许并环）。

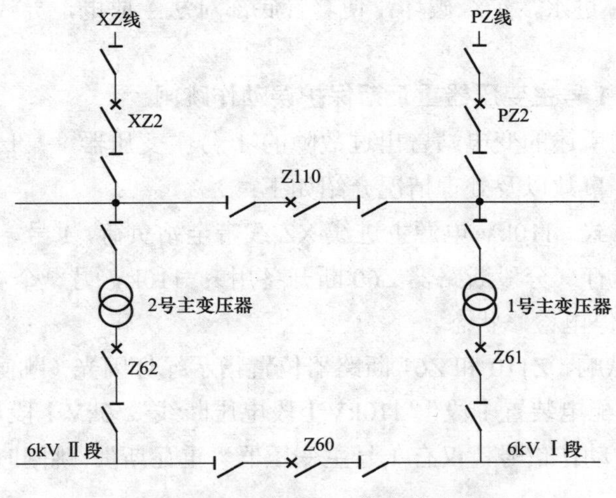

图 2－6　ZH 变电站一次主接线简图

19:54，事故喇叭响，PZ2、Z110 和 Z61 断路器位置指示绿灯闪光（跳闸）。报出“信号未复归”、1 号主变压器“轻瓦斯动作”“110kVⅠ段电压断线”“110kVⅡ段电压断线”信号。检查保护动作信号有：1 号主变压器“重瓦斯”“差动保护动作”。110kV 和 6kV 各母线电压显示均是零。

上述事故象征表明，造成全站失压的根本原因是当时的运行方式。因为，只要 PZ2、Z110 断路器跳闸，2 号主变压器和 6kVⅡ段母线就随之无电。1 号主变压器重瓦斯和差

动保护同时动作，说明是变压器内部故障；110kV 和 6kV 两段母线范围内没有问题。

1. 处理过程

（1）19:56，投入事故照明。断开 6kVⅠ、Ⅱ段母线上的电容器组断路器，检查各跳闸断路器的实际位置，向调度汇报。

（2）19:58，合上 110kV 电源主进线 XZ2 断路器，2 号主变压器恢复运行，6kVⅡ段母线及各分路恢复了供电。同时，站用电已经恢复。

（3）20:00，合上 Z60 断路器，6kVⅠ段母线及各分路恢复了供电。

（4）恢复直流系统正常运行。

（5）对 1 号主变压器进行外部检查。发现防爆管隔膜已经破裂，变压器 110kV 侧 A 相套管向外流油并有位移。其他相关设备没有发现问题。

因为 1 号主变压器有明显的故障现象，所以，不用经过取气分析，即可以判定为变压器内部有故障。

（6）21:18，拉开 1 号主变压器各侧隔离开关，并做好安全措施。摇测变压器高压侧对地绝缘电阻为零。将 1 号主变压器 110kV 侧 A 相套管用塑料布包好，向有关上级汇报，由专业人员进行检修试验。

2. 故障原因

事故之前，连续几天阴雨天气。1 号主变压器 110kV 侧 A 相套管顶部密封铜皮破裂（有 8mm 的旧伤痕）进水，绝缘破坏，使套管底部对法兰放电，导致重瓦斯保护和差动保护同时动作跳闸。

二、ZH 变电站 1 号主变压器重瓦斯保护误动作跳闸

上一个事故实例所述的变电站曾出过故障的 1 号主变压器，某日又发生了重瓦斯保护误动作跳闸事故。事故以及处理情况介绍如下：

事故前的运行方式：110kV 电源主进线 XZ 线带全站负荷，1 号、2 号主变压器运行，6kV 两段母线分段运行（分段断路器 Z60 断开备用）；110kV 另一个电源主进线 PZ 线断路器（PZ2）正处于停电检修状态。

14:22，事故喇叭响，Z110 和 Z61 断路器位置指示绿灯闪光（跳闸）。报出的信号有："信号未复归""6kV 配电装置Ⅰ段""110kVⅠ段电压断线"。6kVⅠ段母线电压显示为零。控制室内，检查保护动作信号，仅有 1 号主变压器"重瓦斯"。跳闸时，有较大的短路电流冲击现象。

事故前运行方式、开关跳闸情况、电压显示情况表明，事故停电范围为 6kVⅠ段母线。

因为有"6kV 配电装置Ⅰ段"光字牌信号，同时有短路电流冲击现象，说明 6kVⅠ段母线分路中有保护动作信号或跳闸。到 6kV 高压室检查，6kVⅠ段母线上的 1 号出线柜过流保护动作，但断路器没有跳闸。

1. 处理过程

（1）14:55，将 6kVⅠ段母线上的电容器组断路器和 1 号出线柜断路器断开。站用电全部倒至 2 号站用变压器。

（2）14:57，合上 Z60 断路器，6kVⅠ段母线以及各出线恢复供电（1 号出线柜除外）。汇报调度，恢复直流系统正常运行。

（3）对 1 号主变压器进行外部检查，没有发现任何故障迹象和异常。检查气体继电器，内充满油，没有气体存在；重瓦斯保护信号能够复归，说明二次回路没有问题。

1 号主变压器跳闸之前和跳闸时，均没有轻瓦斯动作信号，6kVⅠ段母线上的 1 号出线柜有过流保护动作信号，1 号主变压器外部检查没有发现任何故障迹象和异常。因此，分析可能是外部穿越性短路故障而误动作。

（4）15:10，为了证实判断，拉开 1 号主变压器各侧隔离开关，摇测绝缘电阻无问题。将以上有关情况向上级汇报。

（5）拉开 6kVⅠ段母线上的 1 号出线柜两侧隔离开关，进行保护传动试验检查，保护和断路器均动作正确。

经分析，1 号出线柜的线路故障时，1 号主变压器重瓦斯保护先跳闸，该出线保护因线路无电而返回，故不能跳闸。

2. 重瓦斯保护误动原因检查

专业人员对 1 号主变压器气体继电器做试验，发现油稍有波动，气体继电器即动作。据此分析，当 1 号出线柜的线路故障时，因为气体继电器是浮筒式的，短路电流的作用力使变压器油产生波动，重瓦斯保护误动作跳闸。浮筒式气体继电器，由于存在以上问题，气体继电器应当更换为挡板式，因为没有及时落实反事故措施，才有这一次教训。

三、LQ 变电站 1 号主变压器内部故障重瓦斯保护动作跳闸

LQ 变电站是单电源进线、单台主变压器的 110kV 末端变电站。35kV 和 10kV 部分，均是单母线不分段接线。全站仅有一个 110kV 主电源 BL 线，35kV 有一个出线（LT 线）可以由其他电源供电。

LQ 变电站有两台站用变压器。1 号站用变压器，接在 35kV 出线 LT 线线路侧；2 号站用变压器在 10kV 母线上。正常运行中，1 号站用变压器作备用。

事故发生前出现连续多日大雨天气。

某日 23:05，报出 1 号主变压器轻瓦斯信号。值班人员还没有来得及对变压器进行外部检查时，23:07，1 号主变压器重瓦斯保护动作跳闸。35kV 和 10kV 母线失压，同时失去站用电，站内一片漆黑。

1. 处理过程

（1）23:08，投入事故照明。断开 10kV 电容器组断路器，断开 35kV 和 10kV 各出线断路器。

（2）失去了站用电，失去了与调度的通信联系。值班人员一方面通过长途电话与调度联系，另一方面检查设备问题。

（3）23:10，拉开低压站用电母线分段刀闸，合上 1 号站用变压器低压侧刀闸。准备经调度命令，倒由 35kV 出线 LT 线返送电，恢复站用电并监视来电。

（4）23:15，检查 1 号主变压器，没有发现任何异常。

（5）从气体继电器内取气分析，气体透明、无色（实际是因为在夜间，不明亮的灯光下，气体颜色很淡而看不清）、不可燃。

（6）23:20，经长途电话与调度联系，根据检查结果，怀疑是进入空气，气体析出太快引起跳闸。因此，根据调度命令决定试送一次。合上 1 号主变压器三侧断路器，检查变压器无明显异常。

（7）23:25，正在对 35kV 各分路恢复送电操作时，1 号主变压器重瓦斯保护再次动作，三侧断路器跳闸。由此判断，主变压器一定是发生了内部故障。

（8）23:48 分，经调度指挥，35kV 系统倒运行方式，LT 线返送电到 LQ 变电站。

（9）用 1 号站用变压器监视到 35kV LT 线来电后，恢复了全部站用电。合上 LT 线断路器，35kV 母线充电正常，恢复了部分 35kV 分路的供电；其他分路，经由客户转移负荷。由于主变压器损坏，10kV 母线无法恢复运行。

（10）向上级汇报，进行事故抢修。

2. 故障分析

1 号主变压器经过吊罩检查，发现故障原因是 110kV 侧 B 相套管进水，使线圈受潮。

3. 经验教训

变压器 110kV 侧 B 相套管的密封性能差，属于制造厂的问题。但是，事故发生之前，有过一次油化验分析，发现总烃含量和乙炔含量超出标准，没有引起有关方面的注意。可见，管理不严、麻痹大意，会付出更大的代价。事故发生的前几天，变压器曾经报出轻瓦斯信号，如果能及时取油样分析化验，是可以避免事故发生的。

变电站值班员和调度员在处理过程中，分析可能是变压器进入空气，气体析出太快引起跳闸，决定试送一次，实际上有点盲目。事故前多日内，主变压器本体并没有任何检修试验工作。只是几天前曾经报出过一次轻瓦斯信号，检查气体无色、无味、不可燃，放出气体后，变压器运行无异常（实际是变压器的早期轻微故障）；本次事故跳闸，变压器作外部检查时，只靠手电筒照明，不容易发现不太明显的故障迹象。本次事故跳闸之前，先有轻瓦斯信号，没有可靠的根据证明变压器重瓦斯保护是误动作，就应该先使用 35kV 备用电源，恢复 35kV 部分客户的供电，对主变压器应进行详细检查，取油样进行色谱分析，如果没有问题，再恢复运行。并且在此种故障现象之下，如果需要试送一次，应经过主管领导的批准。

第九节　变压器差动保护动作跳闸事故处理实例及分析

一、GIS 内部导电杆连接部位过热烧熔导致主变压器差动保护动作跳闸

BW 变电站是一座全室内设备布置变电站，有三个电压等级：220kV、110kV 和 10kV。该站 220kV 和 110kV 设备是 GIS 组合电器；包括两台主变压器在内，全站室内设备无带电体外露部分。220kV 和 110kV 部分为双母线接线。10kV 部分不对外供电（仅连接站用变压器、电压互感器和电容器组），为单母线接线，两段母线之间无联络。

1. 事故前的运行方式

220kV 运行方式：BJⅠ线、XBⅠ线、1 号主变压器在 220kV 南母运行，BJⅡ线、XBⅡ线、2 号主变压器在 220kV 北母运行。220kV 母联断路器联络 220kV 南、北母运行。

110kV 运行方式：1 号主变压器、BYⅠ线、BD 线在 110kV 北母运行，2 号主变压器、BYⅡ线、BL 线在 110kV 南母运行。110kV 母联断路器联络 110kV 南、北母运行。

10kV 运行方式：1 号主变压器带 10kVⅠ母运行，2 号主变压器带 10kVⅡ母运行。

1 号站用变压器带 380VⅠ段低压负荷，2 号站用变压器带 380VⅡ段低压负荷；380V 母线分段开关在分闸位置。

2. 故障情况

夏季某日 13:55，BW 变电站综自后台机报出 1 号主变压器 110kV 侧“其他气室 SF_6 压力降低”信号。此信号报出表明：从主变压器 110kV 侧套管与 GIS 组合电器连接气室，到主变压器 110kV 侧断路器间隔的相关 TA 气室、隔离开关气室 SF_6 气压降低。

13:56，在运维人员到现场检查之前，报出事故音响。综自后台机上报出“1 号主变压器高压侧第Ⅰ/Ⅱ组保护出口跳闸”“1 号主变压器差动跳闸”信号。1 号主变压器三侧断路器、第一组和第二组电容器组断路器跳闸。

检查综自后台机母线电压显示：10kVⅠ母电压指示三相均为 0kV。其他各母线电压指示正常。

3. 保护动作情况

1 号主变压器保护 A 屏：“比率差动动作”；1 号主变压器保护 B 屏：“差动速断动作”“1 号主变压器录波启动”。

两组 10kV 电容器保护装置：“欠压保护”动作。

4. 初步分析判断

1 号主变压器差动保护范围内故障。事故停电范围为 10kVⅠ母。故障点所在范围：1 号主变压器三侧差动 TA 以内。在 1min 之前，报出 1 号主变压器 110kV 侧“其他气室 SF_6 降低”信号，应重点对主变压器及 110kV 侧连接设备进行检查。

5. 事故处理

（1）倒换站用电：断开 1 号站用变压器低压侧开关，合上 380V 母线分段开关。

（2）检查 2 号主变压器带 110kV 全部负荷正常。

（3）倒换两主变压器 110kV 中性点接地方式和中性点零序保护的投入方式。

（4）1 号主变压器转冷备用。

（5）对 1 号主变压器本体和差动保护范围内的一次设备进行外部检查。

经检查，1 号主变压器本体无油污，压力释放阀未动作，油位油温无异常；但主变压器室内存在异味，在 1 号主变压器 110kV 侧油气套管连接气室的伸缩节正下方发现漏气孔洞（见图 2-7）。调出故障滤波图，显示 1 号主变压器 110kV 侧三相短路，经计算短路电流最高在 8kA 左右。

图 2-7　1 号主变压器中压侧油气套管连接气室的伸缩节正下方漏气孔洞

（6）1 号主变压器三侧做安全措施，具备事故抢修条件。

6. 故障分析

1 号主变压器故障前运行情况：高压侧电流 326.62A，达到额定值的 72.4%；中压侧电流 631.27A，达到额定值的 73.6%（高压侧额定电流为 451A，中压侧额定电流为 858A）。当日负荷为投运后以来的最大负荷。

事故当天最高气温 40℃以上，最低气温 25℃，省市气象台发布高温红色预警信号。

1 号主变压器的 110kV 侧油气套管所联气室经解体检查，发现盆式绝缘子表面有放电痕迹，A、C 相导电杆连接部分过热熔化，B 相过热发黑；伸缩节正下方有一长约 3.5cm 的带状开裂口，裂口外翻，内壁有放电痕迹，外壁油漆有熔退、起泡痕迹。

1 号主变压器 110kV 侧 GIS 内部导电杆连接处过热烧熔，其高温溶液烧裂母线伸缩节，造成气室漏气；在漏气发展近 1min 后，母线筒内绝缘急剧降低，产生电弧，发展到弧光短路，1 号主变压器 110kV 侧三相短路。

7. 故障原因及教训

（1）1 号主变压器与 GIS 相连气室内导电杆连接，与盆式绝缘子静端插入深度明显不足，导体接触不良，通过大电流时，接触部位过热，是导致故障发生的主要原因。

（2）天气酷热。在大电流情况下，高温天气使通流能力不足问题雪上加霜。导致导电杆与盆式绝缘子连接部分过热熔化、放电，并波及母线伸缩节，最终造成 GIS 气室烧损。

（3）对于运维人员来说，应吸取的教训是：故障气室内部主接触部位长时间发热，日常巡视没有发现。需要提高巡视质量，并应在大负荷期间进行红外测温。

二、变压器差动保护 TA 二次接线错误外部故障时误动作跳闸

BF 变电站新投入一台 220kV 自耦主变压器（2 号主变压器）。自耦变压器配备有零序差动保护，用于保护主变压器内部（110kV 和 220kV 侧）的单相接地短路故障。

BF变电站的一次主接线，如图2-8所示。某日，2号主变压器零序差动保护，因为外部单相接地短路故障，发生了误动作跳闸事故。事故以及处理情况介绍如下：

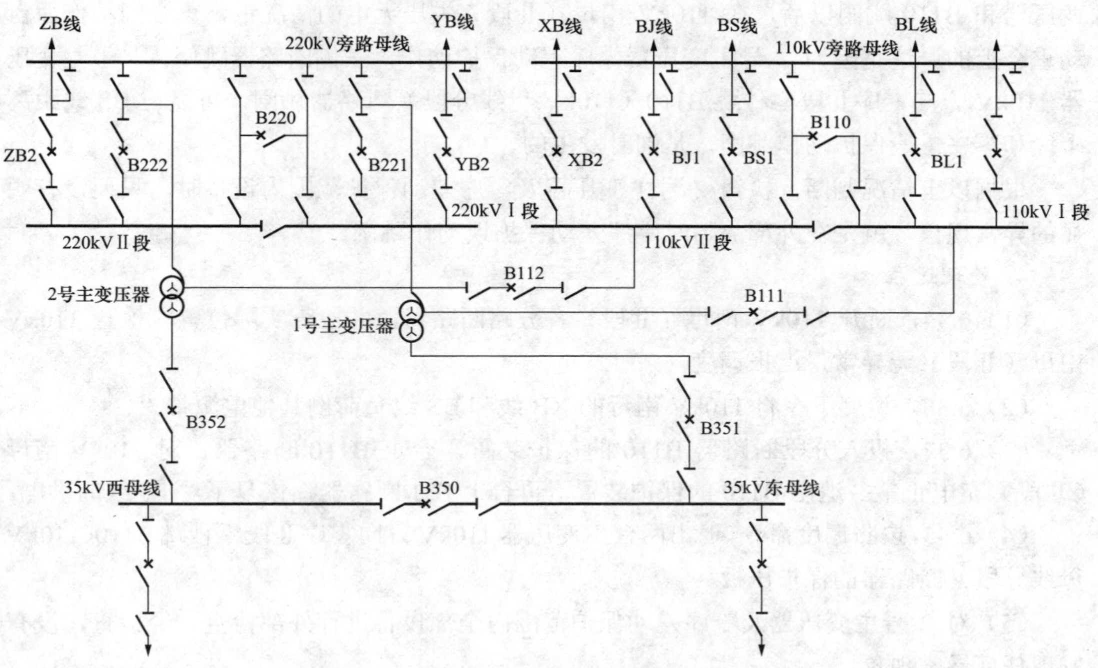

图2-8 BF变电站一次主接线

1. 事故之前的运行方式

220kV主进线YB线为主电源，另一主进线ZB线断路器ZB2断开备用。220kVⅠ、Ⅱ母线运行，两台主变压器并列运行。110kV和35kV各出线均作馈线运行。

2. 事故象征

6:31，事故喇叭响，2号主变压器三侧断路器B222、B112、B352和110kV母线分段断路器B110跳闸。报出的信号有："信号未复归""故障录波器动作"、110kVⅡ段母线"电压回路断线"、110kV分路BS线"重合闸动作"。

检查表计指示：110kV南母（Ⅱ段）电压表、110kV南母（Ⅱ段）上各分路表计、2号主变压器各表计指示均为零。其他表计指示正常。

检查保护信号有：BS线距离Ⅰ段和零序Ⅰ段、2号主变压器零序差动保护、1号主变压器110kV方向零序Ⅱ段零秒跳B110（110kV母线分段）断路器。

检查各断路器实际位置，B222、B112、B352和B110断路器在分闸位置；110kV分路BS1断路器仍在合闸位置。

3. 分析判断

根据保护动作情况、报出的信号和断路器跳闸情况分析，110kV南母（Ⅱ段）是因为2号主变压器及B110断路器跳闸而失压。220kV部分、35kV部分和110kV北母（Ⅰ段）仍在正常运行。

110kV 分路 BS 线有距离Ⅰ段和零序Ⅰ段保护动作信号，说明是 BS 线线路上有接地短路故障。有“重合闸动作”信号，BS1 断路器仍在合闸位置；经过分析，是在 2 号主变压器和 B110 跳闸以后，在 110kV 南母（Ⅱ段）失压无电的情况下，重合闸动作而自动重合上的。这是因为 2 号主变压器零序差动保护动作，三侧断路器跳闸，1 号主变压器 110kV 方向零序Ⅱ段零秒跳 B110（110kV 母线分段）断路器跳闸，可能与 BS 线距离Ⅰ段和零序Ⅰ段保护动作跳闸，是同时发生的。

根据以上情况判断，检查 2 号主变压器及零序差动保护范围内设备时，只要没有明显的异常现象，就是在外部故障时零序差动保护误动作跳闸。

4. 处理过程

（1）6:34，断开 110kV 南母（Ⅱ段）各分路断路器，并检查实际位置。检查 110kV 南母（Ⅱ段）无异常，汇报调度。

（2）6:36，调度下令将 110kV 南母的 XB 线和 BS 线负荷倒其他电源带。

（3）6:37，投入分段断路器 B110 的保护装置，合上 B110 断路器，对 110kV 南母（Ⅱ段）充电正常。退出 B110 的保护装置，再合上 BJ1 断路器，恢复了对 BJ 线的供电。

（4）6:43，按照调度命令，退出两台主变压器 110kV 方向零序Ⅱ段零秒跳 B110（110kV 母线分段）断路器的保护压板。

（5）对 2 号主变压器及零序差动保护范围内全部设备进行外部检查。经检查，没有发现任何异常现象。

（6）检查 2 号主变压器及零序差动保护继电器接点在打开位置，保护出口继电器接点在打开位置。测量保护出口继电器线圈两端无电压。

根据保护动作情况可以知道，外部有接地短路故障。2 号主变压器又是投入运行不足一个月的新设备，判定为误动跳闸，属于零序差动保护电流回路误接线的可能极大。

（7）按调度命令，将 2 号主变压器零序差动保护改投于信号位置，具备了必要时作事故备用的条件。向上级领导汇报，由专业人员检查保护误动作的原因。

（8）8:30，继电保护专业人员到达现场。按照调度命令，将 2 号主变压器加入运行，投入两台主变压器 110kV 方向零序Ⅱ段零秒跳 B110（110kV 母线分段）断路器的保护压板。2 号主变压器带负荷后，由专业人员测量零序差动保护电流回路的相位关系。

5. 误动原因及事故教训

2 号主变压器零序差动保护测相位完毕，根据所绘相量图，判定是零序差动保护电流回路中，变压器公共线圈的 TA 二次极性接反。BS 线则由客户检查线路，发现 65 号杆 C 相绝缘子因大雾发生闪络，造成接地短路。由于 2 号主变压器零序差动保护的错误接线，在外部故障时误动作跳闸。同时，1 号主变压器方向零序Ⅱ段零秒跳 B110（110kV 母线分段）断路器，是正确动作。

正常运行中，因为没有零序分量，2 号主变压器零序差动保护不动作。差动电流回路正常不平衡电流很小，故无明显异常。将错误接线纠正以后，零序差动保护投入。

2 号主变压器零序差动保护电流回路的错误接线，是安装人员的失误。在 2 号主变压器试运行中，零序差动保护带负荷测相位时，应该及时发现问题。但是，实际测量时没有严格按规程规定执行，不够严肃认真。画相量图，不使用专用表格和工具，只是在白纸上画草图，又没有认真鉴别分析。工作人员则轻率的认为，相量图画的不十分准确没多大关系。其结果错误的判断为接线正确，下了“可以运行”的错误结论。

这次事故的教训是，任何工作都不能麻痹大意。管理不严，是事故的根源。如果工作人员严格执行规程，认真细致，不放过可疑的情况，事故是完全可以避免的。继电保护装置在安装接线以及检验工作以后，检查接线的正确性十分必要。带负荷测量保护电流回路相位关系，是防止和发现错误接线的有效手段。为了防止保护误动和拒动，应该多方面把关。如果运维人员只是认可工作负责人“可以运行”的结论来进行验收把关，是盲目的。

三、用错 TA 变比引起主变差动保护误动作分析

1. 事故简介

某日，某 110kV 变电站 1 号主变压器增容改造后投入运行。正常运行方式为：1 号主变压器带 10kV 西母负荷，35kV 侧断路器断开热备用；2 号主变压器带 10kV 东母负荷和 35kV 东母、西母全部负荷。

20 天以后，上午 11:00，1 号主变压器差动保护动作，110kV 和 10kV 侧断路器跳闸，10kV 西母失压。1 号主变压器保护装置显示有“高后备启动”“低后备启动”“$I_d = 1.17I_e$”信息。综自后台机上，有 10kV 西母 4 条出线保护装置“总启动”信号。

与此同时，上一级 220kV 变电站的 110kV 故障录波器启动，录波图显示系统 B、C 相发生短路故障。

2. 故障检查分析

现场检查 1 号主变压器本体瓦斯继电器内无气体，压力释放器无异常，主变压器和差动保护范围内各设备无异常。

1 号主变压器经取油样做色谱分析，数据与安装后几乎相同，基本可以认定变压器内部没有问题。

1 号主变压器保护装置报出有“高后备启动”“低后备启动”信号，上一级 220kV 变电站的 110kV 故障录波器启动，录波图显示系统 B、C 相短路，说明 1 号主变压器确实有故障电流通过。

事故跳闸前，1 号主变压器 35kV 侧断路器在热备用状态，故障电流与 35kV 系统无关。10kV 西母 4 条出线保护装置均有“总启动”信号，说明短路故障发生在 10kV 西母 4 条出线中，主变压器差动保护可能是因区外故障误动作。

检查 1 号主变压器试运行时的带负荷校核记录和向量图，证明差动保护装置电流回路接线正确，排除了误接线原因。

核对原 1 号主变压器（31.5MVA）保护定值通知单和新的 1 号主变压器（50MVA）保护定值通知单。原 1 号主变压器保护定值通知单上，标明主变压器 110kV 侧保护装置使用的 TA 变比是 300/5；新 1 号主变压器保护定值通知单上，标出主变压器 110kV 侧保护装置使用的 TA 变比是 600/5。

本次 1 号主变压器增容改造，110kV 侧外接 TA 没有更换，变比很可能仍然是 300/5。

核实新的 1 号主变压器保护装置实际使用 TA 变比，110kV 侧保护装置使用 TA 变比是 600/5 时，保护装置电流回路应接 TA 二次的 3S1 和 3S3 端子。新 1 号主变压器投运后，保护装置电流回路，实际仍是接在 TA 二次的 3S1 和 3S2 端子，实际使用的变比是 300/5。

保护装置输入的是变比为 600/5 下的整定值，实际使用变比是 300/5，在外部发生瞬间短路故障时，差动保护电流回路差流增大，导致误动跳闸。

新 1 号主变压器保护装置电流回路，110kV 侧 TA 变比与保护定值通知单不符的原因，是主变压器额定容量增大，继电保护整定计算时，认定 110kV 侧 TA 变比需要由 300/5 变更为 600/5，调度部门与施工单位、维护单位和监理单位出现了沟通方面的问题。施工单位认为 1 号主变压器 110kV 侧 TA 没有更换，只顾按图施工，按保护定值通知单输整定值，没有对主变压器 110kV 侧 TA 进行测试，没有意识到 TA 变比需要变更。试运行时，在检查新 1 号主变差动保护装置差流达到 $0.06I_e$ 情况下，工作人员认为差流不超过规定值，故未引起重视。新 1 号主变压器投运后，运行中差动保护多次瞬时报出“差流越限”信号，但运维人员认为信号维持时间很短，也未能及时向调度汇报，错过了发现该隐患的机会，发生区外故障时，造成差流超过整定值，引起比率差动保护误动作跳闸。

3. 预防措施

（1）完善继电保护整定值管理制度，明确 TA 变比变更管理流程。

（2）严格执行继电保护整定值管理制度。继电保护整定计算，认定 TA 变比需要变更，应书面通知设计、施工和监理单位，接通知单位人员应签收。

（3）不论是基建工程还是增容改造工程，施工单位接保护定值通知单，应认真与现场设备认真核对，进行必要的 TA 变比试验、保护通流测试等，避免误接线、误整定，保证保护装置运行定值与 TA 变比相匹配并符合电网运行要求。

（4）监控班值班员和变电运维人员应加强培训，要明确知道信号的含义、异常的性质，及时向调度汇报，及时消除隐患。

四、主变压器高压侧相序错误引起差动保护误动作分析

1. 故障简介

某 110kV 变电站于 1973 年投运。20 多年后，更换了两台主变压器。此后，该站进行综合自动化改造、保护更换工程第一阶段竣工，2 号主变压器投入运行。数日之后，因 6kV 一条出线短路，2 号主变压器差动保护动作跳闸，属于误动作。

2. 误动原因调查

（1）施工单位和运行单位的专业人员联合进行二次接线核查，主变压器的微机保护装置交流电流、电压回路完全符合设计图纸，保护装置实际传动试验正确。

（2）查阅安装、调试资料，没有发现问题。

（3）调试人员证明调试期间未发现任何问题。试运行时，检查差动保护不平衡电流超过厂家规定。

（4）咨询保护生产厂家技术人员，厂家认为属于保护装置外部的问题。

（5）核查调试人员差动保护装置带负荷校核记录，未画相量图，记录较混乱。

3. 事故分析

根据事故调查，怀疑变压器一次接线有问题。现场查看 2 号主变压器，发现其高压侧相序排列与常规不符。出厂的变压器相序排列，应是自左向右为 A 相、B 相、C 相排列（面向高压侧）；而现场刚好相反，是 C 相、B 相、A 相排列。

在 2 号主变压器本体上核查，擦掉 110kV 侧套管小铭牌上的油漆，发现涂有红色相序的套管是 A 相，涂有黄色相序的套管是 C 相。

上述核查证明，虽然变压器铭牌上标明的接线组别是 Yn0，Yn，d11 接线，而实际运行的组别是 Yn0，Yn，d1 接线组别。差动保护 6kV 侧 TA 二次电流，实际是滞后 110kV 侧 TA 二次电流 30°；接入保护装置的 110kV 侧 TA 二次电流和 6kV 侧 TA 二次电流，相位差则是 60°。变压器差动保护装置电流回路接线，是按 Yn0，Yn，d11 接线组别设计的，由此造成差动保护在外部故障时误动作。

4. 事故教训及整改措施

（1）设计人员没有到现场认真勘查设备，变电站现场所有设备的相序都与常规不同，没有引起注意。

（2）调试人员在差动保护带负荷校核时不认真。不平衡电流超标时，不认真核查原因，未画相量图，未向主管领导报告。

（3）设备相序与常规不符，是 30 多年以前的遗留问题，没有相关资料记载。在技术管理上，应在设备台账、现场规程方面反映设备实际情况。

（4）严把质量验收关，认真核查保护装置带负荷校核资料。

第十节　变压器后备保护动作事故处理实例

WYL 变电站，有 110kV 和 10kV 两个电压等级，是单电源进线、单台主变压器的 110kV 末端变电站。10kV 部分是单母线分段接线。全站仅有一个 110kV 主电源 PW 线，10kV Ⅱ段母线上没有电源进线。正常 1 号主变压器带 10kVⅠ、Ⅱ段母线全部负荷。因为接线简单，故没有一次系统图也能介绍事故以及处理情况。

1. 在监控班的事故象征

某日，JS 监控班值班室内，值班员正在监视各无人值班变电站的运行情况。11:38，在集控系统屏幕上，值班员发现 WYL 变电站 10kV 母线分段断路器变位，由合闸位置变为分闸位置。此时，没有事故信号，也没有预告信号。因为 10kVⅡ段母线上没有 TV，不会报“电压回路断线”信号。

值班长立即向调度员汇报情况。使用图像监控设备察看现场，现场没有明显设备损坏和其他异常情况。运维人员驱车到现场检查处理事故。在此阶段的事故判断，有两种可能：① 因为没有保护动作信号，没有事故信号，也没有预告信号，10kV 母线分段断路器误跳闸；② 1 号主变压器后备保护动作，10kV 母线分段断路器跳闸。

如果是1号主变压器后备保护动作，10kV母线分段断路器跳闸，则母线故障和分路故障越级跳闸的可能性都有。

2. 现场事故象征

11:58，运维人员到达现场。

在综自后台机上，也是只有10kV母线分段断路器变位情况显示。没有事故信号，没有预告信号，只有一个“保护柜2动作”信号（事故前一天报出，并且没有音响）。

到各保护屏上检查。在1号主变压器微机保护屏上，有过流保护跳10kV母线分段断路器信号。10kVⅡ段微机保护屏上，各分路保护均没有动作信号。10kVⅡ段母线有一个分路（10号出线柜），微机保护液晶显示“黑屏”，各电源指示灯亮，位置指示灯显示断路器在合闸位置。

检查1号主变压器和10kVⅡ段母线各连接设备，没有发现异常情况。10号出线柜断路器仍在合闸位置。

3. 现场事故分析判断

1号主变压器有过流保护动作信号，10kV母线分段断路器不是误跳闸，是切除了短路故障电流。检查一次设备没有问题，证明10kVⅡ段母线所连接分路中有故障，发生越级跳闸。10kVⅡ段母线的各分路都没有保护动作信号，说明是保护拒动所引起越级跳闸。微机保护液晶显示“黑屏”的分路（10号出线柜），线路上有故障，保护拒动而越级跳闸的可能较大。

4. 事故处理过程

（1）12:08，在保护屏上将未跳断路器（10号出线柜）断开，并且将10kVⅡ段母线各分路断路器、电容器组断路器全部断开（用近控操作）。

（2）12:10，按调度命令，合上10kV母线分段断路器，10kVⅡ段母线充电正常。

（3）12:13，将10kVⅡ段母线各分路（10号出线柜除外）恢复供电。

（4）12:27，调度员得到市民的报告，10号出线柜的线路上，在GM路口有一级杆子被汽车撞倒；命令配电值班员将线路故障段隔离。

（5）12:48，按调度命令，恢复了10号柜出线的供电。

（6）向有关上级领导汇报，并检查有关二次回路的异常。

（7）继电保护专业人员到达现场，检查10号出线柜微机保护装置。更换上备用的微机保护插件，保护装置即恢复正常。

5. 事故处理方面的评价

（1）监控班值班员认真履行岗位职责，监视各站运行状况，及时发现问题，及时汇报并处理。

（2）对事故的性质判断准确，行动迅速。

（3）运维人员检查设备认真、细致，能做到有条不紊。

（4）恢复供电迅速、及时。

（5）调度员和监控班值班员配合协调。

（6）调度员和运维人员在事故处理上，有一个很明显的失误。分析判断事故时，双方都能判断出来是 10 号出线柜的线路上有故障，其保护装置有不正常情况，导致越级跳闸。但是，在故障点隔离之后，错误的发布、接受了操作命令，将保护装置已经发生拒动的断路器合闸，对线路送电。如果线路上再发生故障，则仍可能越级跳闸。

6. 微机保护装置和综自系统不正确情况检查分析

（1）10 号出线柜微机保护拒动检查。经专业人员检查测试，保护装置内部元件损坏，必须更换插件。

（2）集控系统不报事故信号的分析。集控系统能显示现场断路器变位情况，说明自身和信息通道没有问题。问题可能在变电站的综自系统，也可能是微机保护装置问题。

变电站综自系统后台机上，没有 10 号出线柜微机保护的装置故障信息，同时也没有 1 号主变压器微机保护动作信息。1 号主变压器微机保护屏上，保护动作信号能正常报出，因此，问题在综自系统的可能比较大。

（3）事故之前有“保护柜 2 动作”信号的分析。保护柜 2 指的是 1 号主变压器微机保护屏。“保护柜 2 动作”信号，是 1 号主变压器微机保护屏与综自系统之间“通信故障”信号。说明两者之间的通信前一天已经中断；所以不能向集控系统发出事故信号。

监控班值班员没有及时发现“通信故障”，是因为不明白“保护柜 2 动作”信号的含义，不知道是什么性质的问题。此信号的文字上的定义不确切，不能引起监控班值班员的注意，也就不能及时得到处理。

综自系统信号的文字表达，必须予以规范，以免工作人员不能判别故障。此种缺陷需要生产厂家配合解决。

（4）“通信故障”检查。1 号主变压器微机保护装置，和变电站综自系统之间的通信中断，是什么原因？经过现场测试，检查出是综自系统单元通信口烧坏，造成 1 号主变压器保护信息不能向集控系统传送信号。

将综自系统与 1 号主变压器保护屏管理单元之间的通信口更换后，后台机上的“保护柜 2 动作”信号（即“通信故障”）可以复归。

（5）10 号出线柜微机保护异常，不能向集控系统报信号原因检查分析。在 WYL 变电站现场，10kVⅡ段保护屏上，短时切断 10 号出线柜微机保护直流电源，查看保护屏管理单元的巡检信息。当自动巡检到 10 号出线柜的微机保护装置时，立即有保护出错信息“ERR”，说明保护屏的管理单元完全正常，能够巡检出各出线保护装置的异常和故障；而综自系统并没有此信息，也就不能向监控班发出保护装置异常的遥信。

经查看遥信清单，发现综自监控装置有“保护装置动作”“控制回路断线”“弹簧机构未储能”等信息，唯独没有保护屏管理单元的“装置故障”信息内容；说明它没有“装置故障”的读解程序，故不能反映保护的“装置故障”。

经询问保护装置生产厂家，确认在保护屏管理单元中，已具备报“装置故障”信号的程序；综自系统生产厂家，确认没有读解保护“装置故障”的程序。因此存在的问题需要综自系统生产厂家解决。

第三章

500kV线路高压电抗器异常和事故处理

500kV线路高压并联电抗器（以下简称高抗），其结构上与变压器基本相同，所配置的继电保护装置也有较多的相同之处，都是有轻、重瓦斯和压力释放保护，都有差动保护。高抗的保护装置，作用于报信号和线路断路器（边断路器和中断路器）跳闸。高抗保护动作跳闸时，如果线路的保护装置同时动作，应按照线路和高抗同时有故障来考虑。查明高抗保护动作原因和消除故障之前，不得强送线路。如因系统急需对线路送电，必须先将高抗退出，同时必须符合无高抗运行的规定。

第一节　高抗异常运行的检查处理

和变压器一样，高抗的内部故障，在造成事故之前以及发生事故的最初阶段，一般都会有异常情况出现。所以，通常高抗出现异常运行情况可能是将要发生事故的先兆。监控班值班员应随时对高抗的运行状况进行监视和检查。运维人员应通过对高抗的声音、振动、气味、油温、油色及外部状况等现象的变化，来判断有无异常。分析异常运行原因、部位及程度，以便及时采取相应的措施。

将有故障的高抗停止运行，必须按调度命令，线路两端都要断开断路器、拉开线路隔离开关，线路验明无电后接地，再拉开高抗的隔离开关。

一、高抗的一般异常运行情况

（1）噪声比平时大，音调异常。正常运行中高抗的声音，应该是均匀的“嗡嗡”声。如果高抗声音不均匀或有其他异常声音，都属于不正常，但不一定都是属于内部有异常。

1）内部有比较高且沉重的“嗡嗡”声。这种情况可能是因为过负荷运行（系统电压偏高），由于电流大，铁芯振动力增大引起。可以根据系统电压情况鉴定，并加强监视。

2）内部有“吱吱”或“劈啪”响声，可能是内部有放电故障。如铁芯接触不良，内部引线对外壳放电等。

3）内部个别零件松动，发出异音。铁芯松动，内部有强烈而不均匀的噪声。

以上第一种情况，属外部因素引起；而后两种，则可能属于内部因素造成。高抗运行中的异常声音比较复杂。检查时，要注意以下几点：

1）结合观察电压、电流表指示变化情况，表计有无摆动。高抗有异常声音的同时，继电保护有无动作信号；系统内有无接地故障发生。

2）用绝缘杆敲击油箱外部附件或引线，判断响声是否来自外部附件、外部设备。借助于听音棒，仔细听内部声音的变化。

3）在几个不同的位置听响声，并注意排除高抗以外的其他声音。

4）必要时，向有关上级汇报，由专业人员取油样做色谱分析，测量铁芯接地电流，检测内部有无过热、局部放电等潜伏性故障。

（2）高抗上层油温异常升高；在相同冷却条件下，油温比平时升高或三相高抗温度不一致（相差较大）。高抗在不过负荷的条件下，如果发现上层油温超出允许值，温升超过规定，属于不正常。在相同的运行条件下（环境温度、冷却器运行情况），上层油温比平时升高出 10℃及以上；或者负荷不变，但上层油温不断上升，也应当认为高抗温度属于异常。

高抗正常工作在满载或接近满载状态，如有上层油温出现上述异常，应检查高抗上层油温异常的原因：

1）检查各散热器是否正常，各散热器阀门是否全部都打开，温度是否一致。

散热器的工作状态，与高抗上层油温有直接关系。各散热器的外表温度如果不一致，说明温度较低的散热器组散热效率差，油不循环，散热器阀门可能没有打开或油泵不转等。散热器的各散热管之间，被油垢、脏物堵塞或覆盖，都会影响散热。

2）检查冷却器风冷系统和油循环系统有无异常，风扇、油泵转向是否正确。

3）检查系统电压、气温有无变化。

如以上没有问题，可能属于高抗内部有问题。但应注意温度计指示是否正确，有无大的误差或失灵。用几个不同安装点的温度计、绕组温度计及远方测温指示，相互参照比较；测量上层油温和测量绕组温度的温度计指示，相互比较，才能正确判别。

（3）外部发现漏油现象。高抗有比较轻微的渗油，应当记录、汇报缺陷，按检修计划处理。若出现比较严重的漏油现象，应向上级汇报，尽快安排处理缺陷。

高抗渗漏油检查、处理，应当按照不同的渗漏点区别对待。油箱本体渗漏油，不涉及内部有异常情况的大多数情况下，不需要立即停电处理。对于绝缘套管，如果出现渗油情况，也不需要立即停电处理；但若出现绝缘套管漏油情况，则表明套管内部可能发生故障，需要尽快停电处理。

（4）油色异常。

（5）油面有显著上升或下降。高抗的油面变化，排除渗漏油原因，决定于上层油温。影响上层油温的因素有系统电压变化、环境温度的变化、冷却系统的运行情况等。如果上层油温异常升高，油面会随之升高。不随油温变化的油面，可能属于假油面。如果高抗渗漏油严重，油面严重下降，均为不正常运行。缺油的原因有：

1）修试工作多次放油，取油样多次放油而未补油。

2）长时间渗漏油或大量漏油。

3）储油柜的储油容量不足，气温过低。

发现上述问题，应当记录缺陷，向有关上级汇报。

（6）套管有闪络放电现象。

（7）盘根和塞垫向外凸出。

上述异常情况，应当汇报调度和有关上级。经判定异常确属内部问题时，为防止高抗损坏，应转移线路负荷，将故障高抗停电检查。对于油色有变化、套管有放电闪络，本体漏油和油面降低等，若问题不严重的，应汇报有关上级，安排计划停电处理。但如果问题比较严重，应转移线路负荷，将故障高抗停电检修。

二、高抗的严重异常运行情况处理

运行中，发现高抗有下列情况之一者，应立即转移线路负荷，将故障高抗停止运行：

（1）内部响声大，不均匀，有放电爆裂声。这种情况可能是由于铁芯穿芯螺丝松动，硅钢片间产生振动，破坏片间绝缘，引起局部过热。内部“吱吱”声大，可能是线圈或引出线对外壳放电，或是铁芯接地线断线，使铁芯对外壳感应高电压放电引起。放电持续发展为电弧放电，会使高抗绝缘损坏。

（2）储油柜、呼吸器、压力释放阀向外喷油。此情况表明，高抗内部已有严重损伤。喷油的同时，瓦斯保护可能动作跳闸，若没有跳闸，应按调度命令，将故障高抗停电检修。

（3）正常冷却条件下，油温异常升高并继续上升，超过95℃。此种情况下，如果散热器和冷却风扇、油泵无异常，说明高抗内部有故障，如铁芯严重发热（甚至着火）或线圈有匝间短路。

铁芯发热的分析，见第二章第一节。

（4）严重漏油，油位计和气体继电器内看不到油面。

（5）油色变化过甚（油位计直接与储油柜相通的）。油色变化过甚，油质急剧下降，易引起线圈和外壳之间发生击穿事故。

（6）套管严重破损、放电闪络。套管上有大的破损和裂纹，表面上有放电及电弧闪络，会使套管的绝缘击穿，剧烈发热，表面膨胀不均，严重时会爆炸。

（7）严重漏油，油位下降很快，油位指示器指示到最低位置（无法判断油位）。

（8）引线线夹严重过热，红外测温超过规定值时。

（9）油气分离器中有气体。

（10）高抗着火。

高抗着火，应立即将情况向调度及主管领导汇报。根据调度指令将线路停电转检修状态后，拉开高抗隔离开关，高抗转检修后再进行灭火。

第二节　高抗非电量保护动作

一、高抗轻瓦斯动作

高抗轻瓦斯动作的原因、取气分析判断、检查、处理的方法和注意事项，与变压器瓦斯动作基本相同。

二、高抗压力释放保护动作

当压力释放阀动作告警时，应现场检查设备温度和声响是否正常，检查有无喷油、冒烟、强烈噪声和振动以及温度异常升高等故障迹象。向调度汇报，同时对高抗进行严密监视，并做好记录，由专业人员进行进一步的检查和处理。

1. 原因

（1）内部有故障。

（2）油位、油温过高。

（3）压力释放阀装置二次信号回路故障。

2. 判断和处理

压力释放保护动作，监控班值班员应向调度汇报并通知运维班到现场，使用图像监控系统查看高抗，以便于及时发现高抗明显的严重异常情况。

压力释放阀动作，应根据高抗本体保护或其他保护有无动作情况进行综合分析，若仅有压力释放阀动作，而无其他任何保护动作，同时油位、油温正常，则有可能是该装置误动，经主管领导认可后，可以继续运行。若压力释放阀动作并伴随有其他保护（如瓦斯，差动等）动作，或同时油位和油温异常、内部有不均匀的声音，则说明高抗内部有故障。

若压力释放阀喷油（或漏油）而无压力释放阀动作信号时，运维人员除检查高抗的电流、温度、声响和其他保护动作情况外，应由专业人员来检查有关的信号回路是否正常。

经判定高抗内部有故障，应向调度及主管领导汇报。根据调度指令，将线路停电转检修状态后，拉开高抗隔离开关。

三、高抗重瓦斯保护动作跳闸

1. 原因

与变压器重瓦斯动作跳闸原因基本相同。

2. 一般处理程序

（1）监控班值班员立即检查高抗是否仍带有电压。线路若有电压指示，说明线路对侧未跳闸，应立即报告调度。在现场，若电抗器有运行声音，也说明线路对侧未跳闸。

（2）监控班值班员应向调度汇报并通知运维班到现场，使用图像监控系统查看高抗，以便及时发现高抗明显的严重异常情况。

（3）按调度命令，将控制该线路的边断路器、中断路器转冷备用（如有条件，可由监控班值班员遥控操作）。运维班在现场，在线路侧验明无电后，推上线路侧接地开关，然后再拉开高抗隔离开关。

（4）跳闸的线路是否恢复运行，是否强送，需按照调度命令执行。

（5）现场对高抗进行外部检查。在线路和高抗保护屏上，检查保护动作情况、信号，查看采样报告和故障录波信息、故障测距信息。如果故障测距显示故障点很近，则线路上可能没有故障。

（6）经外部检查，高抗无明显异常和故障迹象，取气检查分析（若有明显的故障迹象，不必取气即可认为属于内部故障）。

（7）根据保护动作情况、外部检查结果、气体继电器内气体性质、二次回路上有无工作等，进行综合分析判断。

（8）根据判断结果，采取相应的措施。

3. 对高抗进行外部检查的主要内容

重瓦斯动作跳闸，应对并联电抗器进行外部检查，检查和取气分析的方法和注意事项与变压器重瓦斯动作跳闸相同。

4. 分析判断依据

与变压器重瓦斯动作跳闸基本相同。

5. 处理方法

（1）经判定为内部故障的，未经内部检查并试验合格，不得重新投入运行，防止扩大事故。判定内部故障有以下几种情况：

1）经外部检查，发现有明显的异常情况和故障象征。不经检查分析气体的性质，即可认为属内部故障。

2）外部检查无明显异常现象，跳闸前有轻瓦斯信号，取气分析有味、有色、可燃，也属于内部故障。因为外部象征虽不明显，但内部故障可能比较严重。

3）高抗有差动保护等反应电气量的保护动作信号，跳闸之前有轻瓦斯信号。无论高抗外部有无明显异常，取气分析是否有色、是否可燃，或未查明气体的性质（可疑），均应认为内部有问题。

4）高抗同时有压力释放保护动作信号，应认为是内部有问题。

（2）外部检查没有发现任何异常，经取气分析，气体无色、无味、不可燃，并且气体纯净无杂质；同时高抗其他保护、线路保护装置均没有动作。跳闸之前，轻瓦斯信号报出之时，高抗的声音、油温、油位、油色均无异常，可能属于进入空气太多，析出太快。应查明进气的部位，由检修人员处理密封不良问题。若油色谱分析结果无问题，高抗能否投运需按调度命令执行。

（3）经外部检查，无任何故障迹象和异常，高抗其他保护、线路保护装置均没有动作。取气分析，气体颜色很淡、无味、不可燃，气体的性质不易鉴别（可疑），没有可靠的根据证明属于误动作。经专业人员取油样进行色谱分析，经试验合格后方能投运。

（4）高抗经外部检查没有任何故障迹象和异常，气体继电器内没有气体，证明确属于误动跳闸。误动的原因查明后，处理方法如下：

1）能及时排除故障的，排除故障后高抗可以投入运行。

2）不能在短时间内排除故障的，在高抗有可靠的差动保护和可靠的后备保护条件下，根据调度命令，暂时退出重瓦斯保护后，高抗投入运行。

第三节　高抗差动保护动作跳闸

高抗差动保护的保护范围，是高抗各侧差动 TA 之间的一次电气部分。主要反应以下故障：

（1）高抗引出线及内部线圈的相间短路。

（2）严重的线圈层间短路故障。

（3）高抗线圈及引出线的接地故障。

高抗差动保护能迅速而有选择地切除保护范围内的故障。只要接线正确并调整得当，外部故障时不会误动，但差动保护对高抗内部不严重的匝间短路反应不够灵敏。

一、高抗差动保护动作跳闸的原因

（1）高抗及其套管引出线，各侧差动 TA 以内的一次设备故障。

（2）保护二次回路问题误动作。

（3）差动 TA 二次开路或短路。

（4）高抗内部故障。

二、高抗差动保护动作跳闸的一般处理程序

（1）监控班值班员立即检查高抗是否仍带有电压。线路若有电压指示，说明线路对侧未跳闸，应立即报告调度。在现场，若电抗器有运行声音，也说明线路对侧未跳闸。

（2）按调度命令，将控制该线路的边断路器、中断路器转冷备用（如有条件，可由监控班值班员遥控操作）。运维班在现场，线路侧验明无电后，推上线路侧接地开关，再拉开高抗隔离开关。

（3）跳闸的线路是否恢复运行，是否强送，按照调度命令执行。

（4）在线路和高抗保护屏上，检查保护动作情况、信号，查看采样报告和故障录波信息，故障测距信息。根据保护动作情况和运行方式，判明事故停电范围和故障范围。如果故障测距显示故障点很近，则线路上可能没有故障。

（5）对高抗及差动保护范围以内的一次设备进行详细的检查。

（6）根据检查结果和分析判断结果，作相应的处理。

三、对设备进行外部检查的主要内容

（1）高抗套管有无损伤，有无闪络放电痕迹，高抗本体外部有无因内部故障引起的异常现象。压力释放器有无冒油，有无动作信号。

（2）差动保护范围内所有一次设备，瓷质部分是否完整，有无闪络放电痕迹。高抗及各避雷器、中性点电抗器、绝缘子等有无异常和接地短路现象，有无异物落在设备上。

（3）差动 TA 本身有无异常，瓷质部分是否完整、有无闪络放电痕迹，回路有无断线接地。微机保护装置在差动保护 TA 二次开路时，会报出“TA 断线”信号。

四、高抗差动保护动作跳闸的分析判断依据

（1）差动保护动作跳闸的同时，瓦斯保护动作与否。如果高抗差动保护动作跳闸同

时瓦斯保护动作，即使报出的是轻瓦斯信号，高抗内部故障的可能性也极大。

（2）检查差动保护范围内一次设备（包括高抗在内）有无故障现象。

（3）高抗若同时有压力释放保护动作信号，应认为是内部发生故障。

（4）高抗差动保护动作信号能否复归。检查高抗以及差动保护范围内的一次设备，如果没有发现任何故障迹象，跳闸时无表计指示冲击摆动，瓦斯和压力释放保护没有动作，应当根据高抗差动保护动作信号能否复归做进一步分析、检查。在断路器已经跳闸的情况下，差动保护动作信号若不能否复归，则二次回路可能发生故障。

微机型高抗保护装置，可依据保护装置有无“长期起动”告警信息，测量跳闸出口输出端子上有无正电脉冲，证实上述判断。

（5）保护及二次回路上是否有人工作。对于高抗及差动保护范围内一次设备，如果没有任何故障迹象、其他保护也没有动作、微机型保护装置跳闸出口输出端子上无正电脉冲。在这些前提下，若保护及二次回路上有人工作，可能属于人为因素误动作。如果无人工作，可能有以下原因：

1）差动 TA 二次开路（或短路）而误动作（正常运行中可能性很小）。微机型保护装置在差动 TA 二次开路时会报出“TA 断线”信号，会有“×TA 异常”信号。

2）高抗内部故障，外部无明显异常现象。

五、高抗差动保护动作跳闸的处理方法

（1）检查发现故障明显可见，高抗压力释放器有冒油现象，高抗本身有明显的异常和故障迹象，差动保护范围内一次设备上有故障现象，应停电检查处理故障，经检修试验合格后方能投运。

（2）经检查没有发现明显的异常和故障迹象。但是，高抗有瓦斯保护动作，即使只是报出轻瓦斯信号，属于高抗内部故障的可能极大，应经内部检查并试验合格后方能投入运行。如果高抗同时有压力释放保护信号，属于高抗内部故障的可能也很大，必须经过试验，证明高抗无问题，方能投入运行。

（3）检查高抗以及差动保护范围内一次设备，没有发现任何故障的痕迹和异常。高抗瓦斯保护、压力释放保护均未动作。其他设备和线路，没有保护动作信号。跳闸之前，二次回路上有人工作。

处理：应当分析工作和高抗差动保护动作跳闸有无关系。如是工作人员失误导致误动跳闸，应立即停止工作，断开工作电源和工作接线，可根据调度命令试送一次。

（4）检查高抗以及差动保护范围内一次设备，没有发现任何故障的痕迹和异常。高抗瓦斯保护、压力释放保护均未动作。其他设备和线路，没有保护动作信号。跳闸之前，二次回路上没有人工作。

此种情况下，应进一步检查判断。查看微机型高抗保护装置有无“长期起动”告警信息，查看微机保护的采样报告和故障录波信息，看有无故障电气量信息。

1）保护无“长期起动”告警信息，跳闸出口端子上无正电脉冲。查看微机保护的采样报告中没有故障电气量信息。

此时，应当检查差动电流回路有无断线或短路、接地，汇报有关上级，由专业人员进行检查。微机型高抗保护装置报出“TA 断线”信号，有“××TA 异常”信息，说明差动 TA 二次回路发生故障。如果查出是电流回路发生故障，应排除故障后再恢复高抗运行。如果经过检查，二次回路没有工作，高抗应做试验检查，若无问题再投入运行。

2）保护有“长期起动”告警信息，跳闸出口端子上有正电脉冲。查看微机保护的采样报告中，没有故障电气量信息。

此种情况可以认为属于差动保护误动作。可以根据直流系统对地绝缘情况，区分故障性质。直流系统对地绝缘不良，有“直流接地”信号，则是直流多点接地造成误动跳闸。反之，直流系统对地绝缘正常，可能是二次回路短路所致。

处理：可以根据调度命令，先退出差动保护，高抗投入运行，再检查二次回路的问题。解除高抗差动保护，保证瓦斯保护及其他保护在投入的条件下，高抗方能运行。差动保护必须在 24h 内重新投入。

以上隔离故障、恢复供电、恢复系统联络的操作，调度可以根据具体情况，向运维班或监控班值班员发出操作指令。现场检查设备则应由运维人员执行。

第四章 高压断路器常见故障及事故处理

第一节 断路器跳闸失灵处理

断路器跳闸失灵，发生事故时会越级跳闸，造成母线失压，事故扩大，甚至使系统瓦解。由于依靠上一级电源后备保护动作跳闸，既扩大了停电范围，又延长了切除故障的时间，严重地破坏了系统的稳定性，加大了设备的损坏程度。断路器跳闸失灵，分以下几种情况：

（1）运行中发生了事故，保护拒动或保护动作但断路器拒分。

（2）运行监视中发现异常，断路器可能拒分。

（3）正常操作时，断路器断不开。

处理时，应根据不同的情况，采取不同的措施。

一、发生事故时断路器拒分的处理

发生事故时断路器拒分，已经发生了母线失压事故。应将拒分的断路器隔离后，先将失压母线恢复运行，恢复对用户的供电，恢复系统之间的联络，再检查处理断路器拒分原因。

运维人员检查断路器拒分的原因，应当首先进行外部检查。检查其保护装置的投入位置是否正确。检查保护、控制电源熔断器是否熔断或接触不良（空气开关是否跳闸），检查手车控制插头是否接触良好。

因为拒分断路器所控线路上仍有故障，在短时间内不能送电。所以，应当尽量使拒分的断路器保持原状，以便进行事故调查和分析。应当汇报有关上级，由有关人员共同检查问题，运维人员应配合检查。要把发生事故时的保护及自动装置动作情况、表计指示、设备状况、故障录波情况等有关象征，详细做好记录，为事故调查分析提供准确的依据。检查故障原因时，最好给保护的测量元件加模拟故障量，做传动试验，查明断路器不跳闸的原因。

综自系统后台机报出“通信故障”等保护异常信号、保护自检有错误报告、保护屏管理单元显示有该线路保护错误信息、保护装置液晶显示异常或无显示、保护装置“运行”指示灯及电源指示灯不亮等，均可以认为保护装置有问题。

断路器位置指示灯不亮、有“控制回路断线”信号，保护就可能拒动、误动。微机保护装置报出装置闭锁信号，保护装置“运行”灯灭，说明整套保护被闭锁。

上述具体的设备故障，由专业人员进行处理。

二、运行中发现二次回路问题将引起跳闸失灵的处理

集控系统报出变电站保护装置异常、“通信故障”等信号，监控班值班员应及时向调度汇报，同时通知运维班到现场检查鉴定。必要时，直接通知相关专业人员检查处理。

运维班现场发现断路器的位置指示红灯不亮，报出“控制回路断线”信号、“保护直流断线”信号，都可能在发生事故时不跳闸。应及时采取相应的措施处理，防止扩大事故。把越级跳闸事故的苗头，消灭在萌芽状态。

综自系统后台机报出“保护通信故障”等保护异常信号、保护自检有错误报告、保护屏的管理单元显示某线路保护错误“ERR”信息、保护装置液晶显示异常或无显示、保护装置电源指示灯不亮、报出断线信号等，都可能会在发生事故时不跳闸。断路器位置指示灯不亮、有“控制回路断线”信号，保护就可能拒动、误动。微机保护装置报出装置闭锁信号，如RAM异常、程序存储器出错、EPROM出错、定值无效、光电隔离失电报警、DSP出错、跳闸出口异常、直流电源异常、采样数据异常等，保护装置“运行”灯灭，说明整套保护被闭锁，可能发生越级跳闸，扩大事故影响范围。

发现继电保护装置及综自系统有异常情况，报出装置异常信号等，故障原因和处理原则见第一章第五节。

1. 发现测控及保护装置指示灯灭、保护有异常信息报告

应向调度汇报，检查保护、控制电源熔断器是否熔断或接触不良（空气开关是否跳闸）。如果有上述问题，应更换处理。在检查、测量和处理时，应注意防止断路器误跳闸。

2. 报出“控制回路断线”信号

应向调度汇报，先检查保护、控制电源熔断器是否熔断或接触不良（空气开关是否跳闸），再检查跳闸回路有无断线或接触不良之处。

3. 根据检查结果采取相应的措施

（1）可以在短时间内自行处理的，应采取相应的措施处理。如更换熔断的熔断器，使接触松动的熔断器座、端子接触良好。

（2）短时间内难以查明原因，不能自行处理的，汇报调度和有关上级，由专业人员检查处理。运维人员应按照调度命令，采取以下措施，防止发生事故时越级跳闸：

1）将拒分的断路器经倒闸操作，倒至单独在一段母线上，与母联断路器串联（双母线接线）运行。用母联的保护，代替拒分断路器的保护，退出拒分断路器的保护以后，再处理二次回路的问题。

2）双电源的用户，倒负荷以后，停电检查处理。

3）如果不能倒运行方式，应转移负荷以后停电检查处理，或者按主管领导的命令执行。

将拒分的断路器停电操作时，如果电动操作断不开，可以用手打跳闸铁芯或脱扣机构的方法将断路器断开。

三、操作时断路器拒分的处理

操作时断路器不分闸，因为不存在保证对用户供电的问题，为了防止越级跳闸的事故发生，应汇报调度，迅速采取措施，简明地判断清楚故障范围，及时将断路器停电处理。

监控班遥控操作时断路器不分闸，应向调度汇报，通知运维班到现场检查。现场在后台机、测控屏上使用“近控”就地操作，区分故障范围。

微机保护装置、综自系统的后台机，有“通信故障”等异常信号、自检有错误报告、保护装置电源指示灯不亮、装置操作箱失电、报出“控制回路断线”信号等，都可能在操作时不分闸。

1. 区分故障范围的依据：

（1）检查有无“通信故障”“控制回路断线”信号。如果有“控制回路断线”信号，则现场的控制、保护电源无问题。

（2）在综自系统后台机上操作，断路器不能分闸。在测控屏上使用“近控”就地操作，如果断路器能够分闸，说明综自集控系统以及至后台机之间的范围内可能有故障。

（3）在测控屏上，使用“近控”就地操作，如果不能断开断路器，可以看位置指示灯变化、有无“控制回路断线”信号判断故障范围。

（4）检查有无断路器“SF_6气压降低”、液压机构“压力降低”等信号。

2. 处理

（1）判明故障范围以后，应汇报调度。尽快以手打跳闸铁芯或脱扣机构断开断路器，处理故障。

（2）以手打跳闸铁芯或脱扣机构，断路器仍不能分闸，应设法将故障断路器停电处理。

（3）无法将断路器断开时，可以采取如下措施，将拒分断路器停电检修：

1）对于双母线接线，可以把拒分断路器倒至单独在一段母线上，与母联断路器串联运行。用母联断路器断开电路，拉开拒分断路器两侧隔离开关，然后停电检修。

2）有旁母的接线，可以经倒运行方式，使拒分断路器与旁母断路器并联以后，拔掉旁母断路器的操作熔断器（防止拉隔离开关时，旁母断路器跳闸，造成带负荷拉隔离开关事故），拉开拒分断路器的两侧隔离开关，再装上旁母断路器的操作熔断器。断开旁母断路器，将拒分断路器停电检修。

3）利用本站一次系统主接线的特点，采用其他倒运行方式的方法，将拒分的断路器停电检修。如对于 3/2 主接线方式，使用隔离开关的拉合母线环流（等电位法操作，注意至少有 3 个串的断路器合环运行状态下、并保证拒分断路器所在串相邻断路器不能跳闸的条件下进行）的方法，将拒分断路器停电检查处理。

4）无法倒运行方式的情况下，不具备用隔离开关拉空载电流条件的，只能在不带电的条件下，拉开故障断路器的两侧隔离开关。对拒分断路器停电检修（其他部分先恢复运行）。

第二节　液压操动机构常见故障处理

液压操动机构在运行中常见的故障主要有：高压油路渗漏、油泵自动打压和控制回路故障、氮气预压力异常、压力过高或过低等。液压操动机构在带电运行中处理缺陷时，其要点就是确保合闸保持可靠，严防慢分闸的恶性事故的发生。在机构的压力降低至零时，如果断路器的传动机构没有用专用闭锁工具卡死，不许启动油泵打压。故障处理完毕时，在去掉闭锁工具之前，必须先合闸操作一次，使机构处于合闸保持状态。

液压操动机构发生故障时，凡是在带电运行中检修的，对于配置有断路器失灵保护的，在用闭锁工具把传动机构卡死以后，可以把操作熔断器重新装上。其目的是：如果线路上发生故障，断路器被卡死，不能跳闸，因操作熔断器已经重新装上，使其失灵保护启动回路仍能起作用，可靠地切除故障。如果失灵保护不起作用，就不能在尽可能短的时间内切除故障，只能依靠后备保护动作切除故障，易使事故造成的损失扩大，对系统的安全和稳定很不利。

一、液压操动机构压力降到零

1. 故障象征

运行中，液压操动机构压力降到零时，报出的信号有“压力降低”“压力异常”。原因多为高压油路严重渗漏所造成。此时，油泵启动回路已被闭锁。

机构压力降到零，对断路器的安全运行很不利。万一发生慢分闸，断路器会爆炸。同时，因断路器不能跳闸，线路有故障时，不能切除故障点，会越级跳闸，扩大事故。

2. 处理方法

（1）断开断路器的操作电源，拉开其储能电源，用专用卡板将断路器的传动机构卡死，以防慢分闸。卡死传动机构时，应务必使卡板固定牢靠。

（2）汇报上级派人检修。可以将该断路器倒至单独的一段母线上，与母联断路器串联运行（双母线接线），然后检修机构。检修时，应尽量停电检修；不能停电时，再带电检修机构。

（3）带电检修完毕，应先启动油泵打压至正常工作压力，再进行一次合闸操作（可以用手打合闸电磁铁），使机构的阀系统处于合闸保持状态，才能去掉卡板，再合上操作电源。这样，可以防止在油泵打压时，油压上升过程中出现慢分闸。去掉卡板时，应先检查卡板不受力，说明机构已处于合闸保持状态，可以防止传动机构对操作人造成人身伤害。

二、液压操动机构工作缸或高压油管向外喷油

这种故障可以在巡视检查设备时发现。在故障的最初阶段，压力不一定立即下降到报信号的数值，应当迅速拉开其储能电源。因为高压油向外喷出，油压很快会下降到零，

并且油会耗尽。应当迅速按压力降低到零的方法处理。应当注意，将断路器传动机构卡死后，立即将油压释放至零。

三、运行中报出压力降低信号

如果液压操动机构的压力过低，断路器的跳、合闸速度不能保证，将影响灭弧能力。

运行中报出“压力降低”信号，压力表指示已经低于“合闸闭锁”压力值，合闸闭锁已动作。

机构压力降低的原因有：

（1）油压正常降低。油泵因回路问题，不能自动打压储能。

（2）高压油路渗漏，油泵打压但压力不上升。

“压力降低”信号报出以后，应根据不同的现象判别故障，采取不同的措施处理。

如果报出“压力降低”信号时，没有“油泵运转”信号，属于油压降低，油泵不能自动启动打压。如果同时报出“油泵运转”信号，就是机构高压油路渗漏所造成的。

现象之一：报出“压力降低”信号，压力表的指示低于“合闸闭锁”压力值，油泵电动机的接触器未动作。

主要原因和处理方法：

（1）储能电源熔断器熔断或接触不良。

处理：更换熔断器或使其接触良好，启动油泵打压，使压力上升至正常工作压力。

（2）油泵控制回路的各微动开关中，某一接点接触不良。

各个微动开关，如果存在固定松动、内部弹簧失效、接点烧损或氧化问题，都会使回路不通。

处理：检查电源及熔断器正常后，再检查上述各个微动开关。可以用仪表测量的方法，查找出接点没有接通的微动开关。

如果是某个微动开关已经损坏，可以手动使油泵接触器动作，使其接点接通，启动油泵打压至正常工作压力，然后由检修人员更换微动开关。

（3）接触器线圈断线。

处理：使用表计测量，检查出断线点。手动使接触器动作，启动油泵打压至正常工作压力，再由检修人员处理回路问题。

现象之二：检查接触器已动作，油泵电动机不转。

此现象表明，各继电器、微动开关的接点接触均良好，油泵控制回路无问题。出现此情况的主要原因可能是接触器接触不良，也可能是油泵电动机有问题。

处理：若测量油泵电动机接线端子上无电压，说明是接触器接点接触不良，或是接触器与油泵电动机之间的端子没有接通（松动）。应测量检查不通点，并处理接触不良问题。如果是接触器损坏，可以先拉开储能电源，将接触器接点短接，合上储能电源，启动油泵打压。压力上升至正常工作值后，拉开储能电源，然后由检修人员更换接触器。油泵不能自动打压期间，严密监视机构压力表指示。

如果经测量检查属于电动机问题，应汇报调度和上级。监视压力表指示，转移负荷。

将断路器停电处理（此时，机构的压力尚能保证分闸）。防止压力继续下降到分闸闭锁压力值时线路发生故障，断路器不能跳闸，使事故扩大。如果不能倒运行方式，有手力储能设施的液压机构，可以用手力打压储能，以维持断路器的正常运行。如果只能在带电运行中检修电动机，应严密注视压力表指示，万一压力下降到分闸闭锁压力值，应根据调度命令，按“机构压力下降到零”的相同方法处理。

第三节　断路器其他故障处理

一、SF_6断路器SF_6气压降低的处理

SF_6断路器利用SF_6气体密度继电器（气体温度补偿压力开关）监视气体压力的变化。当SF_6气体压力下降至第一报警值时，密度继电器动作，报出补气压力信号。当SF_6气体压力下降至第二报警值时，断路器已经不能保证灭弧，密度继电器动作，报出闭锁压力信号，同时把断路器跳、合闸回路断开，实现分、合闸闭锁。

1. 密度继电器动作报出补气压力信号

（1）及时检查压力表指示，检查信号报出是否正确，是否漏气。在同一温度下，相邻两次记录的压力值相差（0.1～0.3））×10^3Pa时，可能有漏气。有条件的可用检漏仪器进行检查。

检查的时候，如感觉有刺激性气味、自感不适，应立即离开现场10m以外。必须穿戴防护用具才能接近设备。

（2）如果检查没有漏气现象，则属于长时间运行中气压正常下降。这种情况应汇报上级，由专业人员带电补气。补气以后，继续监视气压。

（3）如果检查有漏气现象，应立即向调度汇报。通过及时转移负荷或倒运行方式，将故障断路器进行停电（此时SF_6气压尚可以保证灭弧）检查。

2. 密度继电器动作报出闭锁压力信号

SF_6气体闭锁压力信号报出。如果气体压力下降较多，就说明有漏气现象。断路器跳合闸回路已被闭锁。一般情况下，报出闭锁压力信号之前，应先报出补气压力信号，检查有漏气现象，应迅速采取措施。

处理：

（1）先断开断路器的操作电源，防止万一、二次回路闭锁不可靠，断路器跳闸时不能灭弧。

（2）汇报调度和有关上级。

（3）尽快使用专用闭锁工具，将断路器的传动机构卡死。此时，可以再合上操作电源，万一线路上有故障时，断路器失灵保护启动回路仍可以起作用。

（4）立即转移负荷，利用倒运行方式的方法，停电处理故障断路器漏气故障并补气。

倒运行方式的方法有：双母线接线，将故障断路器倒至与母联断路器串联运行，用

母联断路器断开电路，再拉开故障断路器两侧隔离开关。3/2 主接线方式，可以使用隔离开关拉开母线环流（等电位法操作，注意至少有 3 个串断路器合环运行状态下、并保证故障断路器所在串相邻断路器不能跳闸的条件下进行）。

（5）无法倒运行方式时，应将负荷转移。断路器只能在不带电情况下断开，然后停电检修。

大量 SF_6 气体泄漏将对环境和人员产生影响，运维人员在设备附近检查、操作、布置安全措施以后，应将防护用具清洗干净，人员要洗手或洗澡。在进行上述工作、操作、检查和清洗防护用具时，必须有监护人在场。

二、GIS、HGIS 组合电器气压降低的处理

组合电器一般由多个密闭的气室构成，各气室的 SF_6 气体相互隔绝。很多变电站的组合电器，每个间隔 SF_6 气压降低信号是各个气室共用。因此，发生组合电器 SF_6 气压降低、气体泄漏时，首先要区分清楚有问题的气室。不同的气室 SF_6 气压降低，对设备安全运行构成的威胁也不同，针对不同的气室，应采取相应的措施。处理组合电器 SF_6 气压降低、气体泄漏的安全注意事项，与普通 SF_6 断路器相同。

1. 组合电器密度继电器动作报出补气压力信号

组合电器密度继电器动作，报出补气压力信号（第一报警值），要区分有无气体泄漏。处理方法：

（1）迅速检查设备，查明气压降低的气室。

（2）检查 SF_6 压力表指示，检查信号报出是否正确，用检漏仪检查有无漏气。运行中，同一温度下，相邻两次记录的压力值，相差（0.1～0.3）$\times 10^3$Pa 时，可能有漏气。

（3）若检查无漏气现象，应汇报有关上级，由专业人员带电补气。

（4）若检查有漏气现象，应立即汇报调度和有关上级，设法带电补气并处理漏气。如果气压继续下降，不能尽快带电补气和处理，按照不同的气室漏气，作出针对性的处理：

1）断路器及其出线侧各气室（线路侧 TA 气室、线路侧隔离开关气室、线路避雷器气室等）漏气，应及时转移负荷，将断路器断开，停电检查（若其他气室漏气，断路器则完全可以操作；若属于断路器气室问题，此时的 SF_6 气压尚可保证灭弧）。

2）断路器与母线侧隔离开关之间的各气室漏气时，应及时转移负荷，将断路器断开，分别拉开线路侧、母线侧隔离开关，再由检修人员作停电检查。

3）母线侧隔离开关气室漏气，应及时转移负荷，将断路器断开，母线停电处理。

2. 组合电器报出闭锁压力信号（第二报警值）

说明是断路器气室的 SF_6 气压降低，并且已经将分、合闸回路闭锁。检查、处理的方法，与一般 SF_6 断路器相同（见本节第一项）。

三、气体绝缘开关柜报出“SF_6压力降低”信号

断路器为 SF_6 气体灭弧室的气体绝缘开关柜，当断路器气室 SF_6 气体压力下降至第一报警值时，密度继电器动作，报出补气压力信号。当断路器气室 SF_6 气体压力下降至第二报警值时，断路器已经不能保证灭弧，密度继电器动作，报出闭锁压力信号，同时把断路器跳、合闸回路断开，实现分、合闸闭锁。当隔离开关气室 SF_6 气体压力下降至报警值，报出“隔离气室低气压报警”信号。

断路器为真空灭弧室的气体绝缘开关柜，当 SF_6 气体压力下降至报警值时，密度继电器动作，报出补气压力信号。当 SF_6 气体压力下降至第二报警值时，真空断路器还能保证灭弧；若压力继续降低，将影响设备的相间和对地绝缘。

气体绝缘开关柜一般由多个密闭的气室构成，各气室的 SF_6 气体相互隔绝。很多变电站的气体绝缘开关柜，每个间隔 SF_6 气压降低信号是各个气室共用。因此，发生开关柜 SF_6 气压降低、气体泄漏时，首先要区分清楚有问题的气室。不同的气室 SF_6 气压降低，对设备安全运行构成的威胁也不同，针对不同的气室，采取相应的措施检查、处理。

（1）断路器为 SF_6 气体灭弧室的气体绝缘开关柜，报出“断路器 SF_6 低气压报警”（补气压力）信号。

断路器气室报出补气压力信号（第一报警值），要区分有无气体泄漏。处理方法：

1）迅速检查设备，检查气压降低的断路器气室。

2）检查 SF_6 压力表指示，检查信号报出是否正确，用检漏仪检查有无漏气。运行中，同一温度下，相邻两次记录的压力值，相差（0.1～0.3）$\times 10^3$Pa 时，可能有漏气。

3）若检查无漏气现象，应汇报有关上级，由专业人员带电补气。

4）若检查有漏气现象，应立即汇报调度和有关上级，设法带电补气并处理漏气。如果气压继续下降，不能尽快带电补气和处理，应及时转移负荷，将断路器断开（此时的 SF_6 气体压力尚可保证灭弧），停电检查处理缺陷。

（2）断路器为 SF_6 气体灭弧室的气体绝缘开关柜，报出“断路器低气压闭锁”信号。

报出闭锁压力信号，气体压力下降较多，说明有漏气现象。断路器气室的 SF_6 气压降低，并且已经将分、合闸回路闭锁。一般情况下，报出闭锁压力信号之前，应先报出补气压力信号，检查有漏气现象，应迅速采取措施。

1）先断开断路器的操作电源，防止万一、二次回路闭锁不可靠，断路器跳闸时不能灭弧。

2）向调度和有关上级汇报。

3）尽快使用专用闭锁工具，将断路器的传动机构卡死。

4）立即转移负荷，断路器只能在不带电情况下断开，然后停电检修。

（3）断路器为 SF_6 气体灭弧室的气体绝缘开关柜，母线侧隔离开关报出“隔离气室低气压告警”信号。

1）检查隔离气室有无漏气。

2）若检查无漏气现象，应汇报有关上级，由专业人员带电补气。

3）若检查有漏气现象，应立即汇报调度和有关上级，设法带电补气并处理漏气。如果气压继续下降，不能尽快带电补气和处理，应及时转移负荷，将断路器断开，拉开母线侧隔离开关，母线停电后，再由检修人员作停电检查处理。

（4）断路器为真空灭弧室的气体绝缘开关柜报出“SF_6压力降低”信号。

1）迅速检查设备，查明气压降低的气室。

2）检查 SF_6 压力表指示，检查信号报出是否正确，用检漏仪检查有无漏气。运行中，同一温度下，相邻两次记录的压力值，相差（0.1～0.3）×10^3Pa 时，可能有漏气。

3）若检查无漏气现象，应汇报有关上级，由专业人员带电补气。

4）若检查有漏气现象，应立即汇报调度和有关上级，设法带电补气并处理漏气。如果气压继续下降，不能尽快带电补气和处理，当 SF_6 气体压力下降至第二报警值时，真空断路器还能保证灭弧；若压力继续降低，将影响设备的相间和对地绝缘，应断开断路器，将断路器两侧隔离开关拉开，进行停电检修。母线侧隔离开关气室漏气，不能带电补气和处理时，母线停电后，再由检修人员作停电检查处理。

四、真空断路器真空度损坏故障处理

真空断路器的真空度损坏，和 SF_6 断路器气压降低产生的不良影响一样，将不能保证可靠灭弧。

真空断路器真空度损坏的概率很小，运行中也很难发现。一般情况下，由专业人员使用专用仪器，定期进行真空度检测；停电做断口耐压试验，进行鉴定真空度。

没有专用仪器时，对于玻璃泡真空断路器，运行中可以看玻璃泡内的金属屏蔽罩颜色变化、玻璃泡的完整性。如果金属屏蔽罩变色严重或者玻璃泡有裂纹，说明真空度已经损坏。对于陶瓷泡真空断路器，运行中只能看陶瓷泡的完整性。

运行中，真空断路器的真空度损坏的处理方法，和 SF_6 断路器气压严重降低的处理是一样的。必须经倒运行方式，将故障断路器停电。如果不能倒运行方式，应将负荷转移；故障断路器只能在不带电情况下断开，然后停电检修。

第五章

互感器异常运行和事故处理

互感器的故障可以分为本体故障和二次回路故障两大类。无论是本体故障还是二次回路故障，都会影响继电保护和自动装置的正常运行；某些情况下，会造成保护误动或拒动事故，对电力系统的安全运行很不利。因此，互感器的异常和事故处理，必须考虑上述因素，即要排除和隔离故障，又要保证电网的安全运行。

第一节　互感器本体故障及异常处理

一、电压互感器

运行中，发现电压互感器（以下简称 TV）有下列故障现象之一者，应立即停用：

（1）高压侧熔断器连续熔断两次（内部的故障可能很大）。

（2）内部发热，温度过高。TV 内部匝间、层间短路或接地时，高压侧熔断器可能不熔断，引起过热甚至可能会冒烟起火。

（3）内部有放电“噼叭”响声或其他噪声。可能是由于内部短路、接地、夹紧螺丝松动引起，主要是内部绝缘破坏。

（4）互感器内或引线出口处有严重喷油、漏油或流胶现象。此现象可能属于内部故障，过热引起。

（5）内部发出焦臭味、冒烟、着火。此情况说明内部发热严重，绝缘已烧坏。

（6）套管严重破裂放电，套管、引线与外壳之间有火花放电。

（7）严重漏油至看不到油面。严重缺油使内部铁芯露于空气中，当雷击线路或有内部过电压出现时，会引起内部绝缘闪络，烧坏互感器。

（8）气体绝缘互感器，SF_6 气体泄漏，压力下降到规定值，不能带电补气者。

TV 内部故障、二次导线受潮、腐蚀及损伤，使二次线圈接地短路；发生一相接地短路及相间短路等故障，由于短路点在二次熔断器前面，在高压侧熔断器熔断之前，故障点不会自动隔离。

TV 二次线圈及接线发生短路时，二次阻抗变小，短路电流会很大。此时，高压侧熔断器不一定熔断，内部会有异常声音，二次侧熔断器拔下短路故障也不会消失，TV 会很快烧坏。

高压侧熔断器不保护 TV 过载，而是保护内部短路故障的。所以，内部发生匝间、层间短路等故障，高压侧熔断器不一定熔断。而高压熔断器未熔断时，一次线圈上流过大于额定电流很多的故障电流，时间稍长，就会过热、冒烟甚至起火，应尽快将其停用。

TV 着火，应在切断电源后，用干粉、1211 灭火器灭火。

将有故障的 TV 停电，应首先考虑防止继电保护和自动装置（如自投装置、电容器组保护装置）误动作。因此，应该退出可能误动的保护及自动装置，然后停用有故障的 TV。同时还要注意，如果发现 TV 高压侧绝缘损坏或发生严重的内部故障（如着火、冒浓烟等），且高压侧未装熔断器，或高压熔断器不带限流电阻的，不能使用隔离开关直接拉开故障 TV，应当用断路器切除故障。如果使用隔离开关隔离故障，可能在拉开故障电流时，引起母线短路、设备损坏或人身事故。如果故障相的高压熔断器已经熔断，或者是高压熔断器带有合格的限流电阻时，则可以根据现场规程的规定，使用隔离开关拉开有故障的 TV。

对于不能用隔离开关隔离的故障 TV，应根据本站的一次接线和运行方式尽快使用倒运行方式的方法，用断路器切除故障 TV。例如双母线接线，可以经倒运行方式，用母联断路器切除故障。

发现 TV 有上述严重故障，其处理程序和一般方法为：

（1）退出可能误动的保护及自动装置，断开故障 TV 的二次开关（或拔掉其二次熔断器）。

（2）TV 三相或故障相的高压熔断器已经熔断时，可以拉开隔离开关隔离故障。

（3）高压熔断器未熔断，高压侧绝缘未损坏的故障（如漏油至看不到油面、内部发热等），可以拉开隔离开关隔离故障。

（4）高压熔断器未熔断，所装高压熔断器上有合格的限流电阻时，可以根据现场规程的规定拉开隔离开关，隔离严重故障的 TV。

（5）高压熔断器没有熔断，TV 故障严重，高压侧绝缘已经损坏或高压熔断器无限流电阻的，只能用断路器切除故障。应尽量利用倒运行方式的方法隔离故障，否则，只能在不带电情况下拉开隔离开关，然后恢复供电。

（6）故障隔离后，可以经倒闸操作，在一次母线并列后，合上 TV 二次联络开关，重新投入所退出的保护及自动装置。

二、电流互感器

电流互感器（以下简称 TA）的故障有：

（1）有过热现象。原因可能是一次负荷过大、主导流部分接触不良、内部故障和二次回路开路等。

（2）内部有臭味，冒烟。

（3）内部有放电声或引线与外壳之间有火花放电现象。对于干式 TA，会发生外壳开裂。

（4）内部声音异常。

TA 二次阻抗很小，正常工作在近于短路的状态，一般应没有声音。TA 的故障常伴有异常声音或其他现象。原因有：① 铁芯松动，发出不随一次负荷变化的“嗡嗡”声（长时间保持）；② 某些离开叠层的硅钢片，在空负荷（或轻负荷）时，会有一定的“嗡嗡”声（负荷增大时即消失）；③ 二次开路，因磁饱和及磁通的非正弦性，使硅钢片振荡且振荡不均匀，发出较大的噪声。

（5）充油式电流互感器严重漏油。

（6）外绝缘破裂放电。

（7）气体绝缘互感器，SF_6气体泄漏，压力下降到规定值，且不能带电补气。

TA 在运行中，发现有上述现象时，应当进行检查判断。如果经过鉴定，不属于二次回路开路故障，而是本体故障，应转移负荷，停电处理。如果异常声音比较轻微，可以不立即停电，向调度和有关上级汇报，安排计划停电检修。在停电之前，应加强监视。

第二节　交流电压回路断线故障处理

交流电压回路常见的故障是一、二次熔断器熔断或接触不良而断路。二次回路中常见的故障有熔断器熔断或接触不良、一次隔离开关辅助接点接触不良、电压切换回路断线或接触不良、回路中发生短路等。这些故障，使继电保护及自动装置失去交流电压而可能误动作，同时使表计指示不正确。

一、某一线路报出“电压回路断线”信号

1. 故障象征及原因

某一线路报出“TV 断线”信号。该线路负荷显示降低或为零，保护失去交流电压，断线闭锁动作。这种情况表明：交流电压小母线及以上回路和设备没有问题，故障只在该线路有关的二次回路部分。

故障发生的主要原因有电压切换回路断线、接触不良。对于双母线接线方式，线路的母线侧隔离开关辅助接点接触不良（常发生在有倒闸操作之后）、电压切换继电器断线或接点接触不良、端子排线头松动、保护装置本身问题等。

2. 处理方法

检查处理时，要注意防止保护误动作。汇报调度和有关上级，按照调度命令，退出可能误动作的保护，再由专业人员处理。恢复正常以后，投入所退出的保护。

如果发现是属于母线侧隔离开关的辅助接点接触不良，千万不可采用晃动隔离开关操动机构的方法，使辅助接点恢复接触良好；防止在晃动隔离开关的操动机构时，不慎带负荷晃开隔离开关，造成母线短路事故，甚至导致人身事故。可以采取临时短

接母线侧隔离开关的辅助接点的方法，等待计划停电处理。处理正常以后，投入所退出的保护。

二、某一段母线报出电压回路断线信号

1. 故障象征及原因

报出母线电压回路断线的同时，该段母线上，各分路的功率显示均降低（或为零），母线电压显示降低（或为零）。各线路保护的断线闭锁装置动作，报出“TV 断线”信号。此情况表明，交流电压小母线电压不正常，常见原因有：

（1）TV 二次熔断器熔断或接触不良（或二次开关跳闸）。

（2）TV 一次（高压）熔断器熔断。

（3）TV 一次隔离开关辅助接点未接通、接触不良（多在操作之后发生），回路端子线头有接触不良之处。

若高压熔断器熔断一相或两相时，TV 二次开口三角产生电压，母线接地信号有可能报出。

2. 检查方法

（1）按调度命令，将可能误动作的保护和自动装置退出，根据出现的象征判断故障。

（2）在二次熔断器或二次开关的两端，分别测量相电压和线电压，判别故障。若 TV 二次串有一次隔离开关的辅助接点，还应在辅助接点两端分别测量电压：

1）二次熔断器（或二次开关）上端电压不正常，可能为高压侧熔断器熔断。

2）二次熔断器下端电压不正常，而上端电压正常。可能为二次熔断器熔断或接触不良，或是二次开关接触不良（若二次开关跳闸，则不必测量）。

3）如果二次熔断器（或二次开关）两端电压都正常。可以在 TV 一次隔离开关辅助接点两端分别测量相电压、线电压是否正常，查明其接触是否良好。

TV 的高压侧熔断器，主要用于切断（隔离）内部故障（不严重的匝间短路可能不熔断），以及互感器与电网连接线上的故障。高压侧熔断器熔断有以下原因：

（1）系统发生单相间歇性弧光接地。由于此时会出现过电压（可达相电压的 2.5～3 倍），使 TV 铁芯饱和，励磁电流剧增，使高压熔断器熔断。由此可知，在报断线信号时，若有系统接地信号，可以直接怀疑高压熔断器是否熔断。

（2）铁磁谐振。系统进行倒闸操作、发生单相接地或断线故障时，在一定条件下，可能产生铁磁谐振，也会出现过电压，励磁电流增大十几倍，使高压熔断器熔断。

（3）TV 内部短路、接地，严重的匝间短路等故障。

（4）二次熔断器（或二次开关）以上发生短路，或二次回路短路而二次熔断器未熔断。

TV 二次熔断器，保护二次熔断器以下的二次回路中的短路故障。

3. 处理

（1）如果二次熔断器或端子线头接触不良，可以拨动底座夹片，使熔断器接触良好；或上紧端子螺丝，装上熔断器后投入所退出的保护及自动装置。

（2）如果TV 二次熔断器熔断（或二次开关跳闸），更换同规格的熔丝，重新投入试送一次。试送成功之后，投入所退出的保护及自动装置。如果二次熔断器再次熔断（或二次开关再次跳闸），应检查二次回路中有无短路、接地故障点。不得加大熔断器的容量或二次开关的动作电流定值。故障不易查找时，汇报调度和有关上级，由专业人员查找处理。

（3）如果属于一次隔离开关的辅助接点接触问题，可以汇报调度，先使一次母线并列以后，合上 TV 二次联络开关，投入所退出的保护及自动装置，然后再检查处理问题。没有上述条件时，可以先将一次隔离开关的辅助接点临时短接。汇报上级，由检修人员处理。

（4）如果是高压熔断器熔断，应退出可能误动的保护及自动装置，拔掉二次熔断器（或断开二次开关），拉开一次隔离开关，更换同规格的高压熔断器。检查 TV 外部有无故障迹象及异常。若无异常，可以试送一次。若试送正常，可投入所退出的保护及自动装置。

如果高压熔断器再次熔断，说明 TV 内部可能有故障。可以使一次母线并列后，合上 TV 二次联络开关，投入所退出的保护及自动装置，故障 TV 停电检修。

合 TV 二次联络开关时，必须先断开故障 TV 二次开关，防止向故障点反充电。必须注意的是，如果 TV 高压熔断器熔断，如果同时系统中有单相接地故障，则不能拉开 TV 隔离开关。接地故障消失以后，再停用故障的 TV。

三、TV 高压熔断器一相熔断和单相接地故障的区分

当小电流接地系统中发生单相接地故障时，报出接地信号。而 TV 一相高压熔断器熔断时，也可能报出接地信号。两种情况下，母线绝缘监察表的显示都会发生变化，如果不注意区分，往往会造成误判断。把高压熔断器一相熔断当成接地故障处理，或把接地故障当成高压熔断器一相熔断处理，均会造成误操作，误使用户停电或延误故障处理。但只要检查三相对地电压显示和各线电压显示情况，并仔细分析，还是可以区分的。

正确区分两种不同性质故障的方法，就是将各相对地电压、线电压进行比较分析。其主要区别是：

（1）单相接地故障时，正常相对地电压升高（金属性接地时，升高到线电压值），故障相对地电压降低（金属性接地时，降低到零）；而各线电压值不会发生变化。

（2）TV 高压熔断器一相熔断时，另两相对地电压不变化（不升高），熔断相的对地电压降低，但一般不会是零。与熔断故障相相关的两个线电压会降低，与熔断相不相关的线电压不变。

通过上述两种现象的比较，就不会发生误判断了。

TV 高压熔断器一相熔断时，可能会报出接地信号。这是因为：加在 TV 上的一次电压少了一相；另两相则为正常相电压值，其相量差为 120°，合成结果，出现三倍的零序

电压 $3U_0$。此情况下，TV 开口三角两端，就会有零序电压（约 33V），故能报出接地信号（接在开口三角上的绝缘监察继电器，整定值一般为 30V 左右）。

第三节 电流互感器二次开路故障处理

TA 二次回路，在任何时候都不允许开路运行。

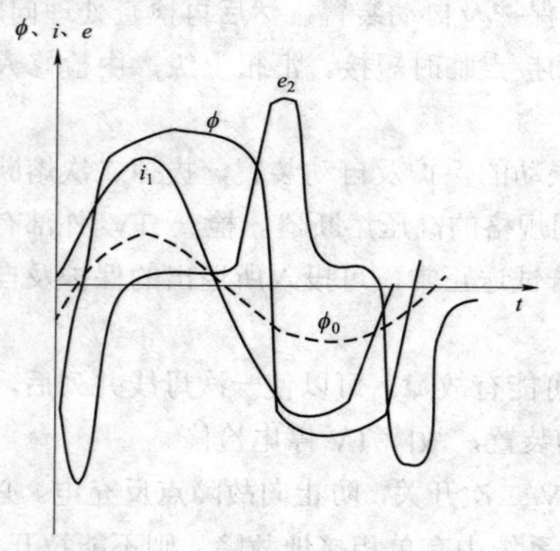

图 5-1 TA 二次侧开路时的磁通和电势波形
ϕ_0—正常工作时的磁通；i_1—开路时的一次电流；
ϕ—开路后的磁通；e_2—开路后的二次感应电势

TA 二次电流的大小，决定于一次电流。二次电流产生的磁势，是平衡一次电流产生的磁势的。如果二次开路，其阻抗无限大，二次电流等于零，其磁势也等于零，就不能去平衡一次电流的磁势。一次电流就将全部作用于激磁，使铁芯严重饱和。由于磁饱和，交变磁通的正弦波变为梯形波，如图 5-1 所示。在磁通迅速变化的瞬间，二次线圈上将感应出很高的电压（因为感应电势与磁通变化率成正比），其峰值可达几千伏，甚至上万伏。这么高的电压，作用在二次线圈和二次回路上，严重地威胁人身安全，威胁着仪表、继电器等二次设备的安全。

TA 二次开路，由于磁饱和，使铁损增大而严重发热，线圈的绝缘会因过热而被烧坏。不仅如此，还会在铁芯上产生剩磁，使 TA 误差增大。另外，TA 二次开路，二次电流等于零，仪表指示不正常，保护可能误动或拒动；同时，保护也可能因无电流而不能反应故障；对于差动保护和零序电流保护等，则可能因为开路时产生不平衡电流而误动作。

一、TA 二次开路故障的常见原因

（1）交流电流回路中的试验接线端子，由于结构和质量上的缺陷，在运行中，发生螺杆与铜板螺孔接触不良，造成开路。

（2）电流回路中的试验端子压板，由于压板胶木头过长，旋转端子金属片未压在压板的金属片上，而误压在胶木套上，致使开路。

（3）修试工作中工作人员失误。如忘记将继电器内部接头接好，验收时未能发现。

（4）二次线端子接头压接不紧，回路中电流很大时，发热烧断或氧化过甚造成开路。

（5）室外端子箱、接线盒受潮，端子螺丝和垫片锈蚀过重，造成开路。

（6）仪表、继电器等二次回路元件损坏。

（7）110kV 及以上 TA 的末屏接地端子接触不良，没有处于地电位，电弧放电烧损 TA 二次接线盒内的二次接线端子。

二、TA 的开路故障的判断方法

TA 二次开路故障，可以从以下现象进行检查和判断，发现问题：

（1）回路电流、功率显示异常降低或为零。如果是用于测量或计量的电流回路开路，会使三相电流表显示不一致、功率显示降低、计量表计（电度表）不转或转速缓慢。若电流、功率显示时有时无，可能是处于半开路（接触不良）状态。

将有关的电流、功率指示对照、比较，经分析可以发现故障。如变压器一、二次负荷指示相差较多，电流显示相差太大（经换算，考虑变比后），可怀疑偏低的一侧有开路故障。

（2）TA 本体有噪声、因振动等引起的不均匀的异音。此种现象，在负荷比较小时不明显。开路后，因磁通密度增加和磁通的非正弦性，硅钢片振动力很大，响声不均匀，产生较大的噪声。

（3）TA 本体严重发热，有异味、变色、冒烟等。此种现象，在负荷比较小时也不明显。TA 二次开路时，由于磁饱和严重，铁芯过热，外壳温度升高，内部绝缘受热有异味，严重时会冒烟烧坏。

（4）TA 二次回路的接线端子、元件线头等，有无放电、打火现象。此种现象，可以在二次回路进行维护工作和巡视检查时发现。TA 二次开路时，由于二次产生高电压，可能使 TA 的二次接线柱、二次回路元件线头、接线端子等处放电打火，严重时使绝缘击穿。

（5）继电保护发生误动作或拒绝动作。此种情况，可以在误跳闸后或越级跳闸事故发生后，检查事故原因时发现并处理。

（6）仪表、电度表、继电器等冒烟烧坏，此种情况可以及时发现。仪表、电度表、继电器烧坏，都会使 TA 二次开路（不仅是绝缘损坏）。有、无功功率表以及电度表、保护装置的继电器烧坏，不仅使 TA 二次开路，同时也会使 TV 二次短路。处理时，应从端子排上将交流电压端子拆下，包好绝缘。

（7）微机保护装置报出“TA 断线”信号。

以上现象，是检查发现和判断开路故障的一些线索。正常运行中，一次负荷不大，二次无工作，且不是测量用电流回路开路时，一般不容易发现。可根据上述现象及实际经验，检查发现 TA 二次开路故障，以便及时采取措施。

三、TA 二次开路故障的处理

检查处理 TA 的二次开路故障时，应注意安全，尽量减小一次负荷电流，以降低二次回路的电压。检查处理时应戴线手套，使用绝缘良好的工具，尽量站在绝缘垫上。同时，应注意使用符合实际的图纸，认准接线位置。

处理方法：

（1）发现 TA 二次开路，应先分清故障属于哪一组电流回路、开路的相别、对保护装置有无影响。向调度汇报，解除可能误动作的保护。

（2）尽量减小一次负荷电流。如果 TA 有本体严重损伤，应转移负荷；停电检查处理（要尽量经倒运行方式，使用户不停电）。

（3）尽快设法在就近的试验端子上，将 TA 二次短路，再检查处理开路点。短接时，应使用绝缘良好的短接线，并按图纸进行。

（4）如果在短接时发现有火花，说明短接有效。故障点就在短接点以下的回路中，可进一步查找。

（5）如果在短接时没有火花，可能是短接无效。故障点可能在短接点以前的回路中，可以逐点向前变换短接点，缩小范围。

（6）在开路故障范围内，应检查容易发生故障的端子及元件，检查二次回路有工作时触动过的部位。

（7）对于检查出的故障，能自行处理的，如接线端子等外部元件松动、接触不良等，可以立即处理，然后投入所退出的保护。如果开路故障点在 TA 本体的接线端子上，或对于安装在开关柜以内的设备，应停电处理。

（8）如果是不能自行处理的故障，或不能自行查明故障时，应汇报上级，由专业人员检查处理（应先将 TA 二次短路），或经倒运行方式转移负荷，停电检查处理，防止长时间失去保护。

第四节　互感器二次故障实例分析

一、TA 二次开路故障处理实例分析

1. 故障简介

某日，运维人员在巡视某 220kV 变电站设备时，听到 220kV YZ 线 A 相 TA 有不均匀的异常响声。经观察，异常响声随线路负荷电流变化，故分析可能是二次回路开路故障。

2. 故障检查及分析

TA 正常运行时是无声的。若有随负荷变化、不均匀的响声，说明 TA 可能有二次回路开路故障。

现场在综自后台机上检查 YZ 线负荷电流显示，三相电流一致，无异常。检查 YZ 线保护屏，没有任何告警信息。

用测量二次电流的方法检查 TA 二次回路开路。测量显示 YZ 线的线路保护、母线保护、测量二次回路 A 相电流均正常。测量 TA 二次计量回路，A 相电流为零，由此证明 TA 二次计量回路 A 相开路。

检查 TA 二次计量回路 A 相开路点。在计量屏上检查 TA 二次计量回路，没有发现异常。在室外端子箱内检查 TA 二次计量回路，也没有发现异常。由此分析，开路故障点在 A 相 TA 本体二次接线盒内。

设备停电后，打开 A 相 TA 本体二次接线盒，检查发现 TA 末屏的接地端子严重烧损，并有明显的电弧放电痕迹，与它邻近的 TA 计量二次绕组接线端子被电弧烧断。

YZ 线 TA 是投运不足 60 天的新设备。在 TA 本体二次接线盒内，所有接线经端子排

连接，TA 末屏接地端子紧靠计量二次绕组的接线端子（相距仅几毫米）。YZ 线 A 相 TA 安装时，末屏接地端子没有拧紧，没有处于地电位，运行中由于接触不良形成电弧放电，计量二次绕组接线端子被电弧烧断，造成 TA 二次开路。

因此，TA 末屏接地端子接地必须牢固可靠。若接地不可靠，逐步恶化到末屏接地断线，可能导致 TA 内部场强严重不均而绝缘损坏，甚至起火烧毁。

3. 预防措施

（1）竣工验收时，必须检查 TA 本体二次接线盒内末屏接地端子是否接触良好。

（2）建议制造厂改进 TA 本体二次接线设计，防止末屏接地端子对二次接线构成威胁。

（3）停电检修试验时，检查 TA 本体末屏接地端子是否接触良好；同时，工作时应避免使二次端子转动导致内部引线受损，避免 TA 二次回路开路。

（4）加强 TA 末屏接地检测、检修及维护管理。对结构不合理、截面偏小、强度不够的末屏接线应进行改造；检修结束后应检查末屏接地是否良好。

二、TV 二次电压返充高压导致线路保护误动跳闸

1. 事故简介

某日，某 220kV 变电站 220kV Ⅰ母（GIS 设备）发生 C 相接地短路故障，Ⅰ母母差保护动作，Ⅰ母所接全部断路器跳闸。与此同时，原运行在Ⅱ母的两条 220kV 线路距离Ⅰ段保护动作跳闸。本次事故导致 220kV Ⅰ母、Ⅱ母全停。

根据故障录波图和保护装置的故障报告，220kV Ⅰ母故障持续时间 70ms。母线故障发生约 150ms 时，Ⅱ母的两条 220kV 线路距离Ⅰ段保护动作跳闸。

运维人员检查设备时，发现 220kVⅡ母 TV 二次空气开关跳闸。经检查和与调度联系，确认Ⅱ母跳闸的两条 220kV 出线线路上仍带电。

2. 事故分析

跳闸的两条 220kV 出线线路上仍带电，说明线路没有故障，线路保护属于误动作。

发生事故时，220kVⅡ母 TV 二次空气开关跳闸，说明保护装置误动作，很可能与失去交流电压有关。

对 220kVⅡ母 TV 二次电压回路相关部分进行检查。在 220kV 母线电压并列屏上，检查电压“并列－分列”切换开关投在“分列”位置，检测出电压并列切换继电器并没有返回。进一步检查，发现电压切换开关的④端子线头松脱。

（1）220kVⅡ母 TV 二次空气开关跳闸原因：

220kV 母线电压“并列－分列”切换开关的④端子线头压接不紧，多股软线只有部分插入压接管中，并且插入深度不足，经数次操作后受力松脱，导致电压切换回路断线。

切换开关在投于“分列”位置操作时，虽然手柄已经切至“分列”位置，“并列”信号灯熄灭，但因切换开关线头松脱，电压并列切换继电器没有返回（该继电器具有自保持性能，再有一个反向脉冲才能返回），220kV 两母线 TV 二次电压实际仍处于长时间并列状态。当 220kV Ⅰ母发生故障，母差保护动作跳闸时，220kVⅡ母 TV 二次电压经电压

并列切换回路向 220kVⅠ母返充高压，致使 220kVⅡ母 TV 二次空气开关跳闸。

（2）220kVⅡ母两条线路距离保护误动作原因：

由保护装置程序框图可知，保护启动元件没有动作，故障计算程序是不工作的。因此，发生 TV 断线时，距离保护不会误动。但是，发生 TV 断线时，如果不闭锁距离保护，当发生区外故障或系统扰动使启动元件动作时，将引起距离保护误动作。当 220kVⅠ母发生故障时，线路保护装置的启动元件已经动作；由于同时 220kVⅡ母 TV 二次空气开关跳闸，线路保护装置交流电压消失，这两个因素造成距离保护电压回路断线闭锁失去功能，线路保护处于启动未返回状态而误动作跳闸。

3. 预防措施

（1）制造厂应提高二次接线的施工质量，多股软线要全部插入压接管中，保障接线牢固。

（2）建议改进电压并列装置的接线，使信号灯能够受电压并列切换继电器控制，指示并列－分列切换回路的实际状态。

（3）对二次设备接线端子进行全面排查、紧固，消除因接触不良造成的隐患。

（4）开展二次设备运维技术培训。

（5）设备验收时，认真核查二次接线工艺质量。

三、220kV 电容式 TV 内部过电压保护器损坏

1. 故障简介

某变电站 220kV 南母电容式 TV，型号为 TYD220/$\sqrt{3}$ －0.01H。运行多年以后，发现 220kV 南母 C 相电压显示偏低，U_a、U_b 均为 127kV，而 U_c 显示为 120kV。数日之后，发现 220kV 南母 C 相电压显示继续呈现下降趋势。某日，该站报出“220kVⅡ母（南母）计量电压消失”“220kV 第一套母差保护 TV 断线”“220kV 第二套母差保护 TV 断线”和各 220kV 线路保护装置“TV 断线”信号，检查 220kV 南母显示 U_a、U_b 均为 127kV，而 U_c 显示为零，检查 220kV 南母 TV 二次三相空气开关均没有跳闸。在 220kV 南母 TV 二次端子箱内测量二次电压，证明 TV 二次开关、隔离开关辅助接点均接触良好，故障可能在 TV 内部。

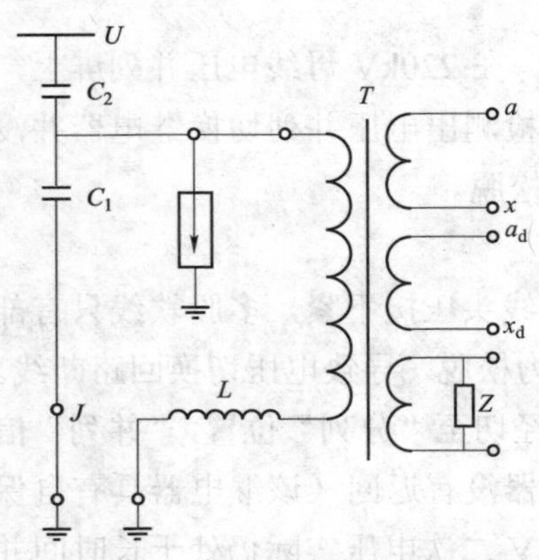

图 5－2　220kV 电容式 TV 原理接线图

2. 故障诊断与故障点查找

专业人员在 C 相 TV 二次接线盒内进行测量，C 相 TV 的二次测量、计量、保护绕组均无电压，证明故障在 TV 内部。

经倒闸操作，将 220kV 南母 TV 转检修状态，专业人员进行各项试验。测量电容量、介损均无问题，变比试验数据异常。根据试验数据判断，TV 的电容元件没有问题，初步判断认为是电磁单元（中间电压互感器）内部有故障。

220kV 电容式 TV 原理接线如图 5－2 所示。

中间电压互感器内部故障，可能是电磁互感器本体有问题，也可能是其他元件绝缘损坏（如过电压保护器）。

在解体检查之前，进行直流电阻试验，测量数据见表 5-1。

表 5-1　　试验测量数据

测试端	A-X	1a-1n	2a-2n	Da-dn
直流电阻	1.611kΩ	0.01542Ω	0.01405Ω	0.09444Ω

通过直流电阻试验，初步判断电容式 TV 内部的电磁单元一、二次绕组基本正常。若要查明故障点和故障原因，就需要解体检查。

电容式 TV 解体以后，没有发现明显的放电点。放油以后，在中间电压互感器内部拆开过电压保护器与电磁部分之间的接线，分别使用 1000V、500V、250V 绝缘电阻表测量过电压保护器的对地绝缘电阻，数据分别为 1MΩ、5MΩ 和 7MΩ，证明过电压保护器绝缘损坏。

对绝缘损坏的中间电压互感器的绝缘油进行色谱分析及耐压试验。色谱分析发现总烃严重超标（391.04μ/L），乙炔含量 5.83μ/L，说明内部有电弧放电及过热问题。进行绝缘油耐压试验，击穿电压为 19kV，水分含量为 16mg/L，说明绝缘油受潮严重。

中间电压互感器内部检查没有发现异常。检修人员决定对绝缘损坏的过电压保护器做解体检查。锯开过电压保护器的绝缘管，发现绝缘管内壁普遍附着有黑色粉末，并有放电烧损痕迹。取出过电压保护器内的阀片，各阀片上有电弧烧损痕迹和放电斑点。

绝缘油受潮严重，应该是中间电压互感器油箱进水所致。进入水分的部位，应该是密封部位薄弱点。

检查中间电压互感器油箱上盖（电容器底座），发现密封圈外沿部位锈蚀严重（长达圆周的 1/3 以上），其中有一个螺孔周围及螺孔丝扣的锈蚀尤其严重。在油箱上盖（电容器底座）平面上，也有锈迹。检查中间电压互感器油箱下法兰，密封圈外沿部位同样锈蚀严重，与油箱上盖相对应的螺孔上，也有严重的锈迹，证明螺栓没有完全上紧。因此，螺栓松动、密封不良是导致进水的直接原因。水分进入电磁单元油箱，使箱内绝缘油、过电压保护器受潮。

3. 故障原因分析结论

220kV 南母电容式 TV 已经运行多年。由于中间电压互感器油箱上盖（电容器底座）螺栓松动，密封不良，导致油箱进水，使绝缘油和过电压保护器受潮。

过电压保护器受潮，内部阀片的绝缘逐步降低，表面逐步产生放电，绝缘损坏逐步加重。由于过电压保护器绝缘损坏，导致中间电压互感器一次绕组逐步被短路，使互感器二次电压逐步降低，直到二次电压降低到零。

4. 预防措施

（1）运维人员发现母线电压不平衡，应予以重视，及时汇报。专业人员应进行带电检测，或及时申请停电计划，进行检查和全面试验。

（2）设备运行维护时，发现电容式 TV 密封部位有锈迹，应及时进行带电检测。

（3）由于电容式 TV 的结构特点，其故障具有一定的隐蔽性，无法取油样进行色谱分析。对于运行多年的电容式电压互感器，其中间电压互感器应进行大修、换油，并检测过电压保护器。

（4）安装在线监测装置，或定期对中间电压互感器进行带电局放检测，及时发现早期发生的异常情况。

（5）运行时间超过 5 年的电容式电压互感器，建议在例行试验时增加中间电压互感器的伏安特性试验项目。

（6）电容式 TV 的中间电压互感器，应定期进行油色谱分析、油化验，及早发现并消除隐患。为此，建议中间电压互感器油箱上加装注油装置，方便取油样后注油。

（7）电容式 TV 的中间电压互感器高压侧不装设过电压保护器。

隔离开关常见故障处理

隔离开关的故障主要有操作卡滞、拉合失灵、三相合闸不同期，接触部位发热等。在倒闸操作中处理拒分、拒合等异常时，必须首先核对设备编号、操作程序是否正确，检查断路器是否在分闸位置，确认没有走错位置，确认不是误操作。

第一节　隔离开关操作失灵故障处理

一、拒合

1. 电动操作机构

电动操作机构的隔离开关，拒绝合闸时，可用观察接触器动作与否、电动机转动与否以及传动机构动作情况的方法，区分故障范围，并向调度汇报。

（1）如果接触器不动作，属于回路不通。应做如下检查处理：

1）首先核对设备编号、操作程序是否有误，检查是否走错位置，检查断路器是否在断开位置，还要看接地开关是否在拉开位置，以防止误操作。如果操作有误，回路被闭锁，回路就不能接通，应当纠正错误的操作。

2）如果证实不属于误操作，应检查操作电源是否正常，电源熔断器是否熔断或接触不良。如果有问题，处理正常后，继续操作。

有些隔离开关的电动操作机构，侧门（手力操作侧）装有行程开关，应当检查侧门关闭是否严密，检查行程开关接点是否没有接通。

3）如没有以上问题，应查明回路中不通点，处理正常后，继续操作。如果时间不允许，可以暂时以手动使接触器动作，或手力操作合闸恢复供电。然后汇报有关上级，安排停电检修计划。

（2）如果接触器已经动作，则问题可能属于接触器卡滞或接触不良，也可能是电动机问题。如果测量电动机接线端子上电压不正常，一则证明是接触器接触问题。反之，属于电动机问题。

这种情况下，如果不能自行处理，又必须操作送电时，可以先用手力操作合闸。然后汇报上级，安排停电检修计划。

（3）如果检查电动机转动，操作机构因机械卡滞而合不上，应暂停操作。先检查接地开关，看是否完全拉开到位。将接地开关拉开到位后，可以继续操作。

无上述问题时，应检查电动机是否缺相，待三相电源恢复正常以后，可以继续操作。如果不是缺相故障，则可以手力操作，检查机械卡滞、抗劲儿的部位；如果能够排除，可以继续操作。

如果无法自行处理，应利用倒运行方式（如倒旁母等）的方法，先恢复供电。再汇报上级，隔离开关能够停电时，由检修人员处理。

2. 手动操作机构

（1）首先核对设备编号及操作程序是否有误，检查断路器是否在断开位置。

（2）如果没有上述问题，应检查接地开关是否完全拉开到位。接地开关拉开到位后，继续操作。

（3）如果没有以上问题，应检查机械卡滞、抗劲儿的部位。如果属于机构不灵活，缺少润滑，可加注机油，多转动几次，然后再合闸。如果是传动部分问题，无法自行处理，应当利用倒运行方式的方法，先恢复供电。汇报上级，隔离开关能够停电时，由检修人员处理。

二、隔离开关不能合闸到位或三相不同期

隔离开关如果在操作时不能完全合到位，接触不良，会导致其在运行中发热。出现隔离开关合不到位、三相不同期时，应该拉开重合，反复拉、合几次。操作中，动作应符合要领，用力要适当。如果无法完全合到位，不能达到三相完全同期，应戴上绝缘手套，使用绝缘棒将隔离开关的三相触头顶到位。汇报上级，安排计划停电检修。

三、拒分

1. 电动操作机构

电动操作机构在拒分时，应观察接触器动作与否，区分故障范围，并应向调度汇报。

（1）若接触器不动作，属于回路不通。应作如下检查处理：

1）首先核对设备编号、操作程序是否有误，检查是否走错位置，检查断路器是否在断开位置，防止误操作。如果操作有误，回路被闭锁，回路就不能接通，应纠正错误的操作。

2）如果不属于误操作，应检查操作电源是否正常，熔断器是否熔断或接触不良。若有问题，处理正常后，继续操作。

电动操作机构侧门（手力操作侧）装有行程开关的，应当检查侧门关闭是否严密，检查行程开关接点是否没有接通。

3）如果没有以上问题，应查明回路中的不通点；处理正常后，拉开隔离开关。如果时间紧迫，可暂时手动使接触器动作，或手力操作拉开隔离开关。然后汇报上级，安排停电检修计划处理。

（2）如果接触器已经动作，可能是接触器卡滞或接触不良，也可能是电动机有问题。如果测量电动机接线端子上电压不正常，则是接触器问题。反之，属于电动机问题。

这种情况下，如果不能自行处理或时间紧迫时，可以手力操作拉开隔离开关。汇报上级，安排计划停电检修。

（3）如检查电动机转动，机构因机械卡滞拉不开，应停止电动操作。检查电动机电源是否缺相，三相电源恢复正常后，可以继续操作。如果不是缺相故障，则可以用手力操作，检查机械卡滞、抗劲儿的部位；如果能够排除，可以继续操作。

如果抵抗力在主导流部位或者无法拉开，则不许强行拉开。应该经过倒运行方式，将故障隔离开关停电检修。

2. 手动操作机构

（1）首先核对设备编号，看操作程序是否有误，检查断路器是否在断开位置。

（2）没有上述问题时，可反复晃动操作手把，检查机械卡滞、抗劲儿的部位。如果属于机构不灵活、缺少润滑，可加注机油，多转动几次，拉开隔离开关。如果抵抗力在隔离开关的接触部位、主导流部位，则不许强行拉开。应经过倒运行方式，将故障隔离开关停电检修。

四、隔离开关电动分、合闸操作时中途自动停止

隔离开关在电动操作中，出现中途自动停止故障，如果触头之间距离较小，会长时拉弧放电。原因多是操作回路过早打开、回路中有接触不良之处而引起。

拉隔离开关操作时，出现中途停止，应迅速手动将隔离开关拉开。汇报上级，由专业人员检查处理。

合隔离开关操作时，出现中途停止，如果时间紧迫，必须操作时，应当迅速手力操作，合上隔离开关。然后汇报上级，安排计划停电检修；如果时间允许，应该迅速将隔离开关拉开，待故障排除后再操作。

第二节　隔离开关运行中发热处理

隔离开关在运行中发热，主要是因为负荷过重、触头接触不良、操作时没有完全合好所致。接触部位发热，使接触电阻增大，氧化加剧，发展下去可能会造成严重事故。

一、运行中检查隔离开关主导流部位有无发热的方法

在正常运行中，运行人员应按时、按规定认真巡视检查设备，检查隔离开关主导流部位的温度不应超过规定值。

实际工作中，可以用以下方法，检查主导流部位有无发热：

（1）定期用测温仪器测量主导流部位、接触部位的温度。

（2）怀疑某一部位有发热情况，无专用仪器时，可在绝缘棒上绑蜡烛测试。

（3）根据主导流部位所涂的变色漆颜色变化判定。

（4）根据主导流部位所贴示温片有无熔化、变色现象判定。

（5）利用雨雪天气检查。主导流部位、接触部位有发热情况，发热的部位会有水蒸气、积雪融化、干燥等现象。

（6）利用夜间熄灯巡视检查。如果主导流部位、接触部位有发热情况，则夜间熄灯时，可发现接触部位，有白天不易看清的发红，冒火现象。

（7）观察主导流接触部位，有无热气流上升现象。

（8）观察主导流接触部位，有无氧化、起皮加剧现象。检查时应当注意，是否有过去曾经发热时遗留下的氧化、起皮现象，应加以区分。

（9）检查各接触部位的金属颜色、气味。接头过热以后，金属会因过热而变色，铝会变白，铜会变紫红、发黑。如果接头外部表面上涂有相序漆，过热后漆色变深，漆皮开裂或脱落，能闻到烤糊的漆味。

二、隔离开关发热的处理

发现隔离开关主导流接触部位有发热现象时，应进行测温鉴定，汇报调度，立即设法减小或转移负荷，加强监视。

现场如果没有测温设备，应向有关上级汇报，尽快进行测温。处理时，应根据不同的接线方式，分别采取相应的措施。

隔离开关在运行中发热，是否需要尽快停电处理，能否坚持运行，应该根据测温结果，按照现场规程的规定，进行缺陷定性。一般情况下，发热温度超过 100℃时，需要尽快经过倒运行方式或转移负荷，安排停电处理或按主管领导的命令执行。坚持运行期间，要严密监视，定时测温。

（1）双母线接线。如果某一母线侧隔离开关发热，可以将该线路经倒闸操作，倒至另一段母线上运行。汇报调度和上级，母线能够停电时，将负荷转移以后，发热的隔离开关停电检修。如果有旁母时，可以把负荷倒旁母带。

（2）单母线接线。如果某一母线侧隔离开关发热。母线在短时间内无法停电，必须降低负荷，加强监视。应尽量把负荷倒备用电源带；如果有旁母，也可以把负荷倒旁母带。母线可以停电时，再停电检修发热的隔离开关。对于 500kV 变电站，低压侧不对外供电，若隔离开关发热，均可以随时安排停电处理。

（3）如果是负荷侧（线路侧）隔离开关运行中发热，其处理方法与单母线接线时基本相同。应尽快安排停电检修，维持运行期间，应减小负荷并加强监视。对于高压室内的发热隔离开关，在维持运行期间，除了减小负荷并加强监视以外，还要采取通风降温措施。

第三节　隔离开关故障实例分析

一、隔离开关传动机构销钉松脱导致带电合接地开关

XS 变电站的 500kV 部分，主接线为 3/2 接线，采用 HGIS 设备。一次系统主接线相关部分如图 6－1 所示：

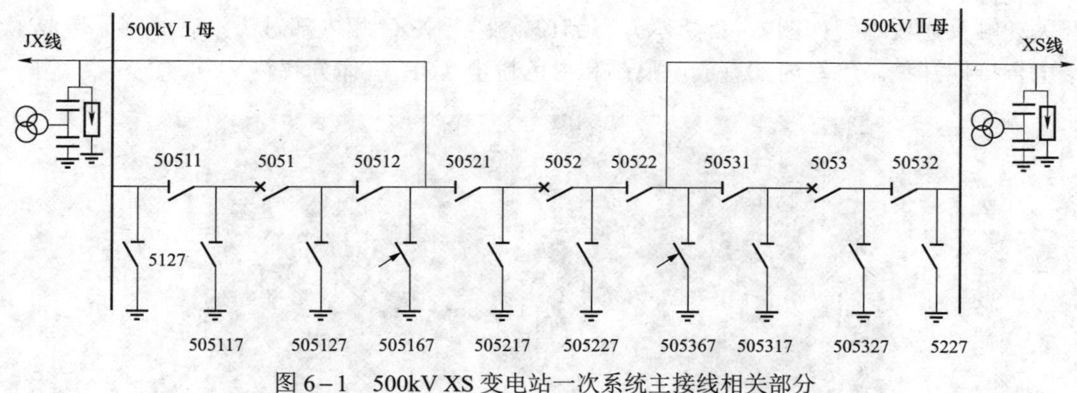

图 6-1 500kV XS 变电站一次系统主接线相关部分

某日，在执行 500kV Ⅰ母停电操作时，将 5051（边断路器）转检修操作的任务中，当 5051 断路器两侧隔离开关拉开，合 505127 接地开关时，本串的中断路器 5052 跳闸（JX 线光差保护动作）重合失败。分析此次事故是否由误操作引起？是不是带电合接地开关？

判断依据：

（1）操作中是否有违章？

（2）是否认真核对在后台机显示的设备位置和信号变化？

（3）是否认真核对现场设备每一相设备的实际位置（位置指示器、各隔离开关的传动机构拐臂位置）？

经查，运维班在执行操作任务中，严格执行了各种规章制度。操作票中列有检查后台机位置显示、检查负荷显示变化、现场检查设备每一相的位置指示器指示、检查隔离开关传动机构拐臂位置的操作项，并严格认真的执行。

检查结果：5051 相关各隔离开关的位置指示均在分闸位置，并且指示准确到位。在这种情况下，为什么还会造成本串的中断路器 5052 跳闸呢？

如果是误操作，一定会造成三相短路。调出故障录波图，显示仅 C 相有故障电流（20000 多 A），由此可以判定不是因违章误操作所致。

查看 JX 线光差保护的故障报告和故障测距报告，同样显示是 C 相有故障。故障测距报告显示为 0.029km。结果表明不但 C 相有故障，且故障点在站内的可能性极大。

事故毕竟是在倒闸操作中发生的，故障应该与操作有关。应当现场检查 5051 断路器 C 相的相关设备。其中，50512 隔离开关 C 相气室、505127 接地开关 C 相气室是需要详细检查的重点。

现场检查时，发现 505127 接地开关 C 相本体外壳接地扁铁上有电弧灼伤痕迹，并且该处的设备外壳上有一小块熏黑的痕迹，证明该气室内有问题，可能是通过单相接地短路电流所致。分析可能属于本串的 50512 隔离开关 C 相内部触头没有分闸，导致 JX 线保护动作，本串的中断路器 5052 跳闸。

由于 50512 隔离开关 C 相无法拉开，JX 线不能恢复运行。

经制造厂解体检查，证明由于 HGIS 设备气室内部的传动机构销钉松脱（50512 隔离开关动触头连板螺钉如图 6-2 所示），50512 隔离开关 C 相内部触头没有分闸，造成了带电合接地开关。气室内部有放电痕迹和白色粉尘（SF_6气体分解物）。

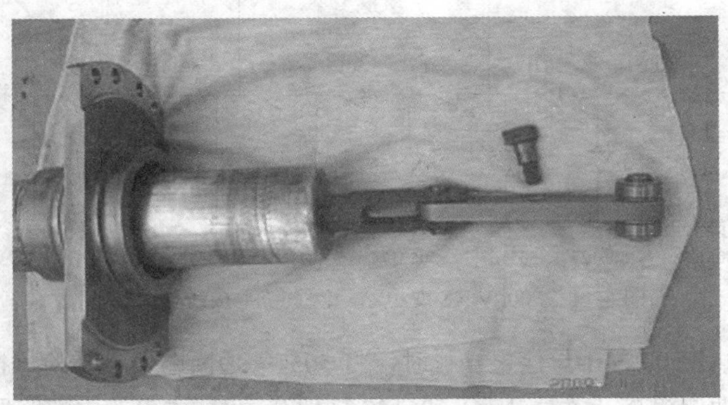

图 6-2　50512 隔离开关动触头连板螺钉

由于 50512 隔离开关 C 相动触头的连板螺钉脱落，造成隔离开关内部无法分离，而外观检查机械位置指示、传动机构拐臂位置等，均显示隔离开关在分闸位置。此情况下，在合 505127 接地开关时，导致 C 相接地故障。初步确认，螺钉脱落的原因，是在安装时螺钉没有达到规定的紧固力矩值。

本次事故处理，给我们一个启示，检查外壳接地扁铁上有无电弧灼伤痕迹，检查设备外壳上有无熏黑的痕迹，是检查发现 HGIS 设备、GIS 组合电器设备气室内部有无问题的一个重要手段。

二、倒闸操作中隔离开关主接触部位过热烧损

1. 故障简介

220kV XJ 变电站 110kV 系统为双母线主接线（见图 6-3），采用户外布置 AIS 设备的方式。该站 110kV 母线侧隔离开关采用 GW22-126DW 型，如图 6-4 所示。

某日，XJ 变电站因 XX 线试运行，原在 110kV 西母运行的 111、XH 线倒 110kV 东母运行。

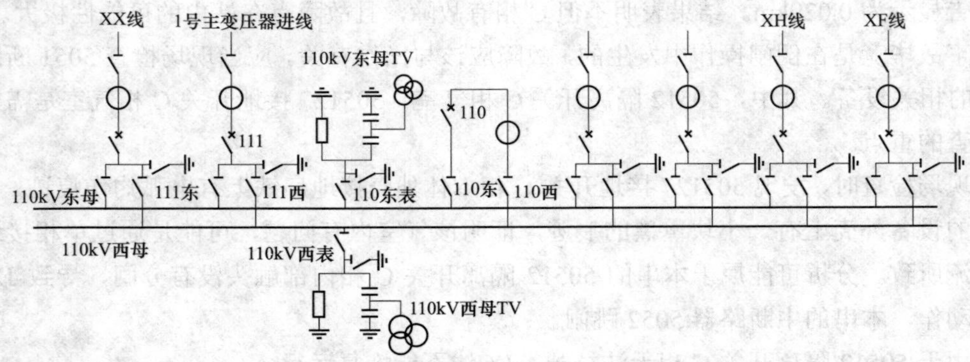

图 6-3　XJ 变电站 110kV 系统主接线

XX 线试运行工作顺利结束，运维班执行110kV 东、西母线倒正常运行方式操作任务。在推上 111 西隔离开关，拉开 111 东隔离开关后，110 东隔离开关一相上部突然出现电焊一样的火花串，拉弧长度约有 30cm。操作人员判断是110东隔离开关一相主接触部位接触不好，立即电动操作将 111 东隔离开关又重新合上，110 东隔离开关的电弧随之熄灭。从拉开111 东隔离开关，发现 110 东隔离开关上部一相拉弧，到判断 110 东隔离开关拉弧可能是隔离开关接触不好，再到合上 111 东隔离开关，时间间隔计 14.683ms。减去 111 东隔离开关合闸时间 6～7s，在不足 10s 的时间里，由于迅速判断、正确选择，果断处理，避免了一次严重事故的发生。

图 6-4　GW22-126DW 型 110kV 隔离开关

2. 故障分析

现场检查，发现 110 东隔离开关 B 相静触头棒一侧固定线夹压严重烧损（见图 6-5）。经分析，属于 110 东隔离开关 B 相静触头棒两侧固定线夹压接不良。主要原因有：

（1）主导流部位结构设计不合理。静触头棒与固定线夹仅靠一个 M10 螺栓压接，与其额定电流 2000A 不符。

（2）隔离开关安装时，静触头棒两侧固定线夹的固定螺杆没有拧紧，存在事故隐患。

（3）隔离开关运行中已存在发热缺陷，日常巡视没有发现。

图 6-5　严重烧损的静触头棒及固定线夹

3. 防范措施

（1）改进主导流部位结构设计，提高其通流能力。

（2）安装时及检修后，必须测量回路直流电阻，保证主导流部位接触良好。

（3）提高日常巡视质量，及时发现隐患。

（4）严格按照规程规定，定期进行红外测温。

第七章

并联电抗器及电容器异常和事故处理

并联电抗器（以下简称电抗器），用于吸收过剩的无功功率。电容器则用于作无功补偿。电抗器或电容器故障跳闸之后，故障设备已经切除，处理时应首先检查系统电压情况。若系统电压偏高，则要投入备用的电抗器；反之，则要投入备用电容器组；然后再检查处理故障设备。

第一节　电抗器异常运行和事故处理

变电站多采用干式空心结构的电抗器，避免了油浸式电抗器的漏油、易燃等缺点。因此本节以干式空心结构的电抗器为例，讲述电抗器的异常运行和事故处理。

一、电抗器一般异常运行

（1）正常运行中电抗器的声音，应该是均匀的、轻微的“嗡嗡”声。如果电抗器声音变大或有其他异常声音，应向调度和主管领导汇报，及时安排计划停电检查处理。

电抗器投入运行或断开电源后，听到轻微的“咔咔”声，是电抗器热胀冷缩而发出的声音。如有其他异常声音，可能是紧固件、螺丝等松动或内部放电，应向调度和主管领导汇报，及时安排计划停电检查处理。

户外干式空心结构的电抗器，在系统电压允许时，应尽量避免在下雨时及雨后投运操作。一般宜在雨后2天进行投运操作。

（2）发现电抗器有局部过热，应加强通风（室内电抗器），向调度汇报，安排停电机会处理。若电抗器严重过热，则应停电处理。

并联电抗器正常工作在满载或接近满载状态，如有过热现象，一般应认为电抗器存在缺陷，应进行红外测温，鉴定其发热的程度。

（3）发现电抗器支柱有损伤、支持混凝土有裂纹、绕组凸出或接地等情况，应当停用故障电抗器，安排检修计划处理。

二、电抗器跳闸处理

电抗器继电保护装置动作跳闸，监控班值班员应向调度和主管领导汇报，若系统电压偏高，按调度命令先投入备用电抗器，再通知运维班到现场对故障电抗器进行检查。检查的主要内容：

（1）保护装置是否正常。

（2）电抗器支柱、绝缘子支柱有无损坏。

（3）电抗器绕组有无烧坏。

（4）电抗器有无位移，支持绝缘子有无松动、扭伤，检查各部位有无电弧烧损。

电抗器跳闸后，未查明原因，不得投入运行。故障电抗器隔离后，经检修处理并经试验合格，才能投入运行。

第二节　电容器异常运行处理

电容器组在运行中，总是处于满载状态。过电压、过电流和过热都会缩短电容器的寿命。因此，在检查处理电容器的异常和故障时，应检查记录系统电压情况，特别是要记录电容器所在母线电压情况。

一、电容器异常运行处理

（1）箱壁有明显异形鼓肚以及喷油起火或箱壁爆炸。正常运行中，电容器的油箱会随温度变化有一定的膨胀和收缩。当电容器内部介质有局部放电、部分部件击穿或有极对壳体击穿时，箱内的绝缘油将产生大量气体，导致油箱明显膨胀、变形。主要原因有：① 母线电压偏高；② 电容器本身质量有问题；③ 环境温度过高（特别是夏季）。

如果是环境温度过高导致电容器有较轻的油箱膨胀，应采取强力通风降温（室内设备）措施。若是其他原因导致油箱明显膨胀、变形，或膨胀、变形比较严重，应向调度和主管领导汇报，立即将电容器退出运行。

（2）内部或放电装置有严重的异常声响。此情况下，应尽快将电容器停止运行，由检修人员检查处理。

（3）连接点严重过热或熔化，瓷套管发生严重放电闪络。此情况下，应尽快将电容器停止运行，由检修人员检查处理。

（4）周围环境温度超过允许值。电容器的环境温度应不超过 45℃。若不能采取有效的降温措施，应向调度汇报，将电容器停止运行。

（5）电容器漏油。电容器外壳是密闭的箱体，若密闭不严，空气、水分就可能进入油箱，其危害很大。因此，电容器不允许渗漏油。渗漏油的原因有：① 搬运时受损，安装、接线工艺不当；② 电容器本身质量有问题；③ 温度变化剧烈；④ 设计不合理，如使用硬铝排连接，由于热胀冷缩造成应力；⑤ 外壳锈蚀严重。

电容器发生渗漏油时应停用，由检修人员检查处理。

（6）电容器电压过高。当电压超过电容器额定电压的 1.1 倍时，主变压器又不能调压时，电容器应退出运行。

（7）电容器过电流。电容器在运行中，一直是在接近额定电流下工作。由于系统电压升高和电流、电压的波形畸变，会引起电容器的电流过大。当电流超过电容器额定电流的 1.3 倍时，电容器应退出运行。

（8）电容器不平衡电流超过允许值。电容器三相电流不平衡超过 5%以上，应向调度汇报，并将电容器停止运行。

（9）电容器温度过高。运行中的电容器，温度应在 55℃以下，当电容器布置过密、电容器介质老化、受高次谐波电流影响，会发生过热现象。发现电容器过热，应采取有效的降温措施。非布置过密原因，应向调度汇报，并将电容器停止运行。

故障电容器组停运后，若系统电压偏低，应投入备用的电容器组。

二、电容器保护动作跳闸的处理

1. 低电压保护动作跳闸的处理

电容器低电压保护动作跳闸，主要是主变压器跳闸时母线失压所致。电容器组跳闸以后，5min 以内不得投入运行。母线失压事故发生时，若电容器组的断路器没有跳闸，监控班值班员应遥控操作，将其断路器断开。母线重新投入运行时，电容器组的断路器必须在分闸位置；因为空载母线投入运行时，有较高的电压对电容器充电，电容器向电网输出较大的无功功率，会使母线电压更高；同时，空载变压器投入运行，其充电电流的三次谐波电流可达电容器额定电流的 2～5 倍，且持续时间较长（1～30s），可能导致过电流保护动作和损坏电容器。

2. 电容器保护动作（低电压保护除外）跳闸的处理

电容器组保护动作跳闸，电容器可能损坏。监控班值班员应向调度汇报，通知运维班到现场检查处理，并使用图像监控系统查看电容器。因电容器组跳闸使系统无功不足，应按调度命令，执行遥控操作，投入备用电容器组。

（1）过电压保护动作跳闸：电压过高时，过电压保护动作，电容器不一定损坏，经鉴定电容器无问题时，可以投入运行。

（2）过电流、零序过电流、桥差电流等保护动作跳闸：电容器及其放电装置发生故障的可能性很大，应将电容器组隔离开关（或手车）拉开，对电容器及其连接设备作认真的外部检查。相关设备检修试验合格以后，方可投入运行。

3. 运维班现场检查电容器故障的注意事项

（1）认真记录告警信号，向有关调度汇报。

（2）进入电容器围栏前，应检查各电容器熔断器熔断与否。

（3）拉开相关隔离开关（或手车），推上电容器组接地开关或装设接地线后，方可进入电容器组围栏。

（4）对各电容器逐相、逐个充分放电。应使用接地棒多次对每一只电容器放电，直到无火花及放电声，再使用地线将电容器中性点接地（或合上中性点接地开关）后，方可触及设备。

（5）对电容器及其连接设备全面检查，防止漏项、漏设备。所检查的设备包括各电容器本体、高压电缆、连接线、避雷器、串联电抗器、放电线圈、隔离开关等。

第八章

母线失压和全站失压事故处理

变电站母线失压和全站失压事故的后果十分严重，对整个电力系统的稳定性影响也很大。变电站母线失压会造成大面积的停电，导致电力系统解列。处理这种事故的关键，是根据所出现的现象、保护动作情况，正确地判断故障所在范围和事故停电范围，迅速地排除或隔离故障，恢复对客户的供电及系统之间的联系。

110kV 及以上母线失压事故可能影响数座变电站。监控班值班员和运维人员，应在调度指挥下，协作处理事故。对于能够且需要及时投入备用电源恢复供电的部分，由监控班值班员遥控操作执行；对于受累停电的、不需要现场操作隔离的部分和可以遥控操作恢复运行的变电站，尽可能地由监控班值班员执行。这样能使电网尽快恢复正常。

第一节　母线失压事故判断及一般处理程序

1. 母线失压的原因

（1）误操作或操作时设备损坏，导致母线故障。

（2）母线及连接设备的绝缘子发生污闪事故，或外力破坏等造成母线短路。

（3）运行中母线及连接设备绝缘损坏。如母线、隔离开关、断路器、避雷器、互感器等发生接地或短路故障，使母线保护或电源进线保护动作跳闸。

（4）线路上发生故障，线路保护拒动或断路器拒跳，造成越级跳闸。

220kV 线路发生故障时，如果线路断路器不跳闸，一般应由断路器失灵保护动作，使故障线路所在母线上断路器全部跳闸。没有装失灵保护的，由电源进线后备保护动作跳闸，母线失压。

500kV 部分为 3/2 接线方式，500kV 线路发生故障时，保护装置动作于控制该线路的边断路器、中断路器跳闸。如果边断路器不跳闸，边断路器启动失灵，使其所接母线各边断路器都跳闸，导致母线失压。

（5）母线保护误动作。

2. 母线失压的事故象征

（1）报出事故音响信号。

（2）母线电压表及失压母线各分路及电源进线的电流、功率均显示为零。

（3）集控系统、变电站综自系统后台机显示失压母线上所有的跳闸断路器闪动，微机保护装置的断路器位置指示“跳闸”灯亮（或闪光）。

（4）高压侧母线失压，可能同时使中、低压侧母线失压（即主变压器一次侧母线失压，引起二次侧母线失压）。

3. 母线失压的故障判断

（1）母线失压事故的主要判断依据是：保护动作情况和断路器跳闸情况，仪表指示，对站内设备检查的结果、站内有无操作和工作等。

（2）判断方法。母差保护的保护范围为：母线及连接设备（包括TV、避雷器、各母线侧隔离开关、断路器），即各母差TA以内的所有设备。因此，母差保护动作使一段母线上的各分路及母联断路器跳闸，一般为母线及连接设备故障。

线路（或设备）发生故障时，保护动作而线路断路器不跳闸时，断路器失灵保护在较短的时限内，跳开故障元件所在母线上的所有断路器及母联断路器。失灵保护在同时具备以下两个条件时才能启动：

1）故障线路保护出口继电器动作以后不返回，断路器没有跳闸。

2）故障线路的保护范围内仍有故障。

失灵保护动作跳闸使母线失压，一般都为线路（或变压器）故障越级跳闸。此时，故障范围比较容易判别，故障元件的保护有信号，断路器仍在合闸位置。

母线及连接设备发生故障时，各表计有强烈的冲击摆动，在故障处可能发生爆炸、冒烟、起火、闪络放电等现象；因此，故障一般明显可见（敞开式布置的设备）。对于GIS、HGIS组合电器，故障点则可能不明显；检查发现故障的方法，见本书第一章第三节。

对于没有安装母线保护和失灵保护的母线，电源主进线保护（一般为后备保护，如主变压器过电流保护等）动作跳闸，并且联跳分段（或母联）断路器，使母线失压。这种情况下，应根据以下情况进行分析判断：

1）保护动作情况。若各分路中有保护动作信号，母线及连接设备无明显异常，则可以认为是线路故障越级跳闸；若各分路中没有保护动作信号，则母线及连接设备故障和线路故障越级跳闸的可能性都存在。

2）检查母线及连接设备上有无故障迹象。

3）分路中有保护动作信号，说明是断路器因二次回路或机构问题拒跳而越级；如果分路中没有保护动作信号，同时检查站内一次设备无问题，说明是线路故障而保护拒动，造成越级跳闸；此时，并不能立即确定是哪条线路上有故障。

判断故障的其他因素还有：事故前的运行方式，所报出的其他信号等。当母线失压时，当时无任何短路故障造成的表计指示冲击摆动，无其他任何异常情况；故障录波信息中，没有显示故障电流、电压等；跳闸当时伴有“直流母线接地”或差动“电流回路断线”“交流电压回路断线”等信号报出，检查母线及连接设备上无任何故障迹象，则可能是母线保护或电源主进线保护误动作引起。

小电流接地系统，事故跳闸之前发生了单相接地故障。由于接地故障点的电弧或非故障相对地电压升高，会发展成为相间短路或不同名相两点接地短路故障。这种故障，故障点可能在同一个设备或线路上；也可能不在同一个设备或线路上。并且，只是发生了 B 相接地故障的线路保护不能反应，则断路器不跳闸。因此，事故跳闸时，必须断开接地故障选线装置显示有接地的线路；恢复供电时，不能试送选线装置显示有接地的线路。

断路器在运行中，有液压机构压力降低而“分闸闭锁”，SF_6 断路器气压降低到闭锁压力值等，发生母线失压事故时，属于这些断路器所控制的线路故障越级的可能性比较大。

（3）500kV 变电站事故影响范围。500kV 部分主接线为 3/2 接线，220kV 各线路多为联络线。因此，各种情况下的事故影响范围判断、分析如下：

1）母差保护动作，500kV 各边断路器跳闸，500kV 某一段母线失压，一般不会导致中压侧（220kV 侧）、低压侧失压，并且不会影响站用电。

2）500kV 线路故障，保护装置动作，中断路器跳闸而边断路器拒分时，断路器失灵保护动作使 500kV 各边断路器跳闸，500kV 任一段母线失压，一般不会导致中压侧（220kV 侧）、低压侧失压，并且不会影响站用电。

3）500kV 线路故障，保护装置动作，边断路器跳闸而中断路器拒分时，断路器失灵保护动作，使同串的另一边断路器跳闸，影响同串另一条线路的运行（造成停电或失去联络）。500kV 任一段母线均不会失压，一般不会导致中压侧（220kV 侧）、低压侧失压，并且也不会影响站用电。

4）500kV 线路故障，保护装置动作，边断路器跳闸而中断路器拒分时，断路器失灵保护动作使同串的另一边断路器跳闸，影响同串主变压器的运行（导致变压器中、低压侧跳闸），使其他运行主变压器可能过载。500kV 任一段母线均不会失压，一般不会导致中压侧（220kV 侧）失压；会导致低压侧失压，并且会影响站用电。

5）主变压器保护装置动作，中断路器跳闸而边断路器拒分时，断路器失灵保护动作使 500kV 各边断路器跳闸，500kV 一段母线失压，导致低压侧母线失压，会影响站用电。其他运行主变压器可能过载。

6）主变压器保护装置动作，边断路器跳闸而中断路器拒分时，断路器失灵保护动作使同串的另一边断路器跳闸，影响同串另一条线路的运行（造成停电或失去联络），500kV 任一段母线均不会失压。主变压器保护装置动作导致低压侧母线失压，会影响站用电，其他运行主变压器可能过载。

4. 保护拒动的判断

（1）断路器位置指示灯不亮。可能是跳闸回路不通或控制回路、保护装置失去电源，事故时保护将拒动。

（2）保护装置指示灯灭。微机保护装置的电源，是经电源插件（直流 220V 或 110V

输入）输出+5V、±12（15）V、±24V，分别供保护装置的各CPU、其他插件、继电器。各电源指示灯不亮，事故时保护将不起作用。

（3）微机保护有异常信息报告。综自系统后台机有“保护通信故障”等保护异常信号，保护自检有错误报告、保护屏的管理单元显示某线路保护错误“ERR”信息、保护装置液晶显示异常或无显示等，都可能在发生事故时不跳闸。微机保护装置，有硬件故障自检报告，发出闭锁信号，线路故障时，将越级跳闸。

（4）报出“控制回路断线”或交流“电压回路断线”信号。报出“控制回路断线”信号，多为控制回路或微机保护装置失去直流电源。报出交流“电压回路断线”信号，保护装置被闭锁。有此两个信号的线路，很可能是故障时，保护未能动作跳闸。

5. 一般处理程序

（1）根据事故前的运行方式，保护及自动装置动作情况、所报信号、断路器跳闸情况、设备外状等，判明故障性质、发生的范围和事故停电范围。如果站用电失去，先切换站用电。夜间应投入事故照明。

为了使运维班能够尽早掌握相关情况，监控班值班员通知运维班到现场时，要对保护及自动装置动作情况、所报信号、断路器跳闸情况和事故停电范围做出简要说明。

（2）监控班值班员遥控操作，将失压母线所连接的断路器、母联（或分段）断路器断开，首先断开电容器组断路器（装有电容器组时）。运维班到现场，将已跳闸断路器的操作把手（控制开关）复位。

（3）如果因为高压侧母线失压，导致中、低压侧母线失压，只要失压的中，低压侧母线没有故障象征（如：① 母差保护动作，使高压侧母线失压；② 失灵保护动作，高压侧母线失压，没有变压器保护动作信号，中、低压侧母线各分路无保护动作信号），监控班值班员遥控操作，可以先利用备用电源，或合上母线分段（或母联）断路器，先在短时间内恢复供电，恢复站用电，再检查处理高压侧母线失压事故。

按调度命令，监控班值班员遥控操作，恢复受累停电的其他变电站正常运行和系统之间的联络。

（4）采取以上措施以后，根据保护动作情况，运维班现场检查母线及连接设备上有无故障，故障能否迅速隔离，根据不同情况，采取相应的处理措施。

第二节　断路器失灵保护跳闸事故处理

一、220kV断路器失灵保护动作跳闸事故处理

断路器失灵保护动作，使故障元件所在母线上的所有断路器及母联断路器跳闸。其处理程序为：

（1）监控班值班员向调度汇报，通知运维班到现场检查处理。根据事故前的运行方式，保护及自动装置动作情况、所报信号、断路器跳闸情况、设备外状等，判明故障性质、发生的范围和事故停电范围。

（2）监控班值班员遥控操作，首先断开低电压保护未动作跳闸的电容器组（主变压器跳闸时，低压侧母线失压）。将失压母线所连接断路器、母联（或分段）断路器全部断开。

（3）如果站用电失去时（如果是主变压器保护动作，断路器未跳闸而启动失灵，会失去站用电），先倒换站用电，夜间应投入事故照明。监控班没有执行上述操作的条件者，运维班到达现场时执行操作。

（4）监控班值班员遥控操作，断开有保护信号的线路（或变压器）断路器，并应检查确已断开。如果断不开，运维班在现场应立即手打跳闸铁芯或脱扣机构把断路器断开。如果仍然断不开，应立即拉开拒跳断路器的两侧隔离开关，隔离故障。现场检查母线及连接设备无异常。

（5）合上电源主进线断路器，对失压母线充电正常后，恢复无故障线路和设备的供电。

（6）利用并列装置“检同期”合闸，恢复联络线运行，恢复系统之间的并列。

（7）恢复正常运行方式。

（8）检查处理故障线路（设备）断路器拒跳的原因。

如果联络线没有并列装置，应按照调度命令，由本侧对线路充电，在对侧实施并列；或按照调度命令，在确实没有非同期并列的可能情况下合闸。也可以根据现场一次系统主接线的具体条件，经过倒运行方式恢复并列（在有并列条件的母联、主变压器断路器等并列点恢复并列）。

二、500kV 系统失灵保护动作跳闸事故处理

1. 线路保护装置动作，边断路器拒分事故处理

（1）向调度汇报，通知运维班到现场检查处理。根据保护及自动装置动作情况、所报信号、断路器跳闸情况、设备外状等，判明故障性质、发生的范围和事故停电范围。

（2）检查中断路器在分闸位置，拉开拒分的边断路器两侧隔离开关（监控班没有执行上述操作的条件时，运维班到达现场时执行）。

（3）现场对 500kV 失压母线及其连接设备进行外部检查。

（4）500kV 失压母线按调度命令恢复运行：

1）经“检无压”合上某一串的边断路器，对 500kV 失压母线充电正常；

2）合上各正常串的边断路器，恢复各串环网运行。

（5）拉开与拒分边断路器同串的中断路器两侧隔离开关。

（6）相关保护装置改变投、退方式。内容应包括：

1）拒分的边断路器，其断路器保护装置（含失灵保护、启动失灵保护）全部退出，投入其“置检修状态”压板；

2）打开母差保护跳拒分的边断路器的保护压板、母差启动失灵保护压板；

3）打开故障线路所在串中断路器的失灵保护跳闸压板、启动失灵保护压板。

（7）由专业人员检查处理断路器拒分的故障。

2. 主变压器保护装置动作，边断路器拒分事故处理

（1）向调度汇报，通知运维班到现场检查处理。根据保护及自动装置动作情况、所报信号、断路器跳闸情况、设备外状等，判明故障性质、发生的范围和事故停电范围。

（2）监控班值班员遥控操作，断开低电压保护未动作跳闸的电容器组断路器，或断开低压侧母线上的电抗器断路器。检查站用电自动切换正常。

（3）检查中断路器在分闸位置，拉开拒分的边断路器两侧隔离开关（监控班没有执行上述操作的条件时，运维班到达现场时执行）。

（4）根据调度命令，按现场规程的规定处理主变压器跳闸事故。主变压器若是气体、差动等主保护动作，则可以利用备用电源或合上母联断路器，先对失压的中压侧母线及其分路恢复供电。

（5）现场对500kV失压母线及其连接设备进行外部检查。

（6）500kV失压母线按调度命令恢复运行。

1）经“检无压”合上某一串的边断路器，对500kV失压母线充电正常；

2）合上各正常串的边断路器，恢复各串环网运行。

（7）拉开与拒分边断路器同串的中断路器两侧隔离开关。

（8）相关保护装置改变投、退方式。内容应包括：

1）拒分的边断路器，其断路器保护装置（含失灵保护、启动失灵保护压板）全部退出，投入其“置检修状态”压板；

2）打开母差保护跳拒分的边断路器的保护压板、母差启动失灵保护压板；

3）打开故障变压器所在串中断路器的失灵保护跳闸压板、启动失灵保护压板；

4）打开故障变压器保护装置联跳其他运行断路器（如220kV母联断路器）压板。

（9）由专业人员检查处理断路器拒分的故障。

3. 线路保护装置动作，中断路器拒分事故处理

（1）向调度汇报，通知运维班到现场检查处理。根据保护及自动装置动作情况、所报信号、断路器跳闸情况、设备外状等，判明故障性质、发生的范围和事故停电范围。

（2）经由失灵保护跳闸的边断路器若为主变压器高压侧断路器时，则该主变压器将三侧跳闸（中断路器启动失灵跳三侧）。正常运行的主变压器若严重过负荷，应汇报调度，迅速转移部分负荷（监控班值班员遥控操作）。

（3）检查两台边断路器在分闸位置，拉开拒分的中断路器两侧隔离开关（监控班没有执行上述操作的条件时，运维班到达现场时执行）。

（4）按照调度命令，经失灵保护跳闸的边断路器所切线路（或主变压器）加入运行，恢复系统之间的联络。

（5）拉开故障线路的边断路器两侧隔离开关。

（6）对跳闸的边断路器和拒分的中断路器及其连接设备进行外部检查。

（7）相关保护装置改变投、退方式。内容应包括：

1）拒分的中断路器，其断路器保护装置（含失灵保护、启动失灵保护压板）全部退

出，投入其“置检修状态”压板；

2）打开母差保护跳故障线路边断路器的保护压板、母差启动失灵保护压板。

（8）由专业人员检查处理断路器拒分的故障。

4. 主变压器保护装置动作，中断路器拒分事故处理

（1）向调度汇报，通知运维班到现场检查处理。根据保护及自动装置动作情况、所报信号、断路器跳闸情况、设备外状等，判明故障性质、发生的范围和事故停电范围。

（2）监控班值班员遥控操作，断开低电压保护未动作跳闸的电容器组断路器，或断开低压侧母线上的电抗器断路器。检查站用电自动切换正常。

（3）检查两台边断路器在分闸位置，拉开拒分的中断路器两侧隔离开关（监控班没有执行上述操作的条件时，运维班到达现场时执行）。

（4）按照调度命令，经失灵保护跳闸的边断路器所切线路重新加入运行，恢复系统之间的联络。

（5）根据调度命令，按现场规程的规定处理主变压器跳闸事故。主变压器若是气体、差动等主保护动作，则可以利用备用电源或合上母联断路器，先对失压的中压侧母线及其分路恢复供电。

（6）对跳闸的断路器和拒分的中断路器及其连接设备进行外部检查。

（7）拉开故障变压器的边断路器两侧隔离开关。

（8）相关保护装置改变投、退方式。内容应包括：

1）拒分的中断路器，其断路器保护装置（含失灵保护、启动失灵保护压板）全部退出，投入其“置检修状态”压板；

2）打开母差保护跳故障变压器的边断路器压板、该边断路器母差启动失灵保护压板；

3）打开故障变压器保护装置联跳其他运行断路器（如220kV母联断路器）压板。

（9）由专业人员检查处理断路器拒分的故障。

第三节　母差保护动作跳闸事故处理

一、110～220kV 母差保护动作跳闸事故处理

（1）向调度汇报，通知运维班到现场检查处理。根据事故前的运行方式，保护及自动装置动作情况、所报信号、断路器跳闸情况、设备外状等，判明故障性质、发生的范围和事故停电范围。

（2）监控班值班员遥控操作，断开受累停运母线上的电容器组断路器。检查站用电自动切换正常。

（3）监控班值班员遥控操作，利用备用电源或合上母线分段（或母联）断路器（注意防止反充故障侧母线），先对受累停运母线及其分路恢复供电，并优先恢复站用电。

（4）运维班在现场，对故障跳闸母线的母差保护范围内的设备，认真地进行外部检查。检查有无爆炸、冒烟、起火现象或痕迹，瓷质部分有无击穿闪络、破碎痕迹，配电

装置和导线上有无落物，设备上是否有人工作等。

（5）如果发现有明显的故障现象，应根据故障点能否用断路器或隔离开关进行隔离。根据能否及时消除，分别采取不同的措施：

1）故障点能隔离或者消除的，应立即断开断路器、拉开隔离开关，隔离或消除故障。检查母线绝缘良好，导线无严重损伤，再合上电源主进断路器，对母线充电正常后恢复供电，恢复系统之间的并列及正常运行方式。汇报上级，由检修人员处理设备故障。

2）若故障不能消除，并且不能隔离，可以将无故障部分全部倒至另一段母线上，恢复供电（母线侧隔离开关应先拉、后合，最后合断路器）。

上述能够隔离的故障是指：母线 TV、TA、母线避雷器、断路器本体等设备故障，即母线侧隔离开关以外的设备。能在短时间内消除的故障是指：设备、母线上落物及梯子等用具倒在导电部位上，误操作造成弧光短路等，并且没有造成母线绝缘损坏、未使导线严重烧伤断线者。

（6）未发现任何故障现象，站内设备未发现问题，分路中有保护动作信号，可能属外部故障，母差保护电流回路有问题而导致误动作。应汇报调度，根据调度命令，暂时退出母差保护。将外部故障隔离以后，母线可以重新加入运行，恢复供电，恢复系统之间并列，恢复正常运行方式。同时汇报上级，由专业人员检查母差保护误动原因。

（7）如果未发现任何故障现象，站内一次设备无任何问题，跳闸时无故障电流冲击现象（查看故障录波报告无接地、短路电流存在），母差保护信号不能复归。应检查直流母线绝缘情况、保护装置有无异常，检查微机母差保护装置有无异常信息。

1）若有直流系统绝缘不良情况，或母差保护信号不能复归，可能属直流二次回路问题造成的误动作。应根据调度命令，退出母差保护，母线重新投入运行，恢复供电，恢复系统之间的并列。同时汇报上级，由专业人员检查二次回路的问题。

2）若直流系统绝缘无问题，并且母差保护信号不能复归。应检查测量失压母线绝缘无问题（以防止有较隐形的故障没有被发现，再次向故障点送电），汇报调度。根据调度命令，退出母差保护，母线试充电正常以后，恢复供电，并恢复系统之间的并列。同时汇报上级，由专业人员检查母差保护交流回路有无问题。

在母差保护动作跳闸，母线失压的事故处理中，如果隔离故障时必须将 TV 停电，应将 TV 一、二次都断开。一次母线并列以后，合上两段母线 TV 二次联络，再恢复供电，防止保护失去交流电压。

恢复供电的操作程序，应便于系统之间恢复并列操作。例如母线 TV 一、二次断开以后，利用电源进线断路器对母线充电正常，再断开电源进线断路器，合上母联断路器，合上 TV 二次联络开关，再利用并列装置“检同期”合电源进线（或联络线）断路器。这样并列操作简便、正确。反之，可能会因 TV 故障停电，无法利用并列装置“检同期”合闸进行并列操作。

如果联络线没有并列装置，应按照调度命令，由本侧对线路充电，在线路对侧恢复并列；或在确实没有非同期并列的可能情况下，才能“不检同期”合闸。也可以根据现场一次系统主接线的条件，经过倒运行方式或改变操作程序恢复并列（使用有并列条件的母联断路器、主变压器断路器等并列点恢复并列)。

应当说明的是，正常运行方式下，母差保护投在有选择方式时，若母差保护动作，两段母线全部切除，故障点一般可能在母联断路器与 TA 之间，母联断路器跳闸后故障未消除，使母线保护“大差”或母线保护“母联启动失灵”动作，另一段母线所连接断路器全部跳闸，两段母线全部失压。母差保护先切除的一段母线上无故障。将母线分段（或母联）断路器的两侧隔离开关拉开以后，两段母线都可以恢复运行。

母差保护动作跳闸，故障段母线失压的处理程序，参见图 8－1。

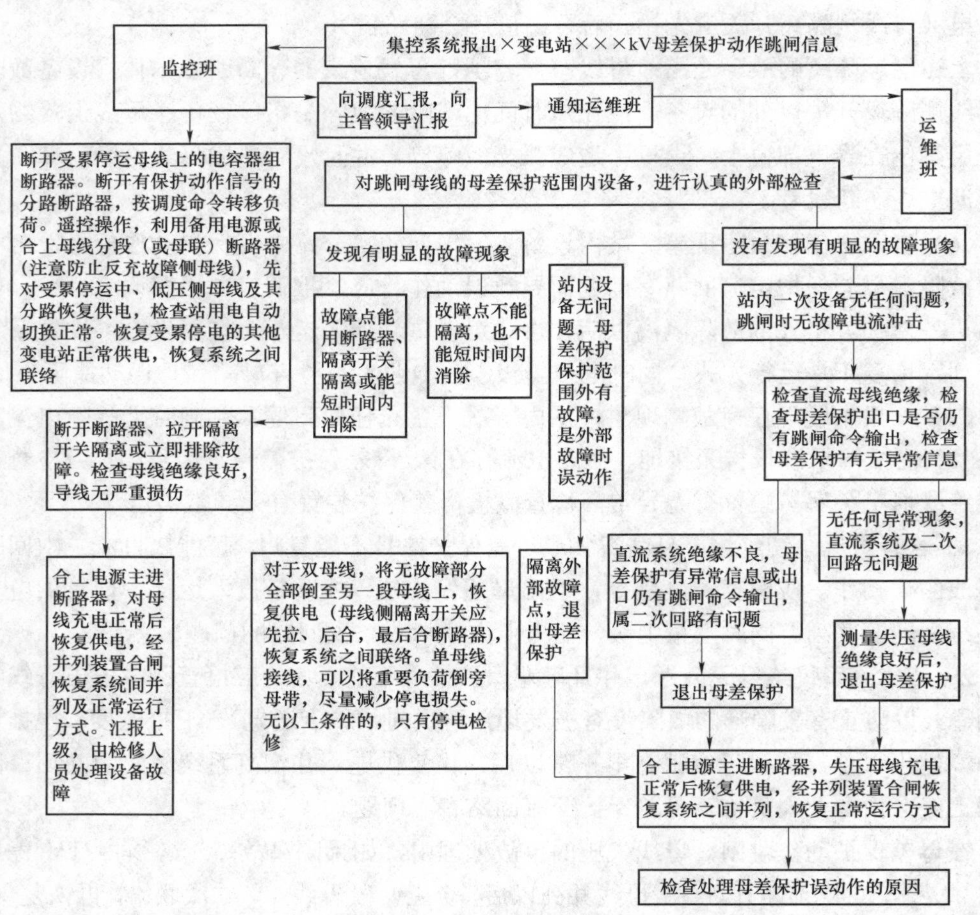

图 8－1　母差保护动作跳闸母线失压的处理框图

二、500kV 母差保护动作跳闸事故处理

主接线为 3/2 接线的 500kV 变电站，500kV 母差保护动作，某一段母线失压，该母线连接的边断路器全部跳闸，各串上的线路、主变压器仍正常运行。处理程序如下：

（1）向调度汇报，通知运维班到现场检查处理。根据保护及自动装置动作情况、所报信号、断路器跳闸情况、设备外状等，判明故障性质、发生的范围和事故停电范围。

（2）运维班在现场，对失压母线的母差保护范围内的设备，认真地进行外部检查。

检查有无爆炸、冒烟、起火现象或痕迹，瓷质部分有无击穿闪络、破碎痕迹，配电装置和导线上有无落物，设备上是否有人工作等。

（3）如果发现有明显的故障现象，应根据故障点能否用断路器或隔离开关进行隔离，能否及时消除，分别采取不同的措施：

1）故障点能隔离或者消除的，应立即拉开隔离开关，隔离或消除故障。检查母线绝缘良好，导线无严重损伤，母线可以按调度命令恢复运行。向上级汇报，由检修人员处理设备故障。

2）故障不能消除，并且不能隔离。故障母线应停电检修。

上述能够隔离的故障是指母线 TV、母线避雷器、各串的边断路器两侧 TA、边断路器本体等设备，（即线路侧隔离开关与母线之间的设备）故障。能在短时间内消除的故障是指设备、母线上落物及梯子等用具倒在导电部位上，误操作造成弧光短路等，并且没有造成母线绝缘损坏、未使导线严重烧伤断线者。

（4）由专业人员进行故障抢修。

第四节　GIS组合电器和HGIS设备母差保护动作跳闸事故处理

本节讲述 GIS、HGIS 设备母差保护动作跳闸事故的分析、判断和处理。GIS、HGIS 设备内部发生故障时，运维人员在做外部检查时发现故障点所在气室比较难。如果不能查明故障点所在气室，就很难做到隔离故障，无故障部分也不能恢复运行。因此，在事故的检查、分析、判断和处理方面，GIS、HGIS 设备和敞开布置的设备是有区别的。

一、原因、象征和故障判别

1. 母线保护动作跳闸的原因

（1）气室密封严重损坏，SF_6 气压降低严重。

（2）母线及连接设备的气室内绝缘子损坏造成母线故障。

（3）各出线的母差保护 TA 以内设备绝缘损坏。如母线侧隔离开关、TA、断路器气室发生接地或短路故障。

（4）母线保护误动作。

2. 事故象征

（1）报出事故音响信号。

（2）母线电压表、失压母线各分路及电源进线的电流表、功率表均显示为零。

（3）集控系统后台机、综自系统后台机显示失压母线上所有的跳闸断路器闪动，微机保护装置的断路器位置指示“跳闸”灯亮（或闪光）。

（4）报出母线保护动作、出口跳闸信号。

3. 故障判别

HGIS 设备主要用于 500kV 变电站的 500kV 系统，主接线多为 3/2 接线。其特点是母线、线路侧避雷器、线路 TV 外露（在 HGIS 设备以外安装），内部结构如图 8－2 所示。

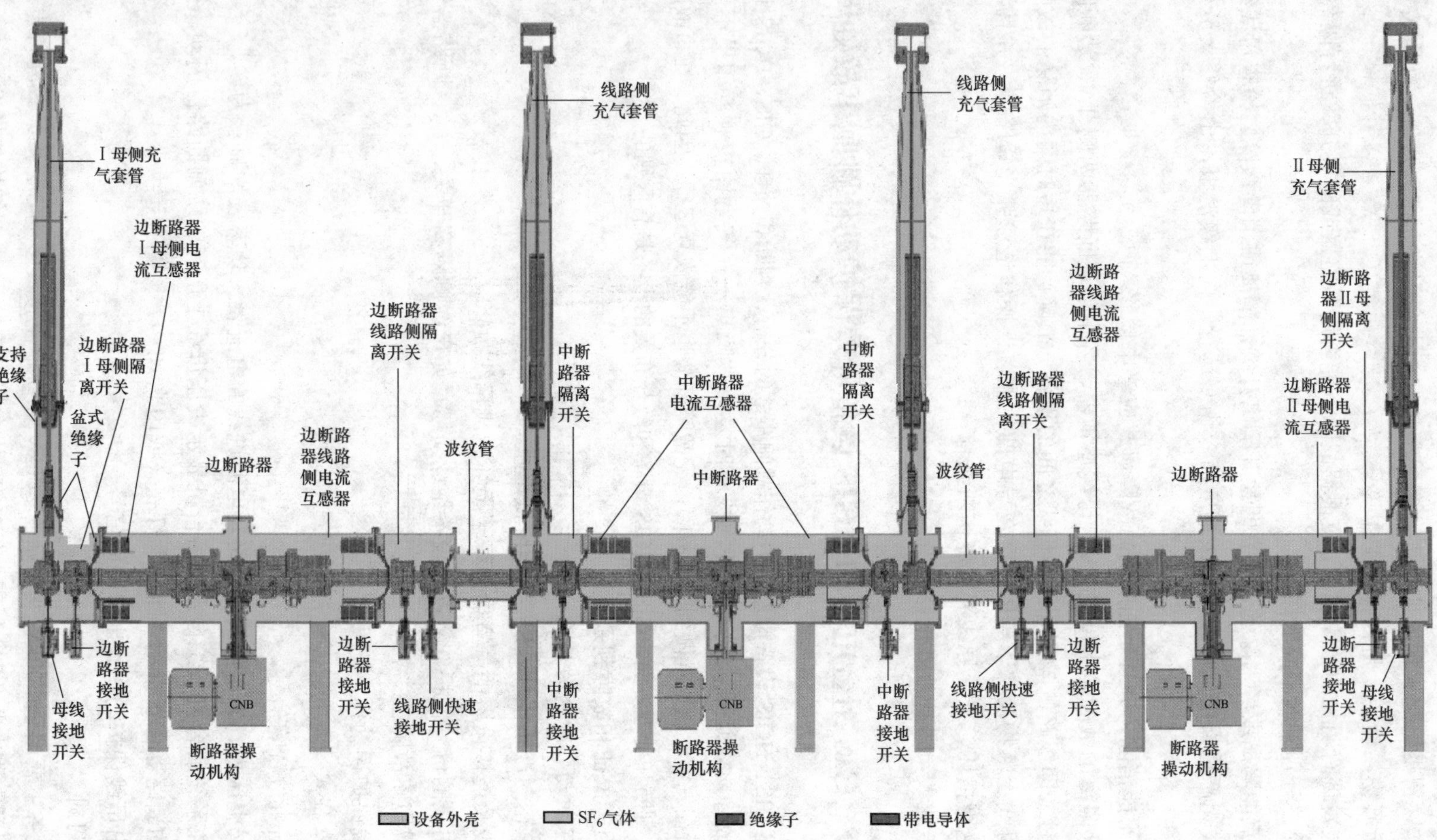

图8-2 HGIS设备内部结构图

母差保护动作跳闸时，外部设备故障点比较容易检查发现，而母差保护范围以内的 HGIS 设备内部故障则不易查明。母线保护动作跳闸以后，若检查 HGIS 设备以外的设备无异常，虽然不能看到母差保护范围内的 HGIS 设备内部有无问题，但各线路、主变压器和另一段母线仍在运行，故障点可以由专业人员进行检查。

GIS 组合电器的特点，是全部设备组合在壳体以内。母线保护动作跳闸时，母差保护范围内故障点不易查明。以双母线接线为例，内部结构如图 8-3 所示。

由图 8-3 可以看出，GIS 组合电器从母线保护 TA 到主母线的断路器气室、TA 气室、母线侧隔离开关气室、母线气室内部故障，都在母差保护的保护范围。根据其内部结构特点，母差保护动作跳闸以后，母差保护范围内的 GIS 设备若不能检查到内部有无问题，将无法把非故障线路倒另一母线恢复运行。

对于运维人员来讲，对 HGIS、GIS 设备的外部检查仍十分必要。不使用专用仪器，通过外部检查，发现可能属于内部有故障的象征有：

（1）检查母线各气室、各断路器气室、TA 气室、母线侧隔离开关气室的 SF_6 压力表指示情况。报出有压力降低信号、压力严重降低的气室，内部故障的可能性较大。

（2）检查各部外壳接地扁铁上的螺栓压接部位、接地连接部位，看有无电弧灼伤痕迹，同时检查设备外壳是否有熏黑痕迹。这是检查发现 HGIS 设备、GIS 组合电器设备气室内部有无问题的一个重要手段。

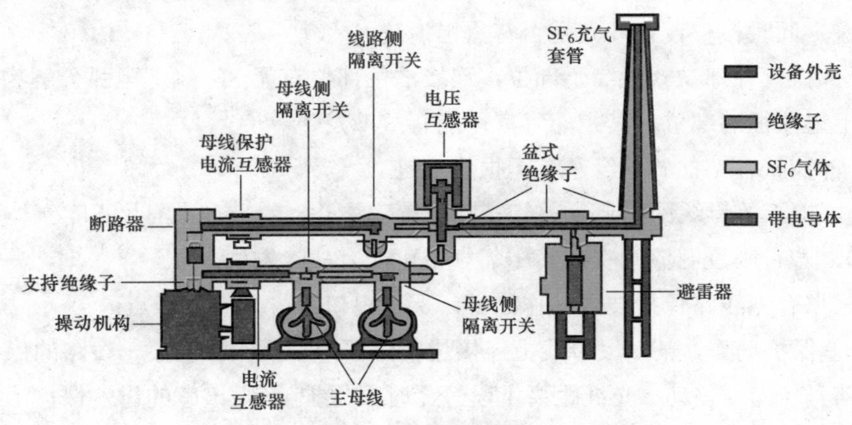

图 8-3 GIS 组合电器的内部结构图

（3）外部检查各部盆式绝缘子有无损伤痕迹。

（4）外部检查各部盆式绝缘子部位、连接法兰部位有无 SF_6 气体电弧分解物（白色）溢出。有上述象征的部位，其相邻气室可能有故障发生。

（5）外部检查各母线侧隔离开关气室的位置观察孔，看玻璃上有无 SF_6 气体电弧分解物（白色）。若有上述象征，则该气室及其相邻气室可能有故障发生。

（6）外部检查母线伸缩节有无损伤，外壁有无油漆的熔退、起泡痕迹。

（7）外部检查母线避雷器防爆孔有无烧蚀、防爆膜有无破损痕迹。

（8）检查线路保护装置有无动作信息。线路保护装置如果同时有动作信号、保护出口信号，该线路的母差保护范围内相关气室（线路保护 TA 与母差保护 TA 之间的气室）内部极有可能有故障发生。因为在 GIS、HGIS 设备中，断路器两侧都有 TA，断路器与线路侧隔离开关之间的 TA 二次接入母差保护；断路器母线侧的 TA 二次接入线路（或主变压器）保护；因此，两 TA 之间的气室，是母差保护和线路（或主变压器）保护的“保护范围交叉覆盖区”。

二、HGIS 设备母差保护动作跳闸事故处理

采用 3/2 主接线的 500kV 母线母差保护动作，某一段母线所连接全部边断路器跳闸，各线路、主变压器继续运行。检查处理程序如下：

（1）向调度汇报，通知运维班到现场检查处理。向主管领导汇报。

（2）运维班在现场，对失压母线的母差保护范围内 HGIS 的外部设备，认真地进行外部检查。检查有无爆炸、冒烟、起火现象或痕迹，瓷质部分有无击穿闪络、破碎痕迹，配电装置和导线上有无落物，设备上是否有人工作等。

（3）对失压母线连接 HGIS 设备进行外部检查：

1）检查各边断路器气室、TA 气室、边断路器母线侧隔离开关气室的 SF_6 压力表指示情况。压力严重降低的气室，内部故障的可能性较大。

2）检查上述各部分气室外壳接地扁铁上的螺栓压接部位、接地连接部位，看有无电弧灼伤痕迹，同时检查设备外壳是否有熏黑痕迹。

3）外部检查各部盆式绝缘子部位、连接法兰部位有无 SF_6 气体电弧分解物（白色）溢出。有上述象征的部位，其相邻气室可能有故障发生。

4）外部检查各部盆式绝缘子有无损伤痕迹。

5）外部检查各母线侧隔离开关气室的位置观察孔，看玻璃上有无 SF_6 气体电弧分解物（白色），若有则表明该气室及其相邻气室可能有故障发生。

（4）根据有无线路保护装置动作信号、保护出口信号判断故障点：

1）母差保护动作，某一段母线上连接边断路器全部跳闸。若某一线路的保护装置同时有动作信号（光纤差动、光纤距离Ⅰ段等无时限保护），则该串的母差保护范围内各气室内可能有故障。

2）母差保护动作，某一段母线上连接边断路器全部跳闸。若某一线路的保护装置同时有出口动作信号（光纤差动、光纤距离Ⅰ段等无时限保护），所在串的中断路器跳闸，则该串的边断路器气室、断路器与母差 TA 之间的气室内可能有故障。可能是边断路器跳闸的同时，线路保护装置出口，使中断路器跳闸，最终切除故障。

3）查看故障录波情况，查看线路保护装置的故障报告和故障测距报告。

（5）若发现母线故障，拉开失压母线所连接边断路器的各侧隔离开关。故障母线停电检修。

（6）检查母线无异常，若母差保护动作的同时，某一线路保护动作，使该串的中断路器跳闸，证明是母差保护和线路保护的“保护范围交叉覆盖区”故障。处理如下：

1）拉开有故障的边断路器两侧隔离开关；

2）根据调度命令，经“检无压”或“检同期”合上中断路器，恢复跳闸的无故障线路运行；

3）检查失压母线及母差保护范围内设备无异常；

4）根据调度命令，经“检无压”合上失压母线的某一个边断路器，对母线充电正常；

5）根据调度命令，合上其他各个边断路器（故障串除外），恢复无故障串环网。

（7）检查母线无异常，发现某一串的 HGIS 设备气室（除断路器以外的其他气室）外部有故障象征，故障点与母线不能隔离，待故障设备修复或拆除以后，母线可以根据调度命令恢复运行。

（8）母线和 HGIS 设备经外部检查未发现任何异常，由专业人员对失压母线所连接各气室进行检测。查明有问题的气室后，若故障点与母线可以隔离，则母线可以根据调度命令恢复运行：

1）拉开有故障串的边断路器两侧隔离开关；

2）检查失压母线及母差保护范围内设备无异常；

3）根据调度命令，经“检无压”合上失压母线的某一个边断路器，对母线充电正常；

4）根据调度命令，合上其他各个边断路器（故障串除外），恢复无故障串环网。

（9）对母线和 HGIS 设备经外部检查未发现任何异常，由专业人员对失压母线所连接各气室进行检测。查明有故障的气室后，若故障点与母线不能隔离，待故障设备修复或拆除以后，母线可以根据调度命令恢复运行。

三、GIS 设备母差保护动作跳闸事故处理

以主接线为双母线为例，说明处理步骤。220kV 母差保护动作，某一段母线失压，处理方法如下：

（1）向调度汇报，通知运维班到现场检查处理。根据保护及自动装置动作情况、所报信号、断路器跳闸情况、设备外状等，判明故障性质、发生的范围和事故停电范围。

（2）向主管领导汇报。

（3）失压母线上各条线路，可以倒其他变电站的，由调度进行倒运行方式，恢复供电和系统联络（监控班值班员执行操作）。

（4）运维班现场操作，拉开母联断路器各侧隔离开关。

（5）现场对失压母线的母差保护范围内的设备，认真地进行外部检查。检查的主要内容见本节第一项中第 3 条（故障判别）相关部分。

（6）根据有无线路保护装置动作信号、保护出口信号，综合判断故障点：

1）母差保护动作，母联断路器和某一段母线上连接断路器全部跳闸。若某一线路的保护装置同时有动作信号、出口动作信号（光纤差动、光纤距离Ⅰ段等无时限保护），则该线路间隔 GIS 设备的母差保护范围内各气室内可能有故障（不包含母线侧隔离开关气室），属于是母差保护和线路保护的“保护范围交叉覆盖区”故障。

2）查看故障录波情况，查看线路保护装置的故障报告和故障测距报告。

（7）母差保护动作的同时，某一线路保护动作，证明是母差保护和线路保护的“保护范围交叉覆盖区”故障。处理如下：

1）拉开有故障的断路器两侧的隔离开关。

2）检查失压母线及母差保护范围内设备无异常。

3）根据调度命令，将失压母线的某一联络线恢复热备用，经“检无压”合上联络线断路器，对失压母线充电正常。

4）根据调度命令，经“检无压”或“检同期”合上失压母线的无故障线路断路器，恢复供电或系统联络。

5）根据调度命令，合上原失压母线上的主变压器断路器，恢复主变压器正常运行。

（8）检查发现母线气室有故障象征时，处理步骤如下：

1）向调度和主管领导汇报。

2）故障处理方法一：根据主管领导指示和调度命令，将失压母线上的线路（不能转倒其他变电站恢复运行的）、主变压器间隔，以先拉、后合的方式倒至另一母线恢复运行，恢复系统之间联络。

已经转移到其他变电站运行的线路，其间隔母差保护范围内各气室，可以经专业人员检测无异常后，再经倒母线恢复正常运行。

3）故障处理方法二：在两母线侧隔离开关在拉开位置、断路器在合闸位置的条件下，失压母线上的各线路、主变压器间隔，由调度命令由线路对侧或主变压器侧返送电，依次对各间隔气室充电正常后，断开原失压母线上各线路、主变压器断路器。各线路及主变压器间隔依次倒至另一母线（母线侧隔离开关必须先拉、后合），再恢复系统之间的并列、恢复供电。

4）故障处理方法三：失压母线上各线路（主变压器）间隔气室，全部经专业人员检测无问题后，各线路及主变压器间隔依次倒至另一母线上（母线侧隔离开关必须先拉、后合），再恢复系统之间的并列、恢复供电。

5）执行故障母线的转检修操作。

（9）检查某线路间隔的断路器气室、TA 气室气室有故障象征，处理步骤：

1）向调度和主管领导汇报。

2）拉开故障设备各侧隔离开关。

3）故障处理方法一：根据主管领导指示和调度命令，将失压母线上的线路（不能转倒其他变电站恢复运行的)、主变压器间隔，以一条联络线对失压母线充电正常以后，再经“检无压”或“检同期”合上失压母线的其他线路（或主变压器）断路器，恢复供电或系统联络。

已经转移到其他变电站运行的线路，其间隔母差保护范围内各气室，可以经专业人员检测无异常后，再恢复正常运行。

4）故障处理方法二：除有故障的间隔以外，其他间隔在两母线侧隔离开关在拉开位置、断路器在合闸位置的条件下，失压母线上的各线路、主变压器间隔，由调度命令由线路对侧或主变压器返送电，依次对各间隔气室充电正常后，断开失压母线上各间隔的断路器。以一条联络线对失压母线充电正常以后，再经“检无压”或“检同期”合上失压母线的其他线路（主变压器）断路器，恢复供电或系统联络。

5）故障处理方法三：失压母线上各间隔气室以及母线气室，经专业人员检测无问题。再根据调度命令，以一条联络线对失压母线充电正常以后，再经“检无压”或“检同期”合闸，合上原失压母线的其他线路（主变压器）断路器，恢复供电或系统联络。

6）执行故障设备的转检修操作。

（10）检查母线侧隔离开关气室有故障象征，处理步骤：

1）向调度和主管领导汇报。

2）拉开故障设备各侧隔离开关。

3）故障处理方法一：根据主管领导指示和调度命令，将失压母线上的无故障线路（不能转倒其他变电站恢复运行的)、主变压器间隔，以先拉、后合的方式倒至另一母线恢复运行，恢复系统之间联络。

已经转移到其他变电站运行的线路，其间隔母差保护范围内各气室，可以经专业人员检测无异常后，再经倒母线恢复正常运行。

4）故障处理方法二：在两母线侧隔离开关在拉开位置、断路器在合闸位置的条件下，失压母线上的各无故障线路、主变压器间隔，由调度命令由线路对侧或主变压器返送电，依次对各间隔气室充电正常后，断开原失压母线上各线路、主变压器断路器。各线路及主变压器间隔依次以先拉、后合的方式，倒至另一母线恢复运行，恢复系统之间联络。

5）故障处理方法三：失压母线上各间隔气室，全部经专业人员检测无问题后，断开失压母线上各线路、主变压器断路器。各线路及主变压器间隔依次以先拉、后合的方式，倒至另一母线恢复运行，恢复系统之间联络。

6）执行故障母线的转检修操作。

7）执行故障设备的转检修操作。

（11）对失压母线的母差保护范围内的设备外部检查没有发现任何故障象征：

1）向调度和主管领导汇报。

2）对于可以转移负荷、倒其他变电站运行的线路，由调度倒运行方式。待专业人员检测各气室，证明无问题时方可恢复运行。

3）对于不能转移负荷、不能倒其他变电站运行的线路（或主变压器间隔），可以在两母线侧隔离开关在拉开位置、断路器在合闸位置的条件下，由调度命令由线路对侧或主变压器返送电，依次对各间隔气室充电正常后，断开失压母线上各间隔断路器；各线路及主变压器间隔依次以先拉、后合的方式倒至另一母线恢复运行，恢复系统之间联络。若不能使用上述方法，失压母线上各间隔，经专业人员检测无问题后，断开失压母线上各线路及主变压器断路器；各线路及主变压器间隔依次以先拉、后合的方式倒至另一母线恢复运行，恢复系统之间联络。

4）失压母线和有故障的间隔，经抢修并经专业人员检测无问题后方能恢复运行。

（12）如果未发现任何故障现象，站内一次设备无任何问题，跳闸时无故障电流冲击现象（查看故障录波报告无接地、短路电流存在），母差保护信号不能复归。应检查直流母线绝缘情况、保护装置有无异常，检查微机母差保护装置有无异常信息。

1）若有直流系统绝缘不良情况，或母差保护信号不能复归，可能属直流二次回路问题造成的误动作。应根据调度命令，退出母差保护，母线重新投入运行，恢复供电，恢复系统之间的并列。汇报上级主管领导，由专业人员检查二次回路的问题。

2）若直流系统绝缘无问题，并且母差保护信号能复归。应检查测量失压母线绝缘无问题，汇报调度。根据调度命令，退出母差保护，母线试充电正常以后，恢复供电，并恢复系统之间的并列。汇报上级主管领导，由专业人员检查母差保护交流回路有无问题。

在母差保护动作跳闸，母线失压的事故处理中，如果隔离故障时必须将 TV 停电，应将 TV 一、二次都断开。一次母线并列以后，合上两段 TV 二次联络，再恢复供电，防止保护失去交流电压。

恢复供电的操作程序，应注意考虑便于系统之间恢复并列操作。例如：TV 一、二次断开以后，利用电源进线断路器对母线充电正常，再断开电源进线断路器，合上母联断路器，合上 TV 二次联络，再经并列装置“检同期”合电源进线（或联络线）断路器。这样并列操作很方便。反之，可能因 TV 故障停电，无法经并列装置“检同期”合闸，进行并列操作。

如果联络线没有并列装置，应按照调度命令，由本侧对线路充电，在线路对侧恢复并列；在确实没有非同期并列的可能情况下，才能“不检同期”合闸。也可以根据现场一次系统主接线的条件，经过倒运行方式或改变操作程序恢复并列（使用有并列条件的母联断路器、主变断路器等并列点恢复并列）。

应当说明，正常运行方式下，母差保护投在有选择方式时，若母差保护动作，两段母线全部切除，故障点一般在母联断路器与两侧 TA 之间的气室之内。因为 GIS 组合电器的断路器两侧都安装有 TA，母联断路器两侧也同样各有一组 TA；母联断路器气室，是Ⅰ母母差和Ⅱ母母差保护范围的“交叉覆盖区”。母联断路器气室内若有故障，使母线保护“Ⅰ母出口”“Ⅱ母出口”都动作，两段母线所连接断路器全部跳闸，两段母线全部失压。将母联断路器的两侧隔离开关拉开以后，两段母线都可以恢复运行。

四、检查处理GIS、HGIS设备母差保护动作跳闸的注意事项

（1）采取人身安全防护措施，防止SF_6气体毒性的伤害。

（2）倒母线操作程序，母线侧隔离开关必须“先拉、后合”，最后合断路器，防止向故障点送电。

（3）采用返送电对各间隔气室充电的方法，检查失压母线上的线路及主变压器间隔的断路器气室、TA气室、母线侧隔离开关气室有无故障，必须按调度命令执行，保证保护装置有可靠的速动性，对电网影响相对不大。

（4）若属于母线侧隔离开关气室有故障，失压母线不得恢复运行。

第五节　全站失压事故处理

变电站有人值班时期，发生全站失压事故时，值班员往往在短时间内无法弄清情况。而在监控班–运维班模式下，运维人员到现场检查处理之前，就可以得到一些相关信息。有些全站失压事故，可能是上一级变电站发生了事故跳闸或母线失压事故导致。因此，某些全站失压事故可以主要由监控班值班员进行处理。

若220kV变电站发生母线失压事故，可能会有数座110kV及以下变电站受到影响。这种情况下，运维班可能需要赶赴几个现场检查处理。为了减少停电损失，对于不需要现场检查、判定的部分，由监控班值班员进行遥控操作处理，事后运维班到现场巡检、做善后工作；对于发生故障的、必须现场检查判断的、不能遥控操作的部分，由运维班人员到现场检查处理。

全站失压事故的处理，应先根据保护及自动装置动作情况、仪表指示、断路器跳闸情况、运行方式、站内设备有无故障象征来判断故障性质和范围。同时，发生全站失压事故时，应当设法和调度取得通信联系，以便于正确处理事故、尽快恢复供电。

一、主要原因

（1）单电源进线变电站，电源进线线路故障，线路对侧（电源侧）跳闸。电源中断或本站设备故障，电源进线对侧（电源侧）跳闸。

这种情况，还应包括双电源的变电站，其中某一个电源停电检修或做备用时，工作电源因上述原因中断，全站失压。

单电源运行的变电站，电源进线线路发生故障时，因为本站不供故障电流，所以保护装置一般不会动作，没有保护动作信号。如果本站有保护动作信号，多为站内设备故障所造成的越级跳闸事故。

（2）本站高压侧母线及其分路故障，越级使各电源进线跳闸。

（3）系统发生事故。造成全站失压。

二、全站失压的主要象征

（1）交流照明灯全部熄灭。

（2）各母线电压表、电流表、功率表等均无指示。

（3）继电保护报出“交流电压回路断线”信号。

（4）运行中的变压器无声音。

对全站失压事故，必须根据情况综合判断。检查表计指示，只看电压表和只看电流表均不行。单独从失去照明和失去站用电情况判断为全站失压，会人为造成停电事故。因为站用变压器熔断器熔断、照明电源熔断器熔断，同样会失去照明。只有全面检查表计指示，电压、电流、功率表均无指示，并且同时失去站用电时，才能判定为全站无压。如果是站内设备发生故障，其外部象征一般是明显可见的，能观察到冒烟、起火、绝缘损坏等现象。

三、单电源进线运行的变电站全站失压事故处理

单电源进线运行的变电站，电源进线线路故障或其他原因，线路对侧（电源侧）跳闸，电源中断一般占多数。电源进线线路有故障时，是否具备重新恢复送电的条件，一般难以断定。其处理程序一般为：

（1）向调度汇报，通知运维班到现场检查处理。根据保护及自动装置动作情况、所报信号、断路器跳闸情况、设备外状（查看远程图像监控信息）、上一级变电站事故跳闸和保护动作情况等，判明故障性质、发生的范围和事故停电范围。

（2）监控班值班员遥控操作，断开电容器组断路器，断开有保护动作信号的分路断路器。

（3）判断为电源进线电源侧跳闸、其他变电站事故使本站受累全停。监控班值班员按调度命令，遥控操作，应断开失压的电源进线断路器（防止反充故障线路），迅速投入备用电源，如果其负荷能力具备条件，可以带全部负荷。否则，只能带部分重要的负荷和站用电。原电源进线来电后，恢复正常运行方式。

电源进线电源侧跳闸，如果是该线路距离或零序保护Ⅰ段、光纤差动保护等纵联保护动作，可以判断为线路故障造成本站失压。

（4）运维班到达现场，夜间应先合上事故照明，全面检查保护动作情况、所报信号、仪表指示、断路器跳闸情况，正确判断故障。调整直流母线电压正常。

（5）检查各母线及连接设备（主要是高压侧母线）和主变压器有无异常。检查电源进线和备用电源线路上有无电压。断开部分不重要负荷。

（6）如果检查站内设备，没有发现任何异常，站内没有保护动作信号。属于电源进线对侧断路器因线路故障或系统发生事故跳闸，电源中断。应断开失压的电源进线断路器（防止反充故障线路），迅速投入备用电源，如果其负荷能力具备条件，可以带全部负荷。否则，只能带部分重要的负荷和站用电。原电源进线来电后，恢复正常运行方式。

注意，利用中、低压侧母线上的备用电源恢复供电时，必须防止反充高压侧母线。

（7）如果检查站内高压侧母线上有故障，并且故障无法隔离或消除，各分路中均无保护动作信号。处理方法为：

1）中、低压侧母线上有备用电源，如果线路上有电，就应利用该电源，对全部或部分重要用户恢复供电（视其负荷能力而定）。若线路上无电，应与调度联系，由对侧对线路充电后，再利用它恢复供电。上述操作均应防止反充高压侧母线。

2）汇报上极，由专业人员进行事故抢修。

（8）如果检查站内设备上有故障，故障点可以隔离或排除，各分路中均无保护动作信号。应迅速隔离故障或排除故障，并作如下处理：

1）检查备用电源线路上有电时，对母线充电正常以后，恢复正常供电。若是中、低压侧母线上的备用电源，应注意防止反充高压侧母线，并考虑其负荷能力，必要时只带部分重要负荷及站用电。

2）检查备用电源线路上无电，应将本站一次系统分网，备用电源和原运行电源进线各带一部分。各部分保留一台站用变压器或 TV 监视来电，其余断路器应断开。等候来电，并争取与调度取得联系。备用电源来电后，恢复全部或部分用户的供电及站用电（视备用电源的负荷能力而定）。原电源进线来电后，恢复正常的运行方式。

3）如果没有备用电源，应当保留电源进线断路器在合闸，保留一台站用变压器或 TV 监视来电，其余断路器断开。电源进线来电后，恢复供电和正常运行方式。

4）检查越级跳闸的故障原因。

（9）如果检查站内一次设备无异常，但分路中（高压侧）有保护动作信号。属于分路故障，越级使电源进线对侧（电源侧）跳闸。应当断开有保护动作信号的分路断路器。其处理方法，与上述第（8）项中的第 1）～4）条相同。

单电源运行的变电站全站失压的处理程序参见图 8－4。

四、有两个及以上电源的变电站全站失压事故处理

有两个及以上电源的变电站，指高压侧母线上有两个及以上电源，并且母线能分段。这类变电站，只要不是单电源运行，一般不会因电源中断造成全站失压。多电源的变电站，各电源进线，一般都不在同一段母线上运行。所以，母线上有故障时，故障点无论能否与母线隔离，均可以分网。

1. 处理程序和方法

（1）向调度汇报，通知运维班到现场检查处理。全面检查保护及自动装置动作情况、报出的信号、仪表指示、断路器跳闸情况，设备外状（查看远程图像监控信息），并参考当时的运行方式，判明故障发生的范围和事故停电范围。

（2）监控班值班员遥控操作，断开电容器组断路器、有保护动作信号的断路器、联络线断路器、保护装置有异常的断路器。各段母线上，只保留一个电源进线，其余电源断开。断开各不重要用户断路器。与调度取得联系，听从调度指挥。

（3）运维班到达现场，检查站内设备（主要是高压侧母线及连接设备、主变压器等）有无异常。检查各电源进线、备用电源、联络线线路上有无电压。调整直流母线电压至正常。夜间应先合上事故照明。

检查线路上有无电压的方法有：

1）检查线路重合闸的同期、无压鉴定继电器的接点位置。

2）利用同期并列装置。

3）在线路上验电。

4）与调度联系。

（4）如果检查站内设备，没有发现故障现象，可能是系统发生事故所致。应断开有保护动作信号的断路器。断开各侧母线分段（或母联）断路器，使主变压器各自连接在不同的母线上，互不并列，分网成几个互不联系的部分。各部分保留一台站用变压器或TV，以监视来电与否。若某个电源先来电，即先用其恢复供电和站用电。

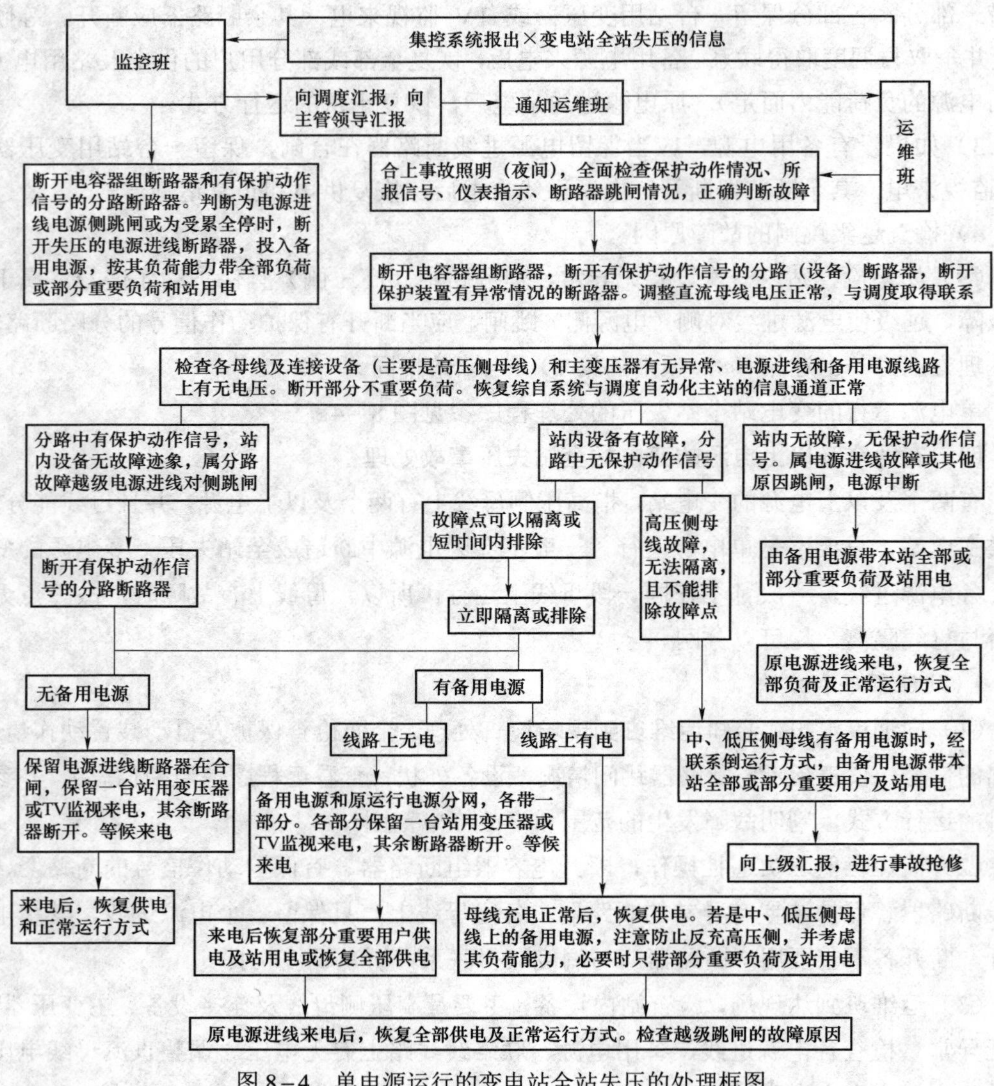

图 8-4　单电源运行的变电站全站失压的处理框图

1）某一电源先来电，先恢复该部分的供电及站用电。根据其带负荷能力，尽可能恢复其他部分的供电。为防止其他电源来电时，造成非同期并列，应先断开可以恢复供电部分中没来电的电源进线断路器。监视其他的电源来电。

2）其他电源来电，恢复并列。全部电源来电，恢复原运行方式，恢复对全部用户的供电。

3）汇报上级，分析事故原因。

（5）检查站内设备，发现故障，若故障点可以隔离或在短时间内排除，应立即隔离或排除故障。如果因隔离故障使 TV 停电，应注意在恢复送电时，防止保护失去交流电压。然后断开各侧母线分段（或母联）断路器，使主变压器各自连接在不同的母线上，互不并列，分网成几个互相不联系的部分，在每一部分保留一台站用变压器或TV，监视来电与否。若某一个电源先来电，即先用其恢复供电和站用电。

1）某一电源先来电，先恢复该部分的供电及站用电，根据其带负荷能力，尽可能恢复其他部分的供电。为了防止其他电源来电时，造成非同期并列，应先断开可以恢复供电部分中的没来电的电源进线断路器。监视其他电源进线来电。

2）其他电源来电，恢复并列。全部电源来电，恢复原运行方式，恢复对全部用户供电。

3）汇报上级，由专业人员进行事故抢修。具有条件时，可用倒运行方式的方法（如倒旁母）恢复供电。

（6）检查站内设备，发现故障。若故障点不能与母线隔离，也无法排除时，应断开故障母线上所有断路器（对于双母线接线方式，可将无故障部分倒至另一母线上），无故障部分分网，断开各侧母线分段（或母联）断路器，分网成为几个不相联的部分。各部分保留一台站用变压器或TV，以监视来电与否。若某一个电源先来电，即先用其恢复供电和站用电。以下处理方法，与上述第（5）项中的1）～3）条相同。

2. 注意事项

（1）利用备用电源恢复供电时，必须考虑其带负荷能力和保护整定值问题。防止因负荷过大导致保护误动作跳闸。必要时，可以只恢复站用电以及重要用户的供电，甚至只带站用电和重要用户的保安用电。

（2）对电源进线、联络线恢复并列运行时，应尽量经并列装置检同期合闸，防止非同期并列。无并列装置时，只有确知无非同期并列的可能或线路上无电时，才能合闸。

（3）恢复正常运行方式时，其操作顺序应考虑系统之间并列操作的方便性。

（4）全站失压事故，可能失去通信电源，失去与调度的联系。应按现场规程的规定，自行处理的同时，积极设法与调度取得联系。通信联系恢复以后，应当将有关情况向调度作详细汇报。

（5）利用中、低压侧母线上的备用电源恢复供电时，必须防止反充高压侧母线。

（6）保障综自系统和调度自动化主站的信息通道畅通，及时恢复其电源正常工作。

两个及以上电源的变电站全站失压事故的处理程序，见图8－5。

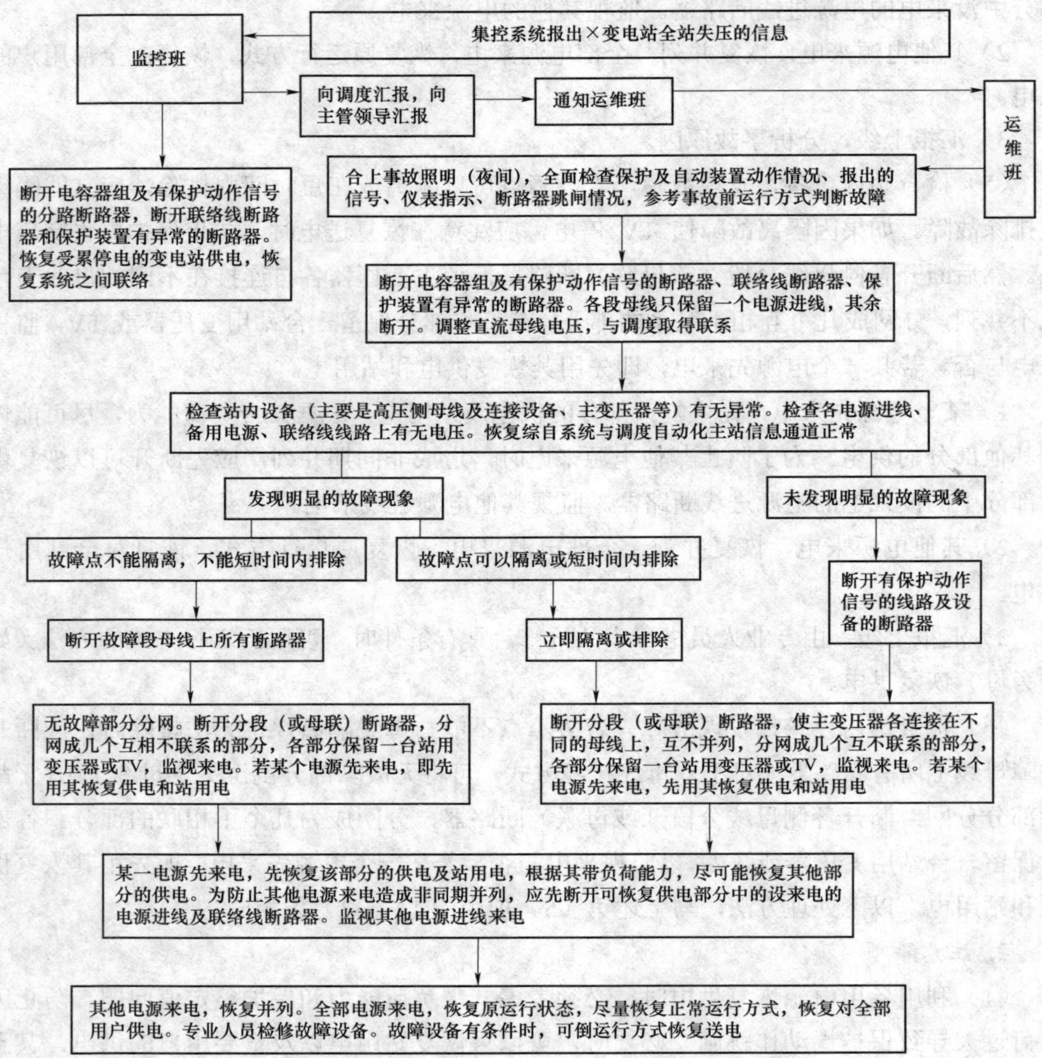

图8－5　两个及以上电源的变电站全站失压的处理框图

第六节　500kV母差保护动作跳闸事故处理实例分析

一、HJ变电站操作中母差保护跳闸事故实例1

HJ变电站500kV相关部分一次接线见图8－6。

HJ变电站500kV配电装置采用3/2接线，断路器采用LW13－550型罐式断路器，母线及隔离开关等设备为敞开式布置设备；现有出线7回，主变压器1组。

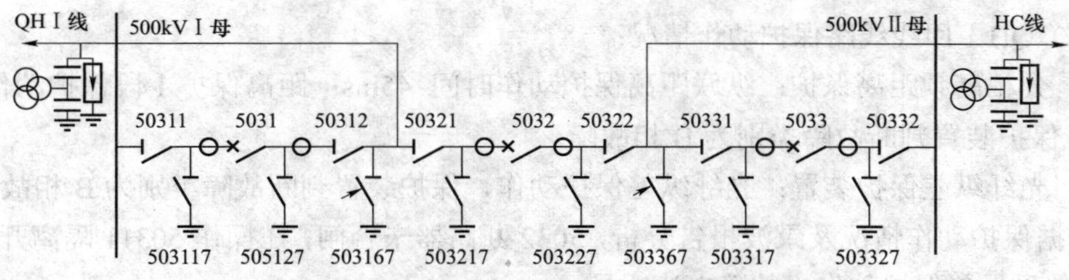

图 8－6　HJ 变电站 500kV 相关部分一次接线图

罐式断路器，是断路器、TA 组合在金属筒内的电器。和 HGIS、GIS 设备一样，其内部发生故障时，外部检查较难以发现问题；但分析、判断故障范围方面，比 HGIS、GIS 设备容易一些。

某日，HJ 变电站发生了连续两次在操作中 500kV Ⅰ 母母差保护动作跳闸的事故。第一次发生在设备恢复运行操作中，第二次发生在事故处理的操作中。

故障发生时站内 500kV 运行方式：QH Ⅰ 回线线路、5032、5031 断路器检修。其他各串均正常环网运行。

1. 故障情况

某日 21:06，该站进行 QH Ⅰ 回线由检修转热备用操作，操作至推上 50311 隔离开关时，50311 隔离开关动、静触头即将接触时，发出异常声响，500kV Ⅰ 母母差保护动作，500kV Ⅰ 母各边断路器跳闸。同时，QH Ⅰ 回线分相高频距离保护、光纤电流差动保护动作。

运维人员到现场对 50311 隔离开关及 500kV Ⅰ 母所有设备进行检查，确认没有影响 500kV　Ⅰ 母恢复送电因素后，向网调调度员汇报。

500kV Ⅰ 母母差保护动作跳闸，是在合 50311 隔离开关操作过程中发生的，同时听到有异常响声。检查 500kV Ⅰ 母及连接设备没有发现故障点，应判断 5031 断路器罐体内部可能有故障。

按网调调度员命令，拉开 50311 隔离开关，然后用另一串的 5051 断路器对 500kV Ⅰ 母充电后，母线恢复运行。5051 断路器合上约半分钟后（后根据后台机信息显示时间为 24s），500kV Ⅰ 母母差保护再次动作，5051 断路器三相跳闸。同时 HH 线两套线路保护动作，第五串的中断路器 5052 B 相跳闸后重合成功。

再次对 500kV Ⅰ 母及连接设备进行外部检查，没有发现故障。向网调调度员汇报。

500kV Ⅰ 母母差保护再次动作跳闸，是在合 5051 断路器之后发生的。检查 500kV Ⅰ 母及连接设备没有发现故障点，应判断 5051 断路器罐体内部很可能有故障。

次日 1:08，合上 500kV Ⅰ 母第六串边断路器 5061，对 Ⅰ 母充电正常。到 1:17，500kV Ⅰ 母送电结束。

2. 第一次母差保护动作跳闸故障分析

（1）母差保护动作情况：两套母差保护均动作，保护装置判断为 Ⅰ 母 B 相接地故障。

（2）QH Ⅰ回线线路保护动作情况：

1）分相高频距离保护：纵联距离保护动作时间 45ms；距离保护Ⅰ段保护动作时间 38ms；保护装置判断故障类别为 B 相故障。

2）光纤纵差保护装置：光纤纵差保护动作，保护装置判断故障类别为 B 相故障。

根据保护动作情况及录波报告分析，5032 断路器未合闸，在操作 50311 隔离开关时，500kV Ⅰ母母差保护动作，故障电流明显。

母差保护和线路保护同时动作，判断故障点应该位于 5031 断路器罐体以内的两组 TA 之间。因为故障前 5031 断路器在分闸位置，可判断为 5031 断路器与母线侧电流互感器之间故障。如果是 5031 罐体内部故障，则 500kV Ⅰ母母差保护和 QH Ⅰ回线线路保护都属于正确动作（都是无动作时限的保护装置）。

3. 第二次母差保护动作跳闸故障分析

500kV Ⅰ母母差保护第二次动作，发生在事故处理的操作中（合 5051 断路器后 24s）。

（1）母差保护动作情况：两套母差保护均动作，保护装置判断故障类别为Ⅰ母 B 相接地故障。

（2）HH 线保护动作情况：

1）第一套保护：工频变化量阻抗保护动作时间 9ms，B 相出口；电流差动保护动作时间 12ms，B 相出口；距离保护Ⅰ段保护动作时间 23ms，B 相出口。故障测距结果：0.09km。

2）第二套保护：光纤纵差保护动作时间 19ms，保护装置判断故障类别为 B 相故障；接地距离保护Ⅰ段保护动作时间 17ms，B 相出口。故障测距：0.2km。

根据故障录波图和保护动作情况分析，保护正确动作。500kV Ⅰ母母差保护动作，故障点应该在母差保护范围内。

母差保护和线路保护同时动作，线路保护装置故障测距结果为 0.09km，证明故障点就在站内。判断故障点应该位于 5051 断路器罐体以内的两组 TA 之间。如果是 5051 罐体内部故障，则 500kV Ⅰ母母差保护和 HH 线线路保护都属于正确动作（都是无时限的保护装置）。

第 5 串的中断路器 5052 B 相跳闸后重合成功的原因：500kV Ⅰ母母差保护动作，边断路器 5051 跳闸后，已将故障点隔离。据此分析，故障点应在 5051 罐体以内的断路器断口至母线侧 TA 之间的气室内。

经专业人员现场检查，在 5051 断路器机构储气管对地有放电痕迹，断路器机构泄压。初步判断故障点在断路器罐体内部。

4. 解体检查结果

（1）对 5031 断路器 B 相进行解体检查，发现罐体内部均压罩与外壳间发生击穿，放电痕迹位于罐体的下部。分析认为，罐体下部外壳内表面存在异物（如金属微粒、杂质等）引起局部电场畸变，导致均压罩与外壳之间击穿。

（2）对 5051 断路器 B 相进行解体检查，发现断路器第 4 串合闸电阻炸碎（合闸电阻片共计 16 片，炸碎 13 片，残留 3 片），合闸电阻端部均压罩有明显的电弧放电痕迹。

分析认为，5051（B 相）罐体下部壳内表面存在异物（金属颗粒、杂质等），导致第 4 串合闸电阻端部均压罩对罐体放电。初始阶段，由于一串电阻的限流，使得放电（短路）电流在 4000～5000A 间，在不到 10ms 的时间内，造成通串合闸电阻爆炸，从而导致直接对地放电，接地短路电流达到约 20kA。

二、HJ 变电站操作中母差保护跳闸事故实例 2

500kV HJ 变电站是上一个实例的同一座变电站。该站 500kV 第 4 串，是缺一个边断路器的不完整串，串中只有一条 500kV 线路（QHⅡ线），如图 8－7 所示。

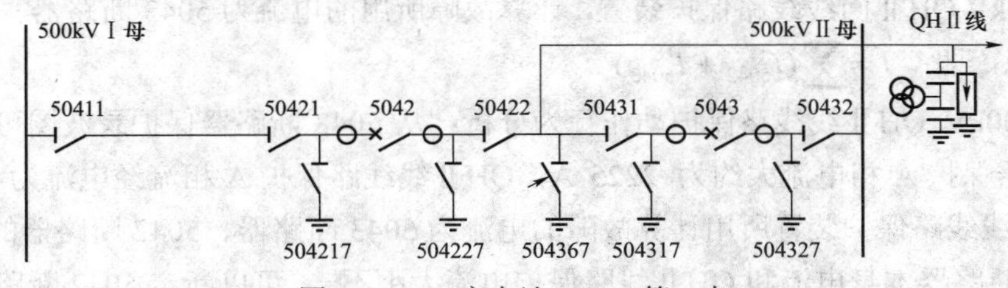

图 8－7　HJ 变电站 500kV 第 4 串

1. 故障情况

某日 6:27，执行 5042 断路器停电转冷备用的操作，拉开 50411 隔离开关时，50411 隔离开关 A 相出现火球，500kVⅠ母母差保护动作，500kVⅠ母各串边断路器跳闸（此前 5042 断路器已断开）。同时，500kV QHⅡ线线路保护动作，5043 断路器跳闸，重合成功。

2. 相关保护动作情况

（1）500kVⅠ母母差保护：500kVⅠ母两套母差保护动作。

（2）QHⅡ回线路保护装置动作情况：

1）分相高频距离保护：（RCS－902C）A 相工频变化量阻抗、距离Ⅰ段动作。

2）光纤纵差保护装置：距离Ⅰ段动作，故障类别为 A 相故障。

3. 事故处理

将操作情况、断路器跳闸情况、保护动作情况向网调调度汇报。

现场对 50411 隔离开关、5042 断路器罐体及 500kVⅠ母所有设备进行检查，确认无影响 500kVⅠ母恢复送电因素后，向网调调度员汇报。

500kVⅠ母母差保护动作跳闸，是在拉 50411 隔离开关操作过程中发生的，同时 50411 隔离开关 A 相出现火球，说明执行该项操作的时刻，与设备故障时间刚好在同一时刻，设备故障与操作关系不大。检查 500kVⅠ母及连接设备没有发现故障点，也应判断 5042 断路器罐体内部很可能有故障。

500kVⅠ母母差保护动作跳闸，同时 500kV QHⅡ线线路保护动作，5043 断路器跳闸并重合成功，根据保护动作情况分析，判断为 5042 断路器罐体内有故障的可能性极大。

按网调调度命令，拉开 50411 隔离开关，然后用另一串的 5051 断路器对 500kVⅠ母充电正常以后，母线恢复运行。

4. 保护动作行为分析

（1）分析的客观前提。

1）拉开 50411 隔离开关之前，5042 断路器已经断开。

2）500kV 第 4 串是不完整串，缺少 5041 边断路器。

3）在第 4 串，500kV Ⅰ母母差保护取用的是 5042 断路器与 50422 隔离开关之间 TA 的二次电流。

4）500kV QHⅡ回线线路保护装置，计算故障所用的电流为 5043 断路器、5042 断路器的和电流，即：$I=\sum(I_{5042}+I_{5043})$。

（2）500kV QHⅡ线线路保护动作行为分析：从 5043 断路器保护录波图可以看到，5043 断路器保护 A 相电流大约为 2225 A，QHⅡ线线路保护 A 相流经电流为 20850A。鉴于 QHⅡ线线路保护装置所用计算故障的电流为 5043 断路器、5042 断路器的和电流，由于 5043 断路器本身电流和 QHⅡ线路保护电流大小不一，可以断定 5042 断路器必然有故障电流（拉开 50411 隔离开关时有大电弧，可证明此判断）；鉴于 5042 断路器事故前已在分闸位置，因此故障点应在 5042 断路器断口和线路保护用 TA 之间（5042 断路器与 50421 隔离开关之间的 TA）。

经专业人员和设备制造厂家对 5042 断路器解体检查，验证了上述判断。

（3）500kV Ⅰ母母差保护动作分析：故障点在 5042 断路器罐体内，属区内故障，500kV Ⅰ母母差保护正确动作。

（4）QHⅡ线线路光纤差动保护未动作原因分析。故障点在 5042 断路器断口和线路保护用 TA 之间，线路光纤差动保护应该动作。经与调度联系，在事故发生前，线路对端变电站有光纤差动保护报出“TA 断线”信号，保护装置被闭锁。

5. 5042 断路器解体检查分析

对 5042 断路器 A 相罐体解体检查，发现罐体内均压环对罐体有放电痕迹（见图 8－8）。有关专家对事故进行分析，认为事故可能由以下两点原因引起：

图 8－8　5042 断路器罐体内部均压环放电故障情况

（1）均压环和罐体之间的间隙设计裕度过小，在长期各种不利运行条件下，会发生放电现象。

（2）厂家制造工艺控制不严。5042断路器罐体封口时，缸体内残留有细小的金属颗粒，在过电压情况下引起放电。如图8－8所示，罐体内壁上有明显粒子燃烧后划过的痕迹。厂家对此类故障进行了认真分析，认为在有金属微粒的情况下，金属微粒表面电场强度最大。

第七节 母线失压事故实例分析

一、110kV母线对地放电故障分析

1. 事故简介

220kV WZ变电站110kV部分主接线如图8－9所示。事故前运行方式：1号主变压器进线（111断路器）、WH线、WX线、Ⅰ WL线、WN线运行于110kV南母，2号主变压器进线（112断路器）、Ⅱ WL线、WR线、WP线、WS线运行于110kV北母，110kV南母、110kV北母经母联110断路器联络运行。其中WH线是与另一220kV变电站之间的联络线，正常环网运行。

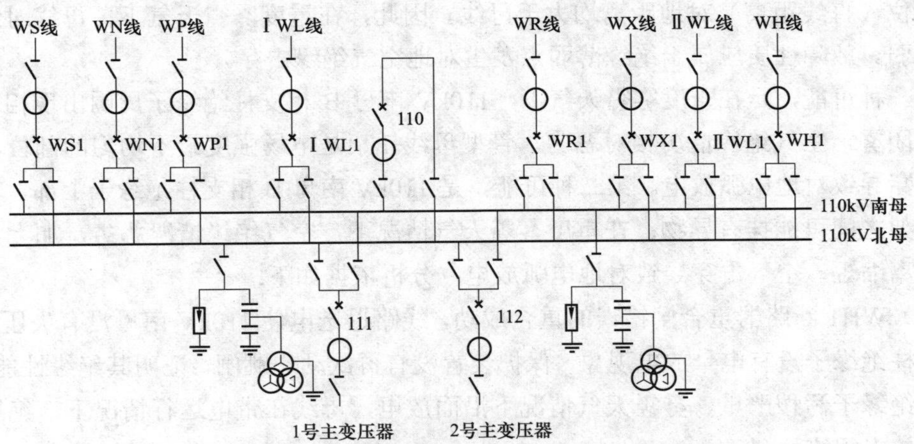

图8－9 WZ变电站110kV部分主接线

冬季，WZ变电站所在地区连续多日重度雾霾天气。某日凌晨4:00～5:30，WX线、WN线先后发生接地故障，保护装置动作跳闸，110kV南母剩余1号主变压器进线和2条出线（WH线、Ⅰ WL线）运行。

6:30，集控系统报出WZ变电站事故信号。检查是110kV母差保护动作，WH1、Ⅰ WL1、母联110断路器和111断路器跳闸。其中WH1断路器重合闸动作，重合成功（重合闸属于不正确动作），110kV南母瞬间失压，现母线电压显示仍正常。

110kV南母电压显示仍正常，证明可以恢复正常运行。根据事故时的天气分析，可能是母线及连接设备因雾霾发生放电闪络所致。监控班值班员遥控操作，按调度命令恢

复了正常运行方式。

2. 故障检查分析

运维人员现场检查母线及连接设备。在 110kV 南母东侧第二个母线支撑架构上，发现 B 相支柱绝缘子上部的管母托架上有电弧放电烧损痕迹，支柱绝缘子上帽也有电弧放电烧损痕迹，B 相管型母线上有电弧烧伤斑点。B 相支柱绝缘子下支撑座和母线支撑架构横梁上，有明显的电弧放电烧损痕迹。检查 B 相支柱绝缘子本体，瓷质部分完整无损，表面没有发现明显的电弧放电痕迹。

母线故障情况证明母差保护正确动作。事故发生时，WH1 断路器重合闸动作，重合成功，使 WH 线经另一 220kV 变电站返送电至 110kV 南母，证明母线发生了瞬时性故障。WH1 断路器重合闸错误地重合成功，经专业人员检查，属于母差保护装置 WH1 断路器跳闸出口回路接线设计有误，造成重合闸误启动。

3. 110kV 南母 B 相支柱绝缘子故障性质分析

110kV 南母 B 相支柱绝缘子处的放电故障，需要分清是绝缘子发生贯穿性污闪放电，还是空气绝缘击穿导致对地电弧放电。

分析结论：110kV 母线带电部位，对母线支撑架横梁的距离为 1150mm（110kV 母线支柱绝缘子的高度），是站内 110kV 设备带电部位对地距离最近的部位。110kV 其他设备带电部位（直线距离）对地距离均大于母线。因此，在重度雾霾天气下，母线对地绝缘最为薄弱。故障性质应属于绝缘薄弱点发生对地空气绝缘击穿。

第一种可能，是在重度雾霾天气下，110kV 南母 B 相支柱绝缘子周围出现相对浓度更重的团雾，空气绝缘情况相对恶劣，管型母线托架是电场强度最不均匀的部位，空气绝缘击穿导致对地电弧放电。第二种可能，是 110kV 南母 B 相支柱绝缘子上部，管型母线与托架之间可能挂有异物；在重度雾霾天气情况下，空气绝缘情况恶劣，加上异物使绝缘距离缩短，空气击穿导致对地电弧放电。分析依据如下：

（1）WH1 断路器重合闸错误的重合成功，线路返送电使 110kV 南母没有失压，故障点的支柱绝缘子没有电晕放电现象，保护装置没有再次动作跳闸，证明其绝缘性能良好。若属于绝缘子污秽严重、雾霾天气情况下沿面放电，母线在带电运行情况下，绝缘子可能还会放电闪络。

（2）故障点的 B 相支柱绝缘子外表和母线的其他绝缘子污秽度均较轻。故障点的 B 相支柱绝缘子没有损伤和裂纹。若绝缘子污秽严重，重度雾霾天气情况下，发生沿面放电而造成事故，绝缘子表面会有明显的电弧放电痕迹。

（3）在 110kV 南母另一个母线支撑架构上，发现 C 相支柱绝缘子上部管型母线托架上挂有一片塑料布。由此分析，事故发生前，故障点的 B 相支柱绝缘子上部管型母线托架上可能也挂有类似的异物，使母线对地绝缘距离缩短，形成对地绝缘薄弱点，在重度雾霾天气下，空气绝缘被击穿，发生弧光接地故障。电弧将异物烧化以后，对地绝缘距离得以恢复。

（4）事后，将故障点的 B 相支柱绝缘子拆下，未进行清擦的情况下，进行试验，结果合格。外部检查，绝缘子仅在第一瓷裙上有轻微的放电痕迹，绝缘子上帽有轻度电弧放电痕迹。

4. 预防措施

（1）将高度为 1150mm110kV 母线支柱绝缘子，更换为 1200mm 的支柱绝缘子，增大母线对地空气绝缘距离。

（2）运维人员提高巡视质量，及时发现并清理挂在设备上的异物，以消除隐患。

（3）搞好文明生产和环境卫生，定期清理设备区内的各种杂物，随时清理可能被大风刮起的异物。

（4）变电站内有土建等施工时，严格按安全施工组织措施、技术措施执行，防止散落异物危及设备安全。

（5）为防止发生绝缘污闪事故，坚持定期带电清扫工作；处在Ⅳ级污秽区的变电站，绝缘子刷 PRTV 长效防污闪涂料。

（6）为防止发生绝缘闪络事故，大雾、阴霾天气下，使用红外热成像仪监测绝缘子，及时发现问题并采取措施。

二、热备用状态下的 220kV 断路器断口击穿故障分析

1. 事故简介

XJ 变电站 220kV 系统主接线如图 8－10 所示。事故前，该站 220kV 系统运行方式：220kV 东、西母经母联断路器 220 联络运行，1 号主变压器、ZX 线运行于 220kV 东母，2 号主变压器、XX 线运行于 220kV 西母；XL 线是 220kV 区域电网的开环点，XL1 断路器热备用于 220kV 西母，XL 线由对侧 LM 变电站对线路充电运行；1 号主变压器、2 号主变压器高、中压（110kV）侧并列运行。

正常运行方式下，1 号主变压器 220kV 侧中性点接地运行，2 号主变压器 220kV 侧中性点不接地运行。

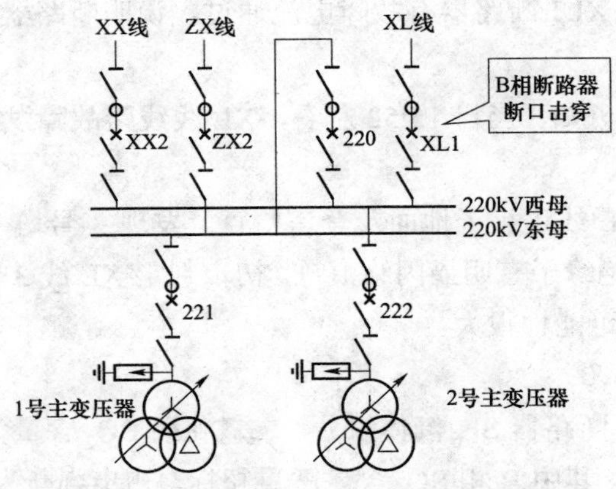

图 8－10　XJ 变电站 220kV 系统主接线

夏季某日，XJ 变电站所处地区雷雨交加。15:52:08，2 号主变压器高压侧中性点间隙过电流保护动作，三侧断路器跳闸；220kV 失灵保护动作，220、XX2、222 断路器跳闸，220kV 西母失压。因 1 号、2 号主变压器高、中压（110kV）侧原在并列运行状态，10kV

侧不对外供电，故未造成对外停电事故。

2. 保护动作情况及设备外观检查

检查继电保护动作情况，XX线光纤差动保护、光纤距离保护启动，但未出口。220kV失灵保护动作跳XX2、220断路器。2号主变压器高压侧中性点间隙过流保护动作，跳开主变压器三侧断路器。

监控班值班员向调度汇报，通知运维班到现场检查处理，监视1号主变压器运行满足负荷要求。遥控操作，断开失压的10kVⅡ段母线上的电容器组断路器。

运维人员到达现场。检查2号主变压器、220kV设备，从外观上没有发现任何异常。

220kV西母上运行的线路只有XX线，而XX线保护装置仅仅有启动信号，没有出口，不符合启动失灵保护的条件。检查综自后台机上的事件信息，没有XX线和2号主变压器保护装置启动失灵保护的信号。需要查明失灵保护是怎么启动的。

查看故障录波和XL线保护动作情况。故障录波显示XL线B相有故障电流，检查XL线有保护装置动作信号，故障报告显示为B相故障，故障测距1.2km。随后，在综自后台机上，又查到了有XL线保护装置启动失灵保护的信号。

通过与调度联系，得到了XL线对端LM变电站的XL线高频保护、距离保护动作跳闸的信息，保护装置故障报告显示为XL线B、C相故障。

综合以上情况分析：XL线发生故障时，XJ变电站侧XL1断路器有故障电流通过，保护装置动作出口，因XL1断路器原来就在分闸位置，同时故障电流仍然存在，故XL线保护装置启动失灵保护，XX2、220断路器跳闸，220kV西母失压。同时，因220断路器跳闸，220kV西母范围形成中性点不接地系统，XL线的故障电流未切除，零序电压升高使2号主变压器高压侧中性点间隙击穿，高压侧中性点间隙过流保护动作，跳开主变压器三侧断路器。

处于热备用状态的XL1断路器有故障电流通过，说明断路器断口可能被击穿。

3. 线路查线情况

查询雷电定位系统可知，当日15:52左右，XL线线路故障发生时，故障线路附近范围内雷电活动频繁。

输电线路专业对XL线进行了地面及登塔检查。发现3号塔B相（上相）绝缘子均压环被电弧严重烧损，绝缘子有明显闪络痕迹。初步判定XL线3～4号塔之间为故障点，由雷电引起线路跳闸的可能性很大。

4. 设备故障检查情况

专业人员检测XL1断路器SF_6气体组分，二氧化硫SO_2含量为：A相0.4μL/L、B相123μL/L、C相0.9μL/L，其中B相SO_2含量严重超标。初步判断为XL1断路器B相断口因线路遭受雷电过电压击穿。

XL1断路器B相返厂解体检查。发现内部有很多SF_6气体电弧分解物，断口静触头9个触指被电弧严重烧损，静触头屏蔽罩端部近1/3边长被电弧烧穿。检查B相动触头装配，与静触头烧损的相对应部位，屏蔽罩端部烧损严重。

5. 事故分析

根据防雷运行经验，绕击雷同时造成 A、B 相故障的可能性小，而发生反击则可能同时造成两相故障。综合模拟计算、现场情况和雷电定位系统信息，15:52:27.0883，80.7kA 的雷电流落到了 3 号塔塔顶，引起 A、B 相同时闪络。因反击能量小，不足以导致 XL1 断路器 B 相过压闪络。此时，XL1 断路器处于热备用状态，LM 变电站侧 XL 线方向高频保护动作跳闸。约 300ms 后，33.2kA 的雷电流绕击 3 号塔上相（B 相），导致 XL1 断路器 B 相断口电压过高，断口被击穿。

XJ 变电站侧处于热备用状态的 XL1 断路器 B 相断口被击穿时，断路器通过线路故障电流，线路保护动作，因故障电流不能切除而启动了断路器失灵保护。220kV 失灵保护动作，XX2、220 断路器跳闸，220kV 西母失压。与此同时，因 220 断路器跳闸，220kV 西母范围形成中性点不接地系统，XL 线的故障电流未切除，零序电压升高使 2 号主变压器高压侧中性点间隙击穿，高压侧中性点间隙过流保护动作，跳开 2 号主变压器三侧断路器。

6. 预防措施

（1）经常处于热备用的断路器，易遭受雷电过电压的损害。对于系统开环点的线路断路器，建议将断路器转冷备用。

（2）系统开环点经常处于热备用的断路器，建议在线路侧加装避雷器。

三、35kV 开关柜内两点接地形成相间短路故障分析

1. 事故简介

某 220kV 无人值班变电站 35kV 部分没有对外供电，两台主变压器仅带电容器组和站用变压器运行，正常运行方式为两主变压器 35kV 侧分列运行（35kV 母线分段断路器 350 在分闸位置），相关一次主接线见图 8－11。

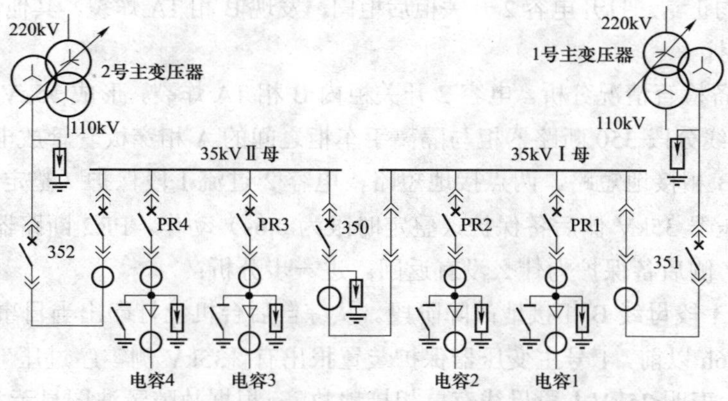

图 8－11　某 220kV 变电站一次系统主接线相关部分

某日 21:39，集控系统报出该站事故信号和 1 号主变压器“冷却电源故障”信号；第 2 组电容器过流Ⅰ段保护动作，PR2 断路器跳闸；1 号主变压器 35kV 侧后备保护动作，351 断路器跳闸，35kVⅠ段母线失压。监控班值班员通过图像集控系统检查设备，发现 35kV 高压室内有浓烟冒出，故障大致在 35kV 母线分段断路器 350 间隔。

监控班值班员遥控操作，断开了第 1 组电容器断路器 PR1。向调度汇报并通知运维班到现场检查处理。

2. 故障检查

运维人员赶到现场，从综自后台机上打印出的事件信息有：21:39:58.531，电容 2 过流Ⅰ段保护动作，PR2 断路器跳闸；21:39:59.193，1 号主变压器 35kV 侧后备保护动作，351 断路器跳闸。1 号主变压器保护装置故障报告显示为 A、B 相短路故障，计算短路故障电流 6000A。

进入高压室检查，发现 35kV 母线分段断路器 350 前柜门被冲开，后上柜门严重变形，柜顶泄压封板已经打开泄压。打开后下柜门，发现柜内设备全部被浓烟熏黑，柜内没有明火燃烧痕迹，TA、母线排、手车静触头座等元器件没有电弧放电痕迹，也没有外绝缘严重烧损痕迹。A 相母线排绝缘护套有轻度过热烧熔痕迹，B、C 相母线排绝缘护套过热烧熔情况轻微。柜内的照明线路的绝缘护套受热烧熔。

将 35kVⅠ段母线、35kV 母线分段断路器 350 及 PR2 断路器转冷备用，发现分段断路器 350 手车下动触头被熏黑，其中 A 相动触头及断路器本体较严重。检查该手车下动触头的触指上没有电弧烧损痕迹，手车静触头上也没有电弧烧损痕迹。故障发生前，分段断路器 350 在分闸位置，手车没有通过电流，由此可以排除手车动静触头接触不良、发热、触头之间拉弧而使绝缘材料烧损的可能性。

检查与 35kV 母线分段断路器相邻的 35kV 母线分段隔离手车柜，后下柜内发现 A 相穿板套管开裂，并有熏黑现象。柜内其他设备和各部件，没有绝缘损伤痕迹，也没有发现放电痕迹。

现场检查和检测 35kV 第 2 组电容器，没有发现任何异常。检查 PR2 断路器及其手车、手车静触头等均正常。打开电容 2 开关柜后柜门，发现 B 相 TA 炸裂，其他设备均无异常。

3. 事故分析

从一次设备检查情况分析。电容 2 开关柜内 B 相 TA 炸裂，形成 35kVⅠ段母线 B 相接地；35kV 母线分段 350 断路器柜与隔离手车柜之间的 A 相穿板套管放电接地，两个接地点形成 A、B 相接地短路。两点接地短路，电容 2 过流Ⅰ段保护（整定时限为 0s）动作，1 号主变压器 35kV 侧后备保护（整定时限为 0.6s）动作。PR2 断路器跳闸后，1 号主变压器 35kV 侧后备保护为什么没有返回。进一步分析：

（1）35kVⅠ段母线 B 相接地故障阶段。从综自后台机上打印出当日事件信息，发现在事故跳闸的 6h 以前，1 号主变压器保护装置报出有“35kV 侧零序过压”信号，且信号一直没有返回，表明 35kVⅠ段母线有单相接地故障。根据故障录波图显示各相电压情况，判断为 B 相接地。

此阶段，电容 2 开关柜内的 B 相 TA 可能有绝缘缺陷，长时间通过较大的电流，内部过热造成本体炸裂，造成 B 相接地故障。

（2）35kVⅠ段母线 A 相接地及短路故障的形成。电容 2 开关柜内 B 相 TA 接地故障，使 35kVⅠ段母线 A、C 相对地电压升高到线电压值。因为该站没有设计“35kVⅠ段母线接地”信号，故监控班值班员没有及时发现接地故障。长时间带接地故障运行情况下，35kV 母线分段 350 断路器柜与隔离手车柜之间的 A 相穿板套管绝缘击穿，两个接地点形成了 A、B 相接地短路。

在此阶段，两个接地点形成的 A、B 相接地短路是逐步发展的。查看电容 2 保护装置动作报告，21:26:18.110，过电流Ⅰ段保护曾经启动，但 PR2 断路器没有跳闸，可能是此时的短路电流刚好在保护装置启动元件动作的边界点。

（3）事故跳闸阶段。查看故障录波图，21:39:58.590，电容 2 过电流Ⅰ段保护动作，PR2 断路器跳闸后，1 号主变压器 35kV 侧仍然有短路故障电流，并且由 A、B 两相短路转换成三相短路故障。由以上情况分析，原因是 35kV 母线分段 350 断路器柜与隔离手车柜之间的 A 相穿板套管绝缘击穿后，柜内烟雾聚集使相间绝缘破坏，虽然 PR2 断路器已经跳闸，但相间短路故障在 350 断路器柜内已经形成，并转换到三相短路；到 21:39:59.193，1 号主变压器 35kV 侧后备保护动作，351 断路器跳闸时将故障电流切除。

（4）35kV 母线分段 350 断路器柜门变形、柜顶泄压封板打开泄压分析。到 21:39:58.590，电容 2 过电流Ⅰ段保护动作，PR2 断路器跳闸时，35kV 母线分段 350 断路器柜 A 相穿板套管绝缘破坏，持续时间可能达数分钟。在此时间段内，350 断路器柜内 A 相穿板套管绝缘击穿放电，柜内绝缘烧损，烟雾逐步变浓。柜内烟雾聚集，温度和压力不断增高。故障发展形成相间短路故障时，电弧使烟雾发生粉尘爆炸，前柜门被冲开，后上柜门严重变形，柜顶泄压封板打开泄压。若在没有泄压通道的情况下，开关柜发生粉尘爆炸的破坏性将更大。

4. 事故教训及预防措施

（1）本次事故过程中，由于没有设计“35kV 母线接地”告警信号，致使 35kVⅠ段母线单相接地故障持续时间过长，超过 6h。应立即采取措施，增设“35kVⅠ段母线接地”和“35kVⅡ段母线接地”信号。加强技术监督，审查工程设计和工程验收时，严格把关，认真核对信号明细。

（2）对 1 号主变压器保护装置报出的“35kV 侧零序过电压”信号，监控班值班员理解不足，接地故障得不到及时处理，使单相接地故障持续时间过长。应加强运行管理，加强规章制度的学习、教育和考核。加强技术培训工作，使每一个监控班值班员和运维人员能够理解继电保护装置报文信号的含义，使之能够正确判断异常运行情况，能够正确处理异常运行事件。

（3）加强对系统和设备的运行监视，严格、认真执行设备巡视检查制度，按时查看各无人值班变电站各级母线电压显示情况、负荷和设备位置变化情况。

（4）定期进行红外测温，及早发现设备隐患。对于不方便红外测温的开关柜，对后柜门进行改造，设测温专用窗口。

（5）开关柜中所有绝缘件装配前，应进行局部放电检测，单个绝缘件局部放电量不大于 3pC。

（6）每年迎峰度夏（冬）前，应开展超声波局部放电检测、暂态地电压检测，及早发现开关柜内绝缘缺陷，防止由开关柜内部局部放电演变成短路故障。

四、10kV 两段母线同时发生弧光短路故障分析

1. 事故简介

某 110kV 变电站地处边远山区，有人值班，一次系统相关主接线如图 8－12 所示。该站 10kV 部分采用 GG－1A 型固定式开关柜，正常运行方式为两台主变压器 10kV 侧分列运行，100 断路器断开热备用。

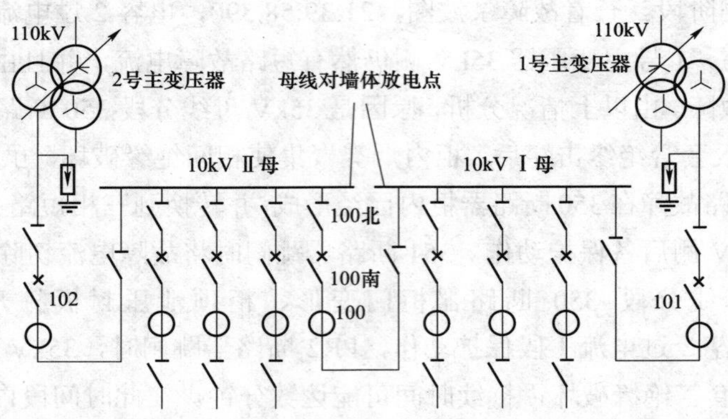

图 8－12　某 110kV 变电站一次系统相关主接线

某日深夜，该变电站所在地有大风暴雨天气，雷电活动剧烈。从 0:10 起，10kVⅠ母、10kVⅡ母均频繁的发生瞬间单相接地故障。1h 后，两台主变压器 10kV 侧复合电压闭锁过电流保护同时动作，101、102 断路器跳闸，10kV 两段母线全部失压。

现场检查设备。发现 10kVⅡ母 TV 烧坏冒烟，随即将其转冷备用。检查 10kV 分段断路器柜、10kV 分段隔离柜时，发现柜顶母线柱式绝缘子均炸裂，三相母线铝排端部被电弧严重烧损，两开关柜之间的隔墙墙体上有明显的电弧放电痕迹（见图 8－13）。10kV 分段断路器柜顶的隔离开关 100 北 C 相绝缘子，有电弧放电和瓷质破损情况。

图 8－13　分段断路器柜柜顶母线对墙体有放电痕迹

2. 事故分析

打印出两台主变压器保护装置的故障报告，两套保护装置几乎是同时启动的，同时

出口跳闸。因此，可以认为10kVⅠ母、10kVⅡ母对隔墙墙体放电、弧光短路故障是同时发生的。事故发生前，两个短路故障点虽然无电气联系，但一定有关联。

现场检查10kVⅠ母、10kVⅡ母避雷器动作情况，发现三相避雷器均至少动作2次。

10kV母线分段断路器、100北隔离开关的安装位置在10kVⅡ母母线端部。发生对墙体放电的母线排，分别是10kVⅠ母、10kVⅡ母母线的端部。除此之外，还发现10kVⅡ母TV烧坏冒烟，其他设备无异常。事故跳闸前，频繁报出10kVⅠ母、10kVⅡ母接地信号，并且事故时雷电活动剧烈，证明两段母线同时发生三相短路，属于过电压引起。

在恶劣天气下，10kVⅠ母、10kVⅡ母频繁发生瞬间单相接地故障，多属于间歇性弧光接地故障。间歇性弧光接地故障会引起过电压，对设备的绝缘造成损害。频繁的发生间歇性弧光接地过电压，对设备的绝缘造成的损害尤其严重。

该站10kVⅠ母、10kVⅡ母各出线均为架空线路，全部集中架设在山坡上。发生事故时，雷电活动剧烈，架空线路上的雷电波侵入变电站，对变电设备的绝缘构成严重威胁。雷电波侵入变电站，母线排端部的雷电波反射，使过电压倍数更高。

间歇性弧光接地故障引起过电压时，对母线排的端部危害最大。母线排端部的反射，使其电场强度最高。

10kV分段断路器柜、10kV分段隔离柜之间的隔墙，墙体距离母线排端部较近，相距不足220mm。本次事故中，在雷电和间歇性弧光接地过电压作用下，三相母线排对墙体击穿闪络放电，发生母线三相短路。

3. 经验教训及预防措施

（1）10kVⅠ母、10kVⅡ母母线排的端部，伸出固定金具过多，母线排端部已超过开关柜柜体，应增大母线排对墙体的距离，及时消除隐患。

（2）母线排端部与墙体的距离不足220mm的隐患没有发现，应提高巡视质量。安全大检查时，专业人员要参与隐患排查。

（3）做好客户服务，督促客户清理线路通道，有效减少单相接地故障的发生。

（4）安装消弧线圈，消除弧光接地过电压的危害。

（5）10kV架空线路的防雷也要引起重视，线路防雷接地也要定期检测。

（6）10kV母线的支柱绝缘子，更换为有裙绝缘子，加大爬电距离。

（7）利用停电机会，对开关柜及绝缘子进行清扫。对有裙直柱式绝缘子，也要刷PRTV防污闪涂料。

（8）在10kV两段母线TV上加装消谐装置。

第八节　全站失压事故处理实例分析

一、继电保护装置失去直流电源造成全站失压事故分析1

WY变电站（有人值班）一次主接线及相关电网系统如图8－14所示。

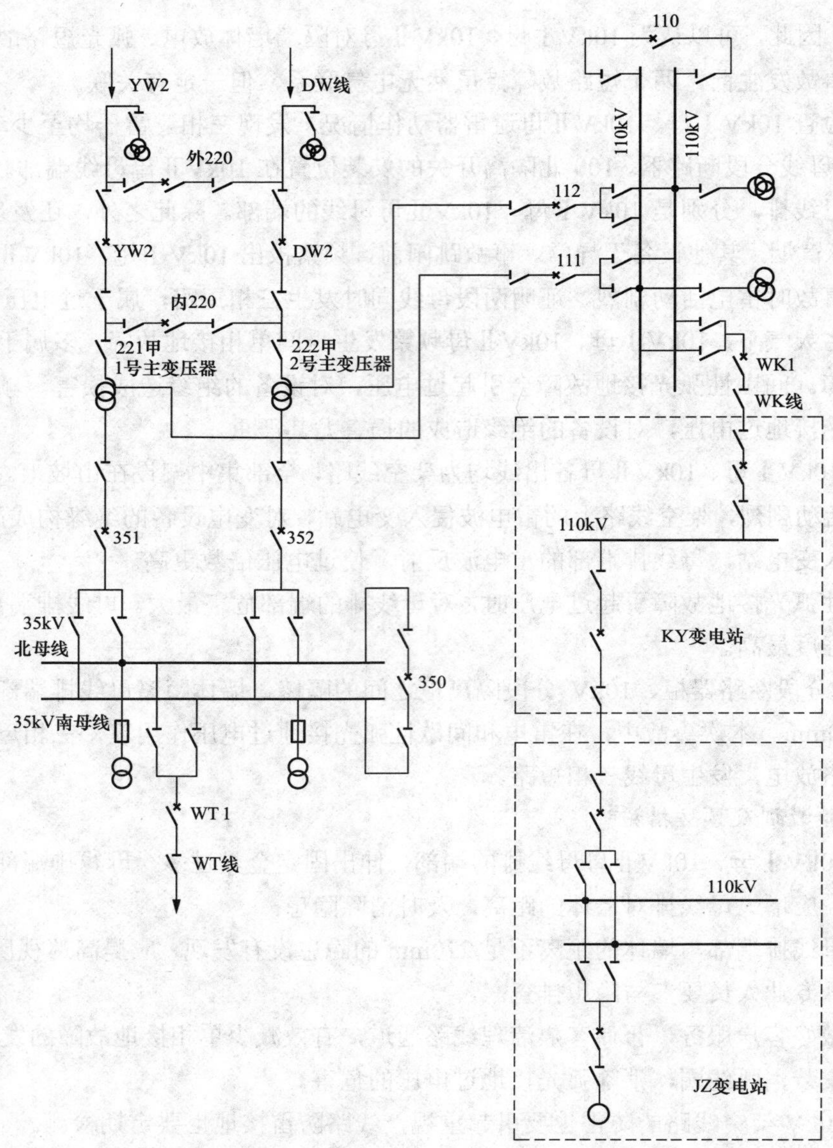

图 8－14　WY 变电站及相关电网系统简图

1. 事故前的运行方式

两 220kV 电源主线 DW 线和 YW 线，经内 220 和外 220 联络运行，两台主变压器并列运行。110kV 西母运行，110kV 东母备用；35kV 北母运行，35kV 南母备用。110kV 和 35kV 各出线，均作馈线运行。

2. 事故象征

夏季某日，23:00 过后，雷雨交加。23:10，一声惊雷后，室外 35kV 设备区有强烈的弧光和响声。同时，控制室内照明灯突暗，硅整流器跳闸，瞬间全站一片漆黑。

在控制室内检查，全部断路器的位置指示灯不亮，没有一个光字牌亮，所有的表计指示都是零，各保护盘上没有保护动作信号。全站失压，各级保护拒动。

检查直流盘上，全部表计指示为零，信号灯不亮，直流母线无压，事故照明无电。欲向调度汇报，但没有通信电源，因而与外界失去了联系。派人到设备区检查，发现35kV出线WT线的第一级杆塔上一相导线崩断，搭在出线门型架构上，门型架构上的绝缘子全部炸碎，另两相导线也已经烧断。35kV南母有两相母线严重烧伤断股，露出钢芯。35kV北母在靠近WT线出线门型架构处，母线被严重烧伤断股。

由于全站保护拒动，故障是由各电源进线对侧切除的。

3. 事故的处理经过

首先，断开了111、112、351、352和WT1断路器（全部是用手动打跳）。

0:20，站长外出挂长途电话向调度作了汇报，然后回站传达调度命令。他们一方面检查处理直流母线失压问题，另一方面进行倒闸操作，分网以后，等候来电：

（1）断开内220、外220断路器，拉开222甲隔离开关。用220kV两组TV，分别监视220kV主进线YW线和DW线来电，并防止两线路来电时造成非同期并列。

（2）110kV的WK线可以作备用电源，即保留WK1断路器在合闸位置，其余110kV断路器全部断开，用110kV西母TV监视WK线来电。

（3）将故障线路的WT1断路器两侧隔离开关拉开，断开全部35kV各分路断路器。

直流母线为什么会失压呢？经分析，属于是蓄电池组问题。将蓄电池组脱离直流母线，测量整组电池端电压是零，再逐个电池进行查找和测量。发现第78号电池的端电压为零，瓶内的负极引出线已经烧断。用粗铜线将78号电池外部跨通，拉开通信用的直—交流变流机电源刀闸，重新将蓄电池组刀闸合向直流母线，直流母线电压恢复正常。

事故照明灯亮，操作电源恢复，通信电源也恢复。此时为1:20。

1:30，经调度下令，由JZ变电站的110kV JK线，经KY变电站WK线返送电至本站110kV西母。接着，恢复了各110kV分路的供电。再将351、352两断路器的各侧隔离开关拉开，采取临时措施，由抢修人员将35kV北母母线断股问题处理好。

2:45，将35kY北母恢复备用，断开了YW2断路器，恢复1号主变压器中、低压侧运行，35kV北母充电正常后，恢复了站用电。接着，恢复了对一部分35kV用户的供电。

为了在YW线或DW线来电时，恢复供电方便，防止非同期并列。断开DW2断路器，推上222甲隔离开关。监视两个220kV电源主进线来电。

5:54，YW线来电。值班员执行调度命令，合上YW2断路器，1号主变压器由高压侧供电。恢复了全部用户的供电（35kV的WT线除外）。

4. 事故原因分析

发生短路的原因十分明显，直击雷落在35kV的WT线出线门型构架外侧，将导线崩断后落在35kV运行母线上，造成母线短路。因为本站各级继电保护装置失去直流电源，失去作用，短路故障由220kV YW线和DW线线路对端跳闸，切除故障。

短路时全站保护拒动是失去直流电源所造成的。而失去直流电源的原因，是短路时，硅整流器跳闸，蓄电池的78号瓶内部断线的结果。

运行中每小时抄表时，测量蓄电池组浮充电流正常。是什么原因导致短路的时刻，碰巧在保护动作跳闸之前使78号瓶内部烧断呢？经过分析，主要原因有：

（1）蓄电池容量小、严重老化。电池容量100Ah，已运行十几年，早已安排计划更换。

（2）78号电池本来有严重缺陷，电池负极板引出线内部因脱落严重，有效截面严重减小。

（3）短路故障的当时，蓄电池输出电流太大。因为正常直流负荷电流已有6A。短路故障时，母线电压降低到零，硅整流器跳闸。发生短路故障时，因为站用电母线电压太低，通信用变流机的电动机启动，其启动电流是额定电流的几倍。该电动机的额定电流为41A，启动电流就可能超过200A以上。35kV母线故障应由主变压器的35kV侧过电流保护动作跳闸，而35kV侧过电流保护的动作时限为4s。78号电池内引线在4s时间以内烧断完全是有可能的。因为该蓄电池组的最大允许瞬时放电电流是150A；已经超期使用且有严重缺陷的蓄电池，其最大允许瞬时放电电流会更小。

二、继电保护装置失去直流电源造成全站失压事故分析2

1. 事故简介

CY变电站110kV部分为双母线带旁母接线，相关主接线如图8－15所示。

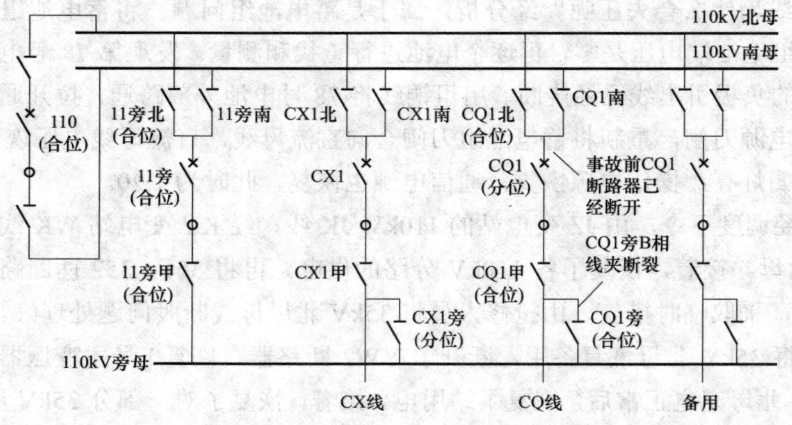

图8－15　CY变电站相关一次系统主接线

某日，CY变电站CQ1断路器需检修，线路不能停电。9:27，执行11旁断路器经旁母带CQ线负荷、CQ1断路器转检修操作任务。当操作到11旁与CQ1两断路器并列运行、断开CQ1断路器时，CQ1旁隔离开关（刚操作过几分钟）线路侧B相线夹断裂。CQ1旁隔离开关B相端部与B相断裂的线夹之间放电、拉弧，进而发展为A、B相间弧光短路，11旁距离Ⅰ段保护动作，11旁断路器跳闸。11旁断路器重合成功后，CQ1旁隔离开关B相断线处弧光短路仍旧存在。此时，220kV、110kV和10kV各母线电压显示为零，所有线路、两台主变压器没有负荷电流显示，变电站突然全站失压。

向调度汇报，得知各220kV线路和110kV联络线均由对侧变电站保护动作跳闸。

2. 现场设备检查情况

现场检查设备，所有原来在合闸位置的断路器均没有跳闸。站用电全部失去，主变压器、220kV 母线、所有线路保护装置均失去直流电源。值班员按调度命令，将站内全部 220kV、110kV 和 10kV 断路器断开。

查找主变压器、220kV 母线、所有线路保护装置失去直流电源的原因。检查直流馈线屏控制电源母线电压正常，屏上“主控操作 I 回路”控制电源空气开关在合闸位置，某 220kV 保护屏上的“主控操作 I 回路”熔丝熔断，使主变压器、220kV 母线、220kV 线路保护装置、110kV 母线和线路保护装置、测控装置失去直流电源。

检查主变压器和 220kV 母线及线路保护装置时，发现 220kV I SC 线高频闭锁保护电源插件中的滤波电容器烧毁。恢复直流电源后，检查各线路和主变压器微机保护装置，除了有“保护启动元件动作”信息以外，均没有保护装置动作出口信息。

检查室外一次设备。发现 110kV 南、北母线避雷器 C 相各动作一次，两段 220kV 母线 C 相避雷器多次动作，220kV 西母 C 相避雷器防爆膜冲开，动作计数器烧毁。

3. 事故原因分析

CQ1 旁隔离开关线路侧 B 相线夹断裂，发生断线并发展为相间弧光短路故障。11 旁保护动作，11 旁断路器跳闸。11 旁断路器重合成功后，CQ1 旁隔离开关 B 相断线处弧光短路仍旧存在。正常情况下，11 旁保护应后加速动作跳闸，不再重合。本次事故中，11 旁保护没有再次动作，是因为 220kV 保护屏上的“主控操作 I 回路”熔丝熔断，保护装置失去直流电源所致。

110kV 和 220kV 母线避雷器均有动作放电泄流情况，并且 220kV 西母 C 相避雷器对地绝缘损坏，证明由于 CQ1 旁隔离开关线路侧 B 相线夹断裂，造成断线故障，产生了谐振过电压。谐振过电压是怎样产生的？谐振过电压与“主控操作 I 回路”熔丝熔断有什么关系？

（1）谐振过电压产生的原因。由于 CQ 线对侧变电站主变压器 110kV 侧中性点不接地运行，CQ 线倒旁母带负荷操作中，CQ1 断路器分闸时，CQ1 旁隔离开关线路侧 B 相线夹断裂，造成断线故障。如图 8－16 所示，在发生一相断线故障时，CQ 线变成三相对称电源供电的不对称负载，产生断线谐振过电压。由于 CQ1 旁 B 相线路侧线夹的断头，在导线的摆动中发生电弧放电，造成为 A、B 相弧光短路，产生弧光短路过电压。由于 B

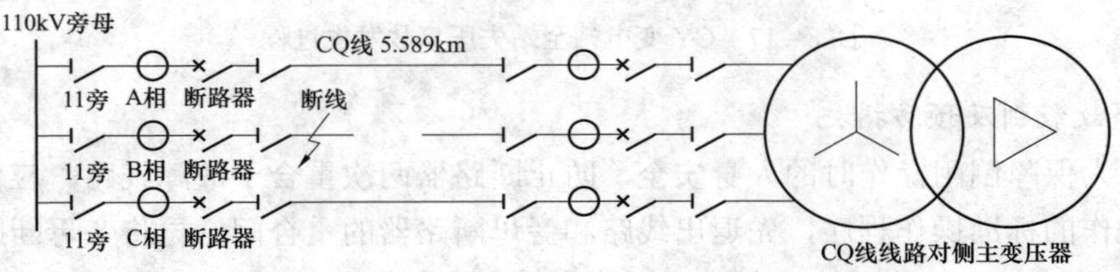

图 8－16　CQ 线断线故障形成断线谐振过电压示意图

相断口间及A、B相间长时间发生弧光短路，过电压造成110kV南、北母线避雷器C相动作。过电压感应至220kV系统，引起220kV两段母线C相避雷器多次动作，造成220kV西母C相避雷器损坏。

（2）“主控操作Ⅰ回路”熔丝熔断的原因。CY变电站直流系统配置两台高频开关电源，2组蓄电池。直流母线为单母线分段接线，正常单母分段运行，每段母线上运行一组充电装置和蓄电池组。直流网络为环形供电，正常开环运行，开环点为Ⅱ段母线馈线出口处。事故前，主控操作Ⅰ回路供主变压器及220kV母线及线路保护装置、110kV母线及线路保护装置、测控装置的直流电源。Ⅱ段直流母线上的主控操作Ⅱ回路空气开关正常断开备用。

CY变电站保护装置直流电源失去的时间，是在11旁断路器重合成功后（1804ms），到再次故障（7600ms）之间的约5.8s时间内。从故障录波图可以看出，在此期间，保护没有动作，220kV、110kV避雷器多次动作。220kV西母C相避雷器损坏时，其在线监测装置的交流电源线，将过电压引入二次及直流系统（ⅠSC线的控制电缆与在线监测装置交流电源线在电缆沟内并行敷设），造成“主控操作Ⅰ回路”熔丝熔断，并导致ⅠSC线高频闭锁保护电源插件中的滤波电容器烧毁。

（3）CY变电站全站失压事故原因分析结论。CY变电站全站失压事故原因如图8－17所示。

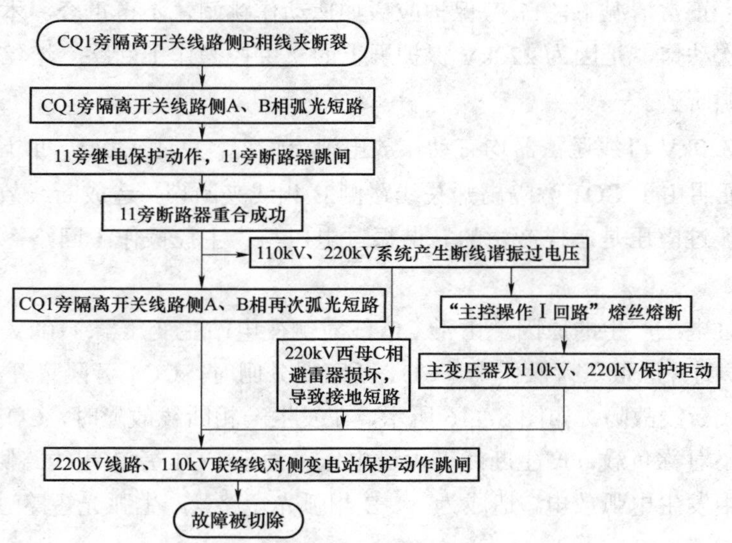

图8－17 CY变电站全站失压事故发生过程

4. 事故教训及预防措施

（1）为保障倒闸操作时的人身安全，防止断路器两次重合于故障线路，应修改倒旁母带路操作的标准操作程序，先退出线路和旁母断路器的重合闸，再将旁母断路器与线路断路器合环。CY变电站本次倒旁路操作期间，若停用重合闸，完全可以避免全站失压事故，同时对操作人员的人身安全起到保护作用。

（2）CY 变电站直流系统，从两段直流母线上引两路“主控操作电源”，供主变压器及 220kV 母线及线路保护装置、110kV 母线及线路保护装置、测控装置，正常不能合环。直流电源供电方式不符合国家电网公司《十八项电网重大反事故措施》要求。根据反措要求，安排改造计划，220kV 变电站直流系统馈出网络，采用辐射状供电方式。不得采用环状供电方式。

（3）除蓄电池组出口总熔断器以外，逐步将现有的熔断器更换为直流空气开关。当空气开关与蓄电池组出口总熔断器配合时，应考虑动作特性的不同，对级差做适当调整。

（4）在新建、扩建和技改工程中，应按 DL/T 5044《电力工程直流系统设计技术规程》和 GB 50172《蓄电池施工及验收规范》的要求进行交接验收工作。所有已运行的直流电源装置、蓄电池、充电装置、微机监控器和直流系统绝缘监测装置都应按 DL/T 724《蓄电池直流电源装置运行与维护技术规程》和 DL/T 781《电力用高频开关整流模块》的要求进行维护、管理。

（5）各直流馈电屏、保护屏安装的熔断器，更换为具有过载、短路保护功能的空气开关，并且各级电源空气开关之间必须符合保护级差配合要求。

（6）对接焊的铜铝过渡线夹，容易在风力摆动、装设接地线操作、检修等情况下受损伤而断裂，必须换用铜、铝面接触焊接的过渡线夹。

（7）拆除需使用外接交流电源的避雷器在线监测装置，防止避雷器动作时在线监测装置引下线将过电压引入直流和二次系统。

（8）加强接地网接地电阻和导通的测试管理，保障接地电阻合格，规范设备接地引下线接地方式，预防接地网过电压反击直流系统。

三、220kV 出线门型架构跨线绝缘子串脱落事故分析

1. 事故简介

某变电站 220kV 配电装置为 AIS 设备，户外地面布置。220kV 背对配电装置出线间隔断面如图 8－18 所示。该站已经投入运行 30 多年，220kV 设备经过两次改造，但各门型架构没有进行过改造。

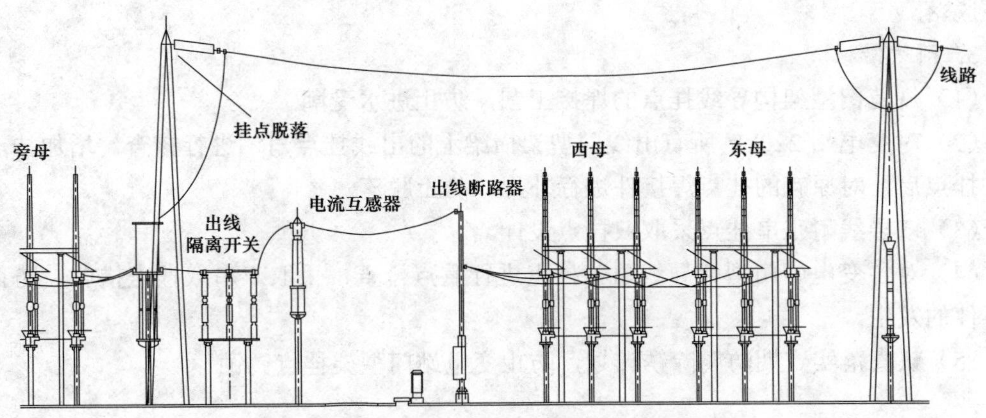

图 8－18　220kV 背对配电装置出线间隔断面图

某日深夜，大风天气，该变电站某220kV出线保护动作跳闸；同时，220kV两套母差保护动作，220kV西母、东母所连接各断路器全部跳闸，造成全站失压事故。

现场检查设备。发现保护动作跳闸的220kV线路背后出线B相跨线脱落，悬式绝缘子串及其相连的角钢落在出线隔离开关上，隔离开关支柱绝缘子多处破损，B相中间瓷柱上法兰被砸断，隔离开关动触头座及导电杆吊落在空气中。脱落的导线使220kV西母、东母短路，因母差保护无时限动作跳闸，短路故障持续时间短，母线没有造成严重损伤。

2. 故障检查及分析

按设计规程要求，门型构架在横梁上焊接终端耐张挂点后，形成出线间隔架。坠落的跨线型号：LGJ－2×300，悬式绝缘子型号：XWP－10。耐张挂点焊接件，使用两根相同规格、型号和材质的角钢背靠背组成，角钢之间未进行焊接，角钢规格为∠63×6.3，长度为940mm，焊接长度70mm。每根角钢在横梁上焊接两点，每点长度70mm。

检修人员到现场，检查出线间隔跨线绝缘子串及其相连的角钢脱落情况。门型架上导线挂点角钢组件，在与横梁焊接过程中，仅将角钢件沿径向施焊，横向未实施焊接。此种工艺下，遇有下雨天气，挂点的角钢搭接面内部很容易进水，使焊接点氧化、生锈。现场发现其他门型架的挂点焊接部位均锈迹斑斑，尤其是脱落挂点的门型架横梁焊接面锈蚀严重。

根据现场检查情况分析，跨线脱落的原因有：

（1）焊接点仅将角钢沿径向两面施焊，没有四面施焊，使挂点不够牢固，容易进水受潮。

（2）挂点焊接质量较差。

（3）设施防腐不到位。

日常巡视和维护中，无法进行近距离检查，也未开展过金属探伤检查。挂点角钢焊接件运行于户外，长期受周围气候环境影响，逐步锈蚀和腐蚀，导致焊点牢固程度逐步恶化，加上焊接方式不合理，内部锈蚀无法检查，导致组件在导线张力、重力、风力作用下脱落。

3. 预防措施

（1）规范门型架构导线挂点的焊接工艺，防止进水受潮。

（2）对变电站220kV所有出线门型架横梁上的出线挂点角钢进行核查，增加挂点。增加挂点后，对原有的挂点焊接件进行补焊，防止脱落。

（3）双导线耐张串挂点采取双挂点设计。

（4）对各变电站门型架导线耐张挂点进行重点排查，采取双串双挂点措施，防止同类事件的发生。

（5）认真落实定期防腐除锈计划，防止变电站门型架挂点锈蚀。

第九章 系统事故和异常处理

电力系统是一个有机的整体，系统中任何一个主要设备运行情况的改变，都可能影响整个系统。电力系统的值班调度员是系统正常运行操作和事故处理的指挥者。所以，电力系统发生异常和事故时，应在调度的统一指挥下进行处理。

电力系统发生异常运行，如频率和电网局部电压下降等异常时，主要由监控班值班员在调度指挥下进行处理，执行遥控或遥调操作，调整负荷、投切无功补偿设备、调整有载调压变压器分接开关等。

第一节 线路保护动作跳闸处理

线路保护动作跳闸，对于送端，是一条线路停止供电。而对于线路的另一侧，则可能是发生了母线失压事故，甚至是全站失压事故。对电力系统，则可能会影响系统的稳定性。因此，如果线路保护动作跳闸，必须汇报调度，听从调度的指挥。监控班值班员按调度命令遥控操作，转移负荷或试送跳闸的线路；运维班负责现场检查核对保护信号、检查保护装置及报文信息，打印保护的故障报告、录波及故障测距信息，检查相关一次设备，执行调度操作指令。

一、分析判断

（1）联络线线路两端同时保护动作跳闸，一般为本线路发生故障。

（2）线路纵联保护、光纤差动保护、线路保护装置的Ⅰ段动作跳闸，一般为本线路发生故障。

（3）线路Ⅱ段保护动作跳闸，本线路可能没有故障，有可能是越级跳闸。应查看线路保护装置的故障测距情况，进行分析判断。

（4）线路保护装置的第Ⅲ段，属于后备保护。对于不同类型的线路保护动作跳闸，应进行分析和判断。全线速动的保护装置（如光纤差动保护等）和保护装置第Ⅰ段动作跳闸，属于本线路有故障。保护装置的Ⅱ、Ⅲ段动作跳闸，则可能属于下一级线路故障越级跳闸。

（5）单电源馈电线路，受电侧的保护装置不能反应故障，或没有保护装置。

（6）线路本侧保护装置没有动作，接线路对侧保护发来的“远跳”命令（本侧保护装置有“收远跳”信号），断路器跳闸。此情况下，本线路不一定有接地短路故障，可能是对侧过电压保护、失灵保护或高抗保护动作，应结合线路两端保护动作情况或等待线路对侧检查结果分析判断，按调度命令执行处理。

（7）联络线线路保护动作三相跳闸，若检查线路侧有电，可能是线路对侧断路器未跳闸，或跳闸后重合成功，本线路无故障或属于瞬间故障（已经恢复正常）。

（8）查看线路保护装置的故障报告，了解故障相别、故障电流数值、故障测距情况，检查断路器动作情况、重合闸动作情况，分析判断故障经过、故障性质和故障类型。

如果故障测距很近，则故障点有可能在站内；如果故障测距显示接近或大于线路长度，则有可能属于下一级线路故障越级跳闸。

（9）线路保护动作跳闸前、后，有无母线接地信号（小电流接地系统）。若有接地信号，应分析是否属于不同相两点接地故障形成相间短路。

二、处理线路保护动作跳闸的一般要求

（1）线路保护动作跳闸时，运维人员应认真检查、记录保护及自动装置的动作情况，检查故障录波器动作情况，检查故障测距数据。

对于微机保护装置，应当查看或打印出事件顺序信息报告、故障录波及测距报告（或保护装置采样信息）。根据上述信息，可以了解到线路的故障性质（如相间或单相接地故障、永久性或瞬间故障），也可以了解到线路的故障情况（如故障相别、故障时的电气量数据、故障点的远近），还可以查看保护装置动作和断路器动作情况。通过上述信息，分析保护及自动装置的动作行为，提供输电线路事故巡线、抢修的帮助信息。

（2）及时向调度汇报，便于调度及时、全面地掌握情况，同时结合系统情况，进行分析判断。

（3）线路保护动作跳闸，无论重合闸装置是否动作或重合成功与否，均应对断路器及有关设备（包括断路器、隔离开关、TA、耦合电容器、TV、高压电抗器、继电保护装置等）进行外部检查。对于断路器，主要检查三相位置、SF_6气体压力等情况。

（4）充电运行的输电线路，跳闸后一律不试送电。

（5）全电缆线路（或电缆较长的线路）保护动作跳闸以后，没有查明原因，不能试送电。

（6）断路器遮断容量不够、事故跳闸次数累计超过规定，重合闸装置应退出运行；保护动作跳闸后，一般不能试送电。

（7）低频减载装置、事故联切装置和远切装置，是保证电力系统安全、稳定的重要保护装置。线路断路器由上述装置动作跳闸，说明系统中发生了事故，必须向上级调度汇报。虽然被这些自动装置切除的线路上没有发生接地或短路故障，但是，如果系统还没有恢复正常，没有得到上级调度的命令，不准合闸送电。

（8）有带电作业工作的线路，保护动作跳闸，调度员没有得到现场工作负责人的情况汇报，不得发令试送。

（9）联络线跳闸以后，在强送时应确保无非同期合闸的可能。

（10）当 500kV 线路保护和高抗的保护装置同时动作跳闸时，应按线路和高抗都有故障来考虑事故处理。在查明高抗保护动作原因和消除故障之前，不得强送线路。如因系统急需对线路送电，必须先将高抗退出，同时线路必须符合无高抗运行的规定。

（11）500kV 线路故障跳闸，一般应由调度对强送端电压控制和强送后首端、末端及沿线电压做好估算，避免引起过电压。线路跳闸至强送的时间间隔为 15min 或以上。

（12）经查明或判定属于越级跳闸的线路，按照调度命令，隔离下一级线路以后，可以试送越级跳闸的断路器。

（13）电缆线路原则上不允许过负荷运行。当双回路、多回路并列运行的电缆其中之一跳闸，造成其他电缆线路过负荷时，应迅速处理，消除过负荷。因事故处理需要，电缆线路一般允许过负荷 10%，时间不超过 20min。

（14）220kV 及以上线路不得缺相运行。发现线路两相运行时，监控班值班员应迅速恢复全相运行。如无法恢复，则可以立即断开该线路的断路器，迅速汇报调度。禁止使用经旁母代非全相运行的断路器，不得将两相系统与正常系统并列。线路断路器两相跳闸，应立即断开运行的一相断路器，迅速汇报调度。3/2 主接线的 500kV 系统，正常运行方式下，若发生某一断路器非全相运行（且保护未动作跳闸），应迅速汇报调度，断开非全相运行的断路器。

（15）线路本侧保护装置没有动作，接线路对侧保护发来的“远跳”命令（本侧保护装置有“收远跳”信号），断路器跳闸。此情况下，本线路不一定有接地短路故障；可能是对侧过电压保护、失灵保护或高抗保护动作，应等待对侧检查结果，按调度命令执行。

三、一般单电源架空馈电线路保护动作跳闸

（1）线路保护动作跳闸，重合闸动作但不成功者，未查明原因，一般不得试送电（特别是第Ⅰ段保护动作时），并且应汇报调度。特殊情况，雷雨、雾天、冻雨天气经判定为导线舞动或者属于第Ⅱ、Ⅲ段保护动作，检查站内设备无问题，经有关领导批准，根据现场规程和调度命令，线路对侧断开以后试送一次。

（2）线路后备保护动作跳闸，若重合闸装置未投入，检查站内设备和跳闸断路器无异常。可以根据调度命令试送一次。

（3）有明显缺陷的线路，重合闸装置应停用。保护动作跳闸后，不能试送。

（4）经判定，线路属于过载跳闸，可以按照调度命令，试送一次。

四、联络线（包括双回线之一条线路）保护动作跳闸

（1）双回路供电线路，其中一条线路保护动作跳闸，一般不予试送，可由用户倒负荷。但应注意，全部负荷加在一条线路上时，应防止因负荷过大而使保护误动作。必要时，根据现场规程和调度命令，退出可能误动的保护（有两套整定值的保护，应改投至大定值），试送一次。通知有关人员查线。

（2）联络线单相跳闸，重合闸装置没有动作。调度规程和现场规程中有明文规定时，

监控班值班员可以不待调度命令，立即强送跳闸相一次。如果不成功，应将断路器三相断开，并汇报调度。防止长时间非全相运行。

（3）联络线保护动作，三相跳闸。应先查明线路上有无电压。根据检查：

1）如果线路上有电，应检查同期并列，经并列装置（检同期）合闸。

2）如果线路上无电，重合闸装置未动作时，应根据调度规程和现场规程，对于重合闸装置投无压重合方式的一侧，按照调度命令，可以试送一次。

（4）联络线保护动作跳闸，如果重合闸动作重合不成功。应汇报调度，运维班对断路器及连接设备做外部作检查。若无异常，根据调度规程规定，由调度下令拉开可疑部分（线路对侧），根据保护动作情况作分析以后，按调度命令试送一次。

总之，联络线保护动作跳闸，必须与调度联系。处理时，应根据保护动作情况，按调度命令执行。线路上如果有电，应经并列装置检同期合闸，或在确无非同期并列的可能时（无并列装置的）方能合闸。一般由大电源的一端试送电一次，如果成功，由另一端并网。

第二节　系统频率降低事故处理

我国规定的电力系统频率标准为50Hz，其允许偏差为±0.2Hz（总容量为300MW以下的电网，允许偏差为±0.5Hz）。

当电力系统的频率超出50±0.2Hz时，属于异常状态。频率超出50±0.2Hz延续1h以上，或超出50±1Hz延续15min以上，均已构成事故。当系统的频率低于允许值时，系统中应增加发电出力，或按调度命令，减少部分不重要负荷，用这两方面的措施使频率回升。

频率的变化，是由于负荷功率与发电功率不平衡引起的。系统中的用电负荷总功率超过发电总功率时，频率降低。反之，频率会升高。负荷是经常变化的，发电出力也应随之而变。当电力系统中缺少备用容量时，如果负荷超过发电出力，频率就会下降。

一、电力系统低频率运行的危害

（1）对于用户来说，交流电动机转速下降，很多工厂产品质量下降。

（2）对于发电厂，汽轮机的叶片受不均匀气流冲击，可能发生共振而损坏。正常运行中，叶片的振动应力较小。低频率运行时，叶片上的振动大增。频率低至47Hz时，低压级叶片振动将增大几倍，可能发生断裂事故。

（3）发电机转速降低，端电压下降。同时，与发电机同轴的励磁机的励磁电压、电流降低，使发电机端电压有更大下降。

（4）使发电厂厂用交流电动机转速降低，给水、通风、磨煤出力下降，进而影响到锅炉出的力，又使频率再下降。形成恶性循环，可能造成大面积停电事故。

（5）对于电力电容器，无功出力随频率降低而降低，使系统缺少无功功率，引起电网电压下降。

二、系统低频率运行事故的处理

系统频率降低的事故处理，一般由监控班值班员按调度命令进行处理（调整负荷等工作）。运维班则负责到现场检查、恢复自动装置的信号，检查核对设备位置。

（1）系统频率低于 49.8Hz 时，由调度命令，系统调节发电出力，使频率回升到 49.8Hz 以上。同时根据调度命令，通知用户减负荷，或切除部分不重要负荷，使频率回升。

（2）当系统频率低于 49.5Hz 时，各发电厂无须等调度命令，即可增加发电出力，直至使频率上升至 49.8Hz 以上。若已达到最大出力，可由调度命令，投入备用发电机组。监控班值班员应按调度命令，立即根据事故拉闸顺序限负荷，切除一部分不重要负荷，使频率回升，直至回升到 49.8Hz 以上。

（3）系统频率低于 49.0Hz 时，各发电厂应不待调度命令，将发电机出力加满，必要时开动备用机组。监控班值班员应检查低频减载装置是否动作；如果低频减载装置未动作，应根据调度规程和现场规程的规定，遥控操作断开应跳闸的断路器，并汇报调度。根据调度命令，迅速按事故拉闸顺序限负荷，使频率恢复到 49.8Hz 以上。

（4）当系统的频率低于 48.5Hz 时，监控班值班员可不待调度命令，立即按事故拉闸顺序限负荷，直到频率回升至 49.0Hz 以上，并向调度汇报。

（5）当系统的频率低于联络线低频解列装置的整定值，或低于保发电厂厂用电规定值时，若自动装置不动作，监控班值班员应根据调度规程的规定，按调度命令，在规定的解列点解列。

对于低频减载装置动作时所切除的用电负荷，低频率运行事故中，因拉闸限电所切除的负荷，恢复供电时必须有上级调度的命令。低频解列装置动作，解列后的恢复并列，也必须有上级调度的命令。

综上所述，系统低频率运行事故的处理，其一般方法，可以归纳为以下几点：

（1）运行中的发电机增加有功出力，投入系统中的备用发电容量。

（2）按调度命令切除部分不重要负荷，通知用户降低用电负荷。

（3）不待调度命令，按事故拉闸顺序，拉闸限负荷，使频率回升。

（4）切除低频减载装置整定的频率下未自动切除的负荷。

（5）对发电厂，系统频率低至危及厂用电的安全时，可按制订的保厂用电措施，部分发电机与系统解列，专供厂用电和部分重要用户，以免引起频率崩溃。

第三节 系统电压降低事故处理

电力系统的电压变化，是系统中无功功率失去平衡的结果。用电设备所需无功功率超过电源发出的无功功率时，电压就会下降。反之，电压会升高。由于用电设备所需无功功率的增加，发电机、调相机、电力电容器随时可能出现故障或停电检修，引起系统中运行方式改变、系统内设备故障等，都可能造成无功功率的缺乏，系统的电压会严重降低。

一、系统电压过低的危害

（1）发电机在低于额定电压运行时，要维持同样的出力，将使定子电流增加。如果要维持有功出力，则无功出力将随电压降低而明显减少。

（2）作无功补偿用的电力电容器，由于电压下降，无功补偿出力减小。系统电压将会更低。

（3）线路损耗随电压降低而增加。

（4）使异步电动机的转矩下降。电压下降严重时，电动机的欠压保护动作，将使电动机停转，影响工农业生产。

（5）用户与发电厂厂用电的交流电动机，由于系统电压过低，使其电流增大，长时过载可能会烧坏。

（6）电力系统电压严重降低，可能导致电压崩溃，使系统稳定性遭破坏。

二、电压调整

值班调度员和监控班值班员，一般应以调度制定的电压曲线为依据，经常掌握和监视系统控制点、监视点母线电压。发现电压超过允许偏差范围时，进行如下调整：

（1）调整发电机、调相机无功出力。

（2）投切变电站的电容器组、并联电抗器。

（3）调整有载调压变压器分接开关。

（4）调整系统运行方式。

（5）调整系统负荷。

电力系统电压偏低时，可以用提高发电机或调相机无功出力，投入变电站电容器组，退出并联电抗器运行等方式，来平衡电网的无功功率缺少，提高电压。调整有载调压变压器分接开关，可以调整局部电压偏低的情形。电力系统电压偏低时，优先调整无功出力，优先增加无功补偿，而后调整有载调压变压器分接开关。

电力系统电压偏高时，可以用降低发电机或调相机无功出力，退出电容器组运行，投入变电站的并联电抗器等方式，来平衡电网的无功功率过剩，达到降低电压的目的。调整有载调压变压器分接开关，可以调整局部电压偏高的情形。

必须注意的是，在任何情况下，变电站的电容器组和并联电抗器不得处于同时在投入状态。增加无功出力，先退出并联电抗器，后投入电容器组运行。同理，平衡电网的无功功率过剩，必须先退出电容器组运行，再投入并联电抗器。

三、电压降低的事故处理

电力系统的调度部门，为了监视系统的运行电压，选择地区负荷集中的发电厂、变电站的母线作为监视系统电压的监控点。监控点的正常电压值和允许变动范围，是按对电压质量的要求确定的。

监控点电压超过规定范围的±5%，延续超过 2h 构成事故；超过规定范围的±10%，延续超过 1h 构成事故。

1. 监控班值班员的处理任务

为了保证供电质量，使电压合格率指标达到目标计划的要求，监控班值班员要认真监视电压的变化。考核点电压变动，超过合格范围时，及时向调度汇报，及时调整无功补偿容量。当母线电压降低，无功补偿容量调整到最大以后，电压仍然不合格时，应按照调度命令，改变运行方式，或调整有载调压主变压器分接开关来提高电压。

系统电压过低涉及整个系统的各个方面，必须在调度的统一指挥下进行处理。监控班值班员的主要任务是：

（1）母线电压降低，超过规定值时，应迅速汇报调度。

（2）投入电容器组，增加无功补偿容量。装有调相机的变电站，应增加其无功出力，必要时应按现场规程规定，利用其过负荷能力增加无功出力。

不少变电站的有载调压变压器和无功补偿装置，经由电压、无功自动控制装置或电网无功优化系统控制。电压、无功自动控制装置是安装在变电站现场的自动控制装置；电网无功优化系统则是安装在调度中心，控制着多个变电站的有载调压变压器和无功补偿装置。当系统电压降低，上述自动装置如果没有动作，应当按照调度命令和现场规程的规定，遥控操作投入无功补偿装置。

（3）根据调度命令，改变系统的运行方式。

（4）仅局部电压过低时，按调度命令，调整有载调压变压器的分接开关，提高输出电压。

（5）根据调度命令，通知用户降低负荷或拉闸限负荷。

2. 电力系统电压降低的处理

对于整个电力系统来说，当监控（中枢）点的电压降低且超过规定值时，各发电厂、电网监控班，应在调度的统一指挥下，采取以下措施，使中枢点电压恢复正常，防止电压崩溃：

（1）增加邻近的发电机、调相机和静止补偿器的无功出力，退出并联补偿电抗器，投入在备用状态下的电容器。

（2）投入备用状态下的高压输电线路（空载运行），以增加无功补偿。

（3）在允许的范围内，提高邻近监控（中枢）点的电压。

（4）降低远距离，重负荷线路的输送功率。临时改变系统的运行方式，以改变负荷潮流分布，使之分布合理，从而提高电压。

（5）在允许的范围内，适当地提高频率。因为提高频率，可以提高无功出力，也就可以提高电压。

（6）根据调度命令，按现场规程规定的事故拉闸顺序切除部分负荷，并通知用户减负荷。

（7）调整有载调压变压器的分接开关。

第四节　电力系统振荡事故处理

正常运行中，由于系统内发生短路、大容量发电机跳闸（或失磁）、突然切除大负荷线（负荷超过系统稳定限值）、负荷突变、电网结构及运行方式不合理等，以及系统无功电力不足引起电压崩溃、联络线跳闸及非同期并列操作等原因，可能使电力系统的稳定性遭到破坏。这些事故，造成系统之间失去同步，称为系统振荡。

系统振荡时，系统各点的电压、频率都要发生波动，联络线的电流和功率将产生剧烈振荡。系统各部分之间虽有电气联系，但送端频率升高，而受端的频率降低，并略有摆动。

处理系统振荡事故的主角，是电网调度、各发电厂和监控班值班员。运维班按调度命令，到需要到现场的、发生跳闸事故的变电站检查处理。

一、事故象征

（1）继电保护装置的振荡闭锁动作。

（2）电压表、电流表、功率表的指示，有节拍地剧烈摆动。

（3）系统振荡中心（失去同步的发电厂与联络线的电气中心）的电压摆动最大，有周期的降至零。

（4）失去同步的电网之间，虽有电气联系，但有频率差，并略有摆动。

（5）运行中的变压器，内部发出异常声音（有节奏的鸣声）。

（6）照明灯忽明忽暗。

二、处理方法

发生系统振荡事故时，必须在调度的统一指挥下进行处理。监控班值班员发现有上述非同期振荡的象征时，应当报告上级调度待命处理。调度根据系统的运行方式、负荷潮流、系统事故情况等，并根据各发电厂、变电站报告的情况等，判断振荡中心，并迅速处理。

对于整个电力系统来说，处理的方法有：采取措施，使系统之间人工再同步；若一定时间内未奏效，使系统解列，经调整后恢复并列。

1. 人工再同步

（1）降低频率升高的送端系统发电有功出力，其频率最低可降至49.5Hz。提高频率下降的受端系统发电有功出力，直到最大；必要时，切除部分负荷。采用这些措施使频率恢复上升到 49.0Hz 以上，并将电压提高。这样，使送端和受端两部分的频率趋于一致。

需要提高出力的受端系统，如果已经提高至最大出力，应按调度规程的规定，按事故拉闸顺序限负荷。

（2）系统振荡时，不论是送端还是受端系统，各发电厂和装有调相机的变电站应不待调度命令，立即将发电机、调相机的无功出力调整到最大，或将电压升至最高允许值，并不得解除自动励磁装置。各变电站投入电容器组，使电压升高。

（3）环状网络，由于设备跳闸开环引起振荡，可以迅速试送（规程允许时，并根据调度命令）跳闸设备消除振荡。

采取以上措施，使系统之间逐渐拖入同步。已恢复同步的象征是：

（1）表计摆动减小、变慢，直至消失（无摆动）。

（2）周波差减小，直至相等。

2. 系统解列

采取上述人工再同步措施以后，经过一定时间（3～4min），发现系统振荡仍未消失，不能拖入同步时，应在经电网调度部门经过计算确定的事故解列点，根据调度命令，断开解列点断路器，使系统解列。发生振荡的系统之间，失去电的联系，就不存在同步与否的问题了。然后，经过运行方式、负荷和发电出力的调整，系统各部分之间频率相等后，再恢复并列。

应当注意，解列后的各系统，应尽量使电源出力与负荷之间保持平衡。

对于监控班值班员来说，在电力系统发生振荡时，一般不掌握事故的全面情况，应在自己的职责范围内，执行自己的任务：

（1）执行调度命令，调整负荷；或根据调度命令，按事故拉闸顺序限负荷。

（2）不待调度命令，投入电容器组，调整调相机和静止补偿器的无功出力，直至最大（装有调相机或静补装置的）。

（3）执行调度命令，进行系统间的并、解列操作。

（4）事故时，监视设备运行情况。

第五节　系统谐振过电压事故处理

电力系统中的谐振过电压，是由于系统中的电感和电容在特定的参数配合条件下，产生谐振引起的。其特点是，过电压倍数较高、持续时间较长，对系统的绝缘危害很大。常见的谐振过电压有：

（1）消弧线圈处于全补偿或接近全补偿运行，三相电容不平衡时，产生串联谐振过电压。

（2）系统中发生断线、间歇性电弧接地故障，引起铁磁谐振过电压。

（3）中性点不接地系统中，用变压器对母线充电时，电磁式电压互感器与各相母线对地电容构成谐振回路，形成谐振过电压。

（4）中性点不接地系统中，配电变压器高压线圈接地，引起谐振过电压。

（5）用电磁式电压互感器进行双电源定相工作，引起谐振过电压。

（6）断口上有并联电容器的断路器，在一侧带电时，备用于接有电磁式电压互感器的不带电母线（断路器并未合闸）上，产生谐振过电压。

电网中有许多非线性电感元件，如变压器、电磁式电压互感器、消弧线圈等。它们和系统的电容，构成复杂的振荡回路。如满足一定的条件，就可能激发起铁磁谐振过电压。铁磁谐振过电压在任何系统中都可能会产生。

激发谐振的原因，有倒闸操作，系统中发生事故（断线、接地）等。

谐振过电压的持续时间可能较长，甚至长期保持，直到谐振条件被破坏为止。

一、故障象征及判别

发生谐振过电压时，对于小电流接地系统，可能报出接地信号。谐振过电压与接地故障的区分，主要是电压表指示会超过线电压，表针会打到头。而接地故障时，非故障相对地电压最高等于线电压值，而线电压则不变。

（1）基波谐振时，一相电压低。但不为零；两相电压高，超过线电压，表针打到头。或者两相电压低，但不为零；一相电压高，表针打到头。

（2）分频谐振时，三相电压依次轮流升高，并超过线电压，表针打到头，三相表计在同范围内低频摆动。

（3）高频谐振时，三相电压同时升高，远超过线电压，表针打到头。也可能一相电压上升（高于线电压，表针打到头），另两相电压下降。

小电流接地系统出现谐振过电压，有时是由于单相接地故障引起的。检查处理时，要优先消除谐振。

二、处理方法

发生谐振过电压时，现场操作的运维人员和监控班值班员，应根据系统情况、操作情况作出判断。处理谐振过电压事故的关键，是破坏谐振的条件。具体处理方法如下：

（1）由于操作后产生的谐振过电压，一般可以立即恢复到操作前的运行方式，分析原因，汇报调度。采取防止措施以后，再重新操作。例如调整消弧线圈的档位，使补偿度符合要求，改变操作方式等。

（2）对母线充电时产生谐振过电压，可以立即送上一条线路，破坏产生谐振的条件，迅速消除谐振。

（3）如果是运行中突然发生谐振过电压，监控班值班员可以遥控操作，试断开一个不重要负荷的线路，改变参数，消除谐振。如果谐振现象消失以后，仍然有接地信号，三相对地电压不平衡，一相降低，另两相高于相电压，但低于或等于线电压，说明在谐振的同时，有单相接地或断线故障。应汇报调度，查找处理系统接地或断线故障。

对于小电流接地系统，出现上述三种情况，当谐振现象消失以后，如果三相电压仍不平衡，但表计指示最高不超过正常值，则可能是在谐振过电压时，使 TV 高压熔断器熔断。应检查 TV 有无异常，若无异常，可以更换熔断器后试送一次。

（4）如果断路器的断口上有并联电容器，当母线停电操作时，母线断开电源后，若母线电压表有很高的读数，表针有抖动，说明是发生了谐振过电压。这种情况下可以迅速将电源断路器合上，将 TV 的二次开关断开，并将 TV 一次隔离开关拉开以后，再停母线。

当母线恢复送电操作时，如果在电源断路器没有合上之前，母线电压表已有较高的指示，说明发生了谐振过电压。可以立即合上电源进线断路器，对母线充电，消除谐振。

为了避免上述断路器断口并联电容引起的谐振，发生过这种故障的变电站，可以改变母线停、送电的操作顺序。母线停电时，先停 TV，再将母线电源断开；母线送电时，母线带电后，再合 TV 一次隔离开关。

第六节　小电流接地系统单相接地故障处理

小电流接地系统发生单相接地故璋时，由于线电压的大小和相位不变（仍然对称），并且系统的绝缘又是按线电压设计的，所以不立即切除故障，允许继续运行。系统允许带单相接地故障运行时间，一般不超过 2h。

中性点经消弧线圈接地的系统，允许带单相接地故障运行的时间，决定于消弧线圈的允许运行条件，制造厂一般规定为 2h。有单相接地故障时，应监视消弧线圈的上层油温，不能超过 85℃（最高限值 95℃）。

500kV 变电站低压侧一般不对外供电，主变压器低压侧仅有站用变压器和无功补偿设备，单相接地故障的概率比 110kV 变电站低得多；单相接地故障的检查和处理，也比 110kV 变电站简单。

一、单相接地故障的危害

（1）由于非故障相对地电压升高（全接地时升高至线电压值），系统中绝缘薄弱点可能击穿，造成短路故障。

（2）故障点产生电弧，会烧坏设备并可能发展成相间短路故障。

（3）故障点产生间歇性电弧时，在一定的条件下，产生串联谐振过电压，其值可达相电压的 2.5～3 倍，对系统的绝缘危害很大。

（4）对于室内高压开关柜，发生单相接地故障可能导致火灾。

二、发生单相接地故障的原因

（1）设备绝缘不良，如老化、受潮、绝缘子破裂、表面脏污等，发生击穿接地。

（2）小动物、鸟类及外力破坏。

（3）线路断线。

（4）恶劣天气，如雷雨、大风等。

（5）人员过失。

（6）主导流部位过热、冒火，烧损绝缘材料，产生对金属外壳（地）电弧击穿。

三、单相接地故障的象征

（1）报出“××kV ×段母线接地”预告信号。对于中性点经消弧线圈接地系统，还会报出“消弧线圈动作”信号。

（2）绝缘监察电压表指示：故障相降低（不完全接地时）或为零（全接地时）；另两相升至高于相电压（不完全接地时）或等于线电压（完全接地时）。

稳定性接地故障时，电压表指示无摆动；若指示不停地摆动，则为间歇性接地故障。

（3）中性点经消弧线圈接地系统，中性点位移电压表有一定的指示（不完全接地）或指示为相电压值（完全接地时）。

在自动跟踪补偿消弧线圈的微机控制显示屏上，有装置采集到的各种参数。如中性点位移电压、残流、脱谐度、系统电容电流、补偿电流、运行挡位等。

（4）消弧线圈的接地告警灯亮。

（5）发生弧光接地，产生过电压时，非故障相电压很高（表针打到头）。TV 高压熔断器可能熔断，甚至可能会烧坏电压互感器。

四、接地故障的判断

在某些情况下，系统的绝缘没有损坏，而因其他原因，产生某些不对称状态，例如：TV 一相高压熔断器熔断，用变压器对空载母线合闸充电等，都可能报出接地信号。所以，应注意区分判断。

（1）TV 一相高压熔断器熔断，报出接地信号。

区分依据：接地故障时，故障相对地电压降低，另两相升高，并且线电压不变。而高压熔断器一相熔断时，对地电压一相降低，另两相不会升高，线电压指示则会降低。

（2）用变压器对空载母线充电时，断路器三相合闸不同期，三相对地电容不平衡，使中性点位移，三相电压不对称，报出接地信号。

区分依据：这种情况是在操作时发生的。只要检查母线及连接设备无异常，即可以判定。投入一条线路或投入一台站用变压器，接地信号即可消失。

（3）系统中三相参数不对称，消弧线圈补偿度调整不当。有倒运行方式操作时，报出接地信号。

区分依据：此情况多发生在系统中有倒运行方式操作时。可以先恢复原运行方式，消弧线圈停电调整分接头，然后投入消弧线圈，重新倒运行方式。

（4）在合空载母线时，可能激发铁磁谐振过电压，报出接地信号。

区分依据：此情况也发生在有倒闸操作时。其他区分依据，见本章第五节中有关内容。

五、查找处理方法

小电流接地系统发生单相接地故障时，监控班值班员应汇报调度，将有关现象作好记录。根据信号、表计指示、天气、运行方式、系统操作等情况判断故障。

对于装有接地故障选线装置的变电站，故障范围很容易区分。如果报出母线接地信号的同时，选线装置显示某一线路接地，则故障点多在该线路上。如果报出母线接地信号，选线装置显示所有线路正常，故障点则可能在母线及连接设备上。所以，检查处理时应注意：

（1）母线报出接地信号，选线装置显示某一线路接地，应检查故障线路的站内设备有无问题。

（2）只报出母线接地信号，选线装置显示所有线路正常。应检查母线及连接设备、变压器有无异常。如果经检查，站内设备无问题，则有可能是某一线路有故障，而接地选线装置失灵。

500kV 变电站的低压侧一般不对外供电，全部设备都在站内。单相接地故障不用选线，站内可以查清故障点。

下面，以没有安装接地选线装置的系统为例，说明单相接地故障的查找、处理方法：

1. 判明故障性质和相别

监控班值班员向调度汇报，判明故障性质、相别，然后采取措施查找处理接地故障。

2. 分网运行缩小范围

分网包括：系统分网运行和站内分网运行。系统的分网应在调度的统一指挥下进行。应考虑各部分之间功率平衡、继电保护的配合、消弧线圈的补偿度适当。

对于变电站，分网是使母线分段运行，缩小范围。然后，只对仍有接地信号的一段母线范围进行查找处理。

监控班值班员接到无人值班变电站 6～35kV 母线接地告警信息，应使用图像集控系统查看现场有无明显的异常（如设备区有无弧光、高压室内有无冒烟及冒烟部位等，及时发现火情），做出初步判断。再按调度命令，遥控操作，分网缩小范围。然后断开选线装置选出有故障的线路，看是否恢复正常。对于没有选线装置的变电站，可以根据天气情况等，按调度命令，利用“瞬停法”查找有接地故障的线路，一般顺序为：空载线路，双回路用户已经转移负荷的线路，分支多、线路长、负荷小、不太重要用户的线路，发生故障概率高的线路，最后是分支少、线路短、负荷较大、比较重要用户的线路。同时，及时通知运维班到现场检查处理。

3. 检查站内设备有无故障

运维班到达现场，对故障范围以内的站内一次设备进行外部检查。主要检查各设备绝缘有无损坏、有无放电闪络，检查设备上有无落物、小动物及外力破坏等现象；检查各引线有无断线接地，检查互感器、电容器、电抗器、避雷器、站用变压器、电缆头等有无击穿损坏；检查高压开关柜内有无烟气，有无烧损部位，有无异常声音、异常气味等。

4. 发现站内设备故障的处理

（1）故障点可以用断路器隔离。如果检查发现 TA、出线穿墙套管、避雷器、电缆头、隔离开关（负荷侧）、电容器、电抗器等断路器外侧（出线侧）的设备有故障，应汇报调度，断开断路器隔离故障。拉开故障设备的各侧隔离开关，汇报上级，通知检修人员检修故障设备。

（2）故障点只能用隔离开关隔离。这种情况下必须注意：切记不允许用隔离开关拉开接地故障和负荷电流。应汇报调度，根据本站一次系统运行方式，用倒运行方式的方法，隔离故障点。不能倒运行方式的，可以用人工接地法转移接地故障点，再用断路器断开故障点；或在母线不带电情况下，拉开故障设备的母线侧隔离开关，隔离故障点。

双母线接线，可以将故障设备倒至单独在一段母线上，与母联断路器串联运行，用母联断路器断开接地故障点。再断开故障设备断路器，拉开其各侧隔离开关。汇报上级，通知检修人员检修故障设备。

有旁母的接线，倒旁母运行，转移负荷并转移故障点，用断路器断开故障点。举例如下：

例 1：如图 9-1 所示，设 *k* 点发生单相接地故障，不能拉开ⅠQS1 隔离开关隔离故障。可以合上旁母断路器 QF，对旁母充电正常后，断开 QF；推上线路Ⅰ的旁母隔离开关ⅠQS3，合上 QF 使两断路器并联。拔掉 QF1 和 QF 的操作熔断器（防止误跳闸），拉开ⅠQS1 隔离开关，两断路器解环。此时，故障点已经转移到 QF1 断路器侧，再将 QF1 和 QF 的操作熔断器装上，断开 QF1 断路器，切除故障点，然后拉开ⅠQS2 隔离开关。这样，又能安全隔离故障点，又不中断线路供电。

例 2：如图 9-2 所示，设 *k* 点发生单相接地故障，隔离方法：当分段断路器 QF 在合闸位置时，拔掉其操作熔断器。推上隔离开关 QS，拉开隔离开关 QSⅠ，再装上分段断路器 QF 的操作熔断器，断开 QF 隔离故障，然后拉开隔离开关 QSⅡ。这样，经过倒运行方式安全地隔离故障点。

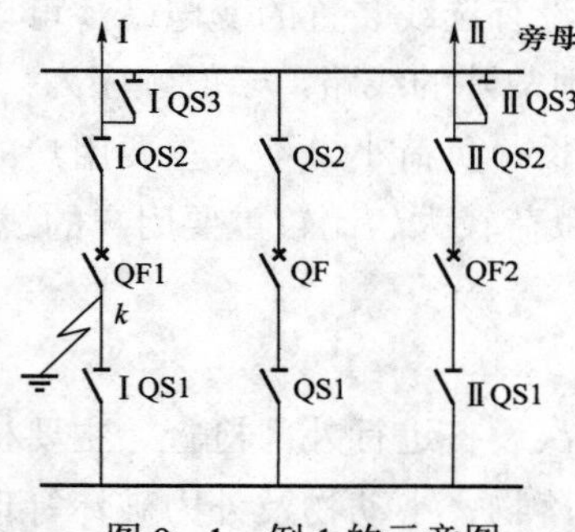

图 9-1　例 1 的示意图

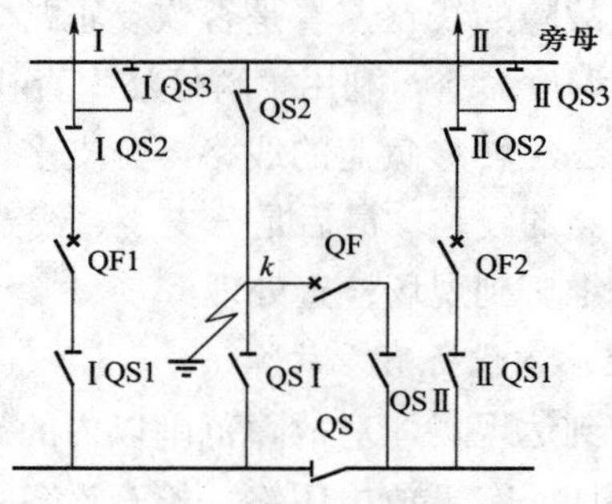

图 9-2　例 2 的示意图

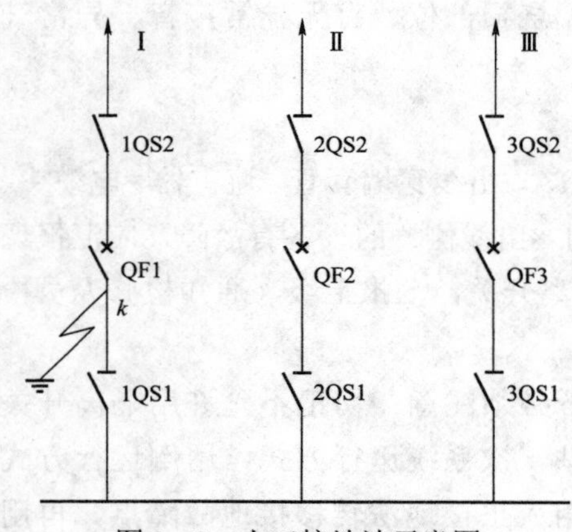

图 9-3　人工接地法示意图

不能倒运行方式时，可用人工接地法，转移接地故障点后，再用断路器切断接地点。如图 9-3 所示，设 *k* 点发生接地故障，可以利用备用断路器或使某一不重要户短时停电，做人工接地。操作程序为：断开 QF2，拉开 QF2 两侧隔离开关；在 QF2 与 2QS2 之间验明无电后，在 QF2 与 2QS2 之间与故障点的同名相上（切记！只能是同名相），装一相接地线；推上隔离开关 2QS1，合上 QF2，人工接地点与接地故障点已并联；再断开 QF1 断路器，拉开其两侧隔离开关隔离故障点。断开 QF2 断路器，切除人工接地点，拉开隔离开关 2QS1 后，拆除人工接地线。最后，再对线路Ⅱ恢复供电。

（3）故障点在母线上。故障点在母线上，无法隔离，故障母线应停电检修。双母线的，可以将全部负荷倒至另一段母线上供电。其他情况下，可以在停电之前先让用户转移负荷。

5. 检查站内设备未发现问题

汇报调度，用瞬停的方法，查出有故障的线路。依次短时间断开故障所在母线上的各分路断路器时，如果接地信号消失，同时绝缘监察电压表的指示恢复正常，即可证明所瞬停的线路上有接地故障。

对于双母线接线，某些重要用户线路可以依次倒至另一母线上（两母线上均有电源）后，断开母联断路器（分段运行），如果检查原来有故障的母线上接地信号消失，另一母线上仍然有接地信号，说明所倒换的线路上有接地故障。用此方法，可以准确地查出发生在两条线路上的同名相两点接地故障。

查出故障线路后，对于一般不重要用户的线路，可以停电并通知查线。对于重要用户的线路，可以转移负荷或用户做好准备以后，再停电查线。

六、查找处理单相接地故障时的注意事项

（1）检查站内设备时，应穿绝缘靴。接触设备外壳、架构及操作时，应戴绝缘手套。

（2）带接地故障运行期间，严密监视 TV 的运行状况，防止其发热严重而烧坏，注意判断高压熔断器是否熔断。

（3）监视消弧线圈的运行状况。消弧线圈有故障时，先切除故障线路，再拉开消弧线圈的隔离开关。严禁在有接地故障时，拉合消弧线圈的隔离开关。

（4）系统带接地故障运行时间，一般不能超过 2h。

（5）发现 TV、消弧线圈故障或严重异常，应断开接地故障设备。

（6）用“瞬停法”接地选线，无论线路上有无故障，均应立即合上。瞬停时间应小于 10s。

（7）如果在大风、雷雨天气，系统频繁地瞬间接地，可以将不重要的、经常出故障的、绝缘水平不高、分支多的线路停电 10～20min。如果经观察，不再出现瞬间接地，待风雨停止以后，再试送电。

（8）观察、判定接地故障是否消失，应从信号和表计指示情况结合判定，防止误判断。

小电流接地系统单相接地故障的一般查找处理程序，可参见图 9-4。

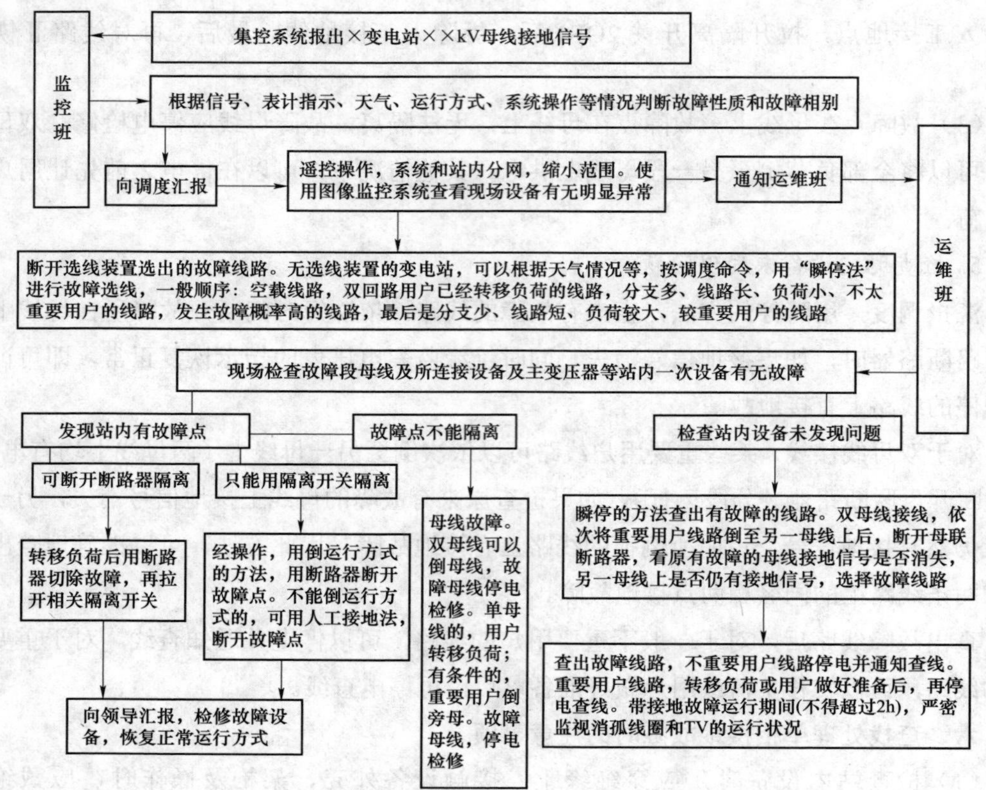

图 9－4　小电流接地系统单相接地故障的查找处理框图

第七节　消弧线圈的故障处理

消弧线圈出现故障和系统中的故障及异常运行情况有着很密切的关系。在网络正常情况下，作用在消弧线圈上的电压，只是较低的中性点位移电压；所以只有很小电流流过。只有在系统中发生单相接地故障时，或系统严重不对你时，消弧线圈才有较大的补偿电流流过。因此，消弧线圈一般只有在系统有接地、断线及三相严重不对称，有较大的电流长时间通过时，才可能发生严重的内部故障。

消弧线圈有时也会使系统出现异常，如果补偿度调整的不合适，有操作时，可能使系统三相电压不平衡，中性点位移电压增大。

一、正常运行时的异常处理

自动跟踪补偿式消弧线圈，应经常使用微机自动调谐控制装置监视其运行状况。查看显示屏上的信息，分析运行状况。

当微机自动调谐控制装置不能正确响应系统运行方式改变，或者微机自动调谐控制装置的自动功能有异常时，应向调度和有关上级汇报，可以改为手动调谐。消弧线圈计划停电由专业人员检查处理。

调挡式微机自动调谐消弧线圈，在最高挡位运行，脱谐度小于 10%，说明消弧线圈总容量裕度很小，应汇报调度，调整系统运行方式，使之恢复正常。

调挡式微机自动调谐消弧线圈，显示屏上指示系统电容电流值和自动调整的挡位不协调，不是最佳挡位，接近全补偿或相差较大，应向调度和有关上级汇报，消弧线圈停止运行，由专业人员检查处理。

调挡式微机自动调谐消弧线圈，分接开关动作失灵，应汇报调度，消弧线圈停止运行，由专业人员检查处理。

二、系统接地故障时的运行监视

系统中发生单相接地故障，消弧线圈动作信号报出时，应记录时间、绝缘监察电压表指示、中性点位移电压和补偿电流表指示情况，同时监视检查消弧线圈的运行状况。系统单相接地故障允许持续运行时间，不得超过消弧线圈的铭牌规定（一般为 2h）。

1. 对消弧线圈监视检查的内容

（1）上层油温及温升是否正常。

（2）套管有无闪络放电。

（3）信号指示是否正确。

（4）引线接头有无发热。

（5）有无喷油、冒烟。

（6）内部有无异声。

（7）自动跟踪补偿消弧线圈自动控制装置有无异常，查看所显示的中性点位移电压、残流、脱谐度、系统电容电流、补偿电流等数据。

（8）接地变压器（6～10kV）运行是否正常，一次电流应不超过额定值。

（9）阻尼电阻箱运行情况。

阻尼电阻的作用是，系统发生谐振时，保证使中性点位移电压小于 15%的相电压值，维持系统正常运行，防止谐振过电压。系统发生单相接地故障时，阻尼电阻应被短接，没有异常情况。特别是有接地故障的时候，同时系统有谐振，要检查阻尼电阻的运行情况。

2. 停止运行的情况

对消弧线圈的监视、检查中，发现有下列情况之一，应将其停止运行：

（1）上层油温或温升超过规定限值。

（2）储油柜向外冒油、喷油。

（3）接地变压器、消弧线圈有异常响声，内部有强烈的、不均匀的噪声及火花放电声。

（4）套管破裂放电、闪络。

（5）漏油使油面骤低，看不到油面。

（6）阻尼电阻损坏。

（7）微机自动调谐控制装置异常。

在系统有单相接地故障时间内，不得操作消弧线圈的隔离开关。查找、处理接地故障的同时，若故障时间持续 15min，应对消弧线圈进行外部检查。此后，应不断监视、检查消弧线圈，观察上层油温是否正常。对于有内部故障的消弧线圈，系统接地故障如果没有隔离，绝不允许拉开隔离开关，以保证人身的安全。

三、一般处理方法

（1）电网有倒运行方式的操作，引起中性点位移电压增大，超过相电压的 15%时，报出消弧线圈动作信号。应汇报调度，立即先恢复原运行方式，若接地故障信号消失，可能属于消弧线圈的补偿度不合适。应根据调度命令，拉开消弧线圈隔离开关，重新调整其补偿度，然后投入消弧线圈，再倒运行方式。

（2）消弧线圈动作以后，发现内部有故障，应立即停止运行。对于接在主变压器中性点的消弧线圈，若接地故障点已经查明，将接地故障切除以后，检查接地信号已经消失，中性点位移电压很小时，方可用隔离开关将消弧线圈拉开；如果接地故障点未查明并隔离，或中性点位移电压超过相电压的 15%时，接地信号未消失，不准用隔离开关拉开消弧线圈。此时，可作如下处理：

1）投入备用变压器或备用电源。

2）将接有消弧线圈的变压器断路器断开。

3）拉开消弧线圈的隔离开关，隔离故障。

4）恢复原运行方式。

对于接在接地变压器中性点的消弧线圈，如果接地故障点未查明并隔离，或中性点位移电压超过相电压的 15%时，接地信号没有消失，不准用隔离开关拉开消弧线圈。可以作如下处理：

1）接地变压器所带站用电转移负荷。

2）将接地变压器的高压侧断路器断开。

3）拉开消弧线圈的隔离开关隔离故障。

4）站用电恢复原运行方式。

拉、合消弧线圈的隔离开关时，必须是系统接地故障已经隔离，并检查现场的接地告警灯熄灭，消弧线圈本身没有声音，才能进行操作。还要注意，操作顺序要符合微机自动调谐控制装置的规定。

第八节　500kV 线路故障跳闸处理实例

线路上发生的故障分为瞬时性故障和永久性故障。瞬时性故障多在大风、雷雨天气下发生，并且可能连续多次发生。线路上连续多次发生的瞬时性单相故障，时间间隔若大于重合闸充电时间（15s），则保护装置作用于故障相跳闸，并且断路器重合成功；时间间隔若小于重合闸充电时间，则保护装置作用于断路器三相跳闸，不再重合。

一、故障简述

ZH 变电站 500kV 系统主接线见图 9－5。线路发生故障前运行方式：YZH 线、ZHS

线在第一串构成完整串运行；1 号主变压器、3 号主变压器并列运行；5022、5023、5052、5053 断路器均在冷备用位置。

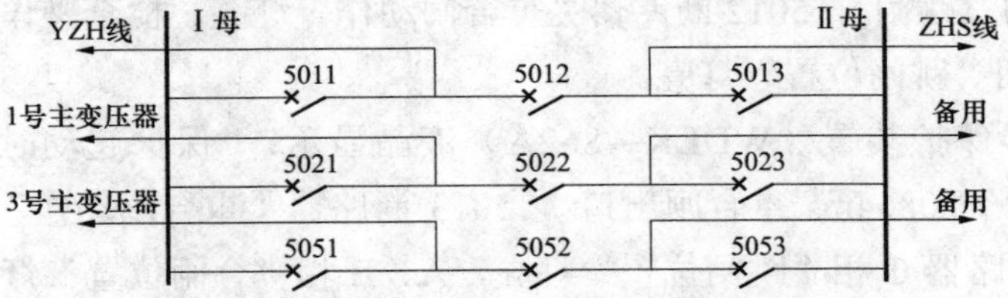

YZH线 Ⅰ母 Ⅱ母 ZHS线
5011 5012 5013
1号主变压器 备用
5021 5022 5023
3号主变压器 备用
5051 5052 5053

图 9－5　ZH 变电站 500kV 系统主接线

线路发生故障前，两条 500kV 线路的两套线路保护装置正常投入，5011、5012、5013 断路器的保护装置投入。两条线路的重合闸均投于“单重”方式，并投于“边断路器优先重合”位置。

1. 故障象征

某日下午，ZH 变电站所在地区为暴雨天气，雷电活动剧烈。15:59:54，ZH 变电站报出事故音响。事故象征如下：

综自后台机报出：“500kV ZHS 线 RCS－902AFF 纵联距离保护动作”“500kV ZHS 线 RCS－902AFF 纵联距离保护动作跳 C 相”“500kV ZHS 线 RCS－931A 光纤电流差动保护动作”“500kV ZHS 线 RCS－931AMM 电流差动保护动作跳 C 相”“5012、5013 断路器重合闸动作”“5012、5013 断路器重合闸出口”“500kV ZHS 线 RCS－902AFF 纵联距离保护动作 A 相跳位、B 相跳位、C 相跳位”等报文。

检查后台显示：5012 断路器跳闸位置、5013 断路器合闸位置，ZHS 线电流、电压、功率指示为“0”，500kV Ⅱ母电压指示为“0kV”。ZHS 线保护、5012 断路器保护、5013 断路器保护点亮的光字牌有：“500kV ZHS 线 RCS－902AFF 纵联距离保护动作”“500kV ZHS 线 RCS－931AMM 电流差动保护动作”“5012 断路器重合闸动作”“5013 断路器重合闸动作”“5013 断路器三相不一致启动”等。

16:02，将上述情况向网调、省调、地调、工区主任和站长汇报。

2. 检查保护装置动作情况

16:05，检查 ZHS 线第一套保护（RCS－931AMM 电流差动保护装置）液晶显示：“保护起动时间××－××－××15:59:54:829”“00012ms 电流差动保护动作”“故障测距 73.5km”“故障相别 C 相”“保护起动时间××－××－××16:00:09:460”“00012ms 电流差动保护动作”“故障测距 73.6km”“故障相别 C 相”，“跳 C 相”灯点亮。检查 ZHS 线第二套保护（RCS－902AFF 纵联保护装置）液晶显示：“保护起动时间××－××－××15:59:54:829”“00016ms 纵联零序方向”“00021ms 纵联距离动作”“故障测距 72.9km”“故障相别 C 相”，“保护起动时间××－××－××16:00:09:459”“00019ms 纵联零序方向”“00020ms 纵联距离动作”“故障测距 73.2km”“故障相别 C 相”，“跳 C 相”灯亮。

5012 断路器保护装置（WDLK－862A）液晶显示："保护起动时间××－××－××15:59:54:831""0024ms 瞬时联跳 C 相""1373ms 重合闸出口""14657ms 瞬时联跳 C 相""14664ms 沟三跳闸"，5012 断路器"重合闸动作"灯亮。检查操作箱显示：5012 断路器 A、B、C 相"跳闸位置"灯亮。

5013 断路器保护装置（WDLK－862A）液晶显示："保护起动时间××－××－××15:59:54:852""0864ms 重合闸出口"，5013 断路器"重合闸动作"灯亮。检查操作箱显示：5013 断路器 C 相"跳闸位置"灯亮，A、B 相"合闸位置"灯亮。

二、初步分析判断

根据保护动作情况分析，ZHS 线的两套线路保护装置分别于 15:59:54:829 和 16:00:09:459 启动两次，两次动作时间相差约 14s。这说明线路 C 相发生单相故障，保护装置动作使 5012、5013 断路器 C 相跳闸，5013 断路器 C 相首先重合成功，接着 5012 断路器 C 相重合成功；经 14s 时间线路 C 相再次发生故障，ZHS 线的两套线路保护装置再次动作，由于重合闸充电时间为 15s，不满足重合闸动作条件，5012 断路器直接经"沟三跳"三相跳闸，而 5013 断路器为什么仅 C 相跳闸需要进一步检查、分析。

三、处理

16:08，检查 ZHS 线站内设备无异常，5012 断路器三相在分闸位置，5013 断路器 C 相分闸位置，A 相和 B 相在合闸位置。

16:15，接网调令断开 5013 断路器（A 相和 B 相），将 5012 断路器、5013 断路器转冷备用。

17:53，按网调令推上 ZHS 线线路侧接地开关。

18:45，按网调令拉开 ZHS 线线路侧接地开关。

18:52，按网调令将 5012 断路器转热备用。

19:14，按网调令经检同期合上 5012 断路器，检查 ZHS 线带负荷运行正常。

19:19，按网调令退出 5013 断路器保护、退出 5013 断路器单相重合闸。

23:21，按网调令 5013 断路器由冷备用转运行。检查 5013 断路器及 500kVⅡ母运行正常。

四、保护及断路器动作分析

1. 线路及断路器保护装置动作过程

从 ZHS 线两套线路保护、5012 断路器保护、5013 断路器保护打印出故障报告和故障录波报告，进行核对分析如下：

15:59:54，ZHS 线线路 C 相故障，ZHS 线第一套线路保护（RCS－931AMM）动作，第二套线路保护（RCS－902AFF）动作，跳开 5012、5013 断路器 C 相。在 5012 断路器 C 相优先重合成功之后，5013 断路器 C 相重合成功。

16:00:09，ZHS 线线路 C 相再次发生故障，ZHS 线第一套线路保护 RCS－931AMM 动作，第二套线路保护 RCS－902AFF 动作；5012 断路器保护"沟三跳闸"跳开 5012 断路器三相，5013 断路器保护未动作，5013 断路器 C 相跳闸，A、B 相仍在合闸位置。

保护装置显示的信息，叙述了保护动作的详细过程：

（1）ZHS 线第一套线路保护（RCS－931AMM）显示信息：

15:59:54:829，C 相 12ms 电流差动保护动作；60ms C 相跳闸位置，由 0 变为 1。

16:00:09:460，C 相 12ms 电流差动保护动作；故障测距为 73.6km；故障零序电流 1.36A，差动电流为 6.48A。61ms C 相跳闸位置，由 0 变为 1。

（2）ZHS 线第二套线路保护（RCS－902AFF）显示信息：

15:59:54:829，C 相 16ms 纵联零序方向保护动作；C 相 21ms 纵联距离保护动作；故障测距为 72.9km；故障相电流为 1.38A，故障零序电流为 1.37A。60ms C 相跳闸位置，由 0 变为 1。

16:00:09:459，C 相 19ms；电流差动保护动作；C 相 21ms，纵联距离保护动作；故障测距为 73.2km；故障相电流为 1.38A，故障零序电流为 1.37A。61ms，C 相跳闸位置，由 0 变为 1。

（3）5012 断路器保护（WDLK－862）显示信息：

15:59:54:831，瞬时联跳 C 相，24ms；重合闸出口，1373ms；瞬时联跳 C 相，14657ms；沟三跳闸，14664ms。

（4）5013 断路器保护（WDLK－862）显示信息：

15:59:54:852，重合闸出口，864ms。

（5）故障录波数据：

15:59:54:827，启动，C 相故障，16ms；纵联零序方向保护动作，ZHS 线第一套光纤差动（RCS－931AMM）C 相跳闸；第二套纵联保护（RCS－902AFF）C 相跳闸；5012 重合闸动作；5013 重合闸动作。

16:00:09:457，ZHS 线第一套光纤差动（RCS－931AMM）C 相跳闸；第二套纵联保护（RCS－902AFF）C 相跳闸；5012 断路器保护动作，5012 断路器 A、B、C 跳闸。

2. 5013 断路器 A、B 相未跳闸原因分析

根据保护装置动作报告分析，ZHS 线约 14s 时间内连续发生重复性瞬间单相故障时，在重合闸充电未完成的情况下，5012 断路器、5013 断路器最终应在断路器保护“沟三跳闸”出口三相跳闸。而第二次线路故障中，5013 断路器仅 C 相跳闸。

根据 5013 断路器保护的报告分析，5013 断路器保护没有“沟三跳闸”信息，故在线路第二次故障时 5013 断路器仅 C 相跳闸。

为什么 5013 断路器没有“沟三跳闸”？可以依据 500kV 系统运行方式分析。

根据故障前 ZH 变 500kV 系统运行方式，500kVⅡ母为空母线，无负荷电流，在正常和线路故障时，5013 断路器均无电流。根据断路器保护逻辑框图，沟三跳闸、瞬时联跳、三相不一致保护（定值经零序、负序电流闭锁）均需要电流判据，由于 5013 断路器保护在正常及故障状态下均无电流，不满足动作条件；所以，在线路第二次单相故障时（重合闸充电未完成的条件下），沟三跳闸、瞬时联跳、三相不一致保护均不会动作。由于上述原因，在线路第二次单相故障时，5013 断路器保护装置不能“沟三跳闸”，仅在

线路保护装置动作时作用于C相（故障相）跳闸。

ZHS线线路C相第二次发生故障，时间距离第一次故障大约14s。第二次故障前，因ZHS线两套线路保护整组复归时间为7s，TV断线恢复时间为10s，此时，两套线路保护均已整组复归，TV二次电压正常。线路C相再次发生故障时，两套线路均单跳C相属正确动作。5012断路器保护、5013断路器保护重合闸充电时间为15s，均未充满电，不满足重合闸条件，应“沟三跳闸”。5012断路器保护沟三跳闸，正确跳开A、B、C三相；5013断路器保护则因无电流判据，而没有任何动作行为，由线路保护跳开5013断路器C相，A、B相则仍然处于合闸状态。

据上述综合分析，5013断路器的断路器保护装置“沟三跳闸”、瞬时联跳、三相不一致（定值经零序、负序电流闭锁）保护均未动作，属于特殊运行方式所致。

此种运行方式下，若ZHS线发生单相永久性故障，以C相为例，则5012、5013断路器C相单跳单重，重合到永久性故障点，5012断路器保护重合闸后加速动作跳开三相，5013断路器保护则不再动作。

第九节　消弧线圈故障实例分析

一、磁阀式自动跟踪补偿消弧线圈控制绕组烧毁故障分析

1. 故障简介

某日，运维班巡视某110kV变电站设备时，发现消弧线圈（型号为XDJF－600/35）低压接线烧断。在35kV自动跟踪补偿消弧线圈控制屏查询相关信息，发现自动控制装置“黑屏”，主机（工控机）死机，无法查看和打印相关数据。因该站综自系统以及后台机正在处理缺陷，故没有报出“35kV母线接地”信号，不知35kV系统发生单相接地故障的时间，也不知该故障持续多长时间。向调度汇报，确认当前35kV系统没有单相接地故障，将消弧线圈转检修后做进一步检查。

2. 故障检查

打开消弧线圈控制箱门，发现箱内电子元件击穿短路，箱内接线端子排有数个接线端子严重烧损，端子排及导线绝缘烧熔、碳化，箱底有烧毁脱落的电子元件。对消弧线圈做油色谱分析，乙炔含量很高，由此判断消弧线圈内部绝缘已经损坏，有电弧放电故障。

检查自动跟踪补偿消弧线圈控制屏内各设备，端子排和自动控制系统接线没有任何接地、短路痕迹，控制电源开关在合闸位置，显示器黑屏。主机重新启动，显示屏上没有任何显示。消弧线圈在停用状态，显示屏也应有状态显示，说明控制系统有问题。

消弧线圈吊芯，作内部检查，发现控制绕组绝缘严重烧损，绕组铜线烧断3股。消弧线圈主绕组没有发现异常迹象。

经厂家专业人员检测，接入消弧线圈控制绕组的可控硅已经全部击穿损坏。

3. 故障分析

如图 9-6 和图 9-7 所示：35kV 磁阀式自动跟踪补偿消弧线圈，利用磁阀式电抗器原理，构成自耦直流助磁可调消弧线圈。通过可控硅改变励磁电流，平滑调节消弧线圈的补偿电流。自动控制部分测得系统的电容电流，系统发生单相接地故障时，控制部分经计算后控制可控硅的导通角，以可控硅导通角控制消弧线圈的补偿电流。

检查发现电路板接可控硅控制极的导线、端子排上由消弧线圈本体接入的导线绝缘外皮有熔化痕迹，有的已经露出导体，显然是较长时间通过短路电流所致。

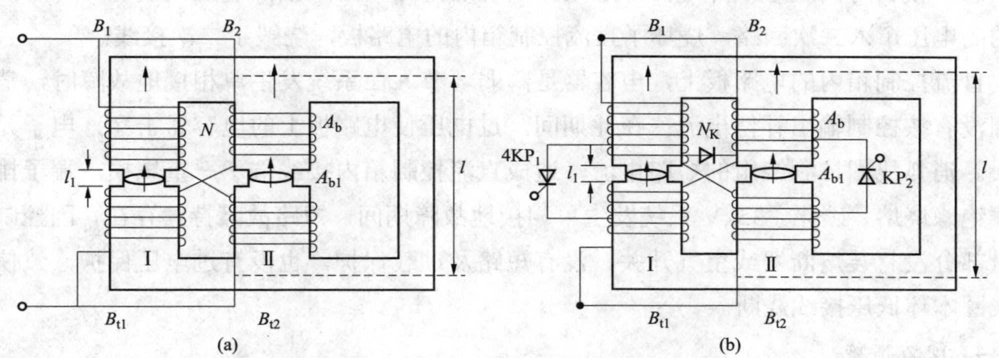

图 9-6　磁阀式自动跟踪补偿消弧线圈结构原理图
（a）主绕组；（b）控制绕组

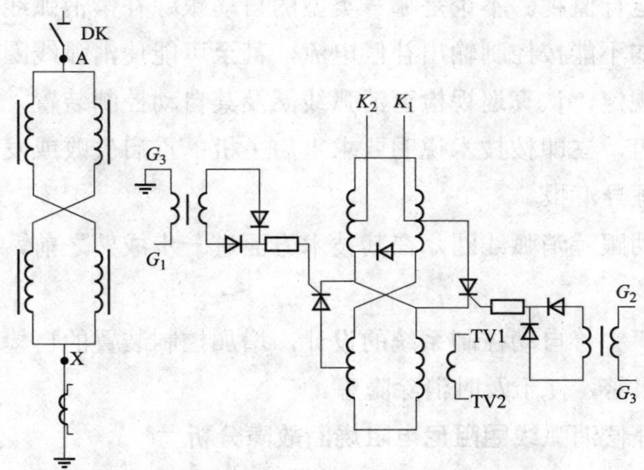

图 9-7　磁阀式自动跟踪补偿消弧线圈原理接线图

35kV 系统正常运行时，中性点没有位移电压，消弧线圈不会发生故障。只有系统发生单相接地故障、产生弧光接地过电压时，中性点才会有较高的位移电压，消弧线圈才有可能发生故障。因综自系统及其后台机正在处理缺陷，无法报出“35kV 母线接地”信号，不知何时发生 35kV 系统单相接地故障，也不知发生单相接地故障持续多长时间，但 35kV 系统一定发生过单相接地故障，并可能产生弧光接地过电压。

消弧线圈控制屏显示屏“黑屏”，主机（工控机）死机，可能发生在35kV系统单相接地故障之前。因此，35kV系统发生单相接地故障时，消弧线圈的控制绕组不起作用，不能起到自动调节补偿电流、使铁芯饱和的作用；消弧线圈仅由主绕组提供一部分补偿电流，其数值小于控制绕组能起作用时的补偿电流，使接地故障点的残流很大，电弧不能熄灭。若消弧线圈主绕组提供的一部分补偿电流接近系统的电容电流，则可能处于谐振点，有可能产生谐振过电压。

过电压使可控硅全部击穿，致使消弧线圈控制绕组的阻抗大为减小，处于接近短路的状态，较长时间通过故障电流，造成控制绕组绝缘严重烧损，绕组铜线烧断。一次回路的高电压窜入二次回路，烧坏了直流控制箱内的电路板，烧毁了二次接线。

直流控制箱内的电路板上，电容器是薄弱环节。在系统发生单相接地故障时，消弧线圈没有按控制输出补偿电流；在此期间，过电压使电路板上的电容器击穿，电子元件烧毁。消弧线圈控制绕组的短路电流，造成直流控制箱内接线端子严重烧损，端子排及导线绝缘烧熔、碳化。35kV系统发生单相接地故障期间，短路故障持续存在，因控制与测量部分没有装熔断器或空气开关，没有短路及过载保护，也没有过电压保护，致使消弧线圈本体低压接线烧断。

4. 预防措施

（1）磁阀式自动跟踪消弧线圈的可控硅，是很重要、很关键的部件，应选用耐压更高一些的可控硅，防止其击穿。

（2）加强设备运行监视。不论是哪一类型的自动跟踪补偿消弧线圈，其自动控制主机运行不正常时，均不能按控制输出补偿电流，甚至可能使消弧线圈完全不起作用。运维人员应按照规程规定，认真巡视检查消弧线圈及其自动控制装置，及时消除隐患。发现自动控制主机死机，立即按技术说明要求重启主机；重启失败或发现异常运行情况，及时向调度和主管领导汇报。

（3）磁阀式自动跟踪消弧线圈，在其技术方面进一步成熟之前，暂不能继续在电网推广使用。

（4）建议制造厂完善自动控制系统的设计，增加控制装置的自检功能，自动控制主机发生异常应能够报警，便于及时消除隐患。

二、自动跟踪补偿消弧线圈阻尼电阻烧断故障分析

1. 故障简介

某变电站正常两主变压器并列运行，消弧线圈运行于1号主变压器35kV中性点。

某日，该站报出“35kVⅠ母接地”“35kVⅡ母接地”信号，各相对地电压显示交替升高、降低，其数值变化在26～38kV之间。监控班值班员按调度命令断开35kV母线分段断路器，“35kVⅡ母接地”信号消失，接地故障在35kVⅠ母范围，各相对地电压显示$U_a=U_b=36.2$kV、$U_c=0.6$kV。经遥控操作选线，查明故障线路，转移负荷后，将故障线

路停电检修。

在35kVⅠ母单相接地故障期间，运维人员检查消弧线圈运行情况时，发现消弧线圈阻尼电阻箱冒出黑烟，电阻箱门上有烧伤痕迹。打开箱门检查，箱内温度较高，发现阻尼电阻被烧断，箱内二次熔断器等元件烧损，阻尼电阻固定架上有电弧放电痕迹，从消弧线圈引入接阻尼电阻的接线烧断。在阻尼电阻箱背面，发现消弧线圈接入端绝缘子有裂纹并有电弧放电痕迹。向调度汇报，确认单相接地故障已隔离后，将消弧线圈停电转检修，做进一步检查。

2. 故障分析

经现场检查，消弧线圈控制屏上的各指示灯指示正常，但控制装置液晶显示黑屏，调不出任何信息，控制装置已经死机。经厂家专业人员检查，发现控制装置内部芯片损坏。

该站自动跟踪补偿消弧线圈，由有载调匝消弧线圈、中性点TV、中性点TA、串联阻尼电阻以及自动跟踪控制装置构成。自动跟踪控制装置检测到当前系统的电容电流等参数，自动调整消弧线圈的有载分接开关的档位（事先预调），实现自动跟踪补偿，即在系统发生单相接地故障之前，消弧线圈已经处于最佳挡位。

与消弧线圈串联的阻尼电阻，用来限制系统的谐振过电压。系统发生谐振时，阻尼电阻保证中性点的位移电压小于15%的相电压，防止谐振过电压。系统发生单相接地故障时，中性点流过大电流，必须快速将阻尼电阻短接。系统发生单相接地故障时，中性点位移电压升高、电流增大，可控硅快速触发，短接阻尼电阻（时间小于10μm）；单相接地故障消失，可控硅在电流过零时自动关断。

因消弧线圈自动跟踪控制装置损坏，使消弧线圈不能实现自动跟踪补偿，也无法查明在发生故障之前消弧线圈在哪个挡位。查阅变电站有关记录，没有查出自动跟踪控制装置在何时出现故障。在此之前的一个多月内，35kV系统操作较多，系统的电容电流等参数已经多次发生变化，不知道消弧线圈停留在哪个挡位上。

根据掌握的情况分析，消弧线圈自动跟踪控制装置损坏时，消弧线圈停留在某一挡位。系统电容电流发生变化时，消弧线圈的挡位不能自动跟踪变化，无法实现自动跟踪补偿。发生故障前，消弧线圈很可能停留在与当前运行方式下形成“全补偿”的挡位，容易产生谐振过电压。本次发生单相接地故障时，消弧线圈所处挡位不能满足系统实际参数，可能产生过电压。由于消弧线圈自动跟踪控制装置损坏，不能迅速自动将阻尼电阻短接，阻尼电阻长时间通过大电流，并且在过电压作用下烧断。中性点上的过电压，使阻尼电阻箱上的绝缘子击穿、产生电弧放电，使二次回路元件烧坏。

3. 预防措施

中性点非直接接地系统中，消弧线圈自动跟踪补偿控制装置的运行工况，对系统的安全运行影响很大。消弧线圈自动跟踪控制装置损坏，使消弧线圈不能实现自动跟踪补偿，甚至不起作用，不能防止弧光接地过电压，不能遏制谐振过电压，因此必须引起注意。应采取的预防措施如下：

（1）建议厂家改进控制装置设计，增加控制装置的自检功能，装置异常时发出报警信号，便于及时消除隐患。

（2）建议厂家选用高品质的电子元器件，降低控制装置的故障率。

（3）运维人员应按照规程规定，认真巡视检查消弧线圈及其自动控制装置，及时发现和消除隐患。发现自动控制主机死机，立即按技术说明要求重启主机；重启失败或发现异常运行情况，及时向调度和主管领导。

（4）变电站综自系统及信息通道发生故障，监控班不能监视变电站运行情况时，应实施临时单人留守值班。

（5）加强技术培训并增强责任感，使运维人员、检修人员和管理人员熟知自动跟踪补偿消弧线圈自动控制主机运行不正常的危害。

（6）制定弧线圈及其自动控制装置管理制度和校验检测规定，按规定进行定期维护。

第十章

电气设备着火事故处理

变电站的电气设备着火是比较严重的设备事故，不仅会造成停电损失，还将造成设备严重损坏。无人值班变电站发生电气设备着火，运维班和有关人员到达现场需要一定时间，火势很可能会蔓延扩大。因此不仅需要监控班值班员和运维班参与处理，还需要公司有关单位的支援和有关领导的指挥，甚至可能需要消防专业队伍参加灭火。

第一节　原因分析和有关要求

一、消防工作职责分工

1. 监控班

（1）对变电站的火灾报警实施远程监控。

（2）将变电站火灾报警系统系统报出的异常信息、告警信息及时通知相关运维班。

（3）负荷监视、运行方式调整操作。处理设备着火事故时，按调度命令执行遥控操作。

（4）按照《设备缺陷管理制度》规定，及时报告、流转设备缺陷。

（5）处理设备着火事故时，向调度和主管领导汇报，通过远程图像监控系统查看火情，分清区域和大致部位。

（6）处理可能属于重要设备发生内部故障的事故时（如变压器主保护及非电量保护动作），通过远程图像监控系统查看设备。

2. 运维班

（1）负责所辖变电站各种消防设施、消防器材、火灾报警系统的巡视检查和维护工作。

（2）负责制定变电站现场消防管理制度，上报消防设施大修、改造计划。

（3）负责消防设施新装、大修、改造的质量验收工作。

（4）及时制止现场施工中的违章，督促施工人员落实消防措施。

（5）现场检查和鉴定消防设施、告警系统，及时消除缺陷。

（6）负责设备着火事故的现场处置、现场隔离故障等操作。对参加灭火人员提示相关安全注意事项。

（7）负责变电站内动火工作票的审核、许可、终结等工作。

二、危险源

（1）变压器和线路高抗：油箱内有大量的绝缘油，发生内部故障时可能着火。

（2）充油式互感器：发生内部故障时可能着火。

（3）电力电容器、并联电抗器：运行电压过高、发生内部故障时可能着火。

（4）高压开关柜：是变电站发生着火频次最高的设备。

高压开关柜柜内设备布局紧凑。为了保证带电体相间、对地绝缘距离，柜内母线排采用热缩套包裹导体结构（绝缘护套），各部件相间有绝缘隔板，柜间连接母线排穿过穿板套管。上述绝缘部件都是有机绝缘材料。运行中，有机绝缘材料受电化腐蚀、热、潮气等因素影响，绝缘性能会不可逆的变差。因为过电压、大负荷等影响使柜内设备损坏时，容易发生着火。

（5）蓄电池室：铅酸蓄电池析出氢气达到一定的浓度时，遇明火可能爆炸起火。蓄电池存在质量问题，安全阀失效、电池内部短路、遇明火可能爆炸起火。蓄电池大量漏酸，电解液滴到其他电池或设备上，形成回路，进而短路，引起燃烧。

（6）电缆隧道（夹层）：高压电缆及动力电缆，载流量过大、散热条件差、绝缘有损伤等情况下，可能发生着火。高压开关柜内电缆终端着火，可能会蔓延到电缆隧道。

（7）施工现场：施工现场可能有可燃、易燃的杂物和材料。施工中电焊工作、违章抽烟等，可能引发着火。

（8）控制室、继电室：控制室和继电室的低压照明灯含有可燃材料，镇流器等部件损坏时可能着火；照明线路、低压电气线路过载、严重老化等原因，可能着火。

三、主要技术原因

（1）过载：电流过大，使导体及其接触部位发热，绝缘材料加速老化而损坏。电力电缆、动力电缆的电流超过允许载流量，将会严重发热，可能引发着火。

（2）高温天气：影响设备的散热、油位、内部压力等，影响电力电缆、开关柜内部允许载流量，是引发着火的原因。

（3）主导流接触部位发热严重：发热严重可能会使有机绝缘烧毁，可能引发着火。

（4）设备制造问题：部件原材料选用问题，例如开关柜安装穿板套管的部位，错误地使用铁板，母排通过大电流，在铁板上的漏磁通（涡流）产生热量，使有机绝缘材料烧损。

（5）施工工艺问题：电缆终端头分相穿过开关柜铁质底板，电缆通过大电流，在铁板上的漏磁通（涡流）产生热量，使电缆终端的绝缘受损。

（6）母线电压过高：母线电压偏高，电容器的电流增大、温度升高；运行年久或有缺陷的电容器，会因内部压力增大而变形、漏油，可能引发着火。

（7）绝缘受潮等因素放电：复合式支柱绝缘子、绝缘护套等有机绝缘材料受潮，长时间放电，憎水性破坏，绝缘性变差且不可逆。雷雨天气，雷电波侵入，支柱绝缘子击穿，形成弧光接地、短路，电弧使有机绝缘材料燃烧。

（8）内、外部过电压：雷击或间歇性弧光接地过电压、谐振过电压，使开关柜（特别是电压互感器柜）内的有机绝缘击穿后，较长时间内燃弧，烧毁柜内设备。

（9）断路器有影响分、合闸速度的隐患或有影响灭弧能力的缺陷：如果断路器操动机构储能压力低，同时分合闸闭锁不可靠，使断路器不能灭弧。如果真空断路器真空度下降或灭弧室 SF_6 压力降低，同时分合闸闭锁不可靠，使断路器不能灭弧。

四、分析判断依据

分析判断无人值班变电站的设备着火事故，主要是对火情发生地点和影响范围进行分析。分析判断依据如下：

（1）变电站的火灾报警系统的报警信息。

（2）图像监控系统有关图像信息。

（3）变压器自动灭火装置告警信号。

（4）保护动作情况及事故跳闸情况。

（5）报出的事故信号、预告信号。

（6）母线电压显示。

（7）现场查看情况。

五、一般处理程序

（1）监控班值班员向调度汇报，通知运维班到现场检查处理，向主管领导汇报。

（2）遥控操作，按调度命令转移负荷、隔离故障（系统接地故障、故障设备）。

如果能尽快将故障设备停电，能够及早使故障点的电弧放电消失，可以在一定条件下减缓火势的蔓延。

（3）运维班携带合格齐备的正压式呼吸器及个人防护用品赶赴现场。查明故障范围及影响范围，现场操作，将故障范围内设备转冷备用。

（4）启动自动灭火装置灭火。根据着火设备的类型和火情，使用适合的灭火器具实施现场灭火。

（5）火势难以控制时，向主管领导报告，拨打 119 报火警。

报警时应详细准确提供的信息有：发生火灾的具体地点和时间，着火的设备类型，火势情况，火焰高度，燃烧物质及大约数量，有无人员被困，有无发生爆炸或毒气泄漏以及着火范围，相关需求，报警人姓名和电话号码。

（6）若火势无法控制，现场负责人应组织人员撤至安全区域。

（7）配合、协助专业消防救援队开展灭火工作。

（8）专业人员进行事故抢修。

六、有关要求

（1）尽快切断有关设备的电源。高压设备着火，尽可能由监控班值班员遥控操作，断开相关断路器，拉开隔离开关（具备遥控条件的）。运维班到现场，执行将故障设备拉开相关隔离开关（手车）的操作。

（2）现场操作要使用安全工具。需要剪断低压导线时，应穿绝缘鞋，戴绝缘手套，且一次只能剪断一根导线。

（3）低压设备不停电灭火、高压开关柜和电容器的灭火，应使用绝缘灭火介质的灭火器，如1301、1211、干粉、二氧化碳、四氯化碳灭火器。

（4）灭火工具、灭火器喷头以及人体与带电部位保持安全距离。

（5）灭火人员尽量站在上风侧。

（6）室内灭火、电容器组灭火和电缆隧道灭火，均应戴防毒面具（消防过滤式自救呼吸器）。

（7）做好现场灭火时的安全监护，防止非电气专业人员接近带电部位，防止灭火行动对运行设备、人身安全造成威胁。

（8）火势对相邻设备有威胁时，要阻止火势蔓延。有必要时，按调度命令，将相邻设备停止运行。

（9）灭火人员在灭火时，应防止被火烧伤或中毒、窒息，防止火灾引起的爆炸，禁止在未停电的电气设备上灭火。

（10）专业消防队、主管领导到达火灾现场前，临时灭火指挥人由运维班当值班长担任，应充分利用现有资源不间断的采取灭火措施。专业消防队到达现场，按照消防法律法规要求移交灭火指挥权并协助灭火。

（11）当明火扑灭后，继续实施灭火工作，直到确认火势已完全扑灭。对于变压器和线路高抗内部故障着火，明火扑灭，变压器停止冒烟后，要继续使用喷雾水枪对变压器外壳进行冷却（15min以上），防止复燃、爆炸。

第二节　变电设备着火的处理

处理变电设备着火事故，需要做到及时发现、及时处理。只有早发现，尽快将故障设备停电，才能阻止、减缓火势的蔓延。对于尽早发现设备着火，监控班值班员能够起到很重要的作用。除了火灾报警报警系统的告警信号以外，还可以通过如下途径发现设备着火：

（1）观察变压器、线路高抗的自动灭火系统的告警信号。

（2）变压器、线路高抗主保护和非电量保护装置动作，使用图像监控系统查看设备。

（3）电容器组、电抗器组故障跳闸，使用图像监控系统查看设备。

（4）发生母线失压事故，后备保护动作跳闸后，使用图像监控系统查看设备。

（5）小电流接地系统发生单相接地故障，使用图像监控系统查看设备。

（6）高压室、控制室、继电室、电容器室和电抗器室等房间内冒烟，观察火灾报警系统的告警信号，并使用图像监控系统查看设备。

（7）驻站保安人员发现火情及时报告。

一、变压器着火的处理

1. 感知信息源

（1）室内变压器着火，火灾报警系统发出告警信号。

（2）变压器主保护动作跳闸，监控班值班员用图像监控系统查看变压器。

（3）变压器自动灭火装置告警信号。

（4）运维班现场巡视或监控班值班员用图像监控系统巡视设备。

2. 事故处理

（1）发现变压器着火，监控班值班员立即向调度汇报，通知运维班到现场检查处理，向主管领导汇报。

（2）监控班值班员遥控操作，按调度命令转移负荷，将故障变压器各侧断路器断开。

（3）运维班到现场操作，将故障变压器转冷备用。

（4）停用变压器冷却装置。切断故障变压器所有二次控制电源，切断除自动灭火系统电源、事故照明电源以外的其他低压交、直流电源。

（5）立即启动自动灭火装置（水喷雾灭火系统等）。若远方手动启动不成功，在确保人身安全的前提下，做好个人安全防护，在装置现场应急启动。

（6）现场进行灭火。火势难以控制时，向主管领导报告，拨打 119 报火警。

（7）如果是套管及升高座破损闪络着火，油在储油柜压力下流出并在顶盖上燃烧，开启水喷雾进行灭火，使用消防栓喷水和推车式灭火器、手提灭火器等进行灭火。判断不是变压器本体内部在燃烧的情况下，按照主管领导命令，打开变压器下部的事故排油阀门，将油放入储油坑内，使油面低于破裂处。若无水喷雾系统，可以使用喷雾水枪灭火。

打开事故排油阀门，同时使用喷雾水枪对变压器外壳相应部位进行冷却、阻火，保护操作人员的安全。操作人员应戴防毒面具（消防过滤式自救呼吸器），穿防火耐火服装。同时，使用喷雾水枪、推车式灭火器、手提灭火器（1211、泡沫灭火器等）等进行灭火。

（8）变压器内部故障（气体保护、压力释放保护动作），使外壳或散热器破裂等，燃烧的变压器油溢出。使用消防栓和推车式灭火器、手提灭火器等进行灭火。同时，在能够保障人身安全的情况下，使用消防沙灭油池内的火。为防止着火油流危及电缆沟，可以用消防沙土封堵变压器储油池的电缆沟、端子箱（底部）入口处。

（9）安装有排油注氮灭火装置的变压器，如果是变压器内部故障，判断本体内部在燃烧，立即启动注氮灭火装置。

（10）如果变压器有内部有燃烧的危险，要防止本体发生爆炸。应采取可靠的安全防护措施，使用喷雾水枪对变压器外壳进行冷却。变压器停止冒烟后，要继续进行冷却 15min 以上，防止复燃、爆炸。此种情况下，不能打开事故排油阀门，防止出现油气空间，形成可爆炸的混合物。

（11）变压器外壳破裂，喷油燃烧。除采取喷雾灭火以外，还要使用其他灭火器灭火。设法使油流导入事故储油井。变压器储油池、事故储油井内的火，使用泡沫灭火器扑灭。对喷出的着火油流，使用消防沙土堵、挡，防止其危及电缆沟等处。为防止着火油流危及电缆沟，可以用消防沙土封堵变压器储油池的电缆沟、端子箱（底部）入口处。

3. 注意事项

（1）室内变压器着火，应采取排烟措施。进入室内应戴防毒面具（消防过滤式自救呼吸器）。

（2）使用水或泡沫灭火器灭火，要防止喷出的水或泡沫喷向带电设备。

（3）防止火势向其他设备蔓延。

（4）如果火势严重危及二次电缆、低压电缆以及低压交直流系统的安全，应按主管领导的命令，切断变压器至相关沟道、端子箱、控制箱的全部电缆，防止对控制室、继电室二次设备构成威胁。

（5）若火势无法控制，现场负责人应组织人员撤至安全区域。

二、线路高抗着火的处理

线路高抗着火的处理基本和变压器相同。不同点是将有故障的高抗停止运行，必须按调度命令，线路两端都要断开断路器、拉开线路隔离开关。根据调度指令将线路停电转检修状态后，拉开高抗隔离开关后再进行灭火。

三、高压室内高压开关柜着火的处理

无人值班变电站的高压室开关柜着火，因为运维人员到达现场需要一定的时间，火势很可能会扩大和蔓延。如果火势和烟气比较大，在灭火和现场就地操作时需要保持安全距离，为了保证人身安全，防止事故扩大，可以将故障开关柜所在的一段母线停电，再进行操作和灭火。断路器可以远方控制、操作，在拉隔离开关或手车时，多数需要在开关柜前就地操作。在隔离故障操作及灭火时，母线若不停电，对于人身安全也很不利。

高压室内的开关柜排列紧密，某一开关柜着火，很容易波及相邻间隔。开关柜中部着火，向上最容易往母线室蔓延，使相邻间隔的母线室着火；向后下部蔓延，会使出线电缆室着火，对电缆隧道（夹层）内的多条电缆的安全，可能造成很大威胁。

1. 故障分析判断

高压开关柜着火多发生在系统发生单相接地故障或有过电压时，以及变压器后备保护动作跳闸造成母线失压时。所以，应当对故障点和停电范围作出判断。

高压室内开关柜着火时，应根据所报信号、表计指示、高压室内的事故象征（如着火、冒烟的地点和方位）、设备运行情况、事故跳闸情况等，判断清楚故障性质和范围。保护动作跳闸的开关柜，要重点查看。

查看故障段母线有无电压，是否已造成母线事故。以母线电压表指示、保护动作情况、断路器跳闸情况作为依据。若母线电压无显示，电源进线和分段断路器跳闸，说明该段母线已经失压。着火的开关柜应在失压的母线范围内。

无人值班变电站报出火灾报警信号，监控班值班员应使用远程图像监控系统查看有火情的区域。系统发生单相接地故障时，发生变压器后备保护动作跳闸造成6～35kV母线失压事故时，监控班值班员应使用远程图像监控系统查看，发现高压开关柜内冒出浓烟，要分清故障所在母线和应该停电的范围，尽可能做到使用远程图像监控系统早期定位。

2. 灭火及处理

（1）发现高压开关柜内着火时，监控班值班员应立即向调度汇报，通知运维班到现场检查处理，并向主管领导汇报。

（2）监控班值班员遥控操作，断开接地故障线路和有保护动作信号的线路断路器，断开着火冒烟开关柜的断路器，并关注、监视火情。

（3）监控班值班员遥控操作，按调度命令转移负荷，将故障段母线各断路器断开。故障段母线各线路停电。

（4）运维班到现场，戴好防毒面具（消防过滤式自救呼吸器）再进入高压室检查和操作，将故障段母线电源主进线柜和母线分段柜手车（隔离开关）拉开（转冷备用）。

（5）根据火情，切断故障所在母线所有二次控制电源、低压交直流电源。

（6）现场查清着火的开关柜和着火部位，查清波及范围。

（7）为防止火势向相邻开关柜蔓延，在保证人身安全的情况下，拉出与着火开关柜相邻还没有受损的开关柜内的手车（或拉开隔离开关）。

（8）现场使用绝缘灭火介质的灭火器进行灭火（根据现场实际情况、安全条件，使用操作杆等工具打开柜门）。灭火器的喷口要优先对准有利于防止危及相邻间隔的方位进行灭火。

（9）确知线路侧无电条件下，扑灭开关柜的出线电缆室内的火，应检查电缆终端烧损情况，检查火势向柜底蔓延的趋势。

柜底封闭，不能阻止电缆终端燃烧蔓延时，属于十分危险的情况，可能会危及到电缆隧道（夹层）内所有高压电缆和二次电缆的安全。因此，要尽力扑灭电缆终端的火势。

（10）扑灭开关柜的母线室、手车室内的火。

（11）火势难以控制时，向主管领导报告，拨打119报火警。

（12）灭火后进行事故抢修。

3. 注意事项

（1）进行现场处置时，优先保证人员人身安全。室内开关柜着火时，应通风排烟。为了防止人员中毒或窒息，人员进入高压室内进行检查、操作和灭火时，必须戴上防毒面具（消防过滤式自救呼吸器）。数量不足时，使用口罩、湿毛巾捂着嘴和鼻子。

（2）做好现场灭火时的安全监护，防止非电气专业人员接近带电部位，防止灭火行动对运行设备、人身安全造成威胁。

（3）现场操作拉隔离开关、手车，开启柜门，都要使用专用工具，防止烫伤。

（4）高压室内开关柜灭火以后，应继续通风排烟。对电缆隧道（夹层）内的电缆进行检查，避免遗留隐患。

四、电容器组着火的处理

1. 感知信息源

（1）室内电容器组着火，火灾报警系统发出告警信号。

（2）电容器组保护动作跳闸时，监控班值班员用图像监控系统查看电容器组。

（3）运维班现场巡视或监控班值班员用图像监控系统巡视设备。

2. 事故处理

（1）监控班值班员获取火警信息，应向调度和主管领导汇报，通知运维班到现场检查处理。

（2）监控班值班员遥控操作，断开断路器将故障电容器组停运。

（3）运维班到达现场，将 AVC、VQC 等电网自动电压无功控制系统对电容器组的自动控制功能解除，拉开电容器组隔离开关（或手车）。合上电容器组接地开关以后再进行灭火。

（4）电容器灭火时，因电容器内部介质有毒性，要做好个人安全防护。进入电容器室（或接近电容器围栏）前，戴上防毒面具（消防过滤式自救呼吸器）。

（5）由于电容器可能有部分电荷没有释放，应使用绝缘介质的灭火器灭火。所有人员不能进入电容器固定围栏，不得接触电容器外壳和引线。

（6）灭火时，要防止火势威胁到高压电缆。

（7）火势难以控制时，向主管领导报告，拨打 119 报火警。

（8）电容器室内进行灭火，要排烟通风。

（9）火势完全熄灭后，必须戴绝缘手套，用接地线使电容器完全放电，方能接触电容器。

五、室（箱）内接地变压器着火的处理

1. 感知信息源

（1）接地变压器（以下简称接地变）着火，火灾报警系统发出告警信号。

（2）接地变保护动作跳闸或系统接地故障，监控班值班员用图像监控系统查看接地变和消弧线圈，可以发现接地变着火。

（3）运维班现场巡视或监控班值班员用图像监控系统巡视设备。

2. 事故处理

（1）监控班值班员获取接地变着火信息，向调度汇报，通知运维班到现场检查处理，向主管领导汇报。

（2）监控班值班员遥控操作，按调度命令断开断路器，切除系统单相接地故障。

（3）监控班值班员遥控操作，切换站用电（具备此功能时），断开接地变的断路器。

（4）运维班到达现场，切换站用电。检查接地变的断路器在分闸位置，拉开手车（或隔离开关），拉开相应的消弧线圈的单极隔离开关。

（5）进入接地变室前，戴上防毒面具（消防过滤式自救呼吸器）。

（6）接地变没有严重损坏时，可用二氧化碳、1211、干粉等灭火剂灭火。

（7）接地变严重损坏，喷油燃烧，火势较大时，可用二氧化碳、1211、干粉、泡沫等灭火剂灭火。地面上的油火应用泡沫灭火剂扑灭。

（8）室内灭火，要排烟通风。

（9）整个灭火过程中，要防止火势威胁到高、低压电缆和相邻的消弧线圈。

（10）火势难以控制时，向主管领导报告，拨打 119 报火警。

六、充油电气设备着火的处理要点

（1）如果火势较大，应先切断起火设备和严重受威胁设备的电源。

（2）外部局部着火，而设备没有严重损坏时，可用二氧化碳、1211、干粉等灭火剂灭火。

（3）如果设备严重损坏，喷油燃烧，火势很大时，可用二氧化碳、1211、干粉等灭火剂灭火。地面上的油火应用泡沫灭火剂扑灭。

（4）要防止着火油料流入电缆沟内。如果燃烧的油流入电缆沟而顺沟蔓延时，沟内的油火只能用泡沫灭火剂覆盖扑灭，不宜用水喷射，防止火势扩散。

（5）灭火时，灭火器材和带电部位保持足够的安全距离。

七、电缆隧（沟）道内电缆着火的处理要点

电缆隧（沟）道内电缆着火，要查明着火电缆的线路名称，查看自动灭火装置动作情况（如灭火弹是否炸开）。如果火势没有完全熄灭，仍然有电缆在燃烧，处理要点如下：

（1）发现电缆着火燃烧，应立即切断电源。根据保护动作情况、断路器跳闸情况、有关信号、现场检查情况，判断故障线路和着火电缆的线路名称。再根据起火电缆敷设路径、着火位置等情况，进行综合判断。查找着火电缆的故障区段或故障点，向调度和主管领导汇报。

（2）当敷设在电缆排架上或电缆沟中的电缆发生燃烧时，与其并排敷设的电缆有燃烧的可能。应断开着火电缆的线路断路器，断开着火电缆的着火点敷设位置相邻电缆线路的断路器。断开的顺序是：起火电缆上面的电缆，同层两侧的电缆，起火电缆下面的电缆。将上述断路器转冷备用。

（3）向调度汇报，由监控班值班员遥控操作或由配电专业操作，将上述电缆线路停电。向主管领导汇报。

（4）火势难以控制时，向主管领导报告，拨打 119 报火警。

（5）对于较小的电缆沟道，为防止火势蔓延，减小火势，应将电缆沟和竖井的隔火门关闭或将两端堵死，以阻止空气流通，用窒息方法进行扑救。如果没有隔火门，可用土、沙、防火胶泥等物品将各孔洞堵死。

（6）对电缆隧（沟）道电缆灭火时，应戴防毒面具（消防过滤式自救呼吸器）。

（7）停电扑救电缆火灾时，可以用泡沫灭火器，也可以绝缘介质的灭火器，可以使用黄土和干沙进行覆盖以及用水灭火。

（8）对于电缆隧（沟）道内电缆着火，扑救时难以靠近火场，电源切断后，可向沟内灌水，将故障点用水封住，火自行熄灭。

八、蓄电池组着火的处理要点

1. 感知信息源

（1）蓄电池室或继电室、控制室火灾报警系统发出告警信号，监控班值班员用图像监控系统查看。

（2）相应直流母线接地或绝缘降低等信号，监控班值班员用图像监控系统查看发现。

（3）运维班现场巡视或监控班值班员用图像监控系统巡视设备。

安装在继电室、控制室的蓄电池组，火灾报警系统发出告警信号，监控班值班员不能立即知道是蓄电池组故障引起，只能结合所报信号等情况分析。

2. 事故处理要点

（1）全站直流负荷切换至另一组蓄电池供电。仅有一组蓄电池的变电站，只能用高频开关直流电源（充电机）带直流负荷。

（2）立即拉开蓄电池组出口开关，将故障蓄电池与直流母线隔离。

（3）应使用绝缘介质的灭火器灭火，不能使用泡沫灭火器。

（4）灭火时，使用防酸用具，戴护目镜，防止硫酸灼伤人体，开通风机排不良气体。

（5）控制室、继电室内安装的蓄电池组着火时，要阻止火势威胁到其他相邻屏柜。

第三节　高压开关柜着火事故处理实例及分析

1. 事故处理情况

TW 变电站距离运维班驻地 18km。该站仅有一台主变压器，相关一次主接线如图 10－1 所示。

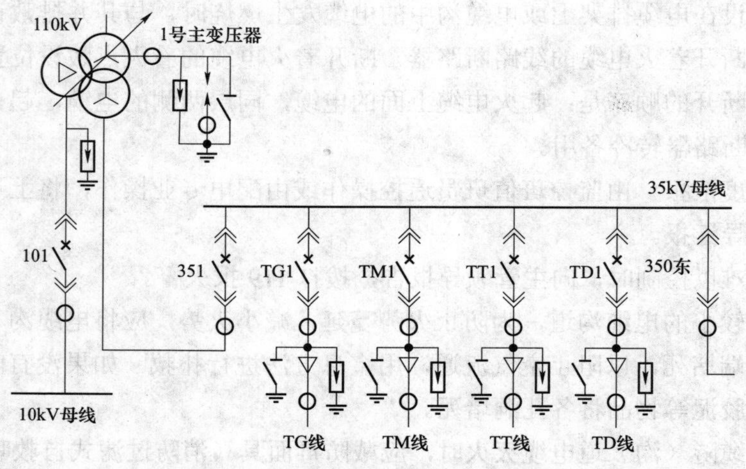

图 10－1　TW 变电站相关一次主接线

某日，35kV TD 出线开关柜发生单相接地故障，柜内起火冒烟，造成母线短路，1号主变压器 35kV 侧后备保护动作，351 断路器跳闸，35kV 母线失压。事故导致 TD 线及 350 东开关柜烧毁及相邻 TT 出线开关柜严重烧损。事故及处理过程如下：

（1）11:45:02，集控系统报出 TW 变电站 35kV 母线接地信号。接地故障属于间歇性接地，短时即反复多次，一时难以分清接地故障相。

（2）11:45:04，监控班值班员经图像监控系统查看，发现该站 35kV 高压室有浓烟，其冒烟的部位疑似在 TD 间隔；此时，TD 间隔柜内可能已经起火。监控班值班员向调度汇报，通知运维班到现场检查处理。

（3）11:47:18，监控班值班员执行调度命令，遥控操作断开 TD1 断路器，接地故障不消失；再断开 TT1 断路器，接地故障仍不消失。

（4）12:19:17，多次报接地信号。

（5）12:19:19，报出事故信号。TW 变电站 1 号主变压器 35kV 侧后备保护动作，351 断路器跳闸。

（6）12:20:15，监控班值班员按调度命令断开 TG1、TM1 断路器。

（7）运维班到达现场，戴上防毒面具，于 13:36 拉开 351 手车，开始灭火。

（8）紧接着，运维部管理人员及检修人员到达现场，大家合力进行灭火，共使用 20 个手提灭火器，历时约 30min，灭火完毕。

（9）事故抢修前，检查 TD 线开关柜出线电缆室时，发现柜内电缆终端全部被烧熔化，TA 及线路避雷器均被烧毁。随即下到电缆夹层内检查，发现 TD 线开关柜柜底下面出线电缆被火延烧到电缆叉口处（见图 10－2），共向下延烧约 250mm。电缆夹层内的灭火弹自动炸开，将电缆延烧到夹层内的火扑灭。如果没有这个灭火弹炸开，其后果可能是夹层内多条高压电缆、二次电缆全部被波及。

图 10－2　TD 间隔出线电缆在电缆夹层部分烧损情况

2. 设备烧损情况检查结果

（1）TD 线开关柜内最严重，柜内所有设备全部报废。手车本体被烧严重变形，真空断路器炸碎，母线室内母线排几乎全部烧熔。出线电缆室内电缆终端全部被烧熔，TA 及线路避雷器均被烧毁。

（2）相邻的 TT 线开关柜，母线室内的母线绝缘护套被烧化，母线排轻度烧熔，TT1 手车轻度烧损。

（3）相邻的母线分段柜（350 东隔离柜）仅母线室内的母线绝缘护套被烧化，母线排轻度烧熔。

3. 技术原因分析

从各开关柜烧损情况分析，此次事故应为 TD 线开关柜的后下柜内起火，延烧到后上柜、前柜内，并延烧波及到相邻柜（主要是母线室）。TD 线开关柜后下柜内起火，向下延烧到高压电缆叉口，电缆夹层内的灭火弹炸开，将夹层内的火扑灭。柜内的火势很大，从 13:37 开始灭火，直到 30min 以后才将火灾扑灭。

根据以上分析，判断接地故障发生在 TD 线开关柜内部，属于后下柜内设备故障导致接地，发生火灾，发展到相间短路，1 号主变压器 35kV 侧后备保护动作，351 断路器跳闸。

4. TD 线开关柜起火原因分析

TD 线高压电缆是由两根电缆并起来，分相穿入开关柜（见图 10－2），电缆终端叉口在电缆夹层内，距离开关柜底部约 0.35m。开关柜底板是绝缘石棉板。从技术上分析，由 TD 线电缆接线线夹以下部分引发故障的可能不大。分析依据：

（1）11:47:18，TD1 断路器断开以后，接地故障未消失。

（2）高压电缆的叉口以上，电缆分相穿过绝缘板，叉口以上到柜内部分的电缆芯线不存在对地绝缘击穿问题。

（3）如果是电缆的叉口处绝缘破坏，起火后会烧毁叉口及以下部分。实际情况是火势向下延烧到叉口，没有烧损叉口以下部分（见图 10－2）；反而是柜内电缆全部烧化。

从 TD1 间隔后下柜各部件烧损情况来看，可能是外部的火将三相避雷器外绝缘烧毁，避雷器内部故障的可能非常小。

TD 线出线电缆室内电缆终端全部被烧熔，应该与发生弧光接地故障、起火、发展到弧光短路有密切的关系。柜内的高压电缆接触部位如果发热严重，可能烧断、拉弧着火，使电缆外绝缘、邻近其他元件烧损起火，由于柜内空气绝缘距离不足而发生接地，导致发展到弧光短路。此开关柜安装后投运时，该电缆终端因制作工艺不符合要求（压接线夹时，外边的一层铝线被割断），验收人员要求施工单位返工。因此，高压电缆接触部位、压接部位过热而引起火灾的可能性最大。

TD 线开关柜内，高压电缆接线板、出线避雷器接线板均有严重的电弧烧熔痕迹。出线高压电缆终端接线线夹及其导体均被烧熔，应该是电弧放电所致。由此，故障原因应是高压电缆终端接触不良，运行中发热，主接触部位烧断而产生电弧，使邻近的有机绝缘材料烧损并起明火，先造成单相接地故障，后导致相间短路。

5. 开关柜内存在的问题

（1）柜底不起阻火作用。为了解决分相穿进柜底的电缆在底板上产生涡流发热的问题，施工单位将铁板换成绝缘板，缝隙处用防火泥封堵，没有用水泥或防火泥作防火层。此种工艺在后下柜内起火时，导致火势向下蔓延，使高压电缆烧到叉口处，直到电缆夹层灭火弹炸开，才将电缆夹层内的火扑灭。

（2）1.4m 宽的开关柜不能满足 300mm 的相间、对地距离要求。采用铝排加护套、相间及对地加隔板等措施，导致柜内的可燃物增多。

（3）柜内较多部件的有机绝缘材料能起明火。

6. 预防措施

（1）严格执行质量验收制度。特别是对高压电缆施工后的验收，要从电缆终端制作和敷设工艺、主接触部位等方面严格把关。

（2）开关柜底部的封堵必须同时符合防火、阻燃和防小动物的要求。

（3）定期及在高峰负荷时进行红外测温。

（4）开展变电站各开关柜底部防火、防小动物专项检查。对于查出的问题，制定整改计划，利用停电机会落实处理。

（5）开展变电站消防器具、个人防护用具专项检查，保持器具、用具的充足和完好可用。

第四节　高压电缆沟火灾事故实例及分析

1. 事故及处理

某 110kV 变电站仅有一台主变压器，有 12 条 10kV 电力电缆线路，经高压室地下电缆隧道、通过电缆沟接入市区配网。该电缆沟长约 300m（包括站外部分约 250m）。

某年 7 月某日中午 13:00，市区气温超过 41℃，该站 10kV 各出线负荷均创新高，其中 1 条出线负荷电流 430A，接近该电缆允许载流量 447A。

14:28，该站 2 条 10kV 出线过流保护动作跳闸，紧接着主变压器后备保护动作跳闸，10kV 母线失压。

监控班值班员将事故跳闸情况向调度汇报，通知运维班到现场检查处理 10kV 母线失压事故。由于该站室外 10kV 电缆沟内没有安装火灾报警系统的烟感探头，所以监控班值班员无法发现电缆沟的火灾。

监控班值班员遥控操作，断开 10kV 电容器组断路器，接着断开了失压母线上各出线断路器。

约 15:00，运维班 2 人到达现场，检查变压器保护动作有关信息之后，发现室外 10kV 电力电缆沟冒出黑烟。随即将情况向调度和主管领导汇报。按调度命令，拉开 10kV 电源主进线手车。

因室外 10kV 电缆沟盖板很重，又没有工具，故无法掀开盖板。运维班和赶来的抢修人员合力，也不能掀开电缆沟盖板。他们就戴上防毒面具，下到高压室下面的电缆隧道，发现通往室外电缆沟的阻火墙电缆穿孔封闭不严，为防止火势向电缆隧道蔓延，使用防火包、防火泥（从电缆隧道内防火墙拆下）将穿孔严密封闭。

配电专业抢修人员到现场后，在变电站墙外相应的电缆沟阻火墙处，将电缆穿孔进行封闭，并实施其他阻火措施。按调度命令，配电专业人员完成了电缆线路全部停电操作。

运维班和变电、配电抢修人员在一起，使用消防栓向着火的电缆沟内灌水。

大火燃烧近 2h，电缆沟内阻火墙和通往高压室的防火墙发挥了作用，火势没有蔓延到高压室下面的电缆隧道。电缆隧道内的低压电缆、二次电缆没有受到影响。

变电站室外 10kV 电缆沟灭火以后，检查沟内电缆烧损情况，发现沟底敷设的 12 条电缆全部烧毁。室外 10kV 电缆沟内电缆烧毁情况如图 10－3 所示。

图 10－3　电缆沟内电缆烧毁情况

2. 事故原因分析

（1）电缆沟内温度过高，沟内没有通风散热设施，使沟内的高压电缆处于恶劣的运行环境中。当日的市区气温超过 41℃，加上运行中的多条电力电缆发热，沟内温度很可能超过 50℃。

（2）电缆的负荷电流大，加上电缆内部温度高。电缆外皮表面的温度，可能远超过最高允许值（60℃），电缆内部温度则会更高。查询该变电站负荷曲线，过流保护动作跳闸的 2 条出线，在发生事故前负荷电流均超过了允许载流量；保护动作跳闸的时刻，其出线电缆可能已经起火烧坏。

（3）电缆的敷设不符合工艺要求，不利于电缆散热。从图 10－3 可以看出，各条电力电缆之间几乎没有间隔距离，不符合电缆沟内敷设的规范要求。

（4）电缆沟密闭过严，不利于散热。

结论：在高温天气、恶劣运行环境下，过流保护动作跳闸的 2 条出线负荷电流超过了允许载流量，导致电缆过热而起火。因为不能及时发现电缆着火，且电缆沟内没有安装自动灭火装置，大火延烧，导致沟内全部电缆烧毁。

运维班和变电、配电抢修人员采取的措施，起到了防止火势向室内电缆隧道和站外电缆沟蔓延的重要作用。

3. 预防措施

（1）严格按照电力电缆的自身技术要求和电缆的敷设条件进行敷设，控制运行中的电力电缆负荷电流，使其不超过允许载流量。

（2）规范电力电缆的敷设设计及敷设工艺，研究最佳敷设排列方式。同沟的电力电缆之间必须按规定留有间隙。

（3）改造电缆沟，增加自然通风、散热设施。

（4）电缆的敷设排列无法改变时，使用防火包隔开，使各电缆之间有散热空隙，改善其散热条件。

（5）电缆隧道内安装电缆超温报警装置和自动灭火装置。

（6）定期对电力电缆进行红外测温，及时发现、消除隐患。

第五节　高抗着火事故实例及分析

BH 变电站是运维班的基地，该站 500kV 配电装置采用 3/2 接线，全部设备采用敞开式布置设备。

某日，BH 变电站发生了 500kV FBⅡ线线路高抗差动及重气体保护同时动作跳闸、A 相高抗着火的事故。事故未造成人员伤害，未造成对用户压限负荷。

故障发生时，站内 500kV 运行方式为：各串正常环网运行。

天气情况：阴有零星小雨。

1. 故障情况

某日 15:39，BH 变电站控制室报出事故音响，500kV 事故总信号动作，故障录波器启动。500kV 第一串 5011 断路器、5012 断路器跳闸。同时，500kV 设备区有爆炸声响。

（1）FBⅡ线保护动作情况：ALPS 保护装置“接地距离Ⅰ段”动作，A 相跳闸出口，故障测距 0.4km；LFP－902A 距离Ⅰ段保护动作，故障测距 0.2km。

（2）5011、5012 断路器保护动作情况：A 相联跳保护动作，A 相跳闸出口；三相联跳保护动作，三相跳闸出口。

（3）FBⅡ线高抗保护装置动作情况：高抗差动保护“差动速断”动作，三跳出口；高抗差动保护“比率差动”动作，三跳出口；高抗重气体保护动作，三跳出口。

2. 事故处理情况

根据保护动作情况、断路器跳闸情况分析，判断为 FBⅡ线高抗发生内部故障。5011 断路器、5012 断路器跳闸，FBⅡ线线路及 FBⅡ线高抗为停电范围。从故障测距数据分析，FBⅡ线线路应无故障。

运维班迅速向网调调度员及公司主管领导汇报，并做如下处理：

（1）现场检查设备，发现 FBⅡ线高抗 A 相套管升高座爆炸起火。高抗 A 相套管已经倒地，低压侧套管炸裂。

（2）断开 FBⅡ线高抗的冷却装置电源。切断高抗二次控制电源，切断高抗其他低压交、直流电源。及时采取隔离措施，防止 FBⅡ线高抗二次回路受火灾影响导致直流接地。

（3）由于高抗的火势较大，情况紧急，拨打 119 电话，向市消防队求援。

（4）运维班班长确认 5011、5012 断路器确已分闸，并观察到高抗本体油箱侧面炸开 1m 左右大洞，因此判定高抗无二次爆炸的危险。认定人员可以接近故障设备。

接近邻近的 5011、5012 断路器之后，立即指挥运维人员和站内其他人员采取措施，先阻止大火殃及相邻设备和电缆沟，后进行高抗本体灭火的方式灭火。同时向网调和主管领导汇报。

（5）15:58，因高抗本体及周围火势较大，考虑到灭火人员的安全，检查 500kV FBⅡ线线路三相确无电压，检查 A 相高抗与线路连接导线已落地，在灭火的同时，随即将 FBⅡ线、5011 断路器和 5012 断路器相关隔离开关全部拉开，并向网调汇报。

（6）16:09，市供电公司领导及变电、安监、运维部、调度、修试等部门人员相继到达现场，投入了事故抢险。

（7）经过运维人员和市供电公司支援人员的全力扑救，在消防队赶到之前，火势已基本扑灭。共使用手推式大型灭火器 15 台，手提式灭火器 20 只。

（8）17:22，FBⅡ线高抗作安全措施。高抗的接地开关因操作机构烧坏而无法合上，改用临时地线将故障设备接地。

（9）灭火完毕，运维人员对全站设备作全面检查。市供电公司领导召集相关部门研究部署现场抢修方案。

（10）18:45，执行网调命令，停用 5011 及 5012 断路器保护、FBⅡ线线路保护、FBⅡ线单相重合闸、FBⅡ线远跳保护、FBⅡ线振荡解列装置。

（11）19:21，全部安全措施布置完毕，具备事故抢修条件。

3. 事故后现场检查情况

FBⅡ线线路高抗 A 相套管炸裂倒地，套管下节升高座被推出 5m 左右。部分高压绕组的绝缘烧毁，高压引线均压环断裂。与高抗相邻的 5011 DK17 隔离开关 A 相、B 相支柱绝缘子被油灰覆盖，5011 DK17 隔离开关 A 相机构箱被大火烧毁。附近电缆沟内电缆无损伤。

4. 故障处理

启动“500kV BH 变电站应急预案”：临时拆除 FBⅡ线高抗 A 相与线路连接导线，拆除 FBⅡ线三相避雷器与 5011 DK1 隔离开关之间连接导线，FBⅡ线三相 TV 清擦、作试验。FBⅡ线线路具备恢复运行的条件。

损坏的高抗由制造厂负责免费供应，安装公司负责更换安装。

下篇

110～500kV仿真变电站反事故演习训练题精选

第十一章

110～500kV 仿真变电站简况和训练要求

在下篇描述的反事故演习训练题，以本章介绍的 110kV、220kV 和 500kV 仿真变电站为训练平台。三个仿真变电站的一次设备型式和保护配置，是为了培训而设置的，不涉及设备具体型号和参数。各个演习题中的黑体字部分，则表示是演习训练中设置的故障。

第一节　110kV 仿真变电站简况

110kV 仿真变电站，设定为无人值班变电站，一次系统接线图如图 11－1 所示。

一、一次系统

110kV 部分为单母线分段接线，两条电源主进线。仿热线对侧为热电厂，仿直线对侧为电网中一座 220kV 变电站。仿热线、仿直线及分段断路器有并列装置。110kV 户外 SF_6 断路器配备弹簧操动机构。

两台主变压器为有载调压变压器，额定容量为 31.5MVA。

35kV 部分为单母线分段带旁母（大 H）结线。Ⅰ、Ⅱ仿月线对侧为电网中地方电厂供电的小网络，本侧没有安装并列装置。35kV 户外 SF_6 断路器配备液压操动机构。

10kV 部分为单母线分段接线。10kV 真空断路器配备弹簧操动机构。

消弧线圈为智能型自动跟踪补偿消弧装置，可以实现自动调谐。

二、二次系统

变电站使用微机综合自动化集控系统。保护配置如下：

（1）110kV 线路保护：微机型距离、零序保护。

（2）35kV 线路保护：微机型三段式电流保护；其中，两条联络线的保护也不带方向性。

（3）10kV 线路保护：微机型过流、速断保护。

（4）110kV 母线：微机型母差保护。

（5）主变压器：配备微机型变压器保护装置。

变压器主保护包括差动，主变压器本体轻瓦斯、重瓦斯，压力释放（跳闸压板不投），有载调压瓦斯保护。

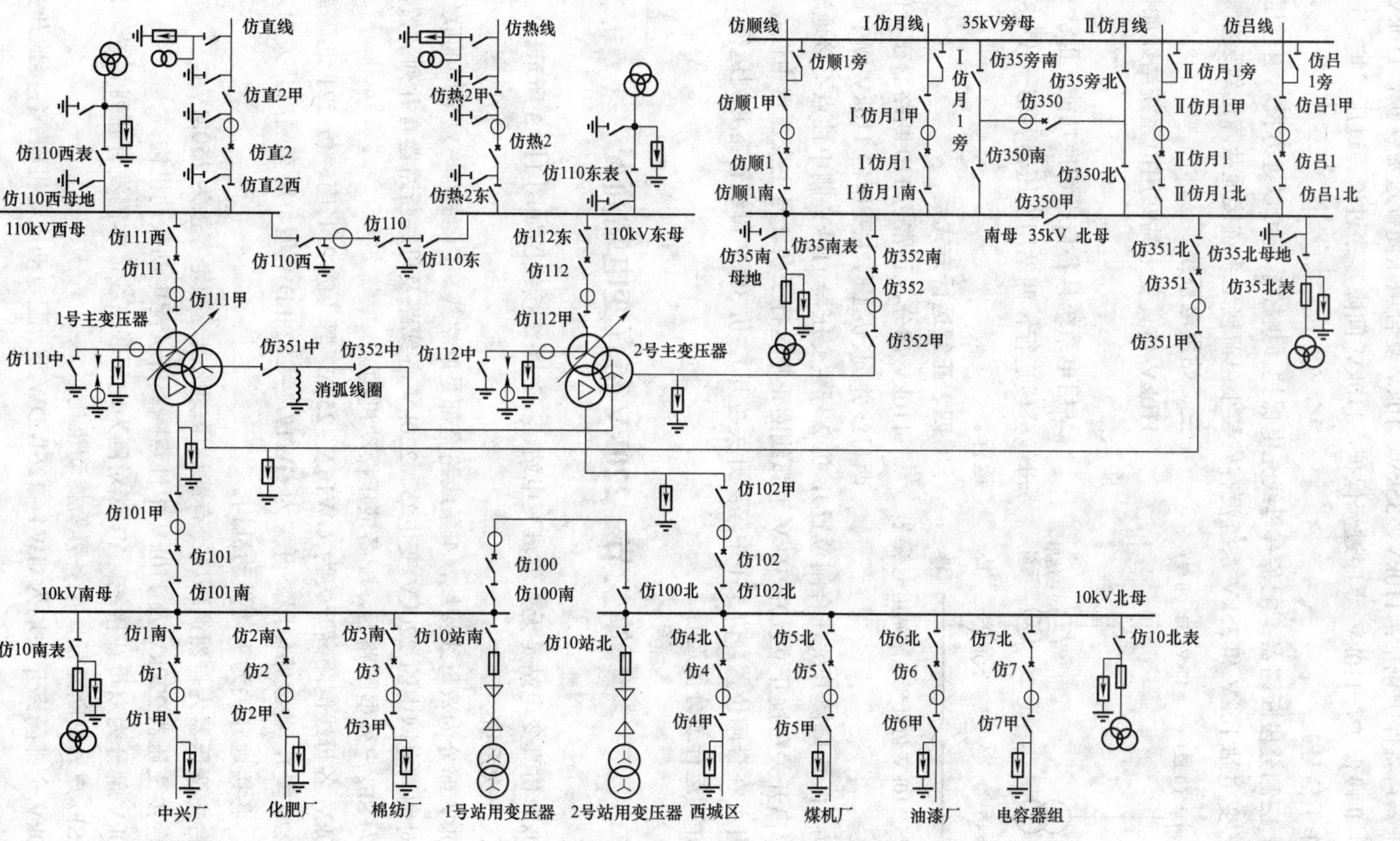

图 11-1 110kV 仿真变电站一次系统接线图

变压器后备保护包括：110kV、35kV、10kV 复合电压闭锁过流保护，110kV 侧方向零序Ⅰ、Ⅱ段保护，110kV 零序过流保护，110kV 间隙零序过流、过压保护；过负荷保护（动作于信号）。

（6）三侧分段断路器：配备有母线充电保护（集控系统可以远方投、退软压板）。

（7）变电站 10kV 和 35kV 系统没有安装小电流接地系统接地故障选线装置。

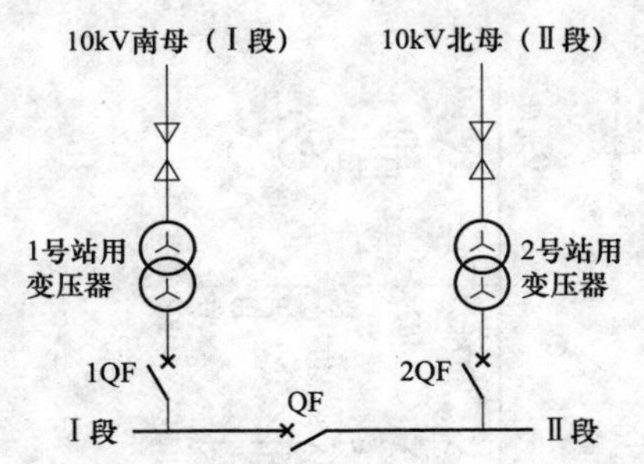

图 11－2　110kV 仿真变电站站用电系统

三、站用电系统

110kV 仿真变电站站用电系统结线如图 11－2 所示。

站用电系统具备自投切换功能。正常Ⅰ、Ⅱ段母线分段运行，两站用变压器各带一段 380V 母线运行。

四、正常运行方式

110kV 部分，正常仿 110 断路器在合闸位置，两母线并列。仿 1 号主变压器 110kV 侧中性点接地运行（仿 111 中隔离开关在合闸位置），仿 2 号主变压器 110kV 侧中性点不接地运行（仿 112 中隔离开关在拉开位置）；35kV 消弧线圈正常运行于仿 2 号主变压器中性点（仿 352 中隔离开关在合闸位置，仿 351 中隔离开关拉开）。仿 35kV 母线正常并列运行；10kV 母线正常并列运行或分段运行。

第二节　220kV 仿真变电站简况

220kV 仿真变电站是无人值班变电站。一次系统接线图如图 11－3 所示。

一、一次系统

220kV 部分为双母线接线，4 条线路全部是联络线。E1 线为与发电厂的联络线；其他线路对侧为电网中的 220kV 变电站。220kV 各线路及母联断路器有并列装置。220kV 断路器为 SF_6 户外型断路器，配备液压操动机构。

220kV 各母线侧隔离开关为 GW16A－252W 型（仿 221 南、仿 221 北隔离开关为 GW6－220 型），各线路侧隔离开关为 GW17A－252ⅡDW 型。所有隔离开关均为电动操动机构。各接地开关为手动操动机构。

两台主变压器为自然循环风冷有载调压变压器，额定容量为 150MVA。

两台主变压器 220kV 及 110kV 中性点隔离开关配电动操动机构。

110kV 部分为双母线接线。Y1 线对侧为电厂联络线，本侧没有并列装置。110kV 断路器为 SF_6 户外型断路器，配备弹簧操动机构。

110kV 全部隔离开关均为 GW4－126ⅣDW 型，配电动操动机构。各接地开关为手动操动机构。

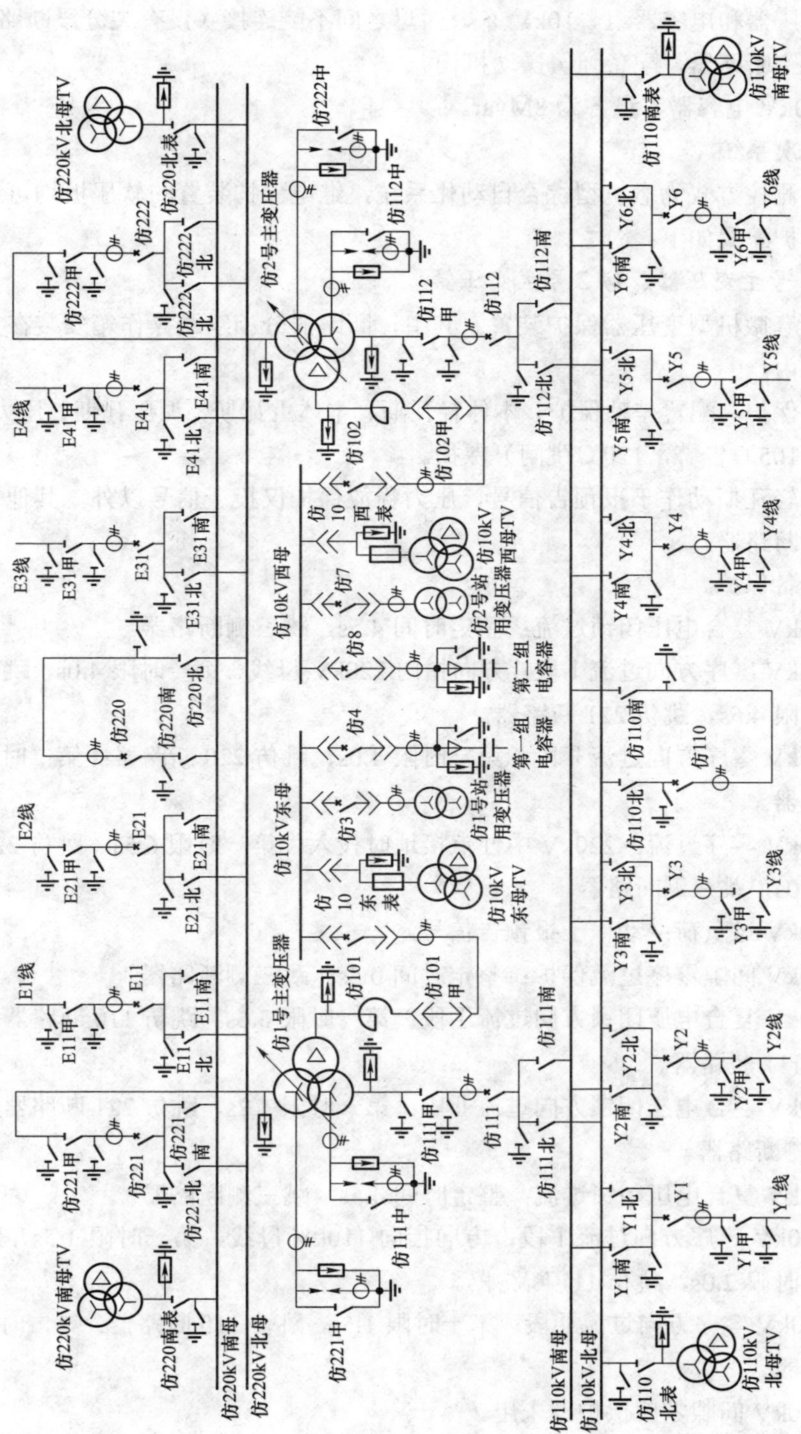

图 11-3 220kV 仿真变电站一次系统接线图

10kV 部分为单母线接线，选用 GZS1－12 型中置式手车开关柜。10kV 部分没有出线，仅带站用变压器和电容器组。10kV 东、西母之间不能连接（没有装分段断路器）。10kV 断路器为真空断路器，配备弹簧操动机构。

两组 10kV 电容器容量各为 8Mvar。

二、二次系统

变电站测控方式为微机型综合自动化系统，继电保护装置的软压板均可以远方投、退操作。保护配置如下：

1. 仿 1 号主变压器、仿 2 号主变压器

配置两套微机型变压器保护装置。其中，断路器分相双跳操作箱安装在第一套主变压器保护屏内。

（1）主保护。配置差动保护、本体轻瓦斯、本体重瓦斯、调压瓦斯、压力释放保护、绕组超温（105℃告警，120℃跳闸）保护。

除本体轻瓦斯动作于报预告信号、压力释放保护仅投于信号以外，其他主保护均动作于跳三侧断路器。

（2）后备保护。

1）220kV 复合电压闭锁过流：整定时间 4.5s，跳三侧断路器。

2）220kV 零序方向过流Ⅰ段：方向指向 220kV 母线，第一时限 4.0s，跳仿 220 断路器；第二时限 4.5s，跳仿 221 断路器。

3）220kV 零序方向过流Ⅱ段：第一时限 4.0s，跳仿 220 断路器；第二时限 4.5s，跳仿 221 断路器。

4）220kV 零序过流：220kV 中性点接地时投入，第一时限 6.5s，跳仿 222 断路器；第二时限 7.0s，跳三侧断路器。

5）220kV 过负荷：动作于报预告信号。

6）220kV 间隙零序过流保护：整定时间 0.5s，跳三侧断路器。

7）220kV 复合电压闭锁方向过流Ⅰ段：第一时限 3.6s，跳仿 110 断路器；第二时限 3.9s，跳仿 111 断路器。

8）220kV 复合电压闭锁方向过流Ⅱ段：第一时限 4.2s，跳仿 221 断路器；第二时限 4.5s，跳三侧断路器。

9）110kV 复合电压闭锁过流：整定时间 4.5s，跳三侧断路器。

10）110kV 零序方向过流Ⅰ段：方向指向 110kV 母线，第一时限 1.5s，跳仿 110 断路器；第二时限 2.0s，跳仿 111 断路器。

11）110kV 零序方向过流Ⅱ段：第一时限 1.5s，跳仿 110 断路器；第二时限 2.0s，跳仿 111 断路器。

12）110kV 间隙零序保护：未用。

13）110kV 复合电压闭锁方向过流Ⅰ段：方向指向 110kV 母线，第一时限 3.3s，跳仿 110 断路器；第二时限 3.6s，跳仿 111 断路器。

14）110kV 复合电压闭锁方向过流Ⅱ段：第一时限 3.6s，跳仿 111 断路器；第二时限 4.5s，跳仿三侧断路器。

15）110kV 零序过流保护：110kV 中性点接地时投入，第一时限 2.5s，跳仿 111 断路器，第二时限 3.0s，跳三侧断路器。

16）10kV 复合电压闭锁过流：整定时间 2.4s，跳仿 101 断路器。

2. 220kV 线路保护配置

（1）E1 线。配置双套具有后备段的微机型光纤差动保护。其中，断路器操作箱在第一套光纤差动保护屏内。

（2）E2 线。配置具有后备段的微机型方向高频保护装置、微机型高频频闭锁距离、零序保护装置。其中，断路器操作箱在方向高频保护屏内。

（3）E3 线。配置具有后备段的微机型光纤差动保护，微机型高频闭锁距离、零序保护装置。其中，断路器操作箱在光纤差动保护屏内。

（4）E4 线。配置具有后备段的微机型光纤差动保护，微机型光纤距离、零序保护装置。其中，断路器操作箱在光纤差动保护屏内。

3. 110kV 线路保护

（1）Y1 线、Y4 线。配置具有后备段的微机型光纤差动保护。

（2）Y2 线、Y3 线、Y5 线、Y6 线。配备微机型距离、零序保护。

4. 10kV 电容器保护

数字式电容器保护装置（过流Ⅰ、Ⅱ段保护，不平衡保护，过压保护，欠压保护）。

5. 220kV 母线

配置有两套微机型母差保护。其中，第一套微机型母差保护包含断路器失灵保护。

6. 110kV 母线

配置微机型母差保护。

7. 220kV 母联断路器

配置有微机型母线充电保护。

8. 110kV 母联断路器

配置有微机型母线充电保护。

9. 10kV 站用变压器保护

配置微机型站用变压器保护装置。

三、站用电系统

站用电系统接线如图 11－4 所示。

站用电系统安装有微机型备用电源自投装置，能够实现两电源主进线 1QF、2QF 的“互投”功能，也能够使用“自投分段 QF 开关”的功能。正常Ⅰ、Ⅱ段母线分段运行，两站用变压器各带一段 380V 母线运行。

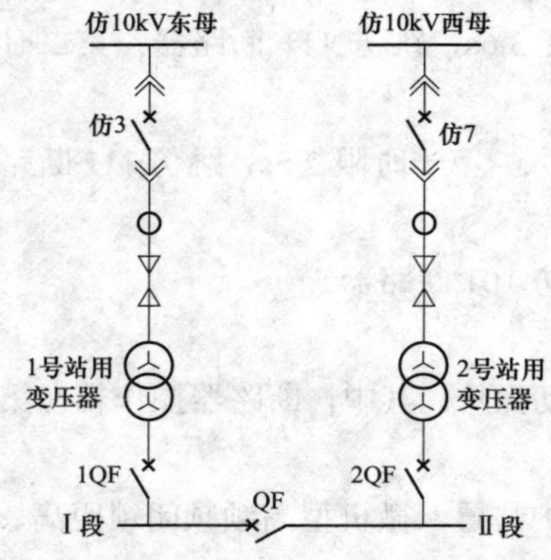

图 11-4 220kV 仿真变电站站用电系统

四、正常运行方式

1. 一次系统正常运行方式

仿 220kV 南、北母线经仿 220 断路器联络，仿 1 号主变压器、仿 2 号主变压器高中压并列运行；仿 110kV 南、北母线经仿 110 断路器联络运行。仿 221 及 220kV E1 线、E3 线作联络线运行于仿 220kV 南母；仿 222 及 220kV E2 线、E4 线作联络线运行于仿 220kV 北母。仿 111 及 110kV Y1 线作联络线，Y3 线、Y5 线作馈线运行于仿 110kV 南母；仿 112 及 110kV Y2 线、Y4 线、Y6 线作馈线运行于仿 110kV 北母。

2. 两主变压器中性点运行方式

正常运行方式下，仿 1 号主变压器 220 kV 侧中性点及 110 kV 侧中性点均接地运行（仿 221 中隔离开关、仿 111 中隔离开关均在合闸位置）；仿 2 号主变压器 220 kV 侧中性点不接地（仿 222 中隔离开关在拉开位置），110 kV 侧中性点接地运行（仿 111 中隔离开关均在合闸位置）。

3. 站用电系统运行方式

仿 101 断路器带仿 1 号站用变压器运行，仿 102 断路器带仿 2 号站用变压器运行。正常情况下，两站用变压器 380V 侧不能并列，各带一段 380V 母线运行（分段开关 QF 在断开位置）。需要倒运行方式时，一般应停电倒换。

4. 一次系统正常运行方式下的保护投退方式

（1）变电站综合自动化系统投入运行，所有断路器均投“遥控”位置。

（2）各 220kV 线路保护双套保护均投入。

（3）各 220kV 线路重合闸装置投入方式，按调度命令执行。各线路两保护屏均投入重合闸装置。两保护屏上的“重合闸方式”切换开关一般投“单相”位置（两保护屏投入位置必须一致）。两屏上的“重合闸启动压板” 均应在投入位置。光纤差动保护屏、方向高频保护屏的“重合闸出口压板”投入（暂投一套重合闸出口压板）。

（4）220kV 母线的两套母线保护及失灵保护均应投入，母线充电保护在解除位置，线路断路器启动失灵保护压板和失灵保护跳该断路器压板均应投入。

（5）仿 1 号主变压器、仿 2 号主变压器 220kV 侧后备保护跳仿 220 断路器的压板应投入。主变 110kV 侧后备保护跳仿 110 断路器的压板投入。

（6）两台主变压器双套保护应投入运行，压力释放保护投于信号位置，主变压器自动充氮灭火装置暂时停用。仿 1 号主变压器 220kV 侧中性点零序过流保护投入，220kV 侧中性点间隙零序过流保护不投。仿 2 号主变压器 220kV 侧中性点间隙零序过流保护投入，220kV 侧中性点零序过流保护不投。

（7）110kV 母差保护投选择方式，110kV 母线充电保护退出。

第三节　500kV 仿真变电站简况

500kV 仿真变电站为无人值班变电站，一次系统接线图如图 11－5 所示。

一、一次系统

500kV 部分主接线为 3/2 接线，共有 6 个完整串运行。其中，两条电源主进线 LXⅠ线和 LXⅡ线对侧为发电厂，其他 500kV 线路均为电网的联络线。500kV 设备选用 HGIS 组合电器，母线为吊装式管形母线。母线、母线 TV、线路侧避雷器、线路侧 TV 为敞开式布置设备。500kV 断路器配备液压弹簧式操动机构。

1 号主变压器、3 号主变压器为单相无载调压自耦变压器，总额定容量为 2×1000MVA。

500kV XSH 线有一组单相式线路高压并联电抗器（以下简称高抗），额定容量为 3×40Mvar。

220kV 部分为双母线双分段结线（分段断路器未安装），9 条线路全部是联络线。各线路及母联断路器均有并列装置。220kV 设备为 GIS 组合电器，断路器配液压弹簧操动机构。

35kV 部分为三段独立单母线结线。35kV 1 号母线经 4 号母线（过渡母线）接于 1 号主变压器低压侧，35kV 3 号母线经 6 号母线（过渡母线）接于 3 号主变压器低压侧，35kV 0 号母线（临时母线）接于站外其他线路。35kV 1 号母线和 35kV 3 号母线各接有两组并联电抗器、三组电容器和一台站用变压器。35kV 设备为室外敞开布置配电装置，选用户外型 SF_6 断路器，配备弹簧操动机构。

每组 35kV 并联电抗器的额定容量为 20000kVA。

每组 35kV 电容器额定容量为 60.12Mvar。

二、二次系统

1. 变电站测控方式

变电站采用微机综合自动化系统。35～500kV 断路器、220～500kV 隔离开关和接地开关、站用电系统的主进和分段开关均可以实现遥控。

2. 保护配置

（1）500kV 线路保护配置：每条线路均为双套带后备保护的微机型光纤电流差动保护、过电压及远跳装置。

（2）500kV 断路器保护配置：均为微机型断路器保护装置（含失灵保护、重合闸、充电保护、三相不一致保护、死区保护）。

（3）500kV 母线保护配置：两套微机型固定结线式母线保护。

（4）XSH 线线路高抗保护配置：两套微机型电抗器保护装置，含有轻瓦斯保护、重瓦斯保护、差动保护、差动速断保护、零序差动保护、零序差动速断保护、匝间保护、相电流过流保护、零序电流保护、中性点消谐电抗过流保护、主电抗过负荷（报信号）、中性点消谐电抗过负荷（报信号）等。

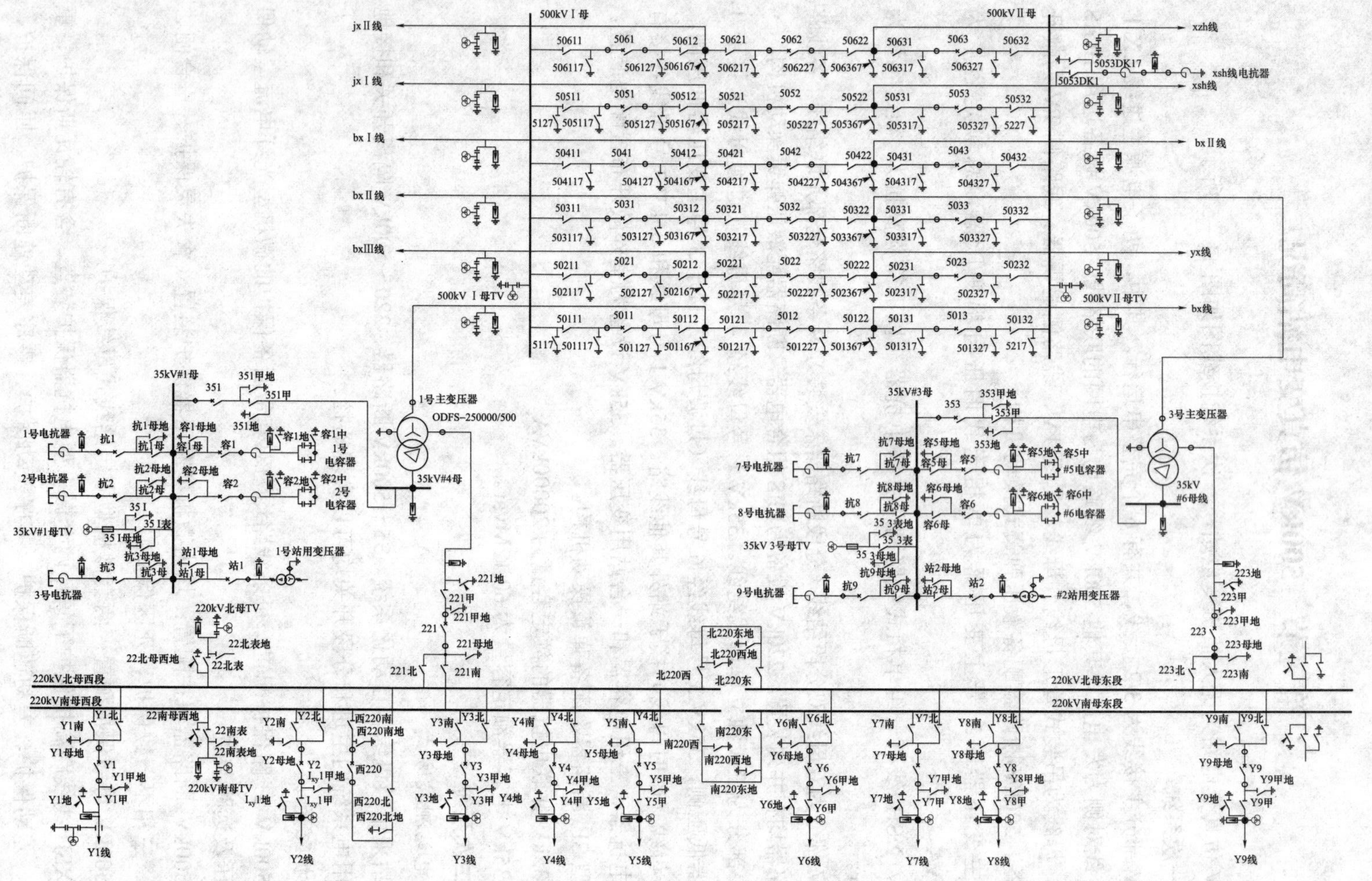

图 11－5 500kV 仿真变电站一次系统图

（5）220kV线路保护：第一套微机保护为分相操作箱、光纤差动线路保护装置；第二套微机保护为光纤距离线路保护装置、失灵起动及辅助保护装置、操作继电器装置。

（6）220kV母线保护配置：两套微机型母线保护。

（7）主变压器保护配置：两套微机型变压器保护装置。变压器主保护包括差动，零序差动，轻瓦斯、重瓦斯，压力释放保护（跳闸压板不投）。高压侧后备保护包括相间阻抗保护、零序方向过流、零序过流、过激磁保护、过负荷保护。中压侧后备保护包括相间阻抗保护、零序方向过流、零序过流、过负荷保护。低压侧后备保护包括限时速断、复压过流、过负荷保护。公共绕组保护包括零序过流、过负荷保护。

（8）35kV并联电抗器保护配置：微机型电抗器保护测控装置（包含过流Ⅰ、Ⅱ段保护，差动速断保护，零序Ⅰ、Ⅱ段保护，过负荷保护）。

（9）35kV电容器保护配置：微机型电容器保护测控装置（包含过流Ⅰ、Ⅱ、Ⅲ段保护，零序Ⅰ、Ⅱ段保护，低电压保护、过电压保护，桥差电流保护）。

（10）站用变压器保护配置：均为微机型站用变压器保护测控装置。

非电量保护：包括重瓦斯跳闸、轻瓦斯报警、超温跳闸或报警。

电气量保护：包括三段复合电压闭锁过流保护、高压侧正序反时限过流保护、过负荷报警、两段定时限负序过流保护（其中Ⅰ段用作断相保护，Ⅱ段用作不平衡保护）。

站用变压器高压侧接地保护：包括三段定时限零序过流保护（其中零序Ⅰ段两时限，零序Ⅲ段可整定为报警或跳闸）；零序过压保护；支持网络小电流接地选线。

低压侧接地保护：包括三段定时限零序过流保护；零序反时限保护。

三、站用电系统

500kV仿真变电站站用电系统结线如图11－6所示：1号站用变压器接于35kV1号母线，2号站用变压器接于35kV3号母线。0号站用变压器接于35kV 0号母线，是其他变电站供电的外来电源。

站用电系统安装有微机型备用电源自投装置，能够实现两电源主进线381、382断路器的“互投”功能，也能够使用“自投分段3801、3802断路器”的功能。

正常运行时，380VⅠ、Ⅱ段母线分段运行，两站用变压器各带一段380V母线运行，0号站用变压器作备用电源（充电运行），自投装置投于“自投分段3801、3802断路器”的位置。

380/220V主控交直流配电室配电柜，分别由380/220V低压Ⅰ、Ⅱ段母线供电。

四、正常运行方式

1. 500kV系统正常运行方式

500kVⅠ母、Ⅱ母经第1、2、3、4、5、6串环网运行。

2. 220kV系统正常运行方式

（1）220kV南母西段和南母东段（暂不分段）、北母西段和北母东段（暂不分段）经西220联络运行。

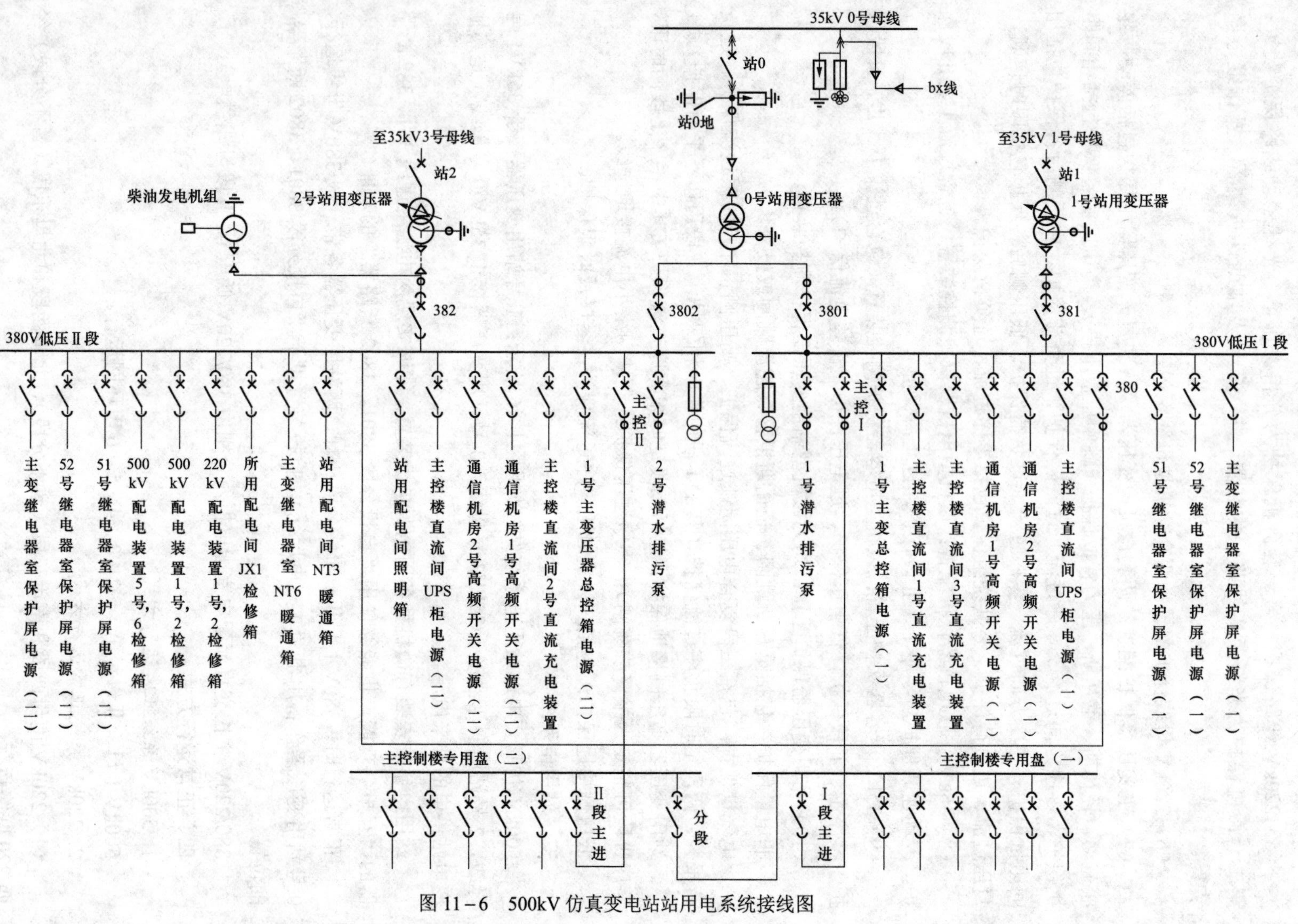

图11-6 500kV 仿真变电站站用电系统接线图

（2）Y1、Y3、Y5、Y7、Y9 线及 221 断路器运行于 220kV 北母；Y2、Y4、Y6、Y8 线及 223 断路器运行于 220kV 南母。

3. 35kV 系统运行方式

（1）35kV1 号母线带 1 号站用变压器运行，35kV3 号母线运行带 2 号站用变压器运行，35kV 0 号母线带 0 号站用变压器充电运行。禁止 0 号站用变压器、1 号站用变压器、2 号站用变压器的低压侧之间相互并列运行。

（2）35kV 各电容器组、电抗器，视系统电压情况投退。禁止电抗器与电容器组同时投入运行。

4. 一次系统正常运行方式下的保护投退方式

（1）综合自动化系统投入运行，所有断路器均投“遥控”位置。各 500kV、220kV 隔离开关投“遥控”位置。

（2）两台主变压器双套保护应投入运行，压力释放保护投于信号位置。1 号主变压器、3 号主变压器后备保护跳西 220 断路器的压板应投入。主变压器自动充氮灭火装置暂时停用。

（3）两套 500kV 母线保护均投于“选择”方式，母线充电保护在解除位置，失灵保护均应投入，断路器启动失灵保护压板、失灵保护出口压板、母线保护动作启动主变压器保护Ⅰ屏压板均应投入。

（4）两套 500kV 线路高抗保护装置均应投入。

（5）500kV 各断路器微机型断路器保护装置应投入。重合闸装置一般投于“单重”和“边断路器优先”方式。此方式下实现的功能为：

1）线路单相故障时，边断路器和中断路器单相跳闸；边断路器若单相重合失败，边断路器和中断路器三相跳闸。边断路器若单相重合成功，中断路器单相重合。中断路器若单相重合失败，中断路器三相跳闸。

2）线路相间故障时，边断路器和中断路器三相跳闸不重合。

3）母线保护、变压器保护、线路高抗保护、断路器失灵保护动作时，闭锁重合闸。

（6）两套 500kV 线路保护装置均应投入。两保护屏上的“重合闸方式”切换开关，在正常运行时投“单重“方式（与断路器保护装置一致）。两屏上的“重合闸启动压板”均应在投入位置，断路器保护屏上的“重合闸出口压板”投入，边断路器保护屏的“投重合闸先重方式压板”投入，中断路器保护屏“投重合闸先重方式压板”退出。

（7）220kV 母线的两套母线保护均投于“选择”方式，母线充电保护在解除位置，失灵保护均应投入，断路器启动失灵保护压板、失灵保护出口压板投入。

（8）220kV 线路双套保护均投入，重合闸装置一般投“单相”位置，各线路光纤差动保护屏与光纤距离保护屏上的重合闸方式投入位置必须一致。两屏上的“重合闸方式”切换开关都投至“单相”位置，两屏上的“重合闸启动压板”“重合闸出口压板”也必须都投入。重合闸检同期方式由装置控制字决定，光纤差动保护装置的检同期和检无压控制字均置“1”，光纤距离保护装置的检无压控制字置“1”。

（9）各 220kV 线路重合闸装置投入方式，按调度命令执行。各线路两保护屏均投入重合闸装置。两保护屏上的“重合闸方式”切换开关，一般投“单相”位置（两保护屏投入位置必须一致）。两屏上的“重合闸启动压板”均在投入位置。光纤差动保护屏、光纤距离线路保护屏的“重合闸出口压板”均投入。

（10）35kV 电容器保护、并联电抗器保护均投入。

第四节　500kV 仿真变电站主设备运行规定

一、主变压器运行规定

（1）两组主变压器为无载调压自耦变压器，部分强迫油循环风冷。正常运行时，变压器上层油温不宜超过 85℃，最高不得超过 95℃。

（2）在正常情况下，变压器不允许超过铭牌的额定值运行。

（3）主变压器每相有一套独立的冷却装置。在投于“自动”位置时，当油面温度达到 60℃时，风扇电机投入运行；当油面温度降到 50℃时，风扇电机自动退出运行。在油温升到 75℃时，“工作”油泵投入运行。当油温降到 70℃时，油泵退出运行。如果工作中的油泵任何一个出现故障，综自后台机就会发出工作油泵故障信号。当负荷达到额定负荷的 70%时，经过几秒延时，同时投入风扇电机和油泵。

（4）主变压器全部冷却器突然停运，在额定负荷下允许再运行 60min。主变压器风扇突然停运，油泵仍运转时，应按上层油温不超过 85℃，温升不超过 55℃控制主变压器运行时间。

（5）主变压器本体“风冷全停主变三侧跳闸”保护压板，满足跳闸的条件为：任一相变压器本体风冷全停、上层油温超过 75℃、绕组温度超过 85℃、时间达 1h。正常运行时该保护压板不投。

（6）主变压器投入或退出运行的操作，一般应在 500kV 侧停电，在 220kV 侧解（合）环。即送电时，先合上 500kV 侧边断路器、中断路器，对变压器充电，再检同期合上 220kV 侧断路器进行合环。停运时，先断开 220kV 侧断路器开环，再断开 500kV 侧中断路器、边断路器。

二、高抗运行规定

（1）正常情况下，高抗不允许超过铭牌规定的额定值运行。上层油温不宜超过 85℃，最高不得超过 95℃。

（2）高抗与相应线路之间未装设断路器，在拉合其隔离开关之前，必须检查线路确无电压，并在线路侧验明无电后接地。严禁带电拉合 5053DK1 隔离开关。

（3）高抗通常与线路同时投入运行。投运时，应先合上并联电抗器组 5053DK1 隔离开关，再拉开线路 505367 接地开关；线路停电时，必须先切断线路各侧电源，合上线路 505367 接地开关，才能拉开并联电抗器 5053DK1 隔离开关。

三、配电装置运行规定

1. 500kV HGIS 设备运行规定

（1） 断路器采用液压弹簧操动机构，正常操作压力为53.1MPa。正常情况下，HGIS设备不允许在超过额定参数情况下长期运行，不能非全相运行。

（2）各气室的 SF_6 气体压力值见表 11－1。

表 11－1　**HGIS 设备气体压力值（20℃）**　MPa

位置	额定	第一报警值	第二报警值（闭锁）
双断口	0.50	0.45	0.40
其他气室	0.40	0.35	0.30

（3）SF_6 气体压力值低于闭锁压力时严禁操作断路器。断路器在额定工作电压下允许连续合闸 4 次，每次间隔 3min。

（4）500kV 线路（主变压器）停电，先断开中断路器，后断母线侧断路器（边断路器），送电时顺序相反。

（5）断路器跳闸重合不成功，如调度要求强送时，应先检查断路器外部正常。在跳闸 3min 之后才允许再次合闸，如果强送不成功，下一次合闸操作必须在 1h 之后进行。

（6）500kV HGIS 断路器、隔离开关、接地开关等一次设备的倒闸操作原则，必须按照站控层遥控操作、间隔层（测控屏）、设备层（汇控柜）的优先级顺序执行。站控层操作失灵时，可在间隔层操作；间隔层操作失灵时，可在汇控柜上进行停电后的拉开隔离开关、接地开关的操作。严禁在操动机构上进行带电状态下的手动操作。

（7）HGIS 隔离开关气室 SF_6 气体压力下降至 0.4MPa 及以下时，禁止操作隔离开关。

（8）500kV 母线或边断路器停电，断路器断开之后，应先拉开母线侧隔离开关，后拉开线路（或主变压器）侧隔离开关。若 500kV 任一线路停电，中断路器和边断路器断开之后，应先拉开靠线路侧的隔离开关，再拉开靠母线侧隔离开关；送电时的操作顺序相反。

2. 220kV GIS 设备运行规定

（1）断路器采用液压弹簧操作机构，正常操作压力为 44.1 MPa。

（2）各气室的 SF_6 气体压力值见表 11－2。

表 11－2　**GIS 设备气体压力值（20℃）**　MPa

位置	额定	第一报警值	第二报警值（闭锁）
断路器	0.50	0.45	0.40
其他气室	0.40	0.35	0.30

（3）SF_6 气体压力值低于闭锁压力时严禁操作断路器。

（4）组合电器不允许在超过额定参数下长期运行，不能非全相运行。

（5）断路器跳闸重合不成功，如调度要求强送时，应先检查断路器外部正常。在跳闸 3min 之后才允许再次合闸，如果强送不成功，下一次合闸操作必须在 1h 之后进行。

（6）220kV—GIS 断路器、隔离开关、接地开关等一次设备的倒闸操作原则，必须按照站控层遥控操作、间隔层（测控屏）、设备层（汇控柜）的优先级顺序执行。站控层操作失灵时可在间隔层操作；间隔层操作失灵时，可在汇控柜上进行停电后的拉开隔离开关、接地开关操作。严禁在操动机构上进行带电状态下的手动操作。

（7）隔离开关气室 SF_6 气体压力下降至 0.3MPa 及以下时，禁止操作隔离开关。

3. 35kV 断路器运行规定

（1）运行中的 SF_6 断路器，气体压力下降至报出闭锁压力信号（第二报警值），严禁对断路器进行操作。应向调度和主管领导汇报，停电处理漏点和补气。

（2）弹簧操作机构的“储能”指示、显示应正确。

（3）SF_6 密度继电计刻度盘上有三种颜色区段，指针指示 SF_6 气体的压力值。绿色区域为压力正常，黄色区域为绝缘压力报警，红色区域为压力已经很低，需要查找泄漏点。

（4）断路器合闸操作之前，应检查弹簧操动机构已储能。

4. 35kV 电抗器、电容器运行规定

（1）电抗器、电容器正常按电压曲线运行，按照调度命令投切。电容器和电抗器不得同时投入运行。

（2）电抗器的过激磁能力见表 11－3。

表 11－3　电抗器过激磁能力

额定电压的百分值（%）	持续时间（min）
150	15
140	30
130	45
120	80
115	连续

（3）每次发生短路故障后，检查电抗器是否有位移、支持绝缘子是否松动扭伤、引线有无弯曲、支柱绝缘子有无破损、有无放电声及焦煳气味。

（4）主变压器停电时，应先断开电抗器组断路器，后断开主变压器三侧断路器；主变压器恢复运行时操作顺序相反。

（5）主变压器 35kV 侧断路器停送电顺序：送电操作时先合主变压器低压侧断路器，后合电抗器断路器；停电则相反。

（6）电容器组在运行中，保护动作跳闸后，查明原因前不得投入运行；电容器组退出运行，5min 后方可再次投入运行。

（7）电容器组退出运行，断开断路器并拉开隔离开关后，合电容器侧接地隔离开关前，应间隔 5min，以保证电容器可靠放电。

（8）电容器组各相的电容值应基本平衡，相差不大于 5%，单台电容器实测电容量不得超过铭牌额定值。运行中的电容器三相电流应基本平衡。电容器的电流不得超过额定电流的 1.3 倍。

（9）电容器的环境温度不宜超过 45℃，最高不超过 55℃。

（10）新投入或停运时间超过一个月及以上的电容器组，投运前均应用 2500V 绝缘电阻表检查其绝缘完好。

（11）电容器允许在不超过 1.05 倍额定电压下连续运行，最高电压不得超过额定值的 1.1 倍。允许电容器短时过电压，其能力见表 11－4。

表 11－4　电容器工频稳态电压参数

工频过电压	持续时间	说明
$1.1U_n$	不超过 6h	在不超过 1.05 倍额定电压下连续运行
$1.15U_n$	不超过 30min	系统电压调整与波动

（12）电容器组退出运行时，必须使用临时地线在星形中性点连接处接地后，方能进入电容器栅栏内工作。在电容器上工作前，虽然放电线圈自动放电，仍应用接地线对电容器逐个反复放电后才能触及，并应注意在放电前不得触及电容器外壳。

第五节　反事故演习的要求

反事故演习，不同于反事故演练。演练是针对拟定的科目进行训练，达到预期效果，检验事故预案的合理性和参演人员的执行情况，找出问题，便于解决和完善。反事故演习，是在演习运维人员事前不知道题目和故障情况下，对参演人员进行考核和训练。反事故演习和军事演习一样，演习运维人员事前不知道题目和故障情况，要根据所发布或检查到的事故象征，自己作出分析和判断，再模拟作出处理，是对参演人员的分析判断能力、应变能力、实际操作能力的训练和考核。在仿真变电站进行的反事故演习，则同时可以进行实际操作训练。

运维班自行组织的演习，可由运维人员可以任监控班值班员、兼任运维人员。综合反事故演习是组织监控班值班员和变电运维人员按职责分工参加演习，考核他们处理的协同性配合情况。

一、反事故演习计划的制定

运维班的反事故演习由班长组织，目的是检查和提高运维人员处理事故的技能、心理素质、应变能力，使其更好地掌握现场规程，落实事故处理应急预案。仿真变电站的反事故演习，是对运维人员处置突发事故的系统性、规范性的训练；因此，参演的运维人员同时担任监控班值班员，仿真变电站综自后台机同时也作集控系统后台机使用。反事故演习计划的内容如下：

（1）拟定的演习题目、日期、时间。

（2）拟定的参加演习人员，职责分工。

（3）设定的有关条件：

1）设定的站内一次系统运行方式，站用电系统和直流系统运行方式。

2）站内一次系统负荷及潮流。

3）与题目相关的天气条件。

4）设定的时间（白天、夜间、是否高峰负荷期间）。

5）站内设备修试工作情况。

6）运维班基地站有无人在值班室。

（4）继电保护投、退方式变化。

（5）在变电站现场反事故演习，制定防止误碰运行设备、造成事故的防范措施。

（6）拟定正确处理步骤。

（7）有关注意事项和演习值班员应遵守的规定。

二、反事故演习执行程序

反事故演习的执行程序如下：

（1）制定反事故演习计划、演习题目。

（2）演习职责分工，指定监护人。

（3）宣布演习要求、假设的条件。

（4）演习值班员熟悉运行情况。

（5）发布事故信号。

（6）参演运维人员检查信号、遥测信息、断路器跳闸情况、保护动作情况。

（7）向调度汇报和初步分析判断。

（8）检查设备。

（9）隔离故障，向调度汇报。

（10）恢复运行，恢复系统，恢复供电。

（11）故障设备转检修，做安全措施。

（12）向调度和主管领导汇报。

（13）填写、整理有关记录。

（14）故障分析。

（15）主持人进行点评和评价。

三、反事故演习考核规定

（1）在仿真变电站反事故演习，要全过程仿真系统发布故障信息，全过程实际操作进行检查、处理。

（2）变电站现场反事故演习要尽量逼真。除了不能实际触动运行设备以外，要求全部的操作到实际设备跟前作出模拟动作，在设备前实际查看相关保护动作信号和故障象征。

（3）主持人可以主动发布预告信号和事故信号的音响、声响信息，参演运维人员自行检查其他各类故障象征、信号等。

（4）演习中向“调度员”汇报、接调度操作指令，必须执行规章制度，认真复诵、核对调度指令。

（5）向“调度员”汇报的事故情况，应简明扼要，便于调度分析判断。内容应包括保护及自动装置动作情况，断路器跳闸情况，拒动的断路器和保护装置的异常情况，事故造成的停电范围。

（6）演习中的操作，必须严格执行倒闸操作规程，认真执行监护、唱票、复诵制度。变电站现场反事故演习，除了不实际触动运行设备以外，各种操作工器具、安全工具的使用，应进行规范的模拟。

（7）认真做好反事故演习记录。

（8）变电站现场反事故演习，演习值班员每一项操作执行完毕，主持（监护）人应即时发布操作结果。

（9）以考核演习值班员模拟操作、处理为主，现场考问为辅。除了故障分析、点评时可以考问以外，不得以问答的形式替代。

（10）演习值班员的模拟处理必须符合客观实际要求，符合给定的演习条件。如夜间处理事故，应投入事故照明，使用应急灯。

四、现场反事故演习有关注意事项

（1）设定演习区域，对运行设备和危险区域要设置安全警戒线，设置专人进行安全监护，安全监护人应随时监视演习值班员的行为是否正确。及时纠正影响人身和设备安全的错误动作，防止触动运行设备。

（2）明确演习专用电话和联系用冠语，演习专用电话与值班电话不能混用。

（3）明确参加演习人员和当值人员的职责，演习人员不得妨碍当值人员的正常工作。

（4）演习过程中，变电站出现异常或发生事故，应立即停止演习，演习人员撤离现场。当值人员进行处理。

第十二章

110kV 仿真变电站反事故演习精选

第一节　10～35kV 单相接地故障

一、35kV 单相接地故障 1

仿真系统接线图参见图 11－1 和图 11－2。

1. 设定的运行方式

两 110kV 主进线、两台主变压器三侧均并列运行。仿 1 号主变压器 110kV 侧中性点接地运行（仿 111 中隔离开关在合闸位置）；仿 2 号主变压器 110kV 侧中性点不接地运行（仿 112 中隔离开关在拉开位置）；35kV 消弧线圈正常运行于仿 2 号主变压器中性点（仿 352 中隔离开关在合闸位置，仿 351 中隔离开关拉开）。Ⅰ仿月线、Ⅱ仿月线均作馈线运行。

2. 故障象征

0:00（设定的演习开始时间为 0:00），集控系统报出 110kV 仿真变电站预告信号："35kV 南母接地""35kV 北母接地""消弧线圈动作"。

检查集控系统后台机显示该仿真变电站 35kV 南北母各相对地电压：$U_a=0kV$；$U_b=U_c=37.5kV$。

3. 初步分析判断

35kV 系统 A 相金属性接地。故障点多在某条线路，不排除发生在站内设备上的可能性。

4. 处理过程 1

（1）监控班值班员向调度汇报。请示遥控断开仿 350 断路器，分网以缩小检查范围。

相关要求：互通单位，互报姓名；简要、明确地汇报故障发生时间和故障象征，使用规范的调度术语。

（2）仿 350 断路器断开后，检查消弧线圈运行参数正常，预告信号"35kV 南母接地"消失；35kV 南北母各相对地电压：

南母：$U_a=U_b=U_c=20.5kV$，恢复正常；北母：$U_a=0kV$，$U_b=U_c=37.5kV$。

5. 进一步分析判断

根据预告信号"35kV 南母接地"消失和 35kV 南北母对地电压显示情况变化，判断为 35kV 北母范围内有接地故障。

6. 处理过程 2

（1）监控班值班员向调度汇报。遥控操作，瞬停 35kV 北母 2 条出线，接地信号均不消失。通知运维班到现场检查 35kV 北母范围站内设备，向运维班做简要、清楚的说明。

（2）运维人员到达现场。穿绝缘靴，戴安全帽和绝缘手套，现场检查 35kV 北母范围内的站内设备。

（3）现场检查发现故障点：**仿 350 旁北隔离开关 A 相支柱绝缘子（靠仿 350 断路器侧）击穿**。

（4）向调度汇报。请示用倒换运行方式的方法，转移接地故障点后，再用断路器切断接地点。

（5）现场操作，倒换运行方式，用仿 350 断路器隔离接地故障点。操作程序如下：

1）合上仿 350 断路器（此时，“35kV 南母接地”信号会再次报出），断开仿 350 断路器操作电源。

2）推上仿 350 甲隔离开关（合无阻抗并联电流）；再使用拉无阻抗并联电流的办法拉开仿 350 北隔离开关。

3）合上仿 350 断路器操作电源；断开仿 350 断路器，接地故障点被仿 350 断路器断开。

4）拉开仿 350 南隔离开关。

5）检查仿 350 旁南、仿 350 旁北隔离开关在拉开位置，并同时检查各分路旁母隔离开关全部在拉开位置。

6）故障设备及仿 35kV 旁母做安全措施后，具备故障抢修条件。

（6）向调度汇报。

（7）向主管领导汇报，请求安排故障抢修。

（8）填写、整理各种记录，做好故障处理的善后工作。

7. 演习点评

断路器与母线侧隔离开关之间的接地故障点不能使用隔离开关拉合，必须使用断路器切断。拉开接地故障点的方法还有：

（1）母线停电后拉开仿 350 北隔离开关。

（2）用“人工接地法”转移接地故障点后，再用断路器切断接地点。

上述两个办法会造成对用户停电。只有倒运行方式的办法不对用户停电，且操作步骤少。

二、35kV 单相接地故障 2

仿真系统接线图参见图 11－1 和图 11－2。

1. 设定的运行方式和有关要求

运行方式：两 110kV 主进线、两台主变压器三侧均并列运行。仿 1 号主变压器 110kV 侧中性点接地运行（仿 111 中隔离开关在合闸位置）；仿 2 号主变压器 110kV 侧中性点不接地运行（仿 112 中隔离开关在拉开位置）；35kV 消弧线圈正常运行于仿 2 号主变压器中性点（仿 352 中隔离开关在合闸位置，仿 351 中隔离开关拉开）。Ⅰ仿月线、Ⅱ仿月线均作馈线运行。

有关要求：因有重要活动，不能对用户停电。

2. 故障象征

0:00（设定的演习开始时间为 0:00），集控系统报出 110kV 仿真变电站预告信号："35kV 南母接地""35kV 北母接地""消弧线圈动作"。

检查集控系统后台机显示 35kV 南北母各相对地电压：$U_a = 0$kV，$U_b = U_c = 37.5$kV

3. 初步分析判断

35kV 系统 A 相金属性接地。故障点多在某条线路，不排除发生在站内设备上的可能性。

4. 处理过程 1

（1）监控班值班员向调度汇报。请示断开仿 350 断路器，分网以缩小检查范围。

相关要求：互通单位，互报姓名；简要、明确地汇报故障发生时间和故障象征，使用规范的调度术语。

（2）仿 350 断路器断开以后，检查消弧线圈运行参数正常，预告信号"35kV 南母接地"消失；35kV 南北母各相对地电压：

南母：$U_a = U_b = U_c = 20.5$kV，恢复正常；北母：$U_a = 0$kV，$U_b = U_c = 37.5$kV。

5. 进一步分析判断

根据预告信号"35kV 南母接地"消失和 35kV 南北母对地电压显示情况变化，判断为 35kV 北母范围内有接地故障。

6. 处理过程 2

（1）监控班值班员向调度汇报。遥控操作，瞬停 35kV 北母 2 条出线，接地信号均不消失。通知运维班到现场检查 35kV 北母范围站内设备，向运维班作简要、清楚的说明。

（2）运维人员到达现场。穿绝缘靴，戴安全帽和绝缘手套，现场检查 35kV 北母范围内的站内设备。

（3）现场检查发现故障点：**仿吕 1 断路器母线侧 A 相绝缘子外绝缘损坏**，导致接地。

（4）向调度汇报。请示使用倒换运行方式的方法，仿 350 经旁母带仿吕线负荷后，再用仿吕 1 断路器切断接地点。

（5）现场操作，将仿 350 断路器倒至备用于仿 35kV 旁母。操作程序如下。

1）合上仿 350 断路器（此时，"35kV 南母接地"信号会再次报出）。

2）断开仿 350 断路器操作电源。

3）推上仿 350 甲隔离开关（合无阻抗并联电流）。

4）合上仿 350 断路器操作电源。

5）断开仿 350 断路器。

6）拉开仿 350 南隔离开关。

7）推上仿 350 旁南隔离开关。

（6）现场操作，仿 350 断路器经仿 35kV 旁母带仿吕线负荷，并经仿吕 1 断路器切断接地故障电流。操作程序如下：

1）将仿 350 微机保护装置投于带仿吕线整定值，投入仿 350 保护装置和充电保护。

2）合上仿 350 断路器，对仿 35kV 旁母充电正常。

3）断开仿 350 断路器后，退出仿 350 充电保护。

4）推上仿吕 1 旁隔离开关。

5）合上仿 350 断路器。

6）断开仿 350 断路器和仿吕 1 断路器的操作电源。

7）拉开仿吕 1 北隔离开关（拉无阻抗并联电流）。

8）合上仿 350 断路器和仿吕 1 断路器的操作电源。

9）断开仿吕 1 断路器，切断接地故障电流。

10）拉开仿吕 1 甲隔离开关。

（7）仿吕 1 断路器做安全措施后，具备故障抢修条件。

（8）向调度汇报。

（9）向主管领导汇报，请求安排故障抢修。

（10）填写、整理各种记录，做好故障处理的善后工作。

7. 演习点评

此接地故障点，如不经倒运行方式，在仿吕 1 断路器断开后，也不能拉仿吕 1 北隔离开关。必须使用断路器切断接地故障点。拉开接地故障点的方法还有：

（1）母线停电后拉开仿吕 1 北隔离开关。

（2）仿吕 1 断路器断开后，用“人工接地法”转移接地故障点，再用断路器切断接地点。

上述两个办法都会造成对客户停电。只有倒运行方式的办法不对客户停电，且操作步骤少。其唯一的缺点是操作人距离故障点较近。

三、10kV 单相接地故障

仿真系统接线图参见图 11－1 和图 11－2。

1. 设定的运行方式

两 110kV 主进线、两台主变压器三侧均并列运行。仿 1 号主变压器 110kV 侧中性点接地运行（仿 111 中隔离开关在合闸位置）；仿 2 号主变压器 110kV 侧中性点不接地运行（仿 112 中隔离开关在拉开位置）；35kV 消弧线圈正常运行于仿 2 号主变压器中性点（仿 352 中隔离开关在合闸位置，仿 351 中隔离开关拉开）。Ⅰ仿月线、Ⅱ仿月线均作馈线运行。

2. 故障象征

0:00（设定的演习开始时间为 0:00），集控系统报出 110kV 仿真变电站预告信号：“10kV 南母接地”“10kV 北母接地”。

检查集控系统后台机显示 10kV 南北母各相对地电压：$U_a = 0kV$，$U_b = U_c = 10.5kV$

3. 初步分析判断

10kV 系统 A 相金属性接地。故障点多在某条线路，不排除发生在站内设备上的可能性。

4. 处理过程 1

（1）监控班值班员向调度汇报。请示断开仿 100 断路器，短时分网以缩小检查范围。

相关要求：互通单位，互报姓名；简要、明确地汇报故障发生时间和故障象征，使用规范的调度术语。

（2）仿 100 断路器断开以后，检查预告信号“10kV 南母接地” 消失；10kV 南北母各相对地电压：

南母：$U_a = U_b = U_c = 6.05$kV，恢复正常；北母：$U_a = 0$kV，$U_b = U_c = 10.5$kV。

5. 进一步分析判断

根据预告信号“10kV 南母接地”消失和 10kV 南北母对地电压显示情况变化，判断为 10kV 北母范围内有接地故障。

6. 处理过程 2

（1）监控班值班员向调度汇报。遥控操作，瞬停 10kV 北母 3 条出线，接地信号均不消失。通知运维班到现场检查 10kV 北母范围站内设备。向运维班作简要、清楚的说明。

（2）运维人员到达现场。穿绝缘靴，戴安全帽和绝缘手套，现场检查 10kV 北母范围内的站内设备。

（3）现场检查发现故障点：**仿 2 号站用变 A 相高压熔断器上部熔断器座绝缘子击穿，**导致接地。

（4）向调度汇报。请示使用“人工接地法”，转移接地故障点后，再用断路器切断接地点。调度员同意短时停用电容器组，在仿 7 断路器与仿 7 甲隔离开关之间做“人工接地”。

（5）现场操作，使用“人工接地法”，转移接地故障点后，再用仿 7 断路器切断接地点。操作程序如下：

1）先切换站用电，断开仿 7 断路器，依次拉开仿 7 甲隔离开关、仿 7 北隔离开关。

2）在仿 7 断路器与仿 7 甲隔离开关之间验明无电后，在仿 7 断路器与仿 7 甲隔离开关之间 A 相装设接地线，并再次检查核对所装接地线相别与接地故障点是同名相。

3）推上仿 7 北隔离开关，合上仿 7 断路器，“人工接地”点与接地故障点并联。

4）拉开仿 10 站北隔离开关，隔离故障点。

5）断开仿 7 断路器，接地故障点被断开。

6）拉开仿 7 北隔离开关，拆除“人工接地”。

7）依次推上仿 7 北隔离开关、仿 7 甲隔离开关，合上仿 7 断路器，电容器组恢复运行。

8）故障设备做安全措施后，具备故障抢修条件。

（6）向调度汇报。

（7）向主管领导汇报，请求安排故障抢修。

（8）填写、整理各种记录，做好故障处理的善后工作。

7. 演习点评

10kV 部分无法倒运行方式。只有使用“人工接地法”，转移接地故障点后，再用断路器切断接地点，才能避免母线停电。所选择的做“人工接地”的地点比较合理，不会造成对客户停电。

四、35kV 单相接地故障 3

仿真系统接线图参见图 11－1 和图 11－2。

1. 设定的运行方式和有关要求

运行方式：两 110kV 主进线、两台主变压器三侧均并列运行。仿 1 号主变压器 110kV 侧中性点接地运行（仿 111 中隔离开关在合闸位置）；仿 2 号主变压器 110kV 侧中性点不接地运行（仿 112 中隔离开关在拉开位置）；35kV 消弧线圈正常运行于仿 2 号主变压器中性点（仿 352 中隔离开关在合闸位置，仿 351 中隔离开关拉开）。Ⅰ仿月线、Ⅱ仿月线均作联络线运行。

有关要求：仿吕线因有重要活动，不能对客户停电。

2. 故障象征 1

0:00（设定的演习开始时间为 0:00），集控系统报出 110kV 仿真变电站预告信号：“35kV 南母接地”“35kV 北母接地”“消弧线圈动作”。

检查集控系统后台机显示 35kV 南北母各相对地电压：$U_b=0$kV，$U_a=U_c=37.5$kV。

3. 故障象征 2

上一个故障持续十几秒钟以后，报出事故音响，报出 110kV 仿真变电站预告信号：“信号未复归”“35kV 南母接地”“35kV 北母接地”“消弧线圈动作”。

检查集控系统后台机显示仿 350 断路器闪动（跳闸）。

35kV 南母各相对地电压：$U_b=0$kV，$U_a=U_c=37.5$kV。

35kV 北母各相对地电压：$U_c=0$kV，$U_a=U_b=37.5$kV。

检查保护动作情况：

仿 1 号、2 号主变压器保护屏“35kV 过流跳 350”信号灯亮。

4. 初步分析判断

开始是 35kV 系统 B 相金属性接地。仿 350 断路器跳闸后，35kV 南母 B 相有接地故障，35kV 北母 C 相有接地故障；说明可能是 B 相接地故障，另两相对地电压升高为线电压值，35kV 北母范围内（包括线路）C 相某绝缘薄弱点击穿，造成不同相两点接地，形成短路。仿 350 断路器跳闸以后，短路故障消除，而两接地故障点分别在 35kV 南、北母范围内。

5. 处理过程

（1）监控班值班员向调度汇报。请示先用瞬停的方法，查明有接地故障的线路。断开仿顺 1 断路器后，35kV 南母接地信号消失，确认**仿顺线有 B 相接地故障**。按照调度命令，仿顺线不再送电，通知客户查线。

（2）监控班瞬停 35kV 北母 2 条出线，接地信号不消失。通知运维班到现场检查 35kV 北母范围站内设备。向运维班作简要、清楚的说明。

相关要求：互通单位，互报姓名；简要、明确地汇报故障发生时间和故障象征，使用规范的调度术语。

（3）运维人员穿绝缘靴，戴安全帽和绝缘手套，现场检查 35kV 南、北母范围内的站内设备。现场检查结果：发现**仿 35kV 北母 C 相避雷器爆裂**。

（4）向调度汇报。请示能否短时将 35kV 北母停电，再拉开仿 35 北表隔离开关，隔离接地点。调度答复：Ⅱ仿月线可以停，仿吕线不能停电。接着请示将仿吕线负荷倒旁母带，然后停仿 35kV 北母。

（5）现场操作，倒换运行方式，用仿 350 断路器经旁母带仿吕线。操作程序如下：

1）检查仿 350 断路器在断开位置，拉开仿 350 北隔离开关，推上仿 350 旁北隔离开关。

2）将仿 350 微机保护装置投于带仿吕线整定值。

3）投入仿 350 保护装置和充电保护。

4）合上仿 350 断路器，对仿 35kV 旁母充电正常。

5）断开仿 350 断路器。

6）退出仿 350 充电保护。

7）推上仿吕 1 旁隔离开关。

8）合上仿 350 断路器（此时，会报出仿 35kV 南母接地信号）。

9）断开仿吕 1 断路器，仿 350 经旁母带仿吕线负荷。

（6）仿 35kV 北母停止运行，拉开仿 35 北表隔离开关，隔离接地故障点。操作程序如下：

1）断开Ⅱ仿月 1 断路器。

2）断开仿 351 断路器。

3）断开仿 35kV 北母 TV 二次开关，拉开仿 35 北表隔离开关。

（7）恢复仿 35kV 北母运行，恢复Ⅱ仿月线运行。操作程序如下：

1）合上仿 351 断路器，检查恢复仿 35kV 北母充电正常。

2）检查Ⅱ仿月 1 保护屏上"线路 TV 失电"灯亮（线路无电），合上Ⅱ仿月 1 断路器。

3）向调度汇报，Ⅱ仿月线由对端恢复与系统并列。

（8）向调度汇报，恢复正常运行方式。操作程序如下：

1）合上仿吕 1 断路器，断开仿 350 断路器。

2）检查仿 350 断路器在断开位置，依次拉开仿 350 旁北隔离开关、仿吕 1 旁隔离开关。

3）推上仿 350 北隔离开关。

4）合上仿 350 断路器。

5）退出仿 350 保护装置。

6）合上仿 35kV 南、北母 TV 二次联络开关，检查仿 35kV 南、北母电压显示正常。

（9）向调度汇报："35kV 系统除 35kV 北母 TV 不能恢复运行以外，已经恢复正常运行"并汇报新运行方式。

（10）仿 35kV 北母 TV 做安全措施以后，具备故障抢修条件。

（11）向调度汇报。

（12）向主管领导汇报，请求安排故障抢修。

（13）填写、整理各种记录，做好故障处理的善后工作。

6. 故障分析

故障原因是仿顺线线路发生 B 相接地故障，35kV 系统 A、C 两相对地电压升高，还有可能产生的弧光接地过电压等因素，导致仿 35kV 北母 C 相避雷器爆裂、击穿接地，形成了不同相两点接地短路。仿 1 号、2 号主变压器 35kV 过流保护动作，仿 350 断路器跳闸后，短路故障消除，而两接地故障点分别在 35kV 南、北母范围内。仿顺线 B 相虽然通过了短路电流，但是其保护装置只接入了 A、C 相电流互感器二次电流，保护不会动作；因此，仿顺 1 断路器不跳闸属于正常。

7. 演习点评

（1）所采用的倒换运行方式的方法，操作比较复杂，要求思路必须清晰。

（2）操作人员可能犯的错误是按照常规操作程序推上仿 350 甲隔离开关后，将仿吕线倒旁母带。这样将无法隔离故障点。

（3）使用"人工接地法"，转移接地故障点后，再用断路器切断接地点，操作简单、步骤少。本次演习，为了使值班员能够多掌握一些方法，有意让调度员不同意停母线、和使用"人工接地法"隔离接地故障；增加了处理的难度。

第二节　主变压器主保护范围内故障

一、主变压器主保护范围故障 1

仿真系统接线图参见图 11－1 和图 11－2。

1. 设定的运行方式

两 110kV 主进线、两台主变压器三侧均并列运行。仿 1 号主变压器 110kV 侧中性点接地运行（仿 111 中隔离开关在合闸位置）；仿 2 号主变压器 110kV 侧中性点不接地运行（仿 112 中隔离开关在拉开位置）；35kV 消弧线圈正常运行于仿 2 号主变压器中性点（仿 352 中隔离开关在合闸位置，仿 351 中隔离开关拉开）。Ⅰ仿月线、Ⅱ仿月线均作联络线运行。

2. 故障象征 1

0:00（设定的演习开始时间为 0:00），集控系统报出 110kV 仿真变电站预告信号：

“35kV 南母接地”“35kV 北母接地”“消弧线圈动作”。

检查集控后台机显示 35kV 南北母各相对地电压：$U_b=0kV$，$U_a=U_c=37.5kV$。

3. 故障象征 2

上一个故障持续十几秒钟以后，报出 110kV 仿真变电站事故信号，报出的预告信号有：“信号未复归”“35kV 北母接地”。

检查集控后台机显示仿 112 断路器、仿 102 断路器、仿 350 断路器闪动（跳闸），仿 352 断路器位置无闪动（未跳闸）。

检查集控后台机各母线电压显示：仿 35kV 南母电压显示三相均为 0kV。仿 35kV 北母各相对地电压：$U_b=0kV$，$U_a=U_c=37.5kV$。检查仿 110kV 东、西母和 10kV 南、北母电压显示均正常。

检查保护动作情况：仿 2 号主变压器：“差动保护”；仿 1 号主变压器：“35kV 复合电压闭锁过流跳仿 350”。

4. 初步分析判断

开始是 35kV 系统 B 相金属性接地。仿 350 断路器跳闸后，35kV 北母 B 相仍有接地故障，说明可能是 B 相的接地故障，使另两相对地电压升高为线电压值，还有可能产生的弧光接地过电压等因素，造成仿 2 号主变压器差动保护范围内 35kV 某相（A 或 C）绝缘薄弱点击穿，造成不同相两点接地短路的可能性很大。因为仿 352 断路器没有跳闸，仿 1 号主变压器 35kV 复合电压闭锁过流保护动作，仿 350 断路器跳闸；而 B 相接地故障点，则应仍在 35kV 北母范围内。

5. 处理过程

（1）监控班值班员遥控操作，断开仿 352 断路器，发现仍未断开。断开失压母线上联络线Ⅰ仿月 1 断路器。

（2）监控班值班员向调度汇报。请示用瞬停的方法查明 35kV 北母有接地故障的线路。

相关要求：互通单位，互报姓名；简要、明确地汇报故障发生时间和故障象征，使用规范的调度术语。

汇报的内容应包括故障时间、保护动作情况、开关跳闸情况、设备异常情况和故障造成的停电范围。

（3）遥控操作断开仿吕 1 断路器后，35kV 北母接地信号消失，确认**仿吕线有 B 相接地故障**。按照调度命令，仿吕线不再送电，通知客户查线。通知运维人员到现场检查处理。向运维班作简要、清楚的说明。

（4）运维人员到达现场。检查发现**仿 352 操作熔断器松动**，处理后，再次操作，将仿 352 断路器断开。

（5）运维人员按调度命令，先恢复仿 35kV 南母运行，恢复供电，再检查处理仿 2 号主变压器问题。操作程序如下：

1）投入仿 350 充电保护。

2）合上仿 350 断路器，对仿 35kV 南母充电正常。

3）退出仿 350 充电保护。

4）检查仿顺线已恢复正常供电。

5）向调度汇报，请示Ⅰ仿月线是否具备恢复运行的条件。得到调度可以恢复运行的答复和操作指令。

6）检查Ⅰ仿月 1 保护屏“线路 TV 失电”灯亮（线路无电），合上Ⅰ仿月 1 断路器；由调度命令在Ⅰ仿月线对侧执行同期并列。

（6）穿绝缘靴，戴安全帽和绝缘手套，现场检查 35kV 北母范围内的站内设备，没有发现异常。

（7）拉开仿 352 中隔离开关，推上仿 351 中隔离开关；将消弧线圈倒至仿 1 号主变压器 35kV 中性点运行。

（8）对仿 2 号主变压器本体和主变压器差动保护范围内的一次设备进行外部检查，重点检查 35kV 侧各设备。发现故障点：**2 号主变压器 35kV 侧避雷器 A 相外绝缘击穿。**

（9）现场操作，仿 2 号主变压器转冷备用（依次拉开全部相关隔离开关），操作程序如下：

1）检查仿 352 断路器在断开位置，依次拉开仿 352 甲隔离开关、仿 352 南隔离开关。

2）检查仿 102 断路器在断开位置，依次拉开仿 102 甲隔离开关、仿 102 北隔离开关。

3）检查仿 112 断路器在断开位置，依次拉开仿 112 甲隔离开关、仿 112 东隔离开关。

4）检查仿 112 中隔离开关、仿 352 中隔离开关在拉开位置。

（10）仿 2 号主变压器做安全措施以后，具备故障抢修条件。

（11）合上仿 7 断路器，电容器组投入运行。

（12）监视仿 1 号主变压器负荷情况，投入其全部冷却器组运行。

（13）向调度汇报。

（14）向主管领导汇报，请求安排故障抢修。

（15）填写、整理各种记录，做好故障处理的善后工作。

6. 故障分析

仿 2 号主变压器差动保护动作跳闸的原因是仿吕线有 B 相接地故障，使另两相对地电压升高为线电压值，还有可能产生的弧光接地过电压等因素，造成仿 2 号主变压器差动保护范围内的 35kV 侧出口避雷器 A 相击穿，造成不同相两点接地，形成短路。由于仿 352 断路器操作熔断器松动而未跳闸，导致仿 1 号主变压器 35kV 复合电压闭锁过流动作，仿 350 断路器跳闸，仿 35kV 南母失压。

7. 演习点评

（1）本演习题的故障设置，是仿 2 号主变压器连接设备故障。此种条件下，必须经合上仿 350 断路器，才能恢复仿 35kV 南母运行；仿 35kV 南母又必须先与 B 相的接地故障隔离，才能合上仿 350 断路器，对仿 35kV 南母充电。

（2）假设仿 352 断路器不发生拒动，本演习题设定的两个接地故障点将不会造成仿

35kV 南母失压。仿 2 号主变压器差动保护动作，三侧断路器跳闸以后，仿 35kV 南、北母将仍有 B 相接地故障。

（3）如果仿 35kV 北母范围内没有接地故障，则应该先恢复仿 35kV 南母运行，恢复对客户的供电。

（4）仿 352 断路器未跳闸原因查明之后，也要向调度汇报。

二、主变压器主保护范围故障 2

仿真系统接线图参见图 11－1 和图 11－2。

1. 设定的运行方式

两 110kV 主进线、两台主变压器三侧均并列运行。仿 1 号主变压器 110kV 侧中性点接地运行（仿 111 中隔离开关在合闸位置）；仿 2 号主变压器 110kV 侧中性点不接地运行（仿 112 中隔离开关在拉开位置）；35kV 消弧线圈正常运行于仿 2 号主变压器中性点（仿 352 中隔离开关在合闸位置，仿 351 中隔离开关拉开）。Ⅰ仿月线、Ⅱ仿月线均作联络线运行。

2. 故障象征 1

22:00（设定的故障发生时间为夜间），集控系统报出 110kV 仿真变电站事故信号；经图像监控系统发现全站交流照明熄灭。

3. 故障象征 2

集控系统报出预告信号："信号未复归""2QF 跳闸"，仿 2 号主变压器"10kV 电压回路断线""35kV 电压回路断线"。

集控系统后台机显示：仿 35kV 南母电压、10kV 北母电压显示三相均为 0kV。检查仿 110kV 东、西母和 10kV 南母、35kV 北母电压显示均正常。仿 112 断路器、仿 352 断路器、仿 102 断路器、仿 350 断路器、仿 100 断路器、仿 7（电容器组）断路器闪动（跳闸）。

检查保护动作情况：

仿 1 号主变压器保护屏："35kV 复合电压闭锁过流""10kV 复合电压闭锁过流"。

仿 2 号主变压器保护屏："110kV 复合电压闭锁过流""35kV 复合电压闭锁过流""10kV 复合电压闭锁过流"。

10kV 电容器（仿 7 间隔）："失压保护"。

4. 初步分析判断

有仿 2 号主变压器"110kV 复合电压闭锁过流"动作信号，故障发生在仿 2 号主变压器及连接设备、仿 35kV 南母、仿 10kV 北母范围内的可能性都有。从主变压器三侧后备保护的动作时限分析，10kV 侧后备保护时限最短，110kV 侧后备保护动作时限最长；10kV 侧和 35kV 侧后备保护都有动作信号，并且 10kV 侧和 35kV 侧分段断路器和仿 352 断路器、仿 102 断路器已经跳闸，故障没有切除，使仿 2 号主变压器"110kV 复合电压闭锁过流"动作跳闸。因此，仿 2 号主变压器及连接设备范围内发生故障的可能较大；但主变压器差动保护没有动作，又不能完全证实以上判断。

5. 处理过程 1

（1）监控班值班员检查各出线均无保护动作信号。向调度汇报。同时，通知运维人员到现场检查处理。向运维班作简要、清楚的说明。

相关要求：互通单位，互报姓名；简要、明确地汇报故障发生时间和故障象征，使用规范的调度术语。

汇报的内容应包括故障时间、保护动作情况、开关跳闸情况、设备异常情况和故障造成的停电范围。

（2）遥控操作，断开联络线 I 仿月 1 断路器；断开仿顺 1 断路器和仿 10kV 北母各出线断路器。

（3）运维人员到达现场。重点检查仿 2 号主变压器及连接设备；对仿 35kV 南母、仿 10kV 北母及连接设备进行检查。发现**仿 2 号主变压器低压侧避雷器相间短路**，其他部分无异常。

6. 进一步分析判断

根据发现的故障点分析判断，仿 2 号主变压器低压侧避雷器相间短路，应该是差动保护动作跳闸。可能是仿 2 号主变压器差动保护有问题，造成越级使后备保护动作跳闸。

7. 处理过程 2

（1）运维人员向调度汇报。

（2）现场恢复 10kV 北母运行，恢复站用电，恢复对客户的供电。操作程序如下：

1）投入仿 100 充电保护。

2）合上仿 100 断路器，对仿 10kV 北母充电正常。

3）退出仿 100 充电保护。

4）合上 2 号站用变压器低压侧开关 2QF，断开 380V 母线分段开关 QF，恢复站用电系统原运行方式。

5）依次合上仿 10kV 北母各分路断路器，恢复各出线的供电。

（3）恢复 35kV 南母运行，恢复对客户的供电，恢复联络线运行。操作程序如下：

1）投入仿 350 充电保护。

2）合上仿 350 断路器，对仿 35kV 南母充电正常。

3）退出仿 350 充电保护。

4）合上仿顺 1 断路器。

5）向调度汇报，请示 I 仿月线是否具备恢复运行的条件。得到调度可以恢复运行的答复和操作指令。

6）检查 I 仿月 1 保护屏“线路 TV 失电”灯亮（线路无电），合上 I 仿月 1 断路器。

7）向调度汇报。由调度命令在 I 仿月线对侧执行同期并列。

（4）拉开仿 352 中隔离开关，推上仿 351 中隔离开关；将消弧线圈倒至仿 1 号主变压器 35kV 中性点运行。

（5）检查、恢复直流系统运行正常。

（6）现场操作，将仿 2 号主变压器由热备用转冷备用，操作程序如下：

1）检查仿 352 断路器在断开位置，依次拉开仿 352 甲隔离开关、仿 352 南隔离开关。

2）检查仿 102 断路器在断开位置，依次拉开仿 102 甲隔离开关、仿 102 北隔离开关。

3）检查仿 112 断路器在断开位置，依次拉开仿 112 甲隔离开关、仿 112 东隔离开关。

4）检查仿 112 中隔离开关、仿 352 中隔离开关在拉开位置。

（7）仿 2 号主变压器做安全措施以后，具备故障抢修条件。

（8）合上仿 7 断路器，电容器组投入运行。

（9）监视仿 1 号主变压器负荷情况，投入其全部冷却器组运行。

（10）向调度汇报。

（11）向主管领导汇报，请求安排故障抢修。

（12）填写、整理各种记录，做好故障处理的善后工作。

8. 故障分析

仿 2 号主变压器低压侧出口避雷器相间短路，应该是差动保护动作。因为差动保护拒动，仿 1 号主变压器、仿 2 号主变压器 10kV 侧和 35kV 侧后备保护动作跳闸，故障没有切除；导致仿 2 号主变压器高压侧后备保护动作，以较长的时限切除故障。

9. 演习点评

（1）查明故障点之前，有仿 2 号主变压器“110kV 复合电压闭锁过流”动作信号，说明需要检查的范围较大。查出故障点后，方能完全证实仿 2 号主变压器差动保护发生了拒动。因此，对仿 35kV 南母、仿 10kV 北母及连接设备的检查是有道理的。

（2）值班员在演习中，没有做出检查、分析差动保护装置拒动原因的行动；起码应该到保护屏前，作外部检查，查看液晶显示的内容。

（3）将消弧线圈从仿 2 号主变压器 35kV 中性点倒仿 1 号主变压器 35kV 中性点的操作，显得有点稍晚。应该在对仿 35kV 南母恢复运行之前执行。

三、主变压器主保护范围故障 3

仿真系统接线图参见图 11－1 和图 11－2。

1. 设定的运行方式和假设条件

运行方式：两 110kV 主进线经仿 110 断路器联络运行，两台主变压器高、中压侧并列运行（仿 350 断路器在合闸位置）；低压侧分列运行（仿 100 断路器在断开位置）。仿 1 号主变压器 110kV 侧中性点接地运行（仿 111 中隔离开关在合闸位置）；仿 2 号主变压器 110kV 侧中性点不接地运行（仿 112 中隔离开关在拉开位置）；35kV 消弧线圈正常运行于仿 2 号主变压器中性点（仿 352 中隔离开关在合闸位置，仿 351 中隔离开关拉开）。Ⅰ仿月线、Ⅱ仿月线均作联络线运行。

仿 1 号站用变压器停电检修，仿 2 号站用变压器带全部站用电负荷。

有关要求：仿顺线不能停电，Ⅰ仿月线可以暂时停电。Ⅰ、Ⅱ仿月线返送电方式下，没有带仿顺线负荷的能力。

2. 故障象征 1

22:00（设定的故障发生时间为夜间），集控系统报出 110kV 仿真变电站预告信号："35kV 南母接地""35kV 北母接地""消弧线圈动作"。

检查集控系统后台机显示 35kV 南、北母各相对地电压：$U_a = 0$kV，$U_b = U_c = 37.5$kV。

3. 故障象征 2

22:01，上一个故障持续几十秒钟以后，报出 110kV 仿真变电站事故信号，全站交流照明熄灭。

4. 故障象征 3

检查报出的预告信号有："35kV 南母接地""35kV 北母接地""消弧线圈动作""信号未复归""2QF 跳闸""QF 跳闸"，1 号主变压器"冷却器全停"。

检查集控系统后台机显示仿 112 断路器、仿 352 断路器、仿 102 断路器、仿 7 断路器闪动（跳闸）。

35kV 南、北母各相对地电压：$U_b = 0$kV，$U_a = U_c = 37.5$kV。

10kV 北母电压显示：0kV。10kV 南母电压显示：正常。

检查保护动作情况：

仿 2 号主变压器保护"差动"。

10kV 电容器（仿 7 间隔）"失压保护"。

5. 初步分析判断

开始是 35kV 系统 A 相金属性接地。仿 352 断路器跳闸后，35kV 南母 B 相仍有接地故障，说明可能是 A 相的接地故障，使另两相对地电压升高为线电压值，还有可能产生的弧光接地过电压等因素，造成仿 2 号主变压器差动保护范围内 35kV 的 B 相绝缘薄弱点击穿，造成不同相两点接地短路的可能性很大。B 相接地故障点，仍在整个 35kV 南、北母范围之内。1 号主变压器"冷却器全停"报出信号，是站用电全停引起的。

6. 处理过程 1

（1）监控班值班员向调度汇报。请示先恢复失压的 10kV 北母及客户的供电。

相关要求：互通单位，互报姓名；简要、明确地汇报故障发生时间和故障象征，使用规范的调度术语。

汇报的内容应包括故障时间、保护动作情况、开关跳闸情况、设备异常情况和故障造成的停电范围。

（2）遥控操作，恢复 10kV 北母运行，恢复站用电，恢复对客户的供电。操作程序如下：

1）投入仿 100 充电保护。

2）合上仿 100 断路器，对仿 10kV 北母充电正常。

3）退出仿 100 充电保护。

4）检查仿 10kV 北母各分路已恢复正常供电（在合上仿 100 断路器时，因各出线开关没有断开）。

（3）通知运维班到现场检查处理，向运维班作简要、清楚的说明。

（4）运维人员到达现场。投入事故照明以后，合上 2 号站用变压器低压侧开关 2QF，合上 380V 母线分段开关 QF，恢复站用电系统原运行方式。

（5）向调度汇报。请示现场检查 35kV 南母范围站内设备；先隔离接地故障点，再检查处理仿 2 号主变压器及连接设备的问题。

（6）穿绝缘靴，戴安全帽和绝缘手套，现场检查 35kV 南、北母范围内的站内设备。发现**仿 35kV 南母避雷器 B 相外绝缘损坏接地**。

7. 进一步分析判断

根据发现的故障点分析判断，仿 35kV 南母避雷器 B 相接地，不在仿 2 号主变压器差动保护范围之内。很可能在仿 2 号主变压器 35kV 侧差动保护范围之内还有一个接地故障点，需要进一步检查。因为仿 2 号主变压器已经差动保护动作跳闸，可以先隔离仿 35kV 南母避雷器，再检查处理仿 2 号主变压器 35kV 侧差动保护范围之内的问题。

8. 处理过程 2

（1）向调度汇报。请示用母线停电或使用"人工接地"的办法，拉开 35kV 南母避雷器 B 相接地故障点。调度不同意，要求必须使用倒运行方式的方法，隔离接地故障点。

（2）现场操作，倒换运行方式，用Ⅱ仿月 1 断路器经旁母带仿顺线。操作程序如下：

1）断开Ⅰ仿月 1 断路器，推上Ⅰ仿月 1 旁隔离开关。

2）合上Ⅰ仿月 1 断路器，对仿 35kV 旁母充电正常后，断开Ⅰ仿月 1 断路器。

3）拉开Ⅰ仿月 1 旁隔离开关；推上仿顺 1 旁隔离开关。

4）断开仿 350 断路器操作电源、仿顺 1 断路器操作电源和Ⅱ仿月 1 断路器操作电源。

5）推上Ⅱ仿月 1 旁隔离开关；合上仿 350 断路器操作电源、仿顺 1 断路器操作电源和Ⅱ仿月 1 断路器操作电源。

6）断开仿顺 1 断路器。

7）断开仿 350 断路器；35kV 南母已经停电，Ⅱ仿月 1 已带上仿顺线负荷。

（3）现场操作，断开仿 35kV 南母 TV 二次开关，断开仿 35kV 南母 TV 计量二次开关，拉开仿 35 南表隔离开关，隔离接地故障点。

（4）向调度汇报。调度命令：35kV 部分恢复正常运行。操作程序如下：

1）合上仿 350 断路器，35kV 南母充电正常后，合上仿顺 1 断路器。

2）断开仿 350 断路器操作电源、仿顺 1 断路器操作电源和Ⅱ仿月 1 断路器操作电源。

3）拉开Ⅱ仿月 1 旁隔离开关、拉开仿顺 1 旁隔离开关。

4）合上仿 350 断路器操作电源、仿顺 1 断路器操作电源和Ⅱ仿月 1 断路器操作电源。

5）向调度汇报，请示Ⅰ仿月线是否具备恢复运行的条件。得到调度可以恢复运行的答复和操作指令。

6）检查Ⅰ仿月 1 保护屏"线路 TV 失电"灯亮（线路无电），合上Ⅰ仿月 1 断路器。

7）向调度汇报。由调度命令在Ⅰ仿月线对侧执行同期并列。

8）合上仿 35kV 南北母 TV 二次联络开关，检查仿 35kV 南北母电压显示正常。

（5）拉开仿 352 中隔离开关，推上仿 351 中隔离开关；将消弧线圈倒至仿 1 号主变压器 35kV 中性点运行。

（6）检查、恢复直流系统运行正常。

（7）现场重点检查仿 2 号主变压器及连接设备。发现 2 号主变压器 **35kV 侧出口避雷器 A 相击穿，其他部分无异常**。

（8）现场操作，将仿 2 号主变压器由热备用转冷备用，具体操作程序如下：

1）检查仿 352 断路器在断开位置，依次拉开仿 352 甲隔离开关、仿 352 南隔离开关。

2）检查仿 102 断路器在断开位置，依次拉开仿 102 甲隔离开关、仿 102 北隔离开关。

3）检查仿 112 断路器在断开位置，依次拉开仿 112 甲隔离开关、仿 112 东隔离开关。

4）检查仿 112 中隔离开关、仿 352 中隔离开关在拉开位置。

（9）仿 2 号主变压器做安全措施后，具备故障抢修条件。

（10）合上仿 7 断路器，电容器组投入运行。

（11）监视仿 1 号主变压器负荷情况，投入其全部冷却器组运行。

（12）向调度汇报。

（13）向主管领导汇报，请求安排故障抢修。

（14）填写、整理各种记录，做好故障处理的善后工作。

9. 故障分析

仿 2 号主变压器 35kV 侧 A 避雷器接地故障，使另两相对地电压升高为线电压值，还有可能产生的弧光接地过电压等因素，造成仿 35kV 南母 B 相避雷器接地，造成不同相两点接地短路。仿 2 号主变压器差动保护动作跳闸，仅切除了一个接地故障点；仿 35kV 南母依然有 B 相接地故障。

10. 演习点评

（1）本演习题最难的是隔离接地故障点。仿顺线不允许停电，因为仿 352 不能加入运行，操作中又不能断开仿 350 断路器，给演习增加了难度。隔离接地故障点的方法，还可以使用“人工接地”。出题人为使演习值班员使用倒运行方式的方法，有意识地不同意使用其他方法。

（2）因为变电站有两台主变压器，使主保护动作跳闸的处理变得比较容易。关键是要判断正确，恢复对客户供电后，再检查处理主变压器及连接设备的问题。

（3）在失去站用电的情况下，先恢复站用电，后检查、隔离 35kV 系统接地故障的做法是正确的。同时，也做到了先恢复对客户的供电，符合事故处理的基本原则。

第三节　主变压器后备保护动作跳闸，中压或低压侧母线失压事故

一、10kV 母线失压事故 1

仿真系统接线图参见图 11－1 和图 11－2。

1. 设定的运行方式和假设条件

运行方式：两 110kV 主进线经仿 110 断路器联络运行，两台主变压器高、中、低压侧并列运行（仿 350 断路器及仿 100 断路器在合闸位置）。仿 1 号主变压器 110kV 侧中性点接地运行（仿 111 中隔离开关在合闸位置）；仿 2 号主变压器 110kV 侧中性点不接地运行（仿 112 中隔离开关在拉开位置）；35kV 消弧线圈正常运行于仿 2 号主变压器中性点（仿 352 中隔离开关在合闸位置，仿 351 中隔离开关拉开）。Ⅰ仿月线、Ⅱ仿月线均作联络线运行。

仿 2 号站用变压器备用，仿 1 号站用变压器带全部站用电负荷。

2. 故障象征 1

22:00（设定的故障发生时间为夜间），集控系统报出 110kV 仿真变电站预告信号："10kV 南母接地"。

检查集控系统后台机显示 10kV 南、北母各相对地电压：$U_b = 0$kV，$U_a = U_c = 10.5$kV。

3. 故障象征 2

22:01，上一个故障持续几十秒钟以后，报出 110kV 仿真变电站事故信号，全站交流照明熄灭。

4. 故障象征 3

检查报出的预告信号有："信号未复归"，仿 2 号主变压器"冷却器全停""1QF 跳闸""QF 跳闸"。检查集控系统后台机显示仿 101 断路器闪动（跳闸）。仿 10kV 南母电压显示：0kV；仿 10kV 北母电压显示正常。

检查保护动作情况：仿 1 号主变压器保护"10kV 复合电压闭锁过流跳仿 101"。

5. 初步分析判断

根据保护动作和断路器跳闸情况，停电范围为仿 10kV 南母及各出线，故障范围也在仿 10kV 南母及各出线。故障点可能在仿 10kV 南母母线及连接设备，也可能在某出线线路。失去站用电，可能是 2 号站用变压器没有自投成功。

6. 处理过程

接到监控班值班员通知，运维人员到达现场。

（1）投入事故照明以后，合上 2QF 开关、合上 QF 开关，恢复站用电系统正常。

（2）断开仿 1 断路器、仿 2 断路器、仿 3 断路器。检查仿 10kV 南母各出线无保护动作信号，保护装置无异常。

（3）向调度汇报。请示先检查失压的 10kV 南母及连接设备。

相关要求：互通单位，互报姓名；简要、明确地汇报故障发生时间和故障象征，使用规范的调度术语。

汇报的内容应包括故障时间、保护动作情况、开关跳闸情况、设备异常情况和故障造成的停电范围。

（4）现场检查设备，发现**仿 1 号站用变压器 A、B 相高压熔断器及底座支柱绝缘子**炸裂，无其他异常情况。

（5）拉开仿 10 站南隔离开关，隔离故障点。

（6）检查仿 101 断路器及连接设备无异常。

（7）向调度汇报。请示合上仿 101 断路器或仿 100 断路器，对仿 10kV 南母充电正常后，采用依次先解除重合闸、后合断路器的方式，试送各分路。

（8）按照调度命令，合上仿 101 断路器，检查仿 10kV 南母电压显示正常。

（9）依次合上仿 1 断路器、仿 2 断路器、仿 3 断路器，试送线路均正常。按照调度命令，投入仿 1、仿 2 和仿 3 重合闸。

（10）拔掉仿 1 号站用变压器高压熔断器、低压侧熔断器。

（11）仿 1 号站用变压器做安全措施以后，具备故障抢修条件。

（12）向调度汇报。

（13）向主管领导汇报，请求安排故障抢修。

（14）填写、整理各种记录，做好故障处理的善后工作。

7. 故障分析

仿 1 号站用变压器高压熔断器座 B 相接地故障，使另两相对地电压升高为线电压值，还有可能产生的弧光接地过电压等因素，造成 A 相熔断器座接地，造成不同相两点接地短路。仿 1 号主变压器 10kV 过流保护动作跳闸。

8. 演习点评

（1）合上仿 100 断路器对仿 10kV 南母充电，先投入充电保护，若有问题，可以快速切除故障。不足之处，是万一试送出线时有故障，对正常运行的仿 10kV 北母影响较大。

（2）合上仿 101 断路器对仿 10kV 南母充电，若有问题，切除故障时限稍长。优点是万一试送出线时有故障，对正常运行的仿 10kV 北母影响小。

（3）10～35kV 母线分段断路器一般不装充电保护；因此，使用仿 100 断路器对仿 10kV 南母充电的优点更小。

二、10kV 母线失压事故 2

仿真系统接线图参见图 11－1 和图 11－2。

1. 设定的运行方式和假设条件

运行方式：两 110kV 主进线经仿 110 断路器联络运行，两台主变压器高、中压侧并列运行（仿 350 断路器在合闸位置）；低压侧分列运行（仿 100 断路器在断开位置）。仿 1 号主变压器 110kV 侧中性点接地运行（仿 111 中隔离开关在合闸位置）；仿 2 号主变压器 110kV 侧中性点不接地运行（仿 112 中隔离开关在拉开位置）；35kV 消弧线圈正常运行于仿 2 号主变压器中性点（仿 352 中隔离开关在合闸位置，仿 351 中隔离开关拉开）。Ⅰ仿月线、Ⅱ仿月线均作联络线运行。

仿 2 号站用变压器备用，仿 1 号站用变带全部站用电负荷。

2. 故障象征 1

22:00（设定的故障发生时间为夜间），集控系统报出 110kV 仿真变电站事故信号，全站交流照明熄灭。

3. 故障象征 2

检查 110kV 仿真变电站预告信号有："信号未复归"，仿 2 号主变压器"冷却器全停""1QF 跳闸""QF 跳闸"。集控系统后台机显示仿 101 断路器闪动（跳闸）。仿 10kV 南母电压显示：0kV；仿 10kV 北母电压显示正常。

检查保护动作情况：

仿 1 号主变压器保护"10kV 复合电压闭锁过流跳仿 101"。

仿 2 保护单元："速断、过流保护动作"（仿 2 断路器未跳闸）。

4. 初步分析判断

根据保护动作和断路器跳闸情况，停电范围为仿 10kV 南母及各出线，故障范围也在仿 10kV 南母及各出线。10kV 南母出线仿 2（化肥厂）有保护动作信号，故障点多在仿 2 线路上；很可能属于仿 2 线路故障，仿 2 断路器拒动造成的越级跳闸。失去站用电，说明可能是 2 号站用变压器没有自投成功。

5. 处理过程

接到监控班值班员通知，运维人员到达现场。

（1）投入事故照明以后，合上 2QF 开关、合上 QF 开关，恢复站用电系统至正常。

（2）仿 2 断路器保持原状，设法拉开仿 2 甲隔离开关、仿 2 南隔离开关。

（3）断开仿 1 断路器、仿 3 断路器。检查两出线无保护动作信号，保护装置无异常。

（4）向调度汇报。请示先检查失压的 10kV 南母及连接设备。

相关要求：互通单位，互报姓名；简要、明确地汇报故障发生时间和故障象征，使用规范的调度术语。

汇报的内容应包括故障时间、保护动作情况、断路器跳闸情况、设备异常情况和故障造成的停电范围。

（5）现场检查 10kV 南母及连接设备，未发现异常情况。

（6）检查仿 101 断路器、仿 100 断路器及连接设备无异常。

（7）向调度汇报。请示合上仿 101 断路器或仿 100 断路器，对仿 10kV 南母充电正常后，采用依次先解除重合闸、后合断路器的方式，试送仿 1、仿 3 线路。

（8）按照调度命令，合上仿 101 断路器，检查仿 10kV 南母电压显示正常。

（9）依次合上仿 1 断路器、仿 3 断路器，试送线路均正常。按照调度命令，投入仿 1 和仿 3 重合闸。

（10）仿 2 断路器做安全措施以后，具备故障抢修条件。

（11）向调度汇报。

（12）向主管领导汇报，请求安排检查仿 2 断路器拒动原因。

（13）填写、整理各种记录，做好故障处理的善后工作。

6. 故障分析

仿 2（化肥厂）线路有故障，仿 2 断路器拒跳，造成越级仿 1 号主变压器 10kV 过流保护动作，仿 101 断路器跳闸。

7. 演习点评

（1）线路发生故障，造成越级跳闸，不论是断路器拒动，还是保护拒动，都应该弄清具体原因。在无电的条件下，直接拉开未跳断路器各侧刀闸，以方便事故调查。这样做，对于查明技术上、管理上的问题非常有利。

（2）即使已经知道仿 2（化肥厂）线路故障越级，现场检查 10kV 南母及连接设备也做是有必要的。

三、35kV 母线失压事故 1

仿真系统接线图参见图 11－1 和图 11－2。

1. 设定的运行方式和假设条件

两 110kV 主进线经仿 110 断路器联络运行；仿 1 号主变压器带 10kV 全部负荷，仿 2 号主变压器带 35kV 全部负荷，仿 351、102 热备用。仿 1 号主变压器 110kV 侧中性点接地运行（仿 111 中隔离开关在合闸位置）；仿 2 号主变压器 110kV 侧中性点不接地运行（仿 112 中隔离开关在拉开位置）；35kV 消弧线圈正常运行于仿 2 号主变压器中性点（仿 352 中隔离开关在合闸位置，仿 351 中隔离开关拉开）。Ⅰ仿月线、Ⅱ仿月线做联络线运行。

2. 故障象征

0:00（设定的演习开始时间），集控系统报出 110kV 仿真变电站事故信号。预告信号为“信号未复归”。集控系统后台机显示仿 352 断路器、仿 350 断路器闪动（跳闸）。仿 35kV 南母、仿 35kV 北母电压显示：0kV。

检查保护动作情况：仿 2 号主变压器保护“35kV 复合电压闭锁过流跳仿 350”“35kV 复合电压闭锁过流跳仿 352”。

3. 初步分析判断

根据保护动作和断路器跳闸情况，停电范围为仿 35kV 南母、仿 35kV 北母及各出线；因为仿 350 断路器跳闸之后，短路故障并没有切除，发生故障的范围，应该在仿 35kV 南母及各出线。

4. 处理过程

（1）监控班值班员遥控操作，断开仿顺 1 断路器、Ⅰ仿月 1 断路器、Ⅱ仿月 1 断路器、仿吕 1 断路器。检查各出线有无保护动作信号，保护装置有无异常。向调度汇报。

相关要求：互通单位，互报姓名；简要、明确地汇报故障发生时间和故障象征，使用规范的调度术语。

汇报的内容应包括故障时间、保护动作情况、断路器跳闸情况、设备异常情况和故障造成的停电范围。

（2）向调度汇报。按照调度命令，恢复仿 35kV 北母运行，恢复对客户的供电，恢复联络线运行。操作程序如下：

1）合上仿 351 断路器，对仿 35kV 北母充电正常。

2）合上仿吕 1 断路器。

3）向调度汇报，请示Ⅱ仿月线是否具备恢复运行的条件。得到调度可以恢复运行的答复和操作指令。

4）合上Ⅱ仿月 1 断路器。

5）向调度汇报。由调度命令在Ⅱ仿月线对侧执行同期并列。

（3）监控班值班员通知运维班到现场检查处理，向运维班作简要、清楚的说明。

（4）运维人员到达现场。检查 35kV 南母及连接设备，未发现异常情况。发现Ⅰ仿月线微机保护装置液晶显示“装置异常”信号，其他均正常。

（5）现场检查 35kV 南母及连接设备，未发现异常情况。

（6）检查仿 352 断路器、仿 350 断路器及连接设备无异常。

（7）向调度汇报。请示合上仿 352 断路器或仿 350 断路器，对仿 35kV 南母充电正常后，采用依次先解除重合闸、后合断路器的方式，试送仿顺线；若正常，保护装置有异常的Ⅰ仿月线不再试送。

（8）按照调度命令，合上仿 352 断路器，检查仿 35kV 南母电压显示正常。

（9）合上仿顺 1 断路器，试送线路正常。按照调度命令，投入仿顺 1 重合闸。

（10）按照调度命令，拉开Ⅰ仿月 1 甲隔离开关，拉开Ⅰ仿月 1 南隔离开关。由调度通知客户检查线路。

（11）Ⅰ仿月 1 断路器做安全措施以后，具备故障抢修条件。

（12）向主管领导汇报，请求安排检查Ⅰ仿月线保护拒动原因。

（13）填写、整理各种记录，做好故障处理的善后工作。

5. 故障分析

Ⅰ仿月线线路有故障，Ⅰ仿月线保护装置异常而拒动造成越级，仿 2 号主变压器 35kV 复合电压闭锁过流保护动作，仿 350 断路器跳闸后，短路故障并没有切除；仿 352 断路器跳闸，仿 35kV 南、北母均失压。

6. 演习点评

如果是仿 35kV 北母范围内有故障，仿 350 断路器跳闸之后，故障已经切除；仿 2 号主变压器 35kV 复合电压闭锁过流保护应返回，仿 352 断路器不再跳闸。Ⅰ仿月线保护有“装置异常”信息显示，是故障范围在仿 35kV 南母的又一个判断依据。现场检查 35kV 南母及连接设备，是比较谨慎的表现。

四、35kV 母线失压事故 2

仿真系统接线图参见图 11－1 和图 11－2。

1. 设定的运行方式

两 110kV 主进线经仿 110 断路器联络运行，两台主变压器高、中压侧并列运行（仿 350 断路器在合闸位置）；低压侧分列运行（仿 100 断路器在断开位置）。仿 1 号主变压器 110kV 侧中性点接地运行（仿 111 中隔离开关在合闸位置）；仿 2 号主变压器 110kV 侧中性点不接地运行（仿 112 中隔离开关在拉开位置）；35kV 消弧线圈正常运行于仿 2 号主变压器中性点（仿 352 中隔离开关在合闸位置，仿 351 中隔离开关拉开）。Ⅰ仿月线、Ⅱ仿月线均作联络线运行。

2. 故障象征 1

0:00（设定的演习开始时间），集控系统报出 110kV 仿真变电站预告信号：“35kV 南母接地”“35kV 北母接地”“消弧线圈动作”。

集控系统后台机显示仿 35kV 南、北母各相对地电压：$U_a = 0$kV，$U_b = U_c = 37.5$kV。

3. 故障象征 2

0:01，上一个故障持续几十秒钟后，报出 110kV 仿真变电站事故信号，预告信号有：“信号未复归”。集控系统后台机显示仿 352 断路器、仿 351 断路器闪动（跳闸）；仿 350 断路器仍在合闸位置。

集控系统后台机母线电压显示：仿 35kV 南母、仿 35kV 北母电压均为 0kV。

检查保护动作情况：

仿 1 号主变压器保护：“35kV 复合电压闭锁过流跳仿 350”“35kV 复合电压闭锁过流跳仿 351”。

仿 2 号主变压器保护：“35kV 复合电压闭锁过流跳仿 350”“35kV 复合电压闭锁过流跳仿 352”。

4. 初步分析判断

根据保护动作和断路器跳闸情况，停电范围为仿 35kV 南母、仿 35kV 北母及各出线；故障范围应在仿 35kV 南母、仿 35kV 北母及各出线。仿 351 断路器、仿 352 断路器同时跳闸，是仿 350 断路器未跳闸引起的。

5. 处理过程 1

（1）监控班值班员遥控操作，断开仿顺 1 断路器、Ⅰ仿月 1 断路器、Ⅱ仿月 1 断路器、仿吕 1 断路器。检查各出线无保护动作信号，保护装置无异常。通知运维班到现场检查处理，向运维班作简要、清楚的说明。

（2）运维人员到达现场。检查发现**仿 350 断路器操作电源熔断器松动**，经处理后断开仿 350 断路器。

（3）向调度汇报。

相关要求：互通单位，互报姓名；简要、明确地汇报故障发生时间和故障象征，使用规范的调度术语。

汇报的内容应包括故障时间，保护动作及异常情况，断路器跳闸情况，故障造成的停电范围。

（4）现场检查 35kV 南、北母及连接设备，发现**仿 35kV 北母避雷器 A 相击穿，仿 35 北表隔离开关 B 相支柱绝缘子击穿（母线侧）**。其他设备正常。

6. 进一步分析判断

根据故障点和仿 350 断路器操作电源熔断器松动情况分析判断，仿 35kV 南母及各出线范围内有故障的可能较小，应考虑先恢复仿 35kV 南母运行。

7. 处理过程 2

（1）运维人员向调度汇报。按调度命令，恢复仿 35kV 南母运行，恢复对客户的供电，恢复联络线运行。操作程序如下：

1）合上仿 352 断路器，对仿 35kV 南母充电正常。

2）合上仿顺 1 断路器。

3）向调度汇报，请示Ⅰ仿月线是否具备恢复运行的条件。得到调度可以恢复运行的答复和操作指令。

4）检查Ⅰ仿月 1 保护屏“线路 TV 失电”灯亮（线路无电），合上Ⅰ仿月 1 断路器。

5）向调度汇报。由调度命令在Ⅰ仿月线对侧执行同期并列。

（2）向调度汇报。仿 35kV 北母不能运行，请示Ⅱ仿月线转移负荷，仿 350 倒经旁母带仿吕线负荷；仿 35kV 北母停电检修。

（3）现场操作，仿 350 倒经旁母带仿吕线负荷。操作程序如下：

1）检查仿 350 断路器在断开位置，拉开仿 350 北隔离开关。

2）将仿 350 微机保护装置投于带仿吕线整定值，投入仿 350 微机保护装置。

3）推上仿 350 旁北隔离开关。

4）推上仿吕 1 旁隔离开关。

5）合上仿 350 断路器，对仿吕线恢复供电。

（4）现场操作，仿吕 1 断路器转冷备用。操作程序如下：

1）检查仿吕 1 断路器在断开位置。

2）拉开仿吕 1 甲隔离开关。

3）拉开仿吕 1 北隔离开关。

（5）现场操作，Ⅱ仿月线转冷备用。操作程序如下：

1）检查Ⅱ仿月 1 断路器在断开位置。

2）拉开Ⅱ仿月 1 甲隔离开关。

3）拉开Ⅱ仿月 1 北隔离开关。

（6）现场操作，仿 35kV 北母 TV 转冷备用。操作程序如下：

1）断开仿 35kV 北母 TV 二次开关、断开仿 35kV 北母 TV 二次计量开关。

2）拉开仿 35 北表隔离开关。

（7）现场操作，仿 351 断路器转冷备用。操作程序如下：

1）检查仿 351 断路器在断开位置。

2）拉开仿 351 甲隔离开关。

3）拉开仿 351 北隔离开关。

（8）检查仿 35kV 消弧线圈在仿 2 号主变压器 35kV 中性点运行。

（9）仿 35kV 北母 TV、仿 35kV 北母做安全措施后，具备故障抢修条件。

（10）向主管领导汇报，请求安排事故抢修。

（11）填写、整理各种记录，做好故障处理的善后工作。

8. 故障分析

仿 35kV 北母避雷器 A 相击穿，使另两相对地电压升高为线电压值，还有可能产生的弧光接地过电压等因素，导致仿 35 北表 B 相支柱绝缘子击穿（母线侧），形成短路。仿 350 操作电源熔断器松动，致使越级到仿 352 断路器跳闸。

9. 演习点评

仿 35kV 北母范围内故障，仿 350 断路器跳闸之后，故障已经切除；仿 2 号主变压器 35kV 复合电压闭锁过流保护应返回，仿 352 断路器不再跳闸。本演习题设为 35kV 母线设备故障，仿 350 断路器拒动；因此，根据控制室内的信号、断路器跳闸情况、保护动作情况等，无法直接判断故障范围在哪一段母线。

五、10kV 母线失压事故 3

仿真系统接线图参见图 11－1 和图 11－2。

1. 设定的运行方式

两 110kV 主进线经仿 110 断路器联络运行，两台主变压器高、中压侧并列运行（仿 350 断路器在合闸位置）；低压侧分列运行（仿 100 断路器在断开位置）。仿 1 号主变压器 110kV 侧中性点接地运行（仿 111 中隔离开关在合闸位置）；仿 2 号主变压器 110kV 侧中性点不接地运行（仿 112 中隔离开关在拉开位置）；35kV 消弧线圈正常运行于仿 2 号主变压器中性点（仿 352 中隔离开关在合闸位置，仿 351 中隔离开关拉开）。Ⅰ仿月线、Ⅱ仿月线均作联络线运行。

2. 故障象征 1

0:00（设定的演习开始时间），集控系统报出 110kV 仿真变电站预告信号："10kV 北母接地"。集控系统后台机显示 10kV 北母各相对地电压：$U_a = 0$kV，$U_b = U_c = 10.5$kV。

3. 故障象征 2

0:01，上一个故障持续几十秒钟后，报出 110kV 仿真变电站事故信号，报出预告信号有："信号未复归""2QF 跳闸"。集控系统后台机显示仿 102 断路器、仿 7 断路器闪动（跳闸）。仿 10kV 北母电压显示：0kV。

检查保护动作情况：仿 2 号主变压器保护"10kV 复合电压闭锁过流"。仿 7 保护单元的电容器组"失压保护"动作。

4. 初步分析判断

根据保护动作和断路器跳闸情况，停电范围为仿 10kV 北母；故障范围应在仿 10kV 北母及各出线。很可能是单相接地故障，发展到不同相两点接地短路。两个接地故障点，可能都在站内，也可能其中一个在线路上。由于各出线都没有保护动作信号，线路如果有接地故障，是 B 相有故障的可能性较大。

5. 处理过程 1

（1）监控班值班员遥控操作，断开仿 4、仿 5、仿 6 断路器。检查各出线无保护动作信号，检查保护装置无异常。

（2）向调度汇报。相关要求：互通单位，互报姓名；简要、明确地汇报故障发生时间和故障象征，使用规范的调度术语。汇报的内容应包括故障时间、保护动作及设备异常情况、断路器跳闸情况和故障造成的停电范围。

（3）通知运维班到现场检查处理，向运维班作简要、清楚的说明。

（4）运维人员到达现场。检查10kV北母及连接设备，发现**仿10kV北母A相避雷器绝缘子击穿**。其他设备均无异常。

6. 进一步分析判断

仿10kV北母A相避雷器击穿，可能是短路故障的引发点，另一个接地故障点可能在某条出线上。

7. 处理过程2

（1）现场操作，仿10kV北母TV转冷备用（隔离故障点）。操作程序如下：

1）断开仿10kV北母TV二次开关、断开仿10kV北母TV二次计量开关。

2）拉开仿10北表隔离开关。

（2）向调度汇报。按调度命令，恢复仿10kV北母运行，恢复站用电系统运行，恢复对客户的供电。

（3）投入仿100充电保护；合上仿100断路器，对仿10kV北母充电正常。

（4）退出仿100充电保护。

（5）退出仿4重合闸，合上仿4断路器。

（6）退出仿5重合闸，合上仿5断路器。

（7）退出仿6重合闸，合上仿6断路器。

8. 故障象征3

当合上仿6断路器时，警铃响，报出“10kV南母接地” 信号。

检查综自后台机显示：10kV 南母各相对地电压：$U_b=0$kV，$U_a=U_c=10.5$kV。说明**仿6（油漆厂）线路B相有接地故障**。

9. 处理过程3

（1）断开仿6断路器。

（2）按调度命令，分别投入仿4、仿5重合闸。

（3）合上仿10kV南、北母TV二次联络开关。

（4）按调度命令，合上仿7断路器，投入电容器组运行。

（5）拉开仿6甲隔离开关，拉开仿6北隔离开关。由调度通知客户查线。

（6）合上2QF开关，断开QF开关，检查站用电系统恢复正常运行。

（7）仿10kV北母TV做安全措施以后，具备故障抢修条件。

（8）向调度汇报。按调度指令，仿10kV南北母暂维持现运行方式。

（9）向主管领导汇报，请求安排事故抢修。

（10）填写、整理各种记录，做好故障处理的善后工作。

10. 故障分析

仿10kV北母A相避雷器击穿是短路的引发点，引起仿6（油漆厂）线路B相发生接地故障。仿6线路的B相接地故障，线路保护不会反应，仿6断路器也就不跳闸，越级到仿2号主变压器10kV过流保护动作，仿102断路器跳闸，仿10kV北母失压。

11. 演习点评

（1）使用仿 102 对北母充电，因 10kV 北母 TV 已经停运，无法反应系统的接地故障。因此，合仿 100 断路器对北母充电是正确的。

（2）当仿 4 断路器、仿 5 断路器合闸以后，只剩下仿 6（油漆厂）线路没有送电，合上仿 6 断路器前，应该知道该线路有接地故障。应该向调度汇报情况。

第四节 主变压器后备保护动作跳闸，中低压侧母线同时失压事故

一、断路器拒动导致 10kV、35kV 母线同时失压事故

仿真系统接线图参见图 11－1 和图 11－2。

1. 设定的运行方式

两 110kV 主进线经仿 110 联络运行，两台主变压器高、中、低压侧并列运行（仿 100 断路器、仿 350 断路器在合闸位置）。仿 1 号主变压器 110kV 侧中性点接地运行（仿 111 中隔离开关在合闸位置）；仿 2 号主变压器 110kV 侧中性点不接地运行（仿 112 中隔离开关在拉开位置）；35kV 消弧线圈正常运行于仿 2 号主变压器中性点（仿 352 中隔离开关在合闸位置，仿 351 中隔离开关拉开）。Ⅰ仿月线、Ⅱ仿月线均作联络线运行。

2. 故障象征 1

0:00（设定的演习开始时间），集控系统报出 110kV 仿真变电站预告信号："10kV 南母接地""10kV 北母接地"。

集控系统后台机显示 10kV 南、北母各相对地电压：$U_b = 0$kV，$U_a = U_c = 10.5$kV。

3. 故障象征 2

上一个故障持续十几秒钟后，报出 110kV 仿真变电站事故信号，报出预告信号有："信号未复归""2QF 跳闸"。集控系统后台机显示仿 112 断路器、仿 352 断路器、仿 100 断路器、仿 350 断路器、仿 7 断路器闪动（跳闸）。仿 102 断路器不闪动（合闸位置）。

仿 10kV 北母电压显示：0kV；仿 35kV 南母电压显示：0kV。

检查保护动作情况：

仿 2 号主变压器保护："110kV 复合电压闭锁过流""10kV 复合电压闭锁过流跳仿 100""10kV 复合电压闭锁过流跳仿 102""35kV 复合电压闭锁过流跳仿 350"。

仿 1 号主变压器保护："10kV 复合电压闭锁过流跳仿 100"。仿 1 号主变压器"35kV 复合电压闭锁过流跳仿 350"。

仿 7 保护单元：电容器组失压保护动作。

4. 初步分析判断

根据保护动作和开关跳闸情况分析，事故停电范围为仿 10kV 北母和仿 35kV 南母；故障范围应在仿 10kV 北母或各出线。判断依据有：

（1）两台主变压器“10kV 复合电压闭锁过流”动作，仿 102 断路器未跳闸。

（2）跳闸之前，仿 10kV 南、北母范围有接地故障。

（3）仿 352 断路器是由仿 2 号主变压器 110kV 复合电压闭锁过流保护动作跳闸的。

因此，很可能是 10kV 北母范围内发生单相接地故障，发展到不同相两点接地短路。两个接地故障点，可能都在站内，也可能其中一个在线路上。由于各出线都没有保护动作信号，线路如果有接地故障，则可能是 B 相接地。

5. 处理过程 1

（1）监控班值班员向调度汇报。同时，通知运维班到现场检查处理，向运维班作简要、清楚的说明。相关要求：互通单位，互报姓名；简要、明确地汇报故障发生时间和故障象征，使用规范的调度术语。汇报的内容应包括故障发生时间，保护动作情况，断路器跳闸情况，故障造成的停电范围。

（2）监控班遥控操作，断开联络线Ⅰ仿月 1 断路器；断开仿顺 1 断路器。检查两出线无保护动作信号，保护装置无异常。

（3）监控班遥控操作，断开仿 10kV 北母各出线断路器。检查各出线无保护动作信号，保护装置无异常。

（4）监控班遥控操作，恢复 35kV 南母运行，恢复对客户的供电，恢复联络线运行。操作程序如下：

1）投入仿 350 充电保护。

2）合上仿 350 断路器，对仿 35kV 南母充电正常。

3）退出仿 350 充电保护。

4）合上仿顺 1 断路器。

5）向调度汇报，请示Ⅰ仿月线是否具备恢复运行的条件。得到调度可以恢复运行的答复和操作指令。

6）合上Ⅰ仿月 1 断路器。

7）向调度汇报。由调度命令在Ⅰ仿月线对侧执行同期并列。

（5）运维班到达现场。拉开仿 352 中隔离开关，推上仿 351 中隔离开关；将消弧线圈倒至仿 1 号主变压器 35kV 中性点运行。

（6）现场检查仿 10kV 北母及连接设备，检查仿 2 号主变压器及连接设备。发现**仿 102 断路器仍在合闸位置，仿 10KV 北母 A 相 TV 冒烟，外绝缘损坏**，其他部分无异常。

6. 进一步分析判断

现场检查设备，发现仿 10kV 北母 A 相 TV 绝缘损坏，其他部分无异常。仿 10kV 北母各出线中，其中某一线路很可能是 B 相有接地故障，并且此接地故障点是形成短路故障的引发点。

7. 处理过程 2

（1）运维班现场操作，拉开仿 102 甲隔离开关，拉开仿 102 北隔离开关。

（2）现场操作，仿 10kV 北母 TV 转冷备用（隔离故障点）。操作程序如下：

1）断开仿 10kV 北母 TV 二次开关、断开仿 35kV 北母 TV 二次计量开关。

2）拉开仿 10 北表隔离开关。

（3）运维人员向调度汇报。恢复 10kV 北母运行，恢复站用电原运行方式。操作程序如下：

1）投入仿 100 充电保护。

2）合上仿 100 断路器，对仿 10kV 北母充电正常。

3）退出仿 100 充电保护。

4）合上 2 号站用变低压侧开关 2QF。

5）断开 380V 母线分段开关 QF，恢复站用电系统原运行方式。

（4）现场操作，依次试送仿 10kV 北母各分路，查明有接地的线路，恢复各出线的供电。操作程序如下：

1）退出仿 4 重合闸，合上仿 4 断路器。

2）退出仿 5 重合闸，合上仿 5 断路器；此时，报出“10kV 南母接地”（仿 10kV 北母 TV 已经停止运行）信号，检查仿 10kV 南母各相对地电压显示：$U_b=0$kV，$U_a=U_c=10.5$kV；说明**仿 5（机械厂）线路 B 相发生接地故障**。

3）断开仿 5 断路器。

4）退出仿 6 重合闸，合上仿 6 断路器。

5）按调度命令，分别投入仿 4、仿 6 重合闸。

（5）合上仿 10kV 南、北母 TV 二次联络开关。

（6）按调度命令，合上仿 7 断路器，投入电容器组运行。

（7）在仿 1 号主变压器过负荷的情况下，恢复仿 2 号主变压器高—中压运行。操作程序如下：

1）投入仿 2 号主变压器 110kV 零序过流保护。

2）推上仿 112 中隔离开关。

3）合上仿 112 断路器，对仿 2 号主变压器充电正常。

4）合上仿 352 断路器；恢复两主变压器 35kV 侧并列运行。

5）拉开仿 112 中隔离开关。

6）退出仿 2 号主变压器 110kV 零序过流保护。

（8）仿 350 断路器保持在合闸位置，仿 35kV 系统恢复原运行方式。

（9）拉开仿 5 甲隔离开关，拉开仿 5 北隔离开关。由调度通知客户查线。

（10）仿 10kV 北母 TV 做安全措施以后，具备故障抢修条件。

（11）仿 102 断路器做安全措施以后，具备调查拒动原因的条件。

（12）检查、恢复直流系统运行正常。

（13）向调度汇报。经调度同意，消弧线圈暂维持在仿 1 号主变压器 35kV 中性点运行。

（14）向主管领导汇报，请求安排故障抢修。

（15）填写、整理各种记录，做好故障处理的善后工作。

8. 故障分析

仿 5（机械厂）线路 B 相发生接地故障，是短路的引发点，导致了仿 10kV 北母 A 相 TV 外绝缘损坏。仿 5 线路的 B 相接地、短路故障，线路保护不会反应，仿 5 断路器也就不跳闸，越级到仿 2 号主变压器 10kV 过流保护动作，仿 100 断路器跳闸；因为仿 102 断路器拒动，使仿 2 号主变压器“110kV 复合电压闭锁过流”、仿 2 号主变压器“35kV 复合电压闭锁过流”、仿 1 号主变压器“35kV 复合电压闭锁过流”保护动作，仿 112 断路器、仿 352 断路器、仿 350 断路器跳闸，仿 10kV 北母和仿 35kV 南母失压。

9. 演习点评

（1）如果仿 102 断路器没有问题，能够跳闸，则仿 350 断路器不会跳闸，事故停电范围应该只有仿 10kV 北母。因为仿 100 断路器跳闸之后，10kV 侧全部是馈线，不会向 35kV、110kV 返送短路电流。

（2）仿 350 断路器跳闸后，两台主变压器 35kV 侧已无短路故障电流。仿 352 断路器由仿 2 号主变压器 110kV 复合电压闭锁过流动作跳闸，是判断故障范围的参考依据之一。

二、SF_6压力降低导致 10kV、35kV 母线同时失压事故

仿真系统接线图参见图 11－1 和图 11－2。

1. 设定的运行方式

两 110kV 主进线经仿 110 断路器联络运行，两台主变压器高、中压侧并列运行（仿 350 断路器在合闸位置）；低压侧分列运行（仿 100 断路器在断开位置）。仿 1 号主变压器 110kV 侧中性点接地运行（仿 111 中隔离开关在合闸位置）；仿 2 号主变压器 110kV 侧中性点不接地运行（仿 112 中隔离开关在拉开位置）；35kV 消弧线圈正常运行于仿 2 号主变压器中性点（仿 352 中隔离开关在合闸位置，仿 351 中隔离开关拉开）。Ⅰ仿月线、Ⅱ仿月线均作馈线运行。

2. 故障象征 1

0:00（设定的演习开始时间），集控系统报出 110kV 仿真变电站预告信号：仿 2 号主变压器：“2DL（仿 352 断路器）SF_6压力降低”。

3. 故障象征 2

0:01，上一个故障持续几十秒钟后，集控系统报出 110kV 仿真变电站预告信号：“2DL（仿 352）SF_6压力闭锁”。

4. 故障象征 3

0:02，上一个故障持续几十秒钟后，报出 110kV 仿真变电站预告信号：“35kV 南母接地”“35kV 北母接地”“消弧线圈动作”。

集控系统后台机显示该站 35kV 南、北母各相对地电压：$U_a=0$kV，$U_b=U_c=37.5$kV。

5. 故障象征 4

0:03，集控系统报出 110kV 仿真变电站事故信号，预告信号有：“信号未复归”。集

控系统后台机显示仿 350 断路器、仿 112 断路器、仿 102 断路器、仿 351 断路器、仿 7 断路器闪动（跳闸）；**仿 352 断路器仍在合闸位置**。

仿 35kV 南母、仿 35kV 北母电压显示：0kV。仿 10kV 北母电压：0kV。

检查保护动作情况：

仿 1 号主变压器保护："35kV 复合电压闭锁过流跳仿 350"，"35kV 复合电压闭锁过流跳仿 351"。

仿 2 号主变压器保护："110kV 复合电压闭锁过流"，"35kV 复合电压闭锁过流跳仿 350""35kV 复合电压闭锁过流跳仿 352"。

仿 7 保护：电容器组失压保护动作。

6. 初步分析判断

根据保护动作和断路器跳闸情况，故障停电范围为仿 10kV 北母、仿 35kV 南母和仿 35kV 北母；故障范围应在仿 35kV 南、北母或各出线范围之内。判断依据有：

（1）两台主变压器"35kV 复合电压闭锁过流"动作，仿 352 断路器未跳闸。

（2）跳闸前仿 35kV 南、北母范围内有单相接地故障。

（3）仿 102 断路器是由仿 2 号主变压器 110kV 复合电压闭锁过流保护动作跳闸的。很可能是仿 35kV 南、北母范围内发生单相接地故障，发展到不同相两点接地短路。两个接地故障点，可能都在站内，也可能其中一个在线路上。由于各出线都没有保护动作信号，线路如果有接地故障，则可能是 B 相接地。

7. 处理过程 1

（1）监控班值班员向调度汇报。同时，通知运维班到现场检查处理，向运维班作简要、清楚的说明。相关要求：互通单位，互报姓名；简要、明确地汇报故障发生时间和故障象征，使用规范的调度术语。

汇报的内容应包括事故之前报出的信号、故障时间、保护动作情况、断路器跳闸情况和故障造成的停电范围。

（2）监控班值班员遥控操作，断开联络线Ⅰ仿月 1 断路器、Ⅱ仿月 1 断路器；断开仿顺 1 断路器、仿吕 1 断路器。检查各出线无保护动作信号，保护装置无异常。

（3）监控班值班员遥控操作，断开仿 10kV 北母各出线断路器。检查各出线无保护动作信号，保护装置无异常。

（4）遥控操作，恢复 10kV 北母运行，恢复对客户的供电。操作程序如下：

1）投入仿 100 充电保护。

2）合上仿 100 断路器，对仿 10kV 北母充电正常。

3）退出仿 100 充电保护。

4）依次合上仿 4、仿 5、仿 6 断路器。

（5）运维人员到达现场。合上 2 号站用变压器低压侧开关 2QF，断开 380V 母线分段开关 QF，恢复站用电系统原运行方式。

（6）运维人员穿上防护服，戴上防毒面具，现场重点检查仿 35kV 南母、仿 35kV 北母及连接设备，检查仿2号主变压器及连接设备。发现**仿352断路器仍在合闸位置，SF_6压力表显示降低到“闭锁压力”值以下**；并检查发现**仿35kV南母A相避雷器炸裂冒弧，外绝缘损坏**，检查其他部分无异常。

8. 进一步分析判断

发现仿35kV南母A相避雷器绝缘损坏，其他部分无异常。35kV南母A相避雷器接地故障是短路的引发点，可能是因为它造成了某条35kV线路的B相绝缘薄弱点击穿，形成相间短路。

由于仿352断路器SF_6气压降低，达到分合闸闭锁压力值；所以，35kV部分不能使用仿2号主变压器恢复运行。

9. 处理过程2

（1）现场操作，将仿352断路器转冷备用。操作程序如下：

1）断开仿352断路器。

2）拉开仿352甲隔离开关。

3）拉开仿352南隔离开关。

（2）现场操作，仿35kV南母TV转冷备用（隔离故障点）。操作程序如下：

1）断开仿35kV南母TV二次开关。

2）断开仿35kV南母TV二次计量开关。

3）拉开仿35南表隔离开关。

（3）向调度汇报。恢复仿35kV北母运行，恢复对客户的供电，恢复联络线运行。操作程序如下：

1）合上仿351断路器，对仿35kV北母充电正常。

2）退出仿吕1重合闸，合上仿吕1断路器。

3）投入仿吕1重合闸。

4）向调度汇报，请示Ⅱ仿月线是否具备恢复运行的条件。得到调度可以恢复运行的答复和操作指令。

5）退出Ⅱ仿月1重合闸。

6）检查Ⅱ仿月1保护屏“线路TV失电”灯亮（线路无电）。

7）合上Ⅱ仿月1断路器。

8）向调度汇报。由调度命令在Ⅱ仿月线对侧执行同期并列。

9）投入Ⅱ仿月1重合闸。

（4）向调度汇报。恢复仿35kV南母运行。操作程序如下：

1）投入仿350充电保护。

2）合上仿350断路器，对仿35kV南母充电正常。

3）退出仿350充电保护。

（5）先拉开仿352中隔离开关，再推上仿351中隔离开关；将消弧线圈倒仿1号主变压器35kV中性点运行。

（6）依次试送仿35kV南母各分路，查明有接地故障的线路，恢复各出线的供电。操作程序如下：

1）退出仿顺1重合闸。

2）合上仿顺1断路器；此时，警铃响，报出预告信号："35kV北母接地"（仿35kV南母TV因隔离故障，已经停止运行）。各相对地电压显示：$U_b=0$kV，$U_a=U_c=37.5$kV；说明仿顺线线路B相发生接地故障。

3）断开仿顺1断路器。

4）向调度汇报，请示Ⅰ仿月线是否具备恢复运行的条件。得到调度可以恢复运行的答复和操作指令。

5）退出Ⅰ仿月1重合闸。

6）检查Ⅰ仿月1保护屏"线路TV失电"灯亮（线路无电）。

7）合上Ⅰ仿月1断路器。

8）向调度汇报。由调度命令在Ⅰ仿月线对侧执行同期并列。

9）按调度命令，投入Ⅰ仿月1重合闸。

（7）合上仿35kV南、北母TV二次联络开关。

（8）按调度命令，合上仿7断路器，投入电容器组运行。

（9）在仿1号主变压器过负荷情况下，恢复仿2号主变压器高、低压侧运行。操作程序如下：

1）投入仿2号主变压器110kV零序过流保护。

2）推上仿112中隔离开关。

3）合上仿112断路器，检查仿2号主变压器充电正常。

4）合上仿102断路器。

5）拉开仿112中隔离开关。

6）退出仿2号主变压器110kV零序过流保护。

（10）断开仿100断路器，仿10kV系统恢复分段运行方式。

（11）拉开仿顺1甲隔离开关，拉开仿顺1南隔离开关。由调度通知客户查线。

（12）仿35kV南母TV做安全措施以后，具备故障抢修条件。

（13）仿352断路器做安全措施以后，具备处理SF_6气压漏气的条件。

（14）检查、恢复直流系统运行正常。

（15）向调度汇报。

（16）向主管领导汇报，请求安排故障抢修。

（17）填写、整理各种记录，做好故障处理的善后工作。

10. 故障分析

仿35kV南母A相避雷器外绝缘损坏，是短路的引发点；导致了仿顺线的B相接地故障，线路保护不会反应，仿顺1断路器也就不跳闸，越级到仿2号主变压器35kV复合电压闭锁过流保护动作，仿350断路器跳闸；因为仿352断路器SF_6气压降低，分闸回路被闭锁而拒跳，越级使仿 2 号主变压器“110kV 复合电压闭锁过流”、仿 1 号主变压器“35kV 复合电压闭锁过流”保护动作，仿 112 断路器、仿 102 断路器、仿 351 断路器、仿 350 断路器跳闸，仿 10kV 北母和仿 35kV 南、北母失压。

11. 演习点评

（1）如果 B 相接地故障点在仿 35kV 南母范围，在仿 350 跳闸之后，仿 1 号主变压器“35kV 复合电压闭锁过流”保护应返回；仿 351 则不应跳闸。仿 351 跳闸，可能是仿 1 号主变压器“35kV 复合电压闭锁过流”保护返回不可靠。

（2）如果仿 352 断路器没有问题，能够跳闸，则仿 112 断路器、仿 102 断路器就不再跳闸，事故停电范围应该只有仿 35kV 部分。

（3）将消弧线圈倒仿 1 号主变压器 35kV 中性点运行的操作，显得稍晚了一些。

三、主变压器断路器故障导致 10kV、35kV 母线同时失压事故

仿真系统接线图参见图 11－1 和图 11－2。

1. 设定的运行方式

两 110kV 主进线经仿 110 联络运行，两台主变压器高、中压侧并列运行（仿 350 断路器在合闸位置）；低压侧分列运行（仿 100 断路器在断开位置）。仿 1 号主变压器 110kV 侧中性点接地运行（仿 111 中隔离开关在合闸位置）；仿 2 号主变压器 110kV 侧中性点不接地运行（仿 112 中隔离开关在拉开位置）；35kV 消弧线圈正常运行于仿 2 号主变压器中性点（仿 352 中隔离开关在合闸位置，仿 351 中隔离开关拉开）。Ⅰ仿月线、Ⅱ仿月线均作馈线运行。

2. 故障象征

0:00（设定的演习开始时间），报出 110kV 仿真变电站事故信号，预告信号有：“信号未复归”“2QF 跳闸”。仿 1 号主变压器、仿 2 号主变压器：“Ⅱ段冷却工作电源故障”，仿 350“控制回路断线”。集控系统后台机显示仿 112 断路器、仿 102 断路器、仿 351 断路器、仿 7 断路器闪动（跳闸）。仿 350 断路器、仿 352 断路器不闪动（合闸位置）。

仿 10kV 北母电压显示：0kV；仿 35kV 南、北母电压显示：0kV。

检查保护动作情况：

仿 1 号主变压器保护：“35kV 复合电压闭锁过流跳仿 350”“35kV 复合电压闭锁过流跳仿 351”。

仿 2 号主变压器保护：“110kV 复合电压闭锁过流”“35kV 复合电压闭锁过流跳仿 350”“35kV 复合电压闭锁过流跳仿 352”。

仿 7 保护单元：10kV 电容器“失压保护”。

3. 初步分析判断

根据保护动作和断路器跳闸情况，事故停电范围为仿 10kV 南母和仿 35kV 南、北母；故障范围也应该在仿 35kV 南、北母或各出线范围内。故障在仿 35kV 南母及各出线的可能较大。判断依据有：

（1）两台主变压器“35kV 复合电压闭锁过流”均动作，仿 352 断路器、仿 350 断路器未跳闸。

（2）仿 102 断路器是由仿 2 号主变压器 110kV 复合电压闭锁过流保护动作跳闸的。

（3）仿 2 号主变压器“110kV 复合电压闭锁过流”保护动作，可能是由于仿 352 没有跳闸造成越级跳闸。

因为仿 350 断路器报出“控制回路断线”信号，仿 350 断路器不跳闸的原因，可能是操作电源熔断器熔断或回路不通。

很可能是仿 35kV 南母范围故障（包括仿 2 号主变压器 35kV 侧设备），仿 352 断路器、仿 350 断路器拒动造成越级跳闸；也可能是某 35kV 出线线路故障，保护没有动作；同时，仿 352 断路器、仿 350 断路器也发生拒动，导致越级跳闸。

4. 处理过程 1

（1）监控班值班员向调度汇报。同时，通知运维班到现场检查处理，向运维班作简要、清楚的说明。相关要求：互通单位，互报姓名；简要、明确地汇报故障发生时间和故障象征，使用规范的调度术语。汇报内容应包括故障时间、保护动作情况、断路器跳闸情况和故障造成的停电范围。

（2）监控班值班员遥控操作，断开联络线Ⅰ仿月 1 断路器、Ⅱ仿月 1 断路器；断开仿吕 1 断路器、仿顺 1 断路器。检查各出线无保护动作信号，保护装置无异常信号。

（3）遥控操作断开仿 10kV 北母各出线断路器。检查各出线无保护动作信号，保护装置无异常信号。

（4）遥控操作，恢复仿 10kV 北母运行，恢复对客户的供电。操作程序如下：

1）投入仿 100 充电保护。

2）合上仿 100 断路器，对仿 10kV 北母充电正常。

3）退出仿 100 充电保护。

4）退出仿 4 重合闸，合上仿 4 断路器。

5）退出仿 5 重合闸，合上仿 5 断路器。

6）退出仿 6 重合闸，合上仿 6 断路器。

7）按调度命令，分别投入仿 4、仿 5、仿 6 重合闸。

（5）运维人员到达现场。合上 2 号站用变压器低压侧开关 2QF，断开 380V 母线分段开关 QF，恢复站用电系统原运行方式。

（6）检查仿 350 操作电源熔断器及保护、测控箱，发现仿 350 操作熔断器松动。经处理后，断开仿 350 断路器。

（7）现场检查仿 10kV 南母及连接设备无异常。

（8）现场重点检查仿 35kV 南、北母及连接设备，检查仿 2 号主变压器及连接设备。发现**仿 352 断路器仍在合闸位置，断路器本体发生短路烧坏**，其他设备无异常。

（9）现场操作，拉开仿 352 甲隔离开关，拉开仿 352 南隔离开关，隔离故障点。

（10）先拉开仿 352 中隔离开关，再推上仿 351 中隔离开关；消弧线圈倒仿 1 号主变压器 35kV 中性点运行。

5. 进一步分析判断

仿352断路器本体发生短路故障，仿350断路器操作熔断器松动，导致越级到仿2号主变压器“110kV复合电压闭锁过流”保护动作，仿1号主变压器“35kV复合电压闭锁过流”保护动作，仿112断路器、仿102断路器、仿351断路器跳闸。仿35kV南、北母及仿10kV北母失压。

6. 处理过程2

（1）向调度汇报。现场操作，恢复仿35kV北母运行，恢复对客户供电，恢复联络线运行。操作程序如下：

1）合上仿351断路器，对仿35kV北母充电正常。

2）退出仿吕1重合闸，合上仿吕1断路器。

3）向调度汇报，请示Ⅱ仿月线是否具备恢复运行的条件。得到调度可以恢复运行的答复和操作指令。

4）检查Ⅱ仿月1保护屏“线路TV失电”灯亮（线路无电），退出Ⅱ仿月1重合闸，合上Ⅱ仿月1断路器。

5）向调度汇报。由调度命令在Ⅱ仿月线对侧执行同期并列。

6）按调度命令，分别投入仿吕1重合闸、Ⅱ仿月1重合闸。

（2）向调度汇报。恢复仿35kV南母运行。操作程序如下：

1）投入仿350充电保护。

2）合上仿350断路器，对仿35kV南母充电正常。

3）退出仿350充电保护。

4）退出仿顺1重合闸，合上仿顺1断路器。

5）向调度汇报，请示Ⅰ仿月线是否具备恢复运行的条件。得到调度可以恢复运行的答复和操作指令。

6）检查Ⅰ仿月1保护屏“线路TV失电”灯亮（线路无电），退出Ⅰ仿月1重合闸，合上Ⅱ仿月1断路器。

7）向调度汇报。由调度命令在Ⅰ仿月线对侧执行同期并列。

8）按调度命令，分别投入仿顺1重合闸、Ⅰ仿月1重合闸。

（3）按调度命令，合上仿7断路器，投入电容器组运行。

（4）在仿1号主变压器过负荷的情况下，恢复仿2号主变压器高—低压运行。操作程序如下：

1）投入仿2号主变压器110kV零序过流保护。

2）推上仿112中隔离开关。

3）合上仿112断路器，对仿2号主变压器充电正常。

4）合上仿102断路器。

5）拉开仿112中隔离开关。

6）退出仿2号主变压器110kV零序过流保护。

（5）断开仿100断路器，仿10kV系统恢复分段运行方式。

（6）仿352断路器做安全措施以后，具备故障抢修条件。

（7）检查、恢复直流系统运行正常。

（8）向调度汇报。

（9）向主管领导汇报，请求安排故障抢修。

（10）填写、整理各种记录，做好故障处理的善后工作。

7. 故障分析

仿352断路器本体发生短路故障，应该是仿2号主变压器“110kV复合电压闭锁过流”保护动作，仿112断路器、仿102断路器跳闸；同时，两台主变压器“35kV复合电压闭锁过流”保护动作，仿350断路器跳闸，故障点即被切除。而本次事故，是仿352断路器本体发生短路故障；同时，因仿350断路器操作熔断器松动而不能跳闸，导致事故的停电范围扩大，越级到仿1号主变压器“35kV复合电压闭锁过流”保护动作，仿351断路器跳闸；使仿35kV南、北母及仿10kV北母同时失压。

8. 演习点评

（1）如果仿350断路器能够跳闸，则仿351断路器不会再跳闸，事故停电范围应该只有仿35kV南母和仿10kV北母。仿352断路器本体发生短路故障，由仿2号主变压器“110kV复合电压闭锁过流”保护动作跳闸是正确的。

（2）仿10kV北母失压，是由于仿2号主变压器“110kV复合电压闭锁过流”保护动作，仿102断路器跳闸所致。如果原运行方式是两主变压器10kV侧并列运行，并且仿350断路器不发生拒动，则本次事故时，仿10kV北母可能不会失压。

四、110kV部分故障导致10kV、35kV母线同时失压事故

仿真系统接线图参见图11－1和图11－2。

1. 设定的运行方式

两110kV主进线经仿110断路器联络运行。两台主变压器高、中压侧并列运行（仿350断路器在合闸位置）；低压侧分列运行（仿100断路器在断开位置）。仿1号主变压器110kV侧中性点接地运行（仿111中隔离开关在合闸位置）；仿2号主变压器110kV侧中性点不接地运行（仿112中隔离开关在拉开位置）；35kV消弧线圈正常运行于仿2号主变压器中性点（仿352中隔离开关在合闸位置，仿351中隔离开关拉开）。35kVⅠ、Ⅱ仿月线作联络线运行。

2. 故障象征

0:00（设定的演习开始时间），报出110kV仿真变电站事故信号，预告信号有：“信号未复归”“2QF跳闸”。仿1号主变压器、仿2号主变压器：“Ⅱ段冷却工作电源故障”。仿热线：“保护装置故障”。集控系统后台机显示：仿112断路器、仿102断路器、仿352断路器、仿110断路器、仿350断路器、Ⅰ仿月1断路器、Ⅱ仿月1断路器、仿7断路器闪动（跳闸）。仿热2断路器不闪动（仍在合闸位置）。

仿110kV东母、仿10kV北母、仿35kV南母电压显示均为0kV。

检查保护动作情况：

仿 1 号主变压器保护："110kV 方向零序过流跳仿 110""35kV 复合电压闭锁过流跳仿 350"。

仿 2 号主变压器保护："110kV 零序过压""35kV 复合电压闭锁过流跳仿 350"。

Ⅰ仿月线、Ⅱ仿月线保护屏："过流Ⅱ段"。

仿 7 保护单元：10kV 电容器"失压保护"。

3. 初步分析判断

根据保护动作和断路器跳闸情况，事故停电范围为：仿 110kV 东母、仿 10kV 北母和仿 35kV 南母。故障范围在仿 110kV 东母或仿热线；其中，故障在仿热线的可能较大。判断依据有：

（1）仿 1 号主变压器："110kV 方向零序过流"保护动作，仿 2 号主变压器："110kV 零序过压"保护动作，说明仿 110kV 东母及以上系统发生接地故障。

（2）仿 102 断路器、仿 352 断路器、仿 112 断路器是由仿 2 号主变压器 110kV 零序过压保护动作跳闸的。

（3）仿热线报出有"保护装置故障"信号。很可能是**仿热线线路接地故障，仿热线保护拒动**造成越级跳闸，使仿 110kV 东母、仿 10kV 北母和仿 35kV 南母失压。

4. 处理过程

（1）监控班值班员遥控操作，断开仿 10kV 北母和仿 35kV 南母各出线断路器。检查Ⅰ仿月 1 断路器、Ⅱ仿月 1 断路器在断开位置。向调度汇报，通知运维班到现场检查处理，向运维班作简要、清楚的说明。

（2）运维人员到达现场。检查仿热 2 断路器在合闸位置，拉开仿热 2 甲隔离开关，拉开仿热 2 东隔离开关（隔离故障，便于拒跳原因调查）。

（3）检查仿热线测控屏"线路 TV 无电压"灯亮。仿热线微机保护"运行"灯熄灭。检查除仿热线、Ⅰ仿月线、Ⅱ仿月线以外，其他各出线均无保护动作信号。向调度汇报。相关要求：互通单位，互报姓名；简要、明确地汇报故障发生时间和故障象征，使用规范的调度术语。汇报内容应包括故障时间、保护动作情况、断路器跳闸情况和故障造成的停电范围。

（4）现场检查仿 110kV 东母及连接设备，未发现任何异常。恢复仿 110kV 东母运行。操作程序如下：

1）投入仿 110 充电保护。

2）投入仿 110 同期开关，同期并列系统投于"不检同期（手合）"位置。

3）合上仿 110 断路器，对仿 110kV 东母充电正常。

4）退出仿 110 充电保护。

（5）现场操作，恢复仿 2 号主变压器运行，恢复仿 10kV 北母、仿 35kV 南母运行。操作程序如下：

1）投入仿 2 号主变压器 110kV 零序过流保护。

2）推上仿 112 中隔离开关。

3）合上仿 112 断路器，对仿 2 号主变压器充电正常。

4）合上仿 102 断路器，检查仿 10kV 北母充电正常，母线电压显示正常。

5）合上仿 352 断路器，检查仿 35kV 南母充电正常，母线电压显示正常。

6）拉开仿 112 中隔离开关。

7）退出仿 2 号主变压器 110kV 零序过流保护。

（6）现场操作，恢复仿 10kV 北母各出线的供电，恢复站用电系统正常运行方式。操作程序如下：

1）依次合上仿 4 断路器、仿 5 断路器、仿 6 断路器。

2）合上 2 号站用变压器低压侧开关 2QF，断开 380V 母线分段开关 QF，恢复站用电系统原运行方式。

（7）恢复仿 35kV 南母各出线的供电，恢复联络线正常运行。操作程序如下：

1）合上仿顺 1 断路器，检查仿顺线已正常运行。

2）检查Ⅰ仿月线“线路 TV 无电压”灯亮。

3）按照调度命令，合上Ⅰ仿月 1 断路器。

4）向调度汇报。由调度命令在Ⅰ仿月线对侧执行同期并列。

（8）合上仿 350 断路器，仿 35kV 南、北母恢复并列运行。

（9）现场操作，恢复联络线Ⅱ仿月线运行。操作程序如下：

1）检查Ⅱ仿月线“线路 TV 无电压”灯亮。

2）按照调度命令，合上Ⅱ仿月 1 断路器。

3）向调度汇报。由调度命令在Ⅱ仿月线对侧执行同期并列。

（10）检查消弧线圈运行于仿 2 号主变压器 35kV 中性点。

（11）监控班值班员遥控操作，合上仿 7 断路器，恢复电容器运行。

（12）现场操作，打开 110kV 母差保护跳仿热 2 断路器压板。

（13）检查、恢复直流系统运行正常。

（14）向调度汇报。

（15）向主管领导汇报，请求安排专业人员检查仿热线微机保护装置。

（16）填写、整理各种记录，做好故障处理的善后工作。

5. 故障分析

仿热线线路发生接地故障，仿热线保护拒动造成越级跳闸。仿 1 号主变压器“110kV 方向零序过流”保护动作，仿 110 断路器跳闸；仿 2 号主变压器 110kV 零序过压保护动作，三侧断路器跳闸；同时仿热线对端保护动作跳闸；两主变压器 35kV 复合电压闭锁过流保护动作，仿 350 断路器跳闸，使仿 110kV 东母、仿 10kV 北母和仿 35kV 南母失压。

6. 演习点评

（1）在发生事故时，仿热线保护应该动作跳闸。因为仿热线保护装置存在问题，造成越级跳闸。对于本站来说，发生事故时，保护装置动作和开关跳闸是有先后之分的，其顺序应该是：仿热线线路发生接地故障，仿热线保护拒动，仿 1 号主变压器“110kV 方向零序过流”保护首先动作，跳开仿 110 断路器；仿 110kV 东母连接系统形成中性点不接地，仿 2 号主变压器 110kV 零序过压保护动作跳开其三侧断路器。同时，两主变压器 35kV 复合电压闭锁过流保护动作，仿 350 断路器跳闸。

（2）Ⅰ仿月线、Ⅱ仿月线过流Ⅱ段保护动作，Ⅰ仿月 1 断路器、Ⅱ仿月 1 断路器跳闸，是属于非选择性性质。因为Ⅰ仿月线、Ⅱ仿月线的保护装置没有方向性，作联络线运行时，通过短路故障电流即可能动作跳闸。

（3）这次演习中，直接从仿 110kV 东母、仿 2 号主变压器恢复供电，操作程序简洁、步骤较少。这样做的前提，是仿 2 号主变压器本体无异常，判断必须准确，故障点隔离得早。也可以先使用合上母线分段断路器的办法，恢复仿 10kV 北母、仿 35kV 南母运行及恢复各出线的供电，然后再恢复正常运行方式。

第五节　110kV 电源主进线故障导致全站失压事故

一、110kV 电源主进线对侧跳闸全站失压事故

仿真系统接线图参见图 11－1 和图 11－2。

1. 设定的运行方式

仿直 2 热备用，仿热线带全站负荷。两台主变压器高、中压侧并列运行（仿 350 断路器在合闸位置）；低压侧分列运行（仿 100 断路器在断开位置）。仿 1 号主变压器 110kV 侧中性点接地运行（仿 111 中隔离开关在合闸位置）；仿 2 号主变压器 110kV 侧中性点不接地运行（仿 112 中隔离开关在拉开位置）；35kV 消弧线圈正常运行于仿 2 号主变压器中性点（仿 352 中隔离开关在合闸位置，仿 351 中隔离开关拉开）。35kVⅠ、Ⅱ仿月线做馈线运行。

2. 故障象征

22:00（设定的故障发生时间为夜间），报出 110kV 仿真变电站事故信号；报出的预告信号有：“信号未复归”“1QF 跳闸”“2QF 跳闸”，仿 1 号主变压器和仿 2 号主变压器“10kV 电压回路断线”“35kV 电压回路断线”“110kV 电压回路断线”“风冷电源故障”。集控系统后台机显示：仿 7（电容器组）断路器闪动（跳闸）。

检查监控后台机显示：各级母线电压显示全部为零。

检查保护动作情况：仿 7 保护单元 10kV 电容器“失压保护”。

3. 初步分析判断

在仿热线带全站负荷的运行方式下，110kV 部分没有断路器跳闸，全站仅有仿 7 电容器“失压保护”动作信号，属于 110kV 电源主进线仿热线发生故障可能最大。仿热线对端保护动作跳闸，使本站全站失压。故障点一般应在线路上；但应检查本站 110kV 东、西母及连接设备。若检查仿热线“线路 TV 无电压”灯亮，就能证实是对端跳闸。

4. 处理过程

（1）监控班值班员遥控操作，断开仿热 2 断路器。

（2）遥控操作，断开 35kV 联络线Ⅰ仿月 1 断路器、Ⅱ仿月 1 断路器，断开仿 350 断路器、仿 110 断路器。

（3）检查各出线均无保护动作信号。向调度汇报。同时，通知运维班到现场检查处理，向运维班作简要、清楚的说明。相关要求：互通单位，互报姓名；简要、明确地汇报故障发生时间和故障象征，使用规范的调度术语。汇报的内容应包括故障发生时间、保护动作情况、断路器跳闸情况和故障造成的停电范围。

（4）调度接热电厂升压站汇报，仿热线线路故障，电厂侧零序Ⅰ段保护动作跳闸。发令投入仿直线恢复供电。

（5）监控班值班员遥控操作，断开仿 112 断路器。

（6）遥控操作，恢复仿 1 号主变压器运行，恢复仿 10kV 南母、仿 35kV 北母运行。操作程序如下：

1）“不检同期”合上仿直 1 断路器，对仿 110kV 西母充电正常。

2）检查仿 1 号主变压器及仿 10kV 南母、仿 35kV 北母充电正常，母线电压显示正常。

3）检查仿 10kV 南母各出线、35kV 仿吕线已正常运行。

4）按照调度命令，合上Ⅱ仿月 1 断路器。由调度命令在Ⅱ仿月线对侧执行同期并列。

（7）遥控操作，恢复仿 110kV 西母运行。操作程序如下：

1）投入仿 110 充电保护。

2）“不检同期”合上仿 110 断路器，对仿 110kV 东母充电正常。

3）退出仿 110 充电保护。

4）向调度汇报。

（8）遥控操作，恢复仿 2 号主变压器运行，恢复仿 10kV 北母、仿 35kV 南母运行。操作程序如下：

1）投入仿 2 号主变压器 110kV 零序过流保护。

2）推上仿 112 中隔离开关。

3）合上仿 112 断路器，对仿 2 号主变压器充电正常。

4）检查仿 10kV 北母、仿 35kV 南母充电正常，母线电压显示正常。

5）拉开仿 112 中隔离开关。

6）退出仿 2 号主变压器 110kV 零序过流保护。

7）检查仿 10kV 北母各出线、35kV 仿顺线已正常运行。

8）按照调度命令，合上Ⅰ仿月 1 断路器。

9）向调度汇报。由调度命令在Ⅰ仿月线对侧执行同期并列。

（9）遥控操作，合上仿 350 断路器，仿 35kV 南、北母恢复并列运行。

（10）运维人员到达现场。检查仿 110kV 东、西母及连接设备，未发现任何异常。

（11）合上 2 号站用变压器低压侧开关 2QF，断开 380V 母线分段开关 QF，恢复站用电系统原运行方式。

（12）检查、恢复直流系统运行正常。检查消弧线圈运行于仿2号主变压器35kV中性点。

（13）合上仿7断路器，恢复电容器运行。

（14）向调度和主管领导汇报。根据调度意见，仿热2断路器、仿热线暂维持热备用状态。

（15）填写、整理各种记录，做好故障处理的善后工作。

5. 故障分析

本站在单电源主进线带全站负荷的运行方式下，**110kV电源主进线仿热线发生故障**，仿热线线路对端保护动作跳闸，造成全站失压事故。因为站内设备没有通过故障电流，故没有保护动作跳闸。因10kV北母失压，仅有10kV仿7间隔电容器“失压保护”动作，仿7断路器跳闸。

6. 演习点评

（1）110kV电源主进线对侧跳闸，本站110kV部分有故障的可能性还是有的。检查本站110kV设备还是有必要的。在110kV单电源供电的运行方式下，发生这种故障，本站没有保护动作信号属于正常。系统发生事故，调度命令上一级电源侧紧急拉闸限电，造成本站全站失压，本站的事故象征与本次事故完全相同。

（2）如果在事故时仿直线无电，则应将本站一次系统分网，分成几个部分，分别等候来电。防止不同电源来电时非同期并列。

（3）发生这种事故，主要靠监控班值班员处理。运维班只需要做一些善后工作和进行必要的检查。

二、110kV电源主进线保护异常导致全站失压事故1

仿真系统接线图参见图11－1和图11－2。

1. 设定的运行方式

两110kV主进线经仿110断路器联络运行。两台主变压器高、中压侧并列运行（仿350断路器在合闸位置）；低压侧分列运行（仿100断路器在断开位置）。仿1号主变压器110kV侧中性点接地运行（仿111中隔离开关在合闸位置）；仿2号主变压器110kV侧中性点不接地运行（仿112中隔离开关在拉开位置）；35kV消弧线圈正常运行于仿2号主变压器中性点（仿352中隔离开关在合闸位置，仿351中隔离开关拉开）。35kVⅠ仿月线、Ⅱ仿月线做馈线运行。

2. 故障象征

0:00（设定的故障发生时间为夜间），报出110kV仿真变电站事故信号。报出的预告信号有：“信号未复归”“1QF跳闸”“2QF跳闸”，仿1号主变压器和仿2号主变压器“10kV电压回路断线”“35kV电压回路断线”“110kV电压回路断线”“风冷电源故障”**仿直线“保护装置异常”**。

集控系统后台机显示：各级母线电压显示全部为零。仿111断路器、仿110断路器、仿 7（电容器组）断路器闪动（跳闸）。

检查保护动作情况：

仿 1 号主变压器保护："110kV 方向零序过流"保护。

仿 2 号主变压器保护："110kV 方向零序过流"保护。

仿 7 保护单元：10kV 电容器"失压保护"。

3. 初步分析判断

仿 1 号主变压器和仿 2 号主变压器："110kV 方向零序过流"保护动作，仿 111 断路器、仿 110 断路器跳闸，全站失压。故障发生的范围在 110kV 部分及两电源主进线线路；并且故障在仿 110kV 西母和仿直线线路的可能较大。判断依据：

（1）仿 111 断路器、仿 110 断路器跳闸，而仿 112 断路器没有跳闸。

（2）**仿直线微机保护装置报出"保护装置异常"信号**，表明保护装置已经不起作用。有可能是线路有接地故障，保护拒动。

4. 处理过程

（1）监控班值班员遥控操作，断开仿直 2 断路器。断开 35kV 联络线Ⅰ仿月 1 断路器、Ⅱ仿月 1 断路器，断开仿 350 断路器。检查仿 100 断路器、仿 110 断路器在断开位置，断开仿 112 断路器。

（2）检查各出线均无保护动作信号。向调度汇报。同时，通知运维班到现场检查处理，向运维班作简要、清楚的说明。相关要求：互通单位，互报姓名；简要、明确地汇报故障发生时间和故障象征，使用规范的调度术语。汇报的内容应包括故障时间、保护动作情况、断路器跳闸情况、设备异常情况和故障造成的停电范围。

（3）以 110kV 东母 TV 监视仿热线来电。

（4）仿热线来电，监控班值班员遥控操作，恢复仿 1 号主变压器运行，恢复仿 10kV 南母、站用电系统、仿 35kV 北母运行。操作程序：

1）检查仿 111 中隔离开关在合闸位置，检查仿 1 号主变压器 110kV 零序过流保护在投入位置。

2）投入仿 110 充电保护。

3）投入仿 110 同期并列系统于"不检同期"位置，合上仿 110 断路器，对仿 110kV 西母充电正常。

4）检查仿 1 号主变压器及仿 10kV 南母、仿 35kV 北母充电正常，母线电压显示正常。

5）退出仿 110 充电保护。

6）检查仿 10kV 南母各出线、35kV 仿吕线已正常运行。

7）按照调度命令，合上Ⅱ仿月 1 断路器。

8）向调度汇报。由调度命令在Ⅱ仿月线对侧执行同期并列。

（5）运维人员到达现场。检查仿 110kV 东、西母及连接设备无异常。

（6）合上 1 号站用变压器低压侧开关 1QF，合上 380V 母线分段开关 QF，恢复站用电系统运行。

（7）现场操作，恢复仿2号主变压器运行，恢复仿10kV北母、仿35kV南母运行。操作程序如下：

1）投入仿2号主变压器110kV零序过流保护。

2）推上仿112中隔离开关。

3）合上仿112断路器，对仿2号主变压器充电正常。

4）检查仿10kV北母、仿35kV南母充电正常，母线电压显示正常。

5）拉开仿112中隔离开关。

6）退出仿2号主变压器110kV零序过流保护。

7）检查仿10kV北母各出线、35kV仿顺线已正常运行。

8）检查Ⅰ仿月线"线路TV无电压"灯亮。

9）按调度命令，合上Ⅰ仿月1断路器。

10）向调度汇报，由调度命令在Ⅰ仿月线对侧执行同期并列。

（8）合上仿350断路器，仿35kV南、北母恢复并列运行。

（9）检查消弧线圈运行于仿2号主变压器35kV中性点。

（10）合上2号站用变压器低压侧开关2QF，断开380V母线分段开关QF，恢复站用电系统原运行方式。

（11）合上仿7断路器，恢复电容器运行。

（12）现场操作，仿直线转冷备用。操作程序如下：

1）检查仿直2断路器在分闸位置。

2）拉开仿直2甲隔离开关。

3）拉开仿直2西隔离开关。

4）打开110kV母差保护跳仿直2断路器压板。

（13）检查、恢复直流系统运行正常。

（14）向调度汇报。

（15）向主管领导汇报，请求安排检查处理仿直线保护装置问题。

（16）检查各设备保护装置投入位置正确。

（17）填写、整理各种记录，做好故障处理的善后工作。

5. 故障分析

110kV 电源主进线仿直线发生单相接地故障，因仿直线保护装置存在问题，有"装置异常"信号，保护拒动；越级使仿1号主变压器和仿2号主变压器："110kV方向零序过流"保护动作，仿110断路器、仿111断路器跳闸。同时，仿热线线路对端保护动作跳闸，造成全站失压事故。本站仿热2断路器不跳闸，是因本站仿热线保护不能反应反方向故障。

6. 演习点评

在仿直线发生单相接地故障时，对于本站的仿热线的保护装置，因为是反方向故障，不会动作。仿直线的接地故障点如果距离本站不远（在线路首端），仿热线线路对端的零序Ⅱ段保护会动作跳闸。并且很可能是在仿 110 断路器跳闸之前，因为仿热线线路对端的零序Ⅱ段保护动作时限为 0.5s，保护已经动作跳闸。

如果Ⅰ仿月线、Ⅱ仿月线先来电，受其带负荷能力限制，一般仅可以恢复站用电和少部分重要客户的供电。仿热线来电后，再恢复正常供电；但要注意防止造成非同期并列。

三、110kV 电源主进线断路器拒动导致全站失压事故

仿真系统接线图参见图 11－1 和图 11－2。

1. 设定的运行方式

两 110kV 主进线经仿 110 断路器联络运行。两台主变压器高、中压侧并列运行（仿 350 断路器在合闸位置）；低压侧分列运行（仿 100 断路器在断开位置）。仿 1 号主变压器 110kV 侧中性点接地运行（仿 111 中隔离开关在合闸位置）；仿 2 号主变压器 110kV 侧中性点不接地运行（仿 112 中隔离开关在拉开位置）；35kV 消弧线圈正常运行于仿 2 号主变压器中性点（仿 352 中隔离开关在合闸位置，仿 351 中隔离开关拉开）。35kV Ⅰ仿月线、Ⅱ仿月线做馈线运行。

2. 故障象征 1

0:00（设定的演习开始时间），集控系统报出 110kV 仿真变电站预告信号：仿热 2 断路器"SF_6压力降低""SF_6压力闭锁"。

3. 故障象征 2

0:01，报出 110kV 仿真变电站事故信号。全站交流照明熄灭。报出的预告信号有："信号未复归""1QF 跳闸""2QF 跳闸"，仿 1 号主变压器和仿 2 号主变压器"10kV 电压回路断线""35kV 电压回路断线""110kV 电压回路断线""风冷电源故障"。

集控系统后台机显示：各级母线电压全部为零。仿 7（电容器组）断路器闪动（跳闸）。

检查保护动作情况：

仿热线微机保护："距离Ⅱ段出口""距离Ⅲ段出口"。

仿 7 保护单元：10kV 电容器"失压保护"。

4. 初步分析判断

仿热 2 断路器报出"SF_6压力闭锁"，断路器已不能跳闸。**仿热线线路发生相间短路故障**，仿热 2 微机保护距离Ⅱ段、距离Ⅲ段保护动作，**仿热 2 断路器拒动**，由仿直线和仿热线对端保护动作跳闸，切除故障点。停电范围是全站失压。故障发生的位置应该在仿热线线路上。

5. 处理过程

（1）监控班值班员遥控操作，断开 35kV 联络线Ⅰ仿月 1 断路器、Ⅱ仿月 1 断路器。

（2）监控班值班员遥控操作，断开仿 350 断路器、仿 110 断路器。检查仿 100 断路器在断开位置，断开仿 111 断路器、仿 112 断路器。

（3）检查除仿热线以外，其他各出线均无保护动作信号。向调度汇报。同时，通知运维班到现场检查处理，向运维班作简要、清楚的说明。

相关要求：互通单位，互报姓名；简要、明确地汇报故障发生时间和故障象征，使用规范的调度术语。

汇报的内容应包括故障时间、保护动作情况、断路器跳闸情况、设备异常情况和故障造成的停电范围。

（4）以 110kV 西母 TV 监视仿直线来电。

（5）仿直线来电，监控班值班员遥控操作，恢复仿 1 号主变压器运行，恢复仿 10kV 南母、仿 35kV 北母运行。操作程序如下：

1）检查仿 111 中隔离开关在合闸位置。

2）检查仿 1 号主变压器 110kV 零序过流保护在投入位置。

3）合上仿 111 断路器。

4）检查仿 1 号主变压器及仿 10kV 南母、仿 35kV 北母充电正常，母线电压显示正常。

5）检查仿 10kV 南母各出线、35kV 仿吕线已正常运行。

6）按调度命令，合上Ⅱ仿月 1 断路器。

7）向调度汇报。由调度命令在Ⅱ仿月线对侧执行同期并列。

（6）运维人员到达现场。现场操作，仿热 2 断路器转冷备用（隔离故障线路，并为断路器拒跳原因调查提供方便）。操作程序如下：

1）手动断开仿热 2 断路器，检查仿热 2 断路器在分闸位置。

2）拉开仿热 2 甲隔离开关。

3）拉开仿热 2 东隔离开关。

（7）现场检查仿 110kV 东、西母母线及连接设备无异常。合上 1 号站用变压器低压侧开关 1QF，合上 380V 母线分段开关 QF，恢复站用电系统运行；检查、恢复直流系统正常运行。

（8）现场操作，恢复仿 110kV 东母运行。操作程序如下：

1）投入仿 110 充电保护。

2）投入仿 110 同期开关，将同期并列系统投于“不检同期”位置。

3）合上仿 110 断路器，对仿 110kV 东母充电正常。

4）退出仿 110 充电保护。

（9）现场操作，恢复仿 2 号主变压器运行，恢复仿 10kV 北母、仿 35kV 南母运行。操作程序如下：

1）投入仿 2 号主变压器 110kV 零序过流保护。

2）推上仿 112 中隔离开关。

3）合上仿 112 断路器，对仿 2 号主变压器充电正常。

4）检查仿 10kV 北母、仿 35kV 南母充电正常，母线电压显示正常。

5）拉开仿 112 中隔离开关。

6）退出仿 2 号主变压器 110kV 零序过流保护。

7）检查仿 10kV 北母各出线、35kV 仿顺线已正常运行。

8）检查Ⅰ仿月线“线路 TV 无电压”灯亮。

9）按调度命令，合上Ⅰ仿月 1 断路器。

10）向调度汇报。由调度命令在Ⅰ仿月线对侧执行同期并列。

（10）合上仿 350 断路器，仿 35kV 南、北母恢复并列运行。

（11）检查消弧线圈运行于仿 2 号主变压器 35kV 中性点。

（12）合上 2 号站用变压器低压侧开关 2QF，断开 380V 母线分段开关 QF，恢复站用电系统原运行方式。

（13）合上仿 7 断路器，恢复电容器运行。

（14）打开 110kV 母差保护跳仿热 2 断路器压板。

（15）向调度汇报。

（16）向主管领导汇报，请求安排检查处理仿热线保护装置问题。

（17）检查各设备保护装置投入位置正确。

（18）填写、整理各种记录，做好故障处理的善后工作。

6. 故障分析

110kV 电源主进线仿热线发生短路故障，因仿热 2 断路器“SF_6 压力闭锁”不能跳闸，越级使仿热线和仿直线线路对端保护动作跳闸，造成全站失压事故。本站仿直 2 断路器不跳闸，是因本站仿直线保护不能反应反方向故障。

7. 演习点评

仿热线发生相间短路故障，本站仿直 2 保护因不能反应反方向故障而不动作。因为主变压器没有通过短路电流，本站两主变压器后备保护也不会动作。在仿热 2 断路器拒动的情况下，只有仿直线和仿热线对端保护动作切除故障点。

即使Ⅰ仿月线、Ⅱ仿月线作联络线运行的方式下，两个联络线保护不带方向，仿热线发生相间短路故障，本站两主变压器后备保护也不会动作跳闸。因为Ⅰ仿月线、Ⅱ仿月线保护动作时限小于主变压器任一侧后备保护的动作时限，其Ⅱ段保护动作时限仅 0.5s，Ⅰ仿月 1 断路器、Ⅱ仿月 1 断路器跳闸之后，主变压器后备保护应返回。

四、110kV 电源主进线保护异常导致全站失压事故 2

仿真系统接线图参见图 11－1 和图 11－2。

1. 设定的运行方式

两 110kV 主进线经仿 110 断路器联络运行。两台主变压器高、中压侧并列运行（仿 350 断路器在合闸位置）；低压侧分列运行（仿 100 断路器在断开位置）。仿 1 号主变压器 110kV 侧中性点接地运行（仿 111 中隔离开关在合闸位置）；仿 2 号主变压器 110kV 侧中性点不接地运行（仿 112 中隔离开关在拉开位置）；35kV 消弧线圈正常运行于仿 2 号主变压器中性点（仿 352 中隔离开关在合闸位置，仿 351 中隔离开关拉开）。35kVⅠ仿月线、Ⅱ仿月线作联络线运行。

2. 故障象征

0:00（设定的演习开始时间），报出 110kV 仿真变电站事故信号。报出的预告信号有：

“信号未复归”“1QF 跳闸”“2QF 跳闸”，仿 1 号主变压器和仿 2 号主变压器“10kV 电压回路断线”“35kV 电压回路断线”“110kV 电压回路断线”“风冷电源故障”，仿热线“保护装置异常”，仿 110“控制回路断线”。

检查集控系统后台机显示：各级母线电压显示全部为零。仿 111 断路器、仿 112 断路器、仿 352 断路器、仿 102 断路器、Ⅰ仿月 1 断路器、Ⅱ仿月 1 断路器、仿 7（电容器组）断路器闪动（跳闸）。仿 110 断路器及仿热 2 断路器不闪动（仍在合闸位置）。

检查保护动作情况：

仿 1 号主变压器保护：“110kV 零序过流”“110kV 方向零序过流”。

仿 2 号主变压器保护：“110kV 零序过压”保护。

Ⅰ仿月线、Ⅱ仿月线保护屏：“过流Ⅱ段”。

仿 7 保护单元：10kV 电容器“失压保护”。

3. *初步分析判断*

根据保护动作和开关跳闸情况分析，属于 110kV 系统发生单相接地故障，仿 1 号主变压器“110kV 零序过流”“110kV 方向零序过流”保护动作，仿 111 断路器跳闸，而仿 110 断路器拒动（应该第一时限跳闸）。接着仿 2 号主变压器：“110kV 零序过压”保护动作，三侧断路器跳闸。停电范围是全站失压；故障发生的范围应该在仿 110kV 东、西母及两电源主进线。根据所报出的其他预告信号分析，仿热线微机保护报出“保护装置异常”信号，**仿热线线路发生单相接地故障**的可能较大；因**仿 110 断路器拒动**，另一 110kV 主进线仿直线线路对侧保护动作跳闸。这一分析判断需要进一步证实。

4. *处理过程 1*

（1）监控班值班员遥控操作，断开 35kV 联络线Ⅰ仿月 1 断路器、Ⅱ仿月 1 断路器，断开仿 350 断路器。检查仿 100 断路器在断开位置。

（2）检查各出线均无保护动作信号。向调度汇报。因暂时不能判定站内 110kV 母线及连接设备有无故障，遥控操作无法隔离故障，通知运维班到现场检查处理，向运维班作简要、清楚的说明。

相关要求：互通单位，互报姓名；简要、明确地汇报故障发生时间和故障象征，使用规范的调度术语。

汇报的内容应包括故障时间、保护动作情况、断路器跳闸情况、设备异常情况和故障造成的停电范围。

（3）运维人员到达现场。检查仿 110 断路器操作熔断器，发现熔断器已熔断，更换后，仿 110“控制回路断线”信号复归。断开仿 110 断路器。

（4）现场操作，仿热 2 断路器转冷备用（隔离故障线路，并为保护拒动、开关拒跳原因调查提供方便）。操作程序如下：

1）断开仿热 2 断路器，检查仿热 2 断路器在分闸位置。

2）拉开仿热 2 甲隔离开关。

3）拉开仿热 2 东隔离开关。

（5）现场检查仿 110kV 东、西母及连接设备无异常。

（6）以 110kV 西母 TV 监视仿直线来电。以“线路 TV 无电压”指示灯是否熄灭，分别监视Ⅰ仿月线、Ⅱ仿月线来电。

（7）Ⅱ仿月线来电（“线路 TV 无电压”显示灯熄灭），恢复仿 35kV 北母运行，恢复仿 1 号主变压器中、低压侧运行，恢复仿 10kV 南母、站用电系统运行。操作程序：

1）断开仿 351 断路器，断开仿 1 断路器、仿 2 断路器、仿 3 断路器。

2）断开仿吕 1 断路器。

3）检查仿 111 中隔离开关在合闸位置，仿 1 号主变压器 110kV 零序过流保护在投入位置。

4）合上Ⅱ仿月 1 断路器，检查仿 35kV 北母电压显示正常。

5）合上仿 351 断路器，检查仿 1 号主变压器及仿 10kV 南母充电正常。

6）合上 1 号站用变压器低压侧开关 1QF，合上 380V 母线分段开关 QF，恢复站用电系统运行。

7）合上仿 3 断路器，恢复棉纺厂线路供电。

8）恢复直流系统正常运行。

9）由调度通知客户，控制仿吕线负荷。

10）合上仿吕 1 断路器。

（8）等候其他电源来电。

5. 进一步分析

Ⅱ仿月线只能带本站站用电和少量重要客户。因此，必须监视Ⅱ仿月线负荷情况。如果仿直线来电，恢复由 110kV 侧供电时，必须注意防止非同期并列。

6. 处理过程 2

（1）仿直线来电。现场操作，恢复 35kVⅡ仿月线与系统并列。操作程序：

1）检查仿 110kV 西母电压显示正常。

2）断开仿直 2 断路器。

3）合上仿 111 断路器。

4）投入仿直 2 同期开关，将同期并列系统投于“检同期”位置。

5）检同期合上仿直 2 断路器。

（2）恢复由 110kV 侧对仿 35kV 北母、仿 10kV 南母各出线的供电。操作程序如下：

1）合上仿 1 断路器，恢复中兴厂线路供电。

2）合上仿 2 断路器，恢复化肥厂线路供电。

（3）恢复仿 110kV 东母运行。操作程序如下：

1）投入仿 110 充电保护。

2）投入仿 110 同期开关，将同期并列系统投于“不检同期”位置。

3）合上仿 110 断路器，对仿 110kV 东母充电正常。

4）检查仿 110kV 东母电压显示正常。

5）退出仿110充电保护。

（4）恢复仿2号主变压器运行，恢复仿10kV北母、仿35kV南母及各出线供电。操作程序如下：

1）投入仿2号主变压器110kV零序过流保护。

2）推上仿112中隔离开关。

3）合上仿112断路器，对仿2号主变压器充电正常。

4）合上仿102断路器，检查仿10kV北母充电正常，母线电压显示正常。

5）检查仿10kV北母各出线已正常运行。

6）合上仿352断路器，检查仿35kV南母充电正常，母线电压显示正常。检查35kV仿顺线已正常运行。

7）拉开仿112中隔离开关。

8）退出仿2号主变压器110kV零序过流保护。

9）检查Ⅰ仿月线“线路TV无电压”灯亮，按照调度命令，合上Ⅰ仿月1断路器。

10）向调度汇报。由调度命令在Ⅰ仿月线对侧执行同期并列。

（5）合上仿350断路器，仿35kV南、北母恢复并列运行。

（6）检查消弧线圈运行于仿2号主变压器35kV中性点。

（7）合上2号站用变压器低压侧开关2QF，断开380V母线分段开关QF，恢复站用电系统原运行方式。

（8）合上仿7断路器，恢复电容器运行。

（9）打开仿110kV母差保护跳仿热2断路器压板。

（10）检查、恢复直流系统运行正常。

（11）向调度汇报。

（12）向主管领导汇报，请求安排检查处理仿热线保护装置问题。

（13）检查各设备保护装置投入位置正确。

（14）填写、整理各种记录，做好故障处理的善后工作。

7. 故障分析

110kV电源主进线仿热线发生单相接地故障，因**仿热线保护装置内部异常**不能跳闸；同时因**仿110断路器操作熔断器熔断**而没有跳闸，越级使仿热线、仿直线线路对端保护动作跳闸，造成全站失压事故。本站仿直2断路器不跳闸，是因本站仿直线保护不能反应反方向的接地、短路故障。

8. 演习点评

（1）发生事故时，如果没有仿热线“保护装置异常信号”，根据保护动作和事故跳闸情况分析，因为仿110断路器没有跳闸，故障点在仿110kV东、西母及两电源主进线的可能性都存在。仿110kV东、西母有无问题，可以通过设备检查结果区分；而两电源主进线则需要进一步区分。

（2）Ⅱ仿月线先来电，首先利用Ⅱ仿月线恢复了站用电和部分客户的供电。仿直线来电以后，如何使 110kV 系统与 35kV 部分恢复并列，是本演习题的重点。演习者所采用的方法是很合理的。利用仿 1 号主变压器返充高压侧（110kV 侧），在仿直线恢复了系统并列，操作步骤又比较简练，符合演习出题者的要求。

第六节　站内设备故障导致全站失压事故

一、母线保护动作跳闸全站失压事故 1

仿真系统接线图参见图 11－1 和图 11－2。

1. 设定的运行方式

两 110kV 主进线经仿 110 断路器联络运行。两台主变压器高、中压侧并列运行（仿 350 断路器在合闸位置）；低压侧分列运行（仿 100 断路器在断开位置）。仿 1 号主变压器 110kV 侧中性点接地运行（仿 111 中隔离开关在合闸位置）；仿 2 号主变压器 110kV 侧中性点不接地运行（仿 112 中隔离开关在拉开位置）；35kV 消弧线圈正常运行于仿 2 号主变压器中性点（仿 352 中隔离开关在合闸位置，仿 351 中隔离开关拉开）。35kV Ⅰ仿月线、Ⅱ仿月线作馈线运行。

2. 故障象征

0:00（设定的演习开始时间），报出 110kV 仿真变电站事故信号。报出的预告信号有："信号未复归""110kV 母差保护动作""1QF 跳闸""2QF 跳闸"，仿 1 号主变压器和仿 2 号主变压器"10kV 电压回路断线""35kV 电压回路断线""110kV 电压回路断线""风冷电源故障"，仿 110"控制回路断线"。

检查集控系统后台机显示：各级母线电压显示全部为零。断路器位置显示：仿直 2 断路器、仿热 2 断路器、仿 111 断路器、仿 112 断路器、仿 7（电容器组）断路器闪动（跳闸）。仿 110 断路器不闪动（仍在合闸位置）。

检查保护动作情况：

仿 110kV 母线保护："110kV Ⅰ母（西母）出口""110kV Ⅱ母（东母）出口""分段断路器跳闸出口""母差跳仿直 2""母差跳仿热 2""母差跳仿 111""母差跳仿 112"。

仿保护单元 7:10kV 电容器"失压保护"。

3. 初步分析判断

110kV 母线保护动作，停电范围是全站失压，故障发生的范围应该在母线及连接设备上。110kV Ⅰ母（西母）和 110kV Ⅱ母（东母）全部动作于出口跳闸，是因为**仿 110 断路器不跳闸**引起。故障点在 110kV 西母和 110kV 东母的可能都有。而仿 110 断路器拒动的原因，应该和仿 110 有"控制回路断线"信号有关系。

4. 处理过程

（1）监控班值班员遥控操作，断开 35kV 联络线Ⅰ仿月 1 断路器、Ⅱ仿月 1 断路器，断开仿 350 断路器。检查仿 100 断路器在断开位置。

（2）监控班值班员检查各出线均无保护动作信号。向调度汇报。因暂时不能判定站内110kV母线及连接设备的故障点，遥控操作无法隔离故障，通知运维班到现场检查处理，向运维班作简要、清楚的说明。

相关要求：互通单位，互报姓名；简要、明确地汇报故障发生时间和故障象征，使用规范的调度术语。

汇报的内容应包括故障时间、保护动作情况、断路器跳闸情况、设备异常情况和故障造成的停电范围。

（3）运维人员到达现场。检查仿110断路器操作熔断器，发现熔断器已熔断，更换后仿110“控制回路断线”信号复归。断开仿110断路器。

（4）现场检查仿110kV东、西母及连接设备，发现**仿110kV东母避雷器A相爆炸，引线烧断**，仿110 kV东母TV瓷套破损严重；其他设备无异常。

（5）现场操作，隔离故障设备。操作程序如下：

1）断开仿110kV东母TV二次开关。

2）断开仿110kV东母TV计量二次开关。

3）拉开仿110东表隔离开关。

（6）检查110kV仿直线、仿热线“线路TV无电压”显示灯熄灭，两电源主进线均有电。

（7）现场操作，恢复仿110kV东、西母运行，恢复110kV系统并列。操作程序如下：

1）投入仿直2同期开关，将同期并列系统投于“不检同期”位置，合上仿直2断路器，对仿110kV西母充电正常。

2）投入仿110同期开关，将同期并列系统投于“不检同期”位置，合上仿110断路器，对仿110kV东母充电正常。退出同期并列装置。

3）断开仿直2断路器。

4）合上仿110kV东、西母TV二次联络开关。

5）投入仿热2同期开关，将同期并列系统投于“不检同期”位置，合上仿热2断路器。

6）检查仿110kV东、西母电压显示均正常。

7）投入仿直2同期开关，将同期并列系统投于“检同期”位置，检同期合上仿直2断路器。

8）检查仿110kV东、西母运行正常。

（8）恢复仿1号主变压器运行，恢复仿10kV南母、站用电系统、仿35kV北母运行。操作程序如下：

1）检查仿111中隔离开关在合闸位置，仿1号主变压器110kV零序过流保护在投入位置。

2）合上仿111断路器。

3）检查仿1号主变压器及仿10kV南母、仿35kV北母充电正常，母线电压显示正常。

4）合上1号站用变压器低压侧开关1QF，合上380V母线分段开关QF，恢复站用电系统运行。

5）恢复直流系统正常运行。

6）检查仿10kV南母各出线、35kV仿吕线已正常运行。

7）检查Ⅱ仿月线“线路TV无电压”灯亮，按照调度命令，合上Ⅱ仿月1断路器。

8）向调度汇报。由调度命令在Ⅱ仿月线对侧执行同期并列。

(9）现场操作，恢复仿2号主变压器运行，恢复仿10kV北母、仿35kV南母运行。操作程序如下：

1）投入仿2号主变压器110kV零序过流保护。

2）推上仿112中隔离开关。

3）合上仿112断路器，对仿2号主变压器充电正常。

4）检查仿10kV北母、仿35kV南母充电正常，母线电压显示正常。

5）拉开仿112中隔离开关。

6）退出仿2号主变压器110kV零序过流保护。

7）检查仿10kV北母各出线、35kV仿顺线已正常运行。

8）检查Ⅰ仿月线“线路TV无电压”灯亮，按照调度命令，合上Ⅰ仿月1断路器。

9）向调度汇报。由调度命令在Ⅰ仿月线对侧执行同期并列。

(10）监控班值班员遥控操作，合上仿350断路器，仿35kV南、北母恢复并列运行。

(11）现场检查消弧线圈运行于仿2号主变压器35kV中性点。

(12)现场操作，合上2号站用变压器低压侧开关2QF，断开380V母线分段开关QF，恢复站用电系统原运行方式。

(13）监控班值班员遥控操作，合上仿7断路器，恢复电容器运行。

(14）检查、恢复直流系统运行正常。

(15）仿110kV东母TV及避雷器做安全措施，具备抢修条件。

(16）向调度汇报。

(17）向主管领导汇报，请求安排抢修仿110kV东母TV及避雷器。

(18）检查各设备保护装置投入位置正确。

(19）填写、整理各种记录，做好故障处理的善后工作。

5. 故障分析

仿110 kV东母避雷器A相爆炸接地，母差保护动作，“110kVⅡ母（东母）出口”，仿热2断路器、仿112断路器跳闸；仿110断路器因“控制回路断线”而拒动，使母差保护“大差”动作，仿111断路器、仿直2断路器跳闸，全站失压。

6. 演习点评

仿110 kV东母避雷器A相爆炸接地，使110 kV东母TV不能运行，为系统恢复并列制造了障碍。如果合上仿直2断路器、仿110断路器之后，仿110 kV东母TV不能运行，也就不能直接合上仿热2断路器进行同期并列。

事故处理中，在恢复运行时，如果是合上仿直 2 断路器、仿热 2 断路器之后，分别恢复两台主变压器运行并带上负荷，因仿 110 kV 东母 TV 不能运行，则仿直线、仿热线在本站使用仿 110 断路器恢复并列是非常困难的。

二、母线保护动作跳闸全站失压事故 2

仿真系统接线图参见图 11－1 和图 11－2。

1. 设定的运行方式

两 110kV 主进线经仿 110 断路器联络运行。两台主变压器高、中压侧并列运行（仿 350 断路器在合闸位置）；低压侧分列运行（仿 100 断路器在断开位置）。仿 1 号主变压器 110kV 侧中性点接地运行（仿 111 中隔离开关在合闸位置）；仿 2 号主变压器 110kV 侧中性点不接地运行（仿 112 中隔离开关在拉开位置）；35kV 消弧线圈正常运行于仿 2 号主变压器中性点（仿 352 中隔离开关在合闸位置，仿 351 中隔离开关拉开）。35kV Ⅰ仿月线、Ⅱ仿月线作馈线运行。

2. 故障象征

0:00（设定的演习开始时间），报出 110kV 仿真变电站事故信号。报出的预告信号有："信号未复归""110kV 母差保护动作""1QF 跳闸""2QF 跳闸"。仿 1 号主变压器和仿 2 号主变压器均报出有"10kV 电压回路断线""35kV 电压回路断线""110kV 电压回路断线""风冷电源故障"信号。**仿 110 报出"控制回路断线"信号**。

检查集控系统后台机显示：各级母线电压显示全部为零。断路器位置显示：110kV 仿直 2 断路器、仿热 2 断路器、仿 111 断路器、仿 112 断路器、仿 352 断路器、仿 102 断路器、仿 7（电容器）断路器闪动（跳闸）。仿 110 断路器不闪动（仍在合闸位置）。

检查保护动作情况：

仿 110kV 母线保护："110kVⅠ母（西母）出口""110kVⅡ母（东母）出口""分段断路器跳闸出口""母差跳仿直 2""母差跳仿热 2""母差跳仿 111""母差跳仿 112"。

仿 2 号主变压器保护："零序过压"保护。

仿 7 保护单元：10kV 电容器"失压保护"。

3. 初步分析判断

110kV 母线保护动作，事故停电范围是全站失压，故障发生的范围应该在 110kV 母线及连接设备上。110kVⅠ母（西母）和 110kVⅡ母（东母）全部动作于出口跳闸，是因为仿 110 断路器不跳闸引起。因为仿 2 号主变压器有"零序过压"保护动作信号，并且仿 2 号主变压器各侧断路器跳闸，分析判断故障点可能在 110kV 东母范围，故障在仿 2 号主变压器 110kV 侧的可能性较大。而**仿 110 断路器拒动**的原因，应该和仿 110 有"控制回路断线"信号有关系。

4. 处理过程

（1）监控班值班员遥控操作，断开 35kV 联络线Ⅰ仿月 1 断路器、Ⅱ仿月 1 断路器及仿 350 断路器。检查仿 100 断路器在断开位置。

（2）检查各出线均无保护动作信号。向调度汇报。因暂时不能判定站内 110kV 母线及连接设备的故障点，遥控操作无法隔离故障，通知运维班到现场检查处理，向运维班作简要、清楚的说明。

相关要求：互通单位，互报姓名；简要、明确地汇报故障发生时间和故障象征，使用规范的调度术语。

汇报的内容应包括故障时间、保护动作情况、断路器跳闸情况、设备异常情况和故障造成的停电范围。

（3）运维人员到达现场。现场检查发现仿110断路器操作熔断器已熔断，更换后仿110“控制回路断线”信号复归。断开仿110断路器。

（4）现场检查仿110kV东、西母及连接设备，发现**仿112断路器A相炸裂，引线烧断**，其他设备无异常。

（5）现场操作，仿112断路器转冷备用（隔离故障）。操作程序如下：

1）检查仿112断路器在分闸位置。

2）拉开仿112甲隔离开关。

3）拉开仿112东隔离开关。

（6）现场检查110kV仿直线、仿热线测控屏“线路TV无电压”显示灯熄灭，两电源主进线均有电。

（7）现场操作，按调度命令恢复仿110kV东、西母运行，恢复110kV系统并列。操作程序如下：

1）投入仿直2同期开关，将同期并列系统投于“不检同期”位置。

2）合上仿直2断路器，对仿110kV西母充电正常。

3）投入仿110充电保护。

4）投入仿110同期开关，将同期并列系统投于“不检同期”位置。

5）合上仿110断路器，对仿110kV东母充电正常。

6）退出同期并列装置。

7）退出仿110充电保护。

8）检查仿110kV东、西母电压显示均正常。

9）投入仿热2同期开关，同期并列系统投于“检同期”位置。

10）检同期合上仿热2断路器。

（8）现场操作，恢复仿1号主变压器运行，恢复仿10kV南母、站用电系统、仿35kV北母运行。操作程序如下：

1）检查仿111中隔离开关在合闸位置，仿1号主变压器110kV零序过流保护在投入位置。

2）合上仿111断路器。

3）检查仿1号主变压器及仿10kV南母、仿35kV北母充电正常，母线电压显示正常。

4）合上1号站用变压器低压侧开关1QF，合上380V母线分段开关QF，恢复站用电系统运行。

5）恢复直流系统正常运行。

6）检查仿 10kV 南母各出线、35kV 仿吕线已正常运行。

7）检查Ⅱ仿月线“线路 TV 无电压”灯亮，按照调度命令，合上Ⅱ仿月 1 断路器。

8）向调度汇报。由调度命令在Ⅱ仿月线对侧执行同期并列。

（9）现场操作，恢复仿 10kV 北母运行，恢复站用电系统正常运行方式，恢复对客户的供电。操作程序如下：

1）投入仿 100 充电保护。

2）合上仿 100 断路器，对仿 10kV 北母充电正常，母线电压显示正常。

3）退出仿 100 充电保护。

4）合上 2 号站用变压器低压侧开关 2QF，断开 380V 母线分段开关 QF，恢复站用电系统原运行方式。

5）检查仿 10kV 北母各出线已正常运行。

（10）监控班值班员遥控操作，恢复 35kV 南母运行，恢复对客户的供电，恢复联络线运行。操作程序如下：

1）投入仿 350 充电保护。

2）合上仿 350 断路器，对仿 35kV 南母充电正常，母线电压显示正常。

3）退出仿 350 充电保护。

4）检查 35kV 仿顺线已正常运行。

5）按调度命令，合上Ⅰ仿月 1 断路器。

6）向调度汇报。由调度命令在Ⅰ仿月线对侧执行同期并列。

（11）拉开仿 352 中隔离开关，推上仿 351 中隔离开关。将消弧线圈倒至仿 1 号主变压器 35kV 中性点运行。

（12）监控班值班员遥控操作，合上仿 7 断路器，恢复电容器运行。

（13）现场检查、恢复直流系统运行正常。

（14）现场操作，仿 112 断路器做安全措施，具备抢修条件。

（15）打开仿 110kV 母差保护跳仿 112 断路器压板。

（16）向调度汇报。

（17）向主管领导汇报，请求安排抢修仿 112 断路器。

（18）检查各设备保护装置投入位置正确。

（19）填写、整理各种记录，做好故障处理的善后工作。

5. 故障分析

仿 112 断路器 A 相炸裂、引线烧断接地，母差保护动作，“110kVⅡ母（东母）出口”，仿热 2 断路器、仿 112 断路器跳闸；故障点没有与 110kV 东母隔离，仿 110 断路器因“控制回路断线”而拒动，使母差保护“大差”动作，仿 111 断路器、仿直 2 断路器跳闸，全站失压。同时，仿 2 号主变压器因仍然没有与故障点隔离，“110kV 零序过压”保护动作，仿 352 断路器、仿 102 断路器跳闸。

6. 演习点评

如果故障点在仿 112 断路器与 112 TA 之间，仿 112 断路器跳闸之后，故障点已经与 110kV 东母隔离；即使仿 110 断路器未跳闸，仿 110kV 西母也可能不会失压。本次演习，故障点设在仿 112 断路器本体，仿 110 断路器不跳闸，故障点不能与仿 110kV 东母隔离，仿 110kV 母差保护则动作于跳开全部 110kV 开关。

110kV 母线保护是速动保护，没有动作时限。仿 2 号主变压器“零序过压”保护有动作时限。本次事故应该是母差保护动作跳闸后，仿 2 号主变压器与故障点没有隔离，“零序过压”保护动作跳开了仿 352 断路器、仿 102 断路器。

三、母线保护动作跳闸全站失压事故 3

仿真系统接线图参见图 11－1 和图 11－2。

1. 设定的运行方式

两 110kV 主进线经仿 110 断路器联络运行。两台主变压器高、中压侧并列运行（仿 350 断路器在合闸位置）；低压侧分列运行（仿 100 断路器在断开位置）。仿 1 号主变压器 110kV 侧中性点接地运行（仿 111 中隔离开关在合闸位置）；仿 2 号主变压器 110kV 侧中性点不接地运行（仿 112 中隔离开关在拉开位置）；35kV 消弧线圈正常运行于仿 2 号主变压器中性点（仿 352 中隔离开关在合闸位置，仿 351 中隔离开关拉开）。35kV Ⅰ仿月线、Ⅱ仿月线作馈线运行。

2. 故障象征

0:00（设定的演习开始时间），报出 110kV 仿真变电站事故信号。报出的预告信号有：“信号未复归”“110kV 母差保护动作”“1QF 跳闸”“2QF 跳闸”，仿 1 号主变压器和仿 2 号主变压器“10kV 电压回路断线”“35kV 电压回路断线”“110kV 电压回路断线”“风冷电源故障”。

检查集控系统后台机显示：各级母线电压显示全部为零。断路器位置显示：仿直 2 断路器、仿热 2 断路器、仿 110 断路器、仿 111 断路器、仿 112 断路器、仿 7（电容器组）断路器闪动（跳闸）。

检查保护动作情况：

仿 110kV 母线保护：“110kV Ⅰ母（西母）出口”“110kV Ⅱ母（东母）出口”“分段断路器跳闸出口”“母差跳仿直 2”“母差跳仿热 2”“母差跳仿 111”“母差跳仿 112”信号灯亮。

仿 7 保护单元：10kV 电容器“失压保护”。

3. 初步分析判断

110kV 母线保护动作，停电范围是全站失压，故障发生的范围应该在 110kV 母线及连接设备上。仿 110 断路器跳闸，而 110kV Ⅰ母（西母）和 110kV Ⅱ母（东母）全部动作于出口跳闸，分析判断故障点有可能在仿 110 断路器与仿 110 TA 之间（母差保护的“母联死区”）。

4. 处理过程

（1）监控班值班员遥控操作，断开35kV联络线Ⅰ仿月1断路器、Ⅱ仿月1断路器及仿350断路器。检查仿100断路器在断开位置。

（2）检查各出线均无保护动作信号。向调度汇报。因遥控操作无法隔离故障，通知运维班到现场检查处理，向运维班作简要、清楚的说明。

相关要求：互通单位，互报姓名；简要、明确地汇报故障发生时间和故障象征，使用规范的调度术语。

汇报的内容应包括故障时间、保护动作情况、断路器跳闸情况、设备异常情况和故障造成的停电范围。

（3）运维人员到达现场。检查仿110kV东、西母及连接设备，发现**仿110断路器与TA之间导线有铁丝搭接短路痕迹，引线烧断3股**，其他设备无异常。

（4）迅速清理导线上的铁丝，鉴定其不影响运行。

（5）现场操作，恢复仿110kV东、西母运行，恢复110kV系统并列。操作程序如下：

1）投入仿直2同期开关，将同期并列系统投于“不检同期”位置。

2）合上仿直2断路器，对仿110kV西母充电正常。

3）投入仿110充电保护。

4）投入仿110同期开关，将同期并列系统投于“不检同期”位置。

5）合上仿110断路器，对仿110kV东母充电正常。

6）退出同期并列装置。

7）退出仿110充电保护。

8）检查仿110kV东、西母电压显示均正常。

9）投入仿热2同期开关，同期并列系统投于“检同期”位置。

10）检同期合上仿热2断路器。

（6）现场操作，恢复仿1号主变压器运行，恢复仿10kV南母、站用电系统、仿35kV北母运行。操作程序如下：

1）检查仿111中隔离开关在合闸位置，仿1号主变压器110kV零序过流保护在投入位置。

2）合上仿111断路器。

3）检查仿1号主变压器及仿10kV南母、仿35kV北母充电正常，母线电压显示正常。

4）合上1号站用变压器低压侧开关1QF，合上380V母线分段开关QF，恢复站用电系统运行。

5）恢复直流系统充电机正常运行。

6）检查仿10kV南母各出线、35kV仿吕线已正常运行。

7）检查Ⅱ仿月线“线路TV无电压”灯亮；按调度命令，合上Ⅱ仿月1断路器。

8）向调度汇报。由调度命令在Ⅱ仿月线对侧执行同期并列。

（7）现场操作，恢复仿 2 号主变压器运行，恢复仿 10kV 北母、仿 35kV 南母运行。操作程序如下：

1）投入仿 2 号主变压器 110kV 零序过流保护。

2）推上仿 112 中隔离开关。

3）合上仿 112 断路器，对仿 2 号主变压器充电正常。

4）检查仿 10kV 北母、仿 35kV 南母充电正常，母线电压显示正常。

5）拉开仿 112 中隔离开关。

6）退出仿 2 号主变压器 110kV 零序过流保护。

7）检查仿 10kV 北母各出线、35kV 仿顺线已正常运行。

8）检查Ⅰ仿月线“线路 TV 无电压”灯亮；按调度命令，合上Ⅰ仿月 1 断路器。

9）向调度汇报。由调度命令在Ⅰ仿月线对侧执行同期并列。

（8）监控班值班员遥控操作，合上仿 350 断路器，仿 35kV 南、北母恢复并列运行。

（9）现场检查消弧线圈运行于仿 2 号主变压器 35kV 中性点。

（10）现场操作，合上 2 号站用变压器低压侧开关 2QF，断开 380V 母线分段开关 QF，恢复站用电系统原运行方式。

（11）监控班值班员遥控操作，合上仿 7 断路器，恢复电容器组运行。

（12）现场检查、恢复直流系统运行正常。

（13）向调度汇报。

（14）向主管领导汇报，请求安排检修计划。

（15）检查各设备保护装置投入位置正确。

（16）填写、整理各种记录，做好故障处理的善后工作。

5. 故障分析

仿 110 断路器与仿 110TA 之间发生短路故障，母差保护动作，“110kVⅡ母（东母）出口”，仿 110 断路器、仿热 2 断路器、仿 112 断路器跳闸；故障点没有与仿 110kV 西母隔离，使母差保护“大差”动作，仿 111 断路器、仿直 2 断路器跳闸，全站失压。Ⅰ仿月线、Ⅱ仿月线“过流Ⅰ段” 保护动作跳闸。

6. 演习点评

110kV 母差保护动作，两段母线连接开关全部跳闸，仿 110 断路器跳闸，一般应首先怀疑故障点是否是在仿 110 断路器与仿 110TA 之间发生故障。但不是说 110kV 其他部分不需要现场检查。

处理全站失压事故时，首先恢复 110kV 系统的并列，是很好的处理步骤。系统恢复并列了，给电网中其他部分的事故处理提供了方便。

四、母线保护拒动造成全站失压事故

仿真系统接线图参见图 11－1 和图 11－2。

1. 设定的运行方式

两 110kV 主进线经仿 110 断路器联络运行。两台主变压器高、中压侧并列运行（仿

350 断路器在合闸位置）；低压侧分列运行（仿 100 断路器在断开位置）。仿 1 号主变压器 110kV 侧中性点接地运行（仿 111 中隔离开关在合闸位置）；仿 2 号主变压器 110kV 侧中性点不接地运行（仿 112 中隔离开关在拉开位置）；35kV 消弧线圈正常运行于仿 2 号主变压器中性点（仿 352 中隔离开关在合闸位置，仿 351 中隔离开关拉开）。35kV Ⅰ仿月线、Ⅱ仿月线作馈线运行。

2. 故障象征

0:00（设定的演习开始时间），报出 110kV 仿真变电站事故信号。报出的预告信号有："信号未复归""1QF 跳闸""2QF 跳闸"，仿 1 号主变压器和仿 2 号主变压器"10kV 电压回路断线""35kV 电压回路断线""110kV 电压回路断线""风冷电源故障""母差保护异常告警"。

检查集控系统后台机显示：各级母线电压显示全部为零。断路器位置显示：仿 111 断路器、仿 110 断路器、仿 112 断路器、仿 102 断路器、仿 352 断路器、仿 7（电容器组）断路器闪动（跳闸）。

检查保护动作情况：

仿 1 号主变压器保护："110kV 方向零序过流"。

仿 2 号主变压器保护："110kV 零序过压"。

仿 7 保护单元：10kV 电容器"失压保护"。

3. 初步分析判断

根据保护动作情况、断路器跳闸情况分析，事故停电范围是全站失压；故障发生的范围可能在仿 110kV 母线及连接设备上，也可能发生在 110kV 线路上。仿 2 号主变压器报出有"110kV 零序过压"保护动作信号，分析判断故障点可能在仿 110kV 东母及连接设备和仿热线范围之内。

4. 处理过程

（1）监控班值班员遥控操作，断开 35kV 联络线Ⅰ仿月 1 断路器、Ⅱ仿月 1 断路器及仿 350 断路器。检查仿 100 断路器在断开位置。

（2）检查各出线均无保护动作信号。向调度汇报。因暂时不能判定站内 110kV 母线及连接设备的故障点，遥控操作无法隔离故障，通知运维班到现场检查处理，向运维班作简要、清楚的说明。

相关要求：互通单位，互报姓名；简要、明确地汇报故障发生时间和故障象征，使用规范的调度术语。

汇报的内容应包括故障时间、保护动作情况、断路器跳闸情况、设备异常情况和故障造成的停电范围。

（3）运维人员到达现场。检查母差保护装置"运行"灯不亮，使整套保护不起作用。检查仿 110kV 东、西母及连接设备，发现仿热 2 断路器 A 相外绝缘闪络严重，引线烧熔，其他设备无异常。

检查仿直 2、仿热 2 测控屏："线路 TV 无电压"灯不亮，说明线路无电，两 110kV

电源主进线对端跳闸。

（4）现场操作，隔离故障设备。操作程序如下：

1）断开仿热 2 断路器。

2）拉开仿热 2 甲隔离开关。

3）拉开仿热 2 东隔离开关。

（5）以仿 110kV 西母 TV 监视仿直线来电。以“线路 TV 无电压”显示灯是否熄灭，分别监视Ⅰ仿月线、Ⅱ仿月线是否来电。

（6）监控班值班员遥控操作，仿直线由线路对端恢复送电，并遥控操作恢复仿 110kV 东母运行。操作程序如下：

1）检查仿 110kV 西母电压显示正常。

2）投入仿 110 充电保护。

3）投入仿 110 同期装置，将同期并列系统投于“不检同期”位置。

4）合上仿 110 断路器，对仿 110kV 东母充电正常。

5）退出同期并列装置。

6）退出仿 110 充电保护。

7）检查仿 110kV 东、西母电压显示均正常。

（7）现场操作，恢复仿 1 号主变压器运行，恢复仿 10kV 南母、站用电系统、仿 35kV 北母运行。操作程序如下：

1）检查仿 111 中隔离开关在合闸位置，仿 1 号主变压器 110kV 零序过流保护在投入位置。

2）合上仿 111 断路器。

3）检查仿 1 号主变压器及仿 10kV 南母、仿 35kV 北母充电正常，母线电压显示正常。

4）合上 1 号站用变压器低压侧开关 1QF，合上 380V 母线分段开关 QF，恢复站用电系统运行。

5）恢复直流系统、充电机正常运行。

6）检查仿 10kV 南母各出线、35kV 仿吕线已正常运行。

7）检查Ⅱ仿月线“线路 TV 无电压”灯亮；按调度命令，合上Ⅱ仿月 1 断路器。

8）向调度汇报。由调度命令在Ⅱ仿月线对侧执行同期并列。

（8）现场操作，恢复仿 2 号主变压器运行，恢复仿 10kV 北母、仿 35kV 南母运行。操作程序如下：

1）投入仿 2 号主变压器 110kV 零序过流保护。

2）推上仿 112 中隔离开关。

3）合上仿 112 断路器，对仿 2 号主变压器充电正常。

4）合上仿 102 断路器，检查仿 10kV 北母充电正常，母线电压显示正常。

5）检查仿 10kV 北母各出线已正常运行。

6）合上仿 352 断路器，检查仿 35kV 南母充电正常，母线电压显示正常。

7）检查 35kV 仿顺线已正常运行。

8）检查Ⅰ仿月线“线路 TV 无电压”灯亮，按调度命令；合上Ⅰ仿月 1 断路器。

9）向调度汇报，由调度命令在Ⅰ仿月线对侧执行同期并列。

10）拉开仿 112 中隔离开关，退出仿 2 号主变压器 110kV 零序过流保护。

（9）现场操作，合上 2 号站用变压器低压侧开关 2QF，断开 380V 母线分段开关 QF，恢复站用电系统原运行方式。

（10）检查消弧线圈在仿 2 号主变压器 35kV 中性点运行。

（11）合上仿 7 断路器，恢复电容器运行。

（12）检查、恢复直流系统运行正常。

（13）仿热 2 断路器做安全措施，具备抢修条件。

（14）退出仿 110kV 母差保护。

（15）向调度汇报。

（16）向主管领导汇报，请求安排抢修仿热 2 断路器，由专业人员检查处理 110kV 母差保护异常问题。

（17）检查各设备保护装置投入位置正确。

（18）填写、整理各种记录，做好故障处理的善后工作。

5. 故障分析

仿 110kV 母差保护异常，报出“母差保护异常告警”信号，母差保护装置“运行”灯不亮，使整套保护不起作用。仿热 2 断路器 A 相外绝缘闪络严重，使仿 1 号主变压器 110kV 零序方向过流保护动作，仿 110 断路器、仿 111 断路器跳闸；故障点没有与 110kV 东母隔离，仿 2 号主变压器 110kV 零序过压保护动作，仿 112 断路器、仿 352 断路器和仿 102 断路器跳闸。同时，仿直线、仿热线对端保护动作开关跳闸，导致全站失压。

6. 演习点评

本次事故发生时，在仿 110 断路器跳闸后，如果仿直线对端没有跳闸，就不会造成全站失压。仅仅是仿 10kV 北母失压，仿 1 号主变压器带仿 35kV 南北母和仿 10kV 南母负荷。仿直线对端跳闸，可能是发生在仿 110 断路器跳闸之前或同时（仿直线对端保护Ⅱ段动作）。

仿 110kV 母线保护屏上母差保护“运行”灯熄灭，说明母差保护装置内部有问题，整套保护装置被闭锁。发生事故时，母差保护拒动，只有依靠后备保护动作来切除故障点；因此，仿 1 号主变压器“110kV 方向零序过流”保护、仿 2 号主变压器“110kV 零序过压”保护动作切除故障。

母差保护“运行”灯不亮，是判断故障点可能在母差保护范围以内的依据之一。同时有仿 2 号主变压器“110kV 零序过压”保护动作信号，仿 2 号主变压器三侧开关跳闸，可以作为判断故障点在仿 110kV 东母范围及各出线以内的依据之一（因为仿 2 号主变压器零序过压保护应在仿 110 断路器跳闸之后动作）。根据保护动作情况、开关跳闸情况、保护出口的动作情况综合分析，就可以分析判断出故障点在仿 110kV 东母的可能性很大，并且可能就在母差保护范围以内。对站内 110kV 设备的现场检查，是证实判断的必要手段。

第十三章

220kV仿真变电站反事故演习精选

第一节　一般异常运行及故障处理

一、仿1号站用变压器跳闸，站用电自投失灵

仿真系统接线图参见图11－3和图11－4。

1. 设定的运行方式和假设条件

仿220kV南、北母线经仿220断路器联络运行，仿1号主变压器、仿2号主变压器高中压并列运行；仿110kV南、北母线经仿110断路器联络运行。仿221断路器及220kV E1线、E3线作联络线运行于仿220kV南母；仿222断路器及220kV E2线、E4线作联络线运行于仿220kV北母。仿111及110kV Y1线作联络线，Y3线、Y5线作馈线运行于仿110kV南母；仿112断路器及110kV Y2线、Y4线、Y6线作馈线运行于仿110kV北母。

仿1号主变压器220kV侧中性点及110kV侧中性点均接地运行（仿221中隔离开关、仿111中隔离开关均在合闸位置）；仿2号主变压器220kV侧中性点不接地（仿222中隔离开关在拉开位置），110kV侧中性点接地运行（仿112中隔离开关在合闸位置）。

站用电系统运行方式：380VⅠ、Ⅱ段 母线并列运行，仿1号站用变压器带两段380V母线运行；仿2号站用变压器热备用（2QF在分闸位置）。自投装置投入在两主进断路器“互投”位置。

假设条件：事故时，值班室（控制室）有运维班人员。

2. 故障象征1

22:00（设定的故障发生时间为夜间），报出事故信号，全站交流照明熄灭。

3. 故障象征2

投入事故照明以后，检查报出的预告信号有：“信号未复归”，仿1号站用变压器“保护动作”“1QF跳闸”“2QF跳闸”“QF跳闸”“通信电源Ⅰ故障”“通信电源Ⅱ故障”。

检查综自后台机断路器位置显示：仿3断路器闪动（断路器跳闸）。

检查综自后台机显示：低压交流380VⅠ、Ⅱ段母线电压显示均为零。

检查保护动作情况：

仿1号站用变压器保护：“电流速断”。

4. 初步分析判断

根据保护动作情况、所报出的信号、仿 3 断路器跳闸情况分析，可能是仿 1 号站用变压器及连接设备发生短路故障，仿 1 号站用变压器电流速断保护动作，仿 3 断路器跳闸。可能因 2QF 没有自动合闸（**自投装置动作不成功**），导致失去站用电。应该先恢复通信设备电源，信息通道无异常后，检查处理仿 1 号站用变压器故障。

5. 处理过程

（1）向调度汇报。

相关要求：互通单位，互报姓名；简要、明确地汇报故障发生时间和故障象征，使用规范的调度术语。

汇报的内容应包括故障时间、保护动作情况、断路器跳闸情况和设备异常情况。

（2）断开仿 380VⅠ段母线、380VⅡ段母线各分路开关。

（3）恢复低压 380VⅡ段母线运行。操作程序如下：

1）检查 380V 母线分段开关 QF、仿 1 号站用变压器低压侧开关 1QF 均在分闸位置。

2）退出站用电系统“自投”装置。

3）检查 380VⅡ段母线及连接设备无异常。

4）合上仿 2 号站用变压器低压侧开关 2QF。

5）检查低压 380VⅡ段母线充电正常。

（4）合上调度通信设备电源Ⅱ开关，检查调度通信设备电源全部正确切换，运行正常。

（5）合上直流充电机电源Ⅱ开关，检查、恢复直流充电机、直流系统运行正常。

（6）现场检查仿 3 断路器至仿 1 号站用变压器设备、检查仿 1 号站用变压器本体、检查 380VⅠ段母线及连接设备。发现**仿 1 号站用变压器高压侧电缆头相间绝缘损坏**，其他设备无异常。

（7）拔掉仿 1 号站用变压器低压熔断器，将仿 3 手车拉出柜外，隔离故障。

（8）恢复 380VⅠ段母线运行，恢复站用电重要负荷。操作程序如下：

1）合上低压交流母线分段开关 QF。

2）检查 380VⅠ段母线充电正常。

3）合上调度通信设备电源Ⅰ开关。

4）合上直流充电机电源Ⅰ开关。

5）合上逆变装置交流电源开关。

（9）分别合上控制室、高压室照明电源开关。

（10）分别合上 380VⅠ段母线、380VⅡ段母线其他各分路开关。

（11）仿 1 号站用变压器做安全措施，具备事故抢修条件。

（12）向调度汇报。

（13）向主管领导汇报，请求安排故障抢修并检查处理站用电系统自投不成功的原因。

（14）填写、整理各种记录，做好故障处理的善后工作。

6. 故障分析

仿 1 号站用变压器高压侧电缆头相间绝缘损坏，形成短路故障，仿 1 号站用变压器电流速断保护动作，仿 3 断路器跳闸。站用电系统自投不成功，仿 2 号站用变压器低压侧开关 2QF 没有自动合闸，导致站用电系统 380V Ⅰ、Ⅱ段低压交流母线全部失压。

7. 演习点评

站用电系统的倒换运行方式操作要符合现场规程规定，符合“自投”装置的相关操作程序。事故和故障处理不仅要大的方面正确，还要细节方面正确。

站用电系统运行方式，是仿 1 号站用变压器带两段 380V 母线运行，自投装置投入在两主进断路器“互投”位置。缺点是：如果自投装置动作不成功，会导致失去全部站用电。

二、10kV 东母 TV 冒烟烧坏

仿真系统接线图参见图 11－3 和图 11－4。

1. 设定的运行方式和假设条件

仿 220kV 南、北母线经仿 220 断路器联络，仿 1 号主变压器、仿 2 号主变压器高中压并列运行；仿 110kV 南、北母线经仿 110 断路器联络运行。仿 221 断路器及 220kV E1 线、E3 线作联络线运行于仿 220kV 南母；仿 222 断路器及 220kV E2 线、E4 线作联络线运行于仿 220kV 北母。仿 111 断路器，110kV Y1 线作联络线，Y3 线、Y5 线作馈线运行于仿 110kV 南母；仿 112 断路器及 110kV Y2 线、Y4 线、Y6 线作馈线运行于仿 110kV 北母。

仿 1 号主变压器 220kV 侧中性点及 110kV 侧中性点均接地运行（仿 221 中隔离开关、仿 111 中隔离开关均在合闸位置）；仿 2 号主变压器 220kV 侧中性点不接地（仿 222 中隔离开关在拉开位置），110kV 侧中性点接地运行（仿 112 中隔离开关在合闸位置）。

站用电系统运行方式：380V Ⅰ、Ⅱ段母线分列运行，仿 1 号站用变压器、仿 2 号站用变压器各带一段 380V 母线运行（QF 在分闸位置）。自投装置投入在“自投分段”位置。

2. 故障象征

0:00（设定的演习开始时间），运维人员巡视设备时，发现仿 10KV 东母 TV 手车柜内冒出浓烟。

3. 初步分析判断

可能是仿 10KV 东母 TV 可能发生内部故障，应尽快停电检查处理。

4. 处理过程

（1）迅速将全部站用电倒仿 2 号站用变压器。操作程序如下：

1）退出站用电系统“自投”装置。

2）断开仿 1 号站用变压器低压侧开关 1QF。

3）合上 380V 母线分段开关 QF。

4）断开仿 3 断路器。

（2）断开仿 101 断路器。此时，仿 4（第一组电容器）断路器“欠压”保护动作跳闸。

（3）戴上防毒面具，拔掉仿 10kV 东母 TV 二次熔断器，将仿 10 东表手车拉出柜外。

（4）**检查发现仿 10kV 东母 TV A 相严重烧损**，没有起火的危险。其他设备无异常。

（5）开启 10kV 高压室通风机，排出浓烟。

（6）向调度汇报。

相关要求：互通单位，互报姓名；简要、明确地汇报故障发生时间和故障象征，使用规范的调度术语。

汇报的内容应包括故障时间、设备异常情况和故障造成的停电范围。

（7）合上仿 101 断路器，对仿 10kV 东母充电正常。

（8）恢复站用电系统原运行方式。操作程序如下：

1）合上仿 3 断路器，检查仿 1 号站用变压器充电正常。

2）断开 380V 母线分段开关 QF。

3）合上仿 1 号站用变压器低压侧开关 1QF。

4）将站用电系统“自投”装置投于“自投分段”位置。

（9）按照调度命令，第一组电容器加入运行。操作程序如下：

1）恢复仿 4（第一组电容器）“欠压”保护信号。

2）退出仿 4（第一组电容器）“欠压”保护（修改保护装置控制字，即退出其“软压板”）。

3）合上仿 4（第一组电容器）断路器。

（10）向调度汇报。

（11）向主管领导汇报，请求安排抢修仿 10kV 东母 TV。

（12）填写、整理各种记录，做好故障处理的善后工作。

5. 演习点评

（1）仿 10kV 东母 TV 冒烟，可能是内部有严重故障，使用隔离开关、隔离手车直接拉开故障 TV，有可能造成弧光短路，对操作人和设备安全造成威胁。在看到 TV 手车柜内冒出浓烟时，是看不出具体设备故障情况的。因此，应该使用断路器来断开故障 TV 的电源。

（2）因为 10kV 两段母线不能并列运行（没有装分段开关，两段母线无法并列），站用电系统 380V Ⅰ、Ⅱ段母线也就不能并列。两站用变压器在倒换运行方式时，必须采取短时停电的方式倒换。处理本次演习的故障，如果忘记这一点，就会造成两站用变压器误并列。

（3）仿 4（第一组电容器）断路器“欠压”保护动作跳闸，是在断开仿 101 断路器时，仿 10kV 东母无电压所致。为了防止故障 TV 进一步发展到造成接地、短路，尽快的将故障 TV 隔离，可以在电容器开关没有断开的情况下，直接断开仿 01 断路器。但是，正常操作中，10kV 母线 TV 停电之前，必须先退出电容器“欠压”保护。

三、第一组电容器故障越级跳仿 101，QF 自投失灵

仿真系统接线图参见图 11－3 和图 11－4。

1. 设定的运行方式和假设条件

仿 220kV 南、北母线经仿 220 断路器联络，仿 1 号主变压器、仿 2 号主变压器高中压并列运行；仿 110kV 南、北母线经仿 110 断路器联络运行。仿 221 断路器及 220kV E1 线、E3 线作联络线运行于仿 220kV 南母；仿 222 断路器及 220kV E2 线、E4 线作联络线运行于仿 220kV 北母。仿 111 断路器，110kV Y1 线作联络线，Y3 线、Y5 线作馈线运行于仿 110kV 南母；仿 112 断路器及 110kV Y2 线、Y4 线、Y6 线作馈线运行于仿 110kV 北母。

仿 1 号主变压器 220kV 侧中性点及 110kV 侧中性点均接地运行（仿 221 中隔离开关、仿 111 中隔离开关均在合闸位置）；仿 2 号主变压器 220kV 侧中性点不接地（仿 222 中隔离开关在拉开位置），110kV 侧中性点接地运行（仿 112 中隔离开关在合闸位置）。

站用电系统运行方式：380V Ⅰ、Ⅱ段 母线分列运行，仿 1 号站用变压器、仿 2 号站用变压器各带一段 380V 母线运行（QF 在分闸位置）。自投装置投入在“自投分段”位置。

2. 故障象征

0:00（设定的演习开始时间），集控系统报出 220kV 仿真变电站事故信号。报出的预告信号有：“信号未复归”，仿 1 号主变压器“主变压器保护动作”“1QF 跳闸”“QF 跳闸”“通信电源Ⅰ故障”，仿 4（第一组电容器）“控制回路断线”。

集控系统后台机断路器位置显示：仿 101 断路器闪动（断路器跳闸），仿 4（第一组电容器）断路器不闪动（仍在合闸位置）。

检查监控后台机显示：10kV 东母及 380V Ⅰ段母线电压显示均为零。

检查保护动作情况：

仿 1 号主变压器保护：“10kV 复合电压闭锁过电流”。

3. 初步分析判断

根据保护动作情况、所报出的信号、仿 101 断路器跳闸情况分析，事故停电范围是仿 10kV 东母和站用电系统 380V Ⅰ段母线，故障范围是仿 10kV 东母及连接设备。仿 1 号站用变压器和仿 4（第一组电容器）没有保护动作信号，但是仿 4（第一组电容器）报出有“控制回路断线”信号，故障点就有可能在第一组电容器及相关设备上。上述判断需要在现场检查设备时进行证实。

站用电系统 380V Ⅰ段母线失压，可能是自投装置问题或自投不成功。

4. 处理过程 1

（1）监控班值班员向调度汇报，通知运维班到现场检查处理。向运维班作简要、清楚的说明。

（2）运维人员到达现场。迅速将全部站用电倒仿 2 号站用变压器。操作程序如下：

1）退出站用电系统“自投”装置。

2）断开仿 1 号站用变压器低压侧开关 1QF。

3）合上 380V 母线分段开关 QF。

4）断开仿 3 断路器。

（3）现场检查调度通信系统电源切换正常。

（4）向调度汇报。

相关要求：互通单位，互报姓名；简要、明确地汇报故障发生时间和故障象征，使用规范的调度术语。

汇报的内容应包括故障时间、保护动作情况、断路器跳闸情况、设备异常情况和故障造成的停电范围。

（5）现场检查仿 10kV 东母及连接设备、仿 1 号站用变压器和仿 4（第一组电容器）及相关设备。发现**第一组电容器外电缆头相间绝缘损坏**，形成短路。其他设备无异常。

（6）现场检查仿 4（第一组电容器）测控、保护装置，发现“运行”灯和所有显示灯均不亮。经检查为**仿 4（第一组电容器）测控、保护装置直流电源熔断器松动，接触不良**，经处理后恢复正常。

5. 进一步分析

仿 4（第一组电容器）测控、保护装置直流电源熔断器松动，是在短路故障时越级仿 101 断路器跳闸的根源。站用电系统 380VⅠ段母线失压，380V 母线分段开关没有自动投入的原因，还要进一步查找和分析。

6. 处理过程 2

（1）现场操作，隔离故障设备。操作程序如下：

1）断开仿 4（第一组电容器）断路器。

2）将仿 4 手车拉至试验位置。

3）拔掉仿 4 手车二次插头。

（2）恢复仿 10kV 东母及仿 1 号站用变压器运行。操作程序如下：

1）合上仿 101 断路器。

2）检查仿 10kV 东母充电正常，电压显示正常。

3）合上仿 3 断路器。

4）检查仿 1 号站用变压器充电正常。

（3）对站用电系统自投装置进行外部检查，未发现异常。

（4）恢复站用电系统正常运行方式。操作程序如下：

1）检查站用电系统“自投”装置在退出位置。

2）断开 380V 母线分段开关 QF。

3）合上仿 1 号站用变压器低压侧开关 1QF。

4）检查调度通信系统电源切换正常。

（5）仿 4（第一组电容器）做安全措施，具备抢修条件。

（6）向调度汇报。

（7）向主管领导汇报，请求安排抢修仿 4（第一组电容器）电缆。

（8）填写、整理各种记录，做好故障处理的善后工作。

7. 故障分析

仿 4（第一组电容器）测控、保护装置直流电源熔断器松动，接触不良，保护装置失去作用。在第一组电容器外电缆头相间发生短路故障时，保护拒动，仿 4 断路器没有跳闸，越级使仿 1 号主变压器 10kV 复合电压闭锁过流保护动作，仿 101 断路器跳闸；同时，因站用电系统自投装置自投 QF 开关不成功，导致站用电系统 380V Ⅰ段母线失压。

8. 演习点评

演习题中没有设置自投装置自投 QF 开关不成功的具体问题，演习值班员也没有刻意去检查和分析。最主要的目的达到了，就可以认为应该评价为“优”。实际工作中，此问题也可以待以后由专业人员检查分析；但是，运维人员起码要知道自投失败有哪些方面的原因，不能盲目地略过问题。

第二节　一次主设备异常运行处理

一、110kV Y1 线 YⅠ南隔离开关发热严重

仿真系统接线图参见图 11－3 和图 11－4。

1. 设定的运行方式和假设条件

仿 220kV 南、北母线经仿 220 断路器联络，仿 1 号主变压器、仿 2 号主变压器高中压并列运行；仿 110kV 南、北母线经仿 110 断路器联络运行。仿 221 断路器及 220kV E1 线、E3 线作联络线运行于仿 220kV 南母；仿 222 断路器及 220kV E2 线、E4 线作联络线运行于仿 220kV 北母。仿 111 断路器，110kV Y1 线作联络线，Y3 线、Y5 线作馈线运行于仿 110kV 南母；仿 112 断路器及 110kV Y2 线、Y4 线、Y6 线作馈线运行于仿 110kV 北母。

仿 1 号主变压器 220kV 侧中性点及 110kV 侧中性点均接地运行（仿 221 中隔离开关、仿 111 中隔离开关均在合闸位置）；仿 2 号主变压器 220kV 侧中性点不接地（仿 222 中隔离开关在拉开位置），110kV 侧中性点接地运行（仿 112 中隔离开关在合闸位置）。

站用电系统运行方式：380VⅠ、Ⅱ段 母线分列运行，仿 1 号站用变压器、仿 2 号站用变压器各带一段 380V 母线运行（QF 在分闸位置）。自投装置投入在“自投分段”位置。

2. 故障象征

0:00（设定的演习开始时间为 0:00），高峰负荷期间，值班员进行特殊巡视。巡视中，发现 110kV Y1 线 Y1 南隔离开关主接触部位变色，并有明显的热气流。

3. 初步分析判断

110kV Y1 线 Y1 南隔离开关主接触部位过热。需要红外测温鉴定，采取措施，防止过热烧损引起母线事故。

4. 处理过程

（1）现场使用红外热成像仪实施测温，110kV Y1 线 Y1 南隔离开关主接触部位温度为 127℃。拍照 Y1 南隔离开关照片。

（2）向调度汇报。

相关要求：互通单位，互报姓名；简要、明确地汇报故障发生时间和故障象征，使

用规范的调度术语。

汇报的内容应包括故障时间、测温结果和线路负荷电流。

（3）向主管领导汇报，请求转移负荷。

（4）调度根据系统运行情况，确定110kV Y1线不能减负荷，线路短时间内不能安排停电检修。同时，仿110kV南母也不能安排停电计划。

（5）按调度命令，将110kV Y1线由仿110kV南母倒仿110kV北母运行。操作程序如下：

1）投入仿110kV母差保护屏“操作过程中”压板。

2）拔掉仿110断路器操作熔断器。

3）推上Y1北隔离开关。

4）拉开Y1南隔离开关。

5）装上仿110断路器操作熔断器。

6）退出仿110kV母差保护屏“操作过程中”压板。

7）检查110kV Y1线保护屏“交流电压切换”正常。

（6）向调度汇报。

（7）填写设备缺陷记录、测温记录。

（8）整理红外测温图谱、报告。

（9）向主管领导汇报，请求安排停电检修计划。

（10）做好故障处理的善后工作。

5. 演习点评

（1）220kV母线隔离开关发热的处理方法，与本次演习基本相同。将线路倒另一段母线运行，是在不能减负荷、不能转移负荷、短时间内又不能安排停电检修的条件下，采取的临时处理方法。

（2）发现设备主接触部位发热缺陷，不使用专用测温仪器的方法还包括：夜间熄灯巡查，利用雨雪天气巡查，在绝缘棒上绑蜡烛测试，根据主导流部位所涂的变色漆颜色变化判定，观察主导流接触部位有无氧化、起皮加剧情况等。关键是要求值班员在巡视设备时，做到细看、细闻、认真观察。

二、E11断路器报出“SF_6压力闭锁信号”

仿真系统接线图参见图11－3和图11－4。

1. 设定的运行方式和假设条件

仿220kV南、北母线经仿220断路器联络，仿1号主变压器、仿2号主变压器高中压并列运行；仿110kV南、北母线经仿110断路器联络运行。仿221断路器及220kV E1线、E3线作联络线运行于仿220kV南母；仿222断路器及220kV E2线、E4线作联络线运行于仿220kV北母。仿111断路器，110kV Y1线作联络线，Y3线、Y5线作馈线运行于仿110kV南母；仿112断路器及110kV Y2线、Y4线、Y6线作馈线运行于仿110kV北母。

仿 1 号主变压器 220kV 侧中性点及 110kV 侧中性点均接地运行（仿 221 中隔离开关、仿 111 中隔离开关均在合闸位置）；仿 2 号主变压器 220kV 侧中性点不接地（仿 222 中隔离开关在拉开位置），110kV 侧中性点接地运行（仿 112 中隔离开关在合闸位置）。

站用电系统运行方式：380V Ⅰ、Ⅱ段母线分列运行，仿 1 号站用变压器、仿 2 号站用变压器各带一段 380V 母线运行（QF 在分闸位置）。自投装置投入在“自投分段”位置。

2. 故障象征 1

0:00（设定的演习开始时间），集控系统报出 220kV 仿真变电站预告信号：220kV E11 断路器“SF_6气压降低”。

3. 初步分析判断

根据所报出的信号分析，需要检查判断是否属于正常气压下降，还是有漏气缺陷。如果属于正常气压下降，汇报主管领导设法带电补气即可；如果有漏气缺陷，则压力会继续下降，降低到“闭锁分合闸”压力甚至更低。

4. 处理过程 1

（1）监控班值班员向调度汇报。通知运维班到现场检查处理。值班员向运维班作简要、清楚的说明。

（2）运维班到达现场。穿上防护服，戴防毒面具。查看 E11 断路器 SF_6 压力表指示，现场使用检漏仪，检查有无漏气点。同一温度下，E11 断路器 C 相压力表显示比接班巡视时记录的压力值降低 0.18×10pa，判断可能有漏气。现场使用检漏仪检查，发现 E11 断路器 C 相密度继电器漏气。

（3）向调度汇报。

相关要求：互通单位，互报姓名；简要、明确地汇报故障发生时间和故障象征，使用规范的调度术语。

汇报的内容应包括故障时间、报出的信号和设备异常情况。

5. 故障象征 2

0:10，警铃响，综自后台机报出预告信号：220kV E11 断路器“SF_6压力闭锁”。

6. 处理过程 2

（1）断开 E11 断路器操作电源开关。

（2）使用专用卡板，将 E11 断路器 C 相操动机构卡死。

（3）合上 E11 断路器操作电源开关。

（4）向主管领导汇报，请求安排带电补气。

（5）检修专业到现场对 E11 断路器带电补气。

（6）带电补气工作结束，验收合格。

（7）取下 E11 断路器 C 相操动机构的专用卡板。

（8）向调度汇报。

（9）填写、整理各种记录，做好故障处理的善后工作。

7. 演习点评

SF_6 开关气压降低，如果有密封损坏问题，SF_6 气压继续下降，将严重影响断路器的灭弧能力。如果分闸闭锁不可靠，会导致严重事故。如果分闸闭锁可靠，线路发生故障时造成越级跳闸（如失灵保护动作），扩大事故停电范围，严重威胁电网的安全。

重新给上 E11 断路器操作电源，可以保障在线路万一发生故障，保护能够动作，断路器虽然不会跳闸，但断路器失灵保护启动仍能起作用。否则，断路器失灵保护不动作，依靠后备保护动作跳闸，切除故障的时间较长。

三、E11 断路器液压机构打压超时、压力不上升

仿真系统接线图参见图 11－3 和图 11－4。

1. 设定的运行方式和假设条件

仿 220kV 南、北母线经仿 220 断路器联络，仿 1 号主变压器、仿 2 号主变压器高中压并列运行；仿 110kV 南、北母线经仿 110 断路器联络运行。仿 221 断路器及 220kV E1 线、E3 线作联络线运行于仿 220kV 南母；仿 222 断路器及 220kV E2 线、E4 线作联络线运行于仿 220kV 北母。仿 111 断路器，110kV Y1 线作联络线，Y3 线、Y5 线作馈线运行于仿 110kV 南母；仿 112 断路器及 110kV Y2 线、Y4 线、Y6 线作馈线运行于仿 110kV 北母。

仿 1 号主变压器 220kV 侧中性点及 110kV 侧中性点均接地运行（仿 221 中隔离开关、仿 111 中隔离开关均在合闸位置）；仿 2 号主变压器 220kV 侧中性点不接地（仿 222 中隔离开关在拉开位置），110kV 侧中性点接地运行（仿 112 中隔离开关在合闸位置）。

站用电系统运行方式：380V Ⅰ、Ⅱ段母线分列运行，仿 1 号站用变压器、仿 2 号站用变压器各带一段 380V 母线运行（QF 在分闸位置）。自投装置投入在“自投分段”位置。

2. 故障象征 1

0:00（设定的演习开始时间），集控系统报出 220kV 仿真变电站预告信号：220kV E11 断路器“油泵运转”“打压超时”。

3. 故障象征 2

0:13，集控系统报出 220kV 仿真变电站 E11 断路器“压力降低”信号。

4. 初步分析判断

根据所报出的信号分析，可能是 220kV E11 断路器液压机构高压油路泄露，压力下降，油泵运转打压，油压不上升，反而继续降低。此情况发展下去，将会降低到“分合闸闭锁”压力值，影响设备和电网的安全。

5. 处理过程

（1）向调度汇报。通知运维班到现场检查处理。向运维班作简要、清楚的说明。

相关要求：互通单位，互报姓名；简要、明确地汇报故障发生时间和故障象征，使用规范的调度术语。

汇报的内容应包括故障时间、报出的信号和设备异常情况。

（2）运维人员到达现场。检查 220kV E11 断路器 C 相液压机构压力表指示低于“分合闸闭锁”压力值，阀系统高压油管向外喷油。

（3）现场操作，断开 E11 断路器操作电源开关。

（4）断开 E11 断路器 C 相操动机构储能电源。迅速使用专用卡板，将 E11 断路器 C 相操动机构卡死。

（5）打开 E11 断路器 C 相操动机构放油阀，将高压油路的液压油放入低压油箱。

（6）合上 E11 断路器操作电源开关。

（7）向调度和主管领导汇报。调度和主管领导根据系统运行情况，决定停电检修 E11 断路器 C 相液压机构。

（8）按调度命令，现场操作，倒运行方式，使 E11 断路器单独在仿 220kV 南母，和仿 220 断路器串联运行；用仿 220 断路器将 E1 线停止运行。操作程序如下：

1）投入仿 220kV 母差保护屏 1 及母差保护屏 2“操作过程中”压板。

2）拔掉仿 220 断路器操作熔断器。

3）推上 E31 北隔离开关。

4）拉开 E31 南隔离开关。

5）推上仿 221 北隔离开关。

6）拉开仿 221 南隔离开关。

7）装上仿 220 断路器操作熔断器。

8）退出仿 220kV 母差保护屏 1 及母差保护屏 2“操作过程中”压板。

9）检查 220kV E1 线负荷已经转移。

10）断开仿 220 断路器。

（9）现场操作，投入仿 220kV 第一套母差保护屏“投单母”压板，投入仿 220kV 第二套母差保护屏“互联”压板。

（10）现场操作，E11 断路器转冷备用，操作程序如下：

1）断开 E11 断路器（实际只断开了 A、B 两相）。

2）拉开 E11 甲隔离开关。

3）拉开 E11 南隔离开关。

（11）现场操作，合上仿 220 断路器，仿 220kV 南母加入运行。

（12）打开仿 220kV 第一套母差保护屏“投单母”压板，打开仿 220kV 第二套母差保护屏“互联”压板。

（13）现场操作，仿 220kV 南、北母恢复原运行方式。操作程序如下：

1）投入仿 220kV 母差保护屏 1 及母差保护屏 2“操作过程中”压板。

2）拔掉仿 220 断路器操作熔断器。

3）推上 E31 南隔离开关。

4）拉开 E31 北隔离开关。

5）推上仿 221 南隔离开关。

6）拉开仿 221 北隔离开关。

7）装上仿 220 断路器操作熔断器。

8）退出仿 220kV 母差保护屏 1 及母差保护屏 2“操作过程中”压板。

（14）取下 E11 断路器 C 相操动机构的专用卡板。

（15）E11 断路器做安全措施以后，具备抢修条件。

（16）向调度汇报。

（17）填写、整理各种记录，做好故障处理的善后工作。

6. 演习点评

（1）仿 220kV 南母重新加入运行，可以不投入母线充电保护。

（2）液压机构高压油路泄露，压力下降到“分合闸闭锁”压力以下，已经不能保证分合闸速度。处理液压机构缺陷，一般可以将机构卡死以后带电进行工作；负荷能够转移的，停电检修更安全，且更能解决问题。关键是值班员要知道液压机构压力下降到“分合闸闭锁”压力以下时的危害，能熟练地倒运行方式，将故障断路器停电。

（3）只有在演习中多多进行真实的训练倒运行方式操作，才会在实际工作中、实际处理事故时不出现误操作。

四、主变压器母线侧隔离开关自落一相

仿真系统接线图参见图 11－3 和图 11－4。

1. 设定的运行方式和假设条件

仿 220kV 南、北母线经仿 220 断路器联络，仿 1 号主变压器、仿 2 号主变压器高中压并列运行；仿 110kV 南、北母线经仿 110 断路器联络运行。仿 221 断路器及 220kV E1 线、E3 线作联络线运行于仿 220kV 南母；仿 222 断路器及 220kV E2 线、E4 线作联络线运行于仿 220kV 北母。仿 111 断路器，110kV Y1 线作联络线，Y3 线、Y5 线作馈线运行于仿 110kV 南母；仿 112 断路器及 110kV Y2 线、Y4 线、Y6 线作馈线运行于仿 110kV 北母。

仿 1 号主变压器 220kV 侧中性点及 110kV 侧中性点均接地运行（仿 221 中隔离开关、仿 111 中隔离开关均在合闸位置）；仿 2 号主变压器 220kV 侧中性点不接地（仿 222 中隔离开关在拉开位置），110kV 侧中性点接地运行（仿 112 中隔离开关在合闸位置）。

仿 1 号主变压器、仿 2 号主变压器总负荷为 158MW。

站用电系统运行方式：380V Ⅰ、Ⅱ段 母线分列运行，仿 1 号站用变压器、仿 2 号站用变压器各带一段 380V 母线运行（QF 在分闸位置）。自投装置投入在“自投分段”位置。

假设条件：故障时，值班室（控制室）有运维班人员。

2. 故障象征

0:00（设定的演习开始时间为 0:00），警铃响，报出的预告信号有：仿 1 号主变压器保护装置Ⅰ、仿 1 号主变压器保护装置Ⅱ220kV“TA 断线”，220kV 母差保护Ⅰ、220kV 母差保护Ⅱ“11TA 断线”。

3. 初步分析判断

根据所报出的信号分析：母线保护和主变压器保护同时报出“TA 断线”信号，说明

可能和仿 221TA 有关；母线保护和主变压器保护接入的二次电流不是 TA 的同一组二次绕组；不同的二次绕组同时发生断线故障的可能很小。问题是否出在一次设备上，需要进一步检查分析。

4. 处理过程 1

（1）现场检查仿 1 号主变压器、仿 2 号主变压器 220kV 侧负荷显示情况。仿 1 号主变压器 220kV 侧电流 30A，负荷 14MW；仿 2 号主变压器 220kV 侧电流 358A，负荷 131MW。

（2）检查仿 1 号主变压器油温显示：69℃；仿 2 号主变压器油温显示：55℃。

5. 进一步分析

两台主变压器并列运行条件下，仿 2 号主变压器满负荷，仿 1 号主变压器负荷则很小；仿 1 号主变压器的上层油温反而比仿 2 号主变压器高 10℃以上，证明属于一次设备问题，必须尽快查明问题，消除隐患。应该迅速检查仿 221 间隔相关设备，因为母差保护“11TA 断线”信号，指的就是仿 221 间隔的电流互感器断线。

6. 处理过程 2

（1）现场检查仿 221 间隔相关设备。仿 221 断路器在合闸位置，并无异常。仿 221 间隔电流互感器本体无异常。发现的异常情况有：

1）**仿 221 南隔离开关 B 相在分闸位置（自落）**，另两相在合闸位置。

2）仿 1 号主变压器的上层油温上升到 72℃。

3）仿 1 号主变压器的声音不均匀，有“尖叫”声。

（2）向调度汇报。要求迅速转移部分负荷。

相关要求：互通单位，互报姓名；简要、明确地汇报故障发生时间和故障象征，使用规范的调度术语。

汇报的内容应包括故障时间、执行过的操作和设备异常情况。

（3）按调度命令，将仿 1 号主变压器停止运行。操作程序如下：

1）检查仿 221 中隔离开关在合闸位置。

2）检查仿 111 中隔离开关在合闸位置。

3）断开仿 101 断路器。

4）断开仿 111 断路器。

5）断开仿 221 断路器。

（4）将仿 221 断路器倒至仿 220kV 北母备用。操作程序如下：

1）检查仿 221 断路器在分闸位置。

2）拉开仿 221 南隔离开关。

3）推上仿 221 北隔离开关。

（5）仿 1 号主变压器重新加入运行。操作程序如下：

1）检查仿 221 中在合闸位置，仿 1 号主变压器 220kV 零序过流保护在投入位置。

2）合上仿 221 断路器。

3）合上仿 111 断路器。

4）合上仿 101 断路器。

（6）检查仿 1 号主变压器、仿 2 号主变压器负荷分配正常。

（7）检查站用电系统运行正常（已经自动切换为正常运行方式）。

（8）合上仿 4（第一组电容器）断路器（仿 1 号主变压器停止运行时，自动跳闸）。

（9）向调度汇报。

（10）向主管领导汇报，请求安排计划，检修仿 221 南隔离开关。

（11）填写、整理各种记录，做好故障处理的善后工作。

7. 故障分析

（1）由于仿 221 南隔离开关 B 相自落，致使仿 1 号主变压器缺相运行，仿 1 号主变压器保护装置Ⅰ、仿 1 号主变压器保护装置Ⅱ报出 220kV“TA 断线”信号，220kV 母差保护Ⅰ、220kV 母差保护Ⅱ报出“11TA 断线”信号。仿 1 号主变压器缺相运行，后果将十分严重，导致出现以下几种异常运行情况：

1）两台主变压器负荷分配严重不平衡；仿 2 号主变压器过负荷，仿 1 号主变压器负荷很小。

2）仿 1 号主变压器缺相运行产生零序电流，使铁心中产生较大的零序磁通，发热量剧增，油温快速升高。

3）仿 1 号主变压器发出异常声响。

4）使主变压器保护装置、母差保护装置出现异常。

（2）由于仿 221 南隔离开关 B 相自落，缺相运行产生零序电流，站内各保护装置没有发生误动作，原因可能是零序电流没有达到保护整定值。

（3）仿 221 南隔离开关 B 相自落，没有产生类似于带负荷拉隔离开关的严重后果。可能是两台主变压器处于并列运行方式，两变压器之间环流较小，自落一相时，产生的电弧不是很大，所以没有形成弧光短路。

8. 演习点评

这是一个鲜为人知的、系统内实际发生过的故障。2004 年，220kV JS 变电站 J1 号主变压器 220kV 母线侧隔离开关 B 相发生了“自落”。其技术原因是：GW6－220 型隔离开关 B 转动支柱绝缘子上部法兰开裂，使得隔离开关导电臂“过死点”支撑定位作用失效，动触头滑落，脱离了固定在管母上的静触头。幸运的是 1 号主变压器 220kV 中性点接地运行。否则，主变压器受到的伤害可能会比较严重。

如果两台主变压器没有并列运行，或者某线路的母线侧隔离开关自落一相，产生的后果将和带负荷拉隔离开关一样，造成母线弧光短路。

第三节　主变压器主保护范围内故障

一、主变压器内部故障

仿真系统接线图参见图 11－3 和图 11－4。

1. 设定的运行方式和假设条件

仿 220kV 南、北母线经仿 220 断路器联络，仿 1 号主变压器、仿 2 号主变压器高中压并列运行；仿 110kV 南、北母线经仿 110 断路器联络运行。仿 221 断路器及 220kV E1 线、E3 线作联络线运行于仿 220kV 南母；仿 222 断路器及 220kV E2 线、E4 线作联络线运行于仿 220kV 北母。仿 111 断路器，110kV Y1 线作联络线，Y3 线、Y5 线作馈线运行于仿 110kV 南母；仿 112 断路器及 110kV Y2 线、Y4 线、Y6 线作馈线运行于仿 110kV 北母。

仿 1 号主变压器 220kV 侧中性点及 110kV 侧中性点均接地运行(仿 221 中隔离开关、仿 111 中隔离开关均在合闸位置)；仿 2 号主变压器 220kV 侧中性点不接地（仿 222 中隔离开关在拉开位置），110kV 侧中性点接地运行（仿 112 中隔离开关在合闸位置）。

仿 1 号主变压器、仿 2 号主变压器总负荷为 158MW。

站用电系统运行方式：380V Ⅰ、Ⅱ段母线分列运行，仿 1 号站用变压器、仿 2 号站用变压器各带一段 380V 母线运行（QF 在分闸位置）。自投装置投入在“自投分段”位置。

假设条件：事故时，值班室（控制室）有运维班人员。

2. 故障象征 1

0:00（设定的演习开始时间），综自系统报出预告信号：仿 2 号主变压器“轻瓦斯动作”。

3. 故障象征 2

0:01，上一个故障持续几十秒钟以后，报出事故信号。预告信号有：“信号未复归”，仿 2 号主变压器“保护动作”“瓦斯动作”“2QF 跳闸”“QF 跳闸”“通信电源Ⅱ故障”。断路器位置显示：仿 222 断路器、仿 112 断路器、仿 102 断路器、仿 8 断路器闪动（跳闸）。

检查综自系统后台机各级母线电压显示：仿 10kV 西母电压显示 0kV，站用电系统 380VⅡ段母线电压显示为零。其他各母线电压显示正常。

检查保护动作情况：

仿 2 号主变压器保护屏Ⅰ、保护屏Ⅱ：“轻瓦斯”“重瓦斯”“差动”。

10kV 电容器（仿 8 间隔）：“欠压保护”。

4. 初步分析判断

在“轻瓦斯”信号报出后，接着报“重瓦斯”信号，主变压器同时有差动保护动作信号，证明是**仿 2 号主变压器主变压器内部故障**，不是误动。

由于原运行方式是两主变压器并列运行，事故仅造成仿 10kV 西母和站用电系统 380VⅡ段母线失压。站用电系统 380VⅡ段母线失压，是 380V 母线分段开关 QF 自投不成功引起。可以先恢复站用电系统 380VⅡ段母线运行，再检查处理仿 2 号主变压器问题。

5. 处理过程

（1）向调度汇报。请示先恢复站用电系统 380VⅡ段母线运行，再检查处理仿 2 号主变压器的问题。

相关要求：互通单位，互报姓名；简要、明确地汇报故障发生时间和故障象征，使用规范的调度术语。

汇报的内容应包括故障时间、保护动作情况、断路器跳闸情况、设备异常情况和故障造成的停电范围。

（2）恢复低压 380VⅡ段母线运行。操作程序如下：

1）退出站用电系统“自投”装置。

2）断开仿 1 号站用变压器低压侧开关 1QF。

3）合上 380V 母线分段开关 QF。

（3）检查调度通信设备电源已自动切换，运行正常。

（4）检查、恢复直流充电机、直流系统运行正常。

（5）对仿 2 号主变压器进行外部检查。由于已经明确了属于主变压器内部故障，故不再取气分析；通知专业人员取气、取油样分析。

（6）向主管领导汇报，请求安排对仿 2 号主变压器故障检查抢修。

（7）现场操作，将仿 2 号主变压器转冷备用，具体操作程序如下：

1）检查仿 112 断路器在断开位置，依次拉开仿 112 甲隔离开关、仿 112 北隔离开关。

2）检查仿 112 南隔离开关在拉开位置。

3）检查仿 102 断路器在断开位置，依次将仿 102 手车、仿 102 甲手车拉到试验位置。

4）检查仿 222 断路器在断开位置，依次拉开仿 222 甲隔离开关、仿 222 北隔离开关。

5）检查仿 222 南隔离开关在拉开位置。

6）检查仿 222 中隔离开关在拉开位置。

7）拉开仿 112 中隔离开关。

（8）仿 2 号主变压器做安全措施以后，具备故障抢修条件。

（9）监控班值班员监视仿 1 号主变压器负荷情况。

（10）向调度汇报。

（11）向主管领导汇报，请求安排故障抢修。

（12）填写、整理各种记录，做好故障处理的善后工作。

6. 故障分析

仿 2 号主变压器发生内部故障，并且是电气部分性质的故障，由比较轻微发展到严重的短路故障，造成仿 2 号主变压器轻瓦斯动作后，重瓦斯保护动作跳闸。

7. 演习点评

变压器瓦斯保护是非电气量保护装置，而差动保护则反应的是电气量。主变压器两种保动作，可以认为是主变压器内部故障。演习中，先恢复站用电系统正常运行是正确的。

二、主变压器主保护范围故障 1

仿真系统接线图参见图 11－3 和图 11－4。

1. 设定的运行方式和假设条件

仿 220kV 南、北母线经仿 220 断路器联络运行，仿 1 号主变压器经仿 110kV 南母带 110kV Y1 线（联络线）、Y3 线、Y5 线；仿 2 号主变压器经仿 110kV 北母带 110kV Y2 线、Y4 线、Y6 线。仿 221 断路器及 220kV E1 线、E3 线作联络线运行于仿 220kV 南母；仿 222 断路器及 220kV E2 线、E4 线作联络线运行于仿 220kV 北母。仿 110 断路器作备用。

仿 1 号主变压器 220kV 侧中性点及 110kV 侧中性点均接地运行（仿 221 中隔离开关、仿 111 中隔离开关均在合闸位置）；仿 2 号主变压器 220kV 侧中性点不接地（仿 222 中隔离开关在拉开位置），110kV 侧中性点接地运行（仿 112 中隔离开关在合闸位置）。

仿 1 号主变压器、仿 2 号主变压器总负荷为 118MW。

站用电系统运行方式：380V Ⅰ、Ⅱ段母线分列运行，仿 1 号站用变压器、仿 2 号站用变压器各带一段 380V 母线运行（QF 在分闸位置）。自投装置投入在“自投分段”位置。

2. 故障象征 1

0:00（设定的演习开始时间），集控系统报出 220kV 预告信号：“10kV 东母接地”。集控系统后台机显示 10kV 西母各相对地电压：$U_b=0$kV，$U_a=U_c=10.5$kV。

3. 故障象征 2

上一个故障持续十几秒钟以后，报出事故信号。报出预告信号：“信号未复归”，仿 1 号主变压器“保护动作”，“110kV 南母计量电压消失”“1QF 跳闸”“通信电源Ⅰ故障”。集控系统后台机断路器位置显示：仿 221 断路器、仿 111 断路器、101 断路器、仿 4（第一组电容器）断路器闪动（跳闸）。

集控系统后台机母线电压显示：仿 110kV 南母和仿 10kV 东母电压显示三相均为 0kV。站用电系统 380V Ⅰ段母线电压显示为零。其他各母线电压显示正常。

检查保护动作情况：

仿 1 号主变压器保护屏Ⅰ、保护屏Ⅱ：“差动保护”。

10kV 电容器（仿 4 间隔）：“欠压保护”。

4. 初步分析判断

开始是 10kV 东母 B 相金属性接地。稍后仿 1 号主变压器差动保护动作，仿 221 断路器、仿 111 断路器、101 断路器跳闸。有可能是 10kV 东母 B 相的接地故障，使另两相对地电压升高为线电压值，还有可能产生弧光接地过电压等，造成仿 1 号主变压器差动保护范围内 10kV 某相（A 或 C）绝缘薄弱点击穿，造成不同相两点接地短路的可能性很大。此分析判断需要在检查设备以后证实，但 110kV 南母可以经仿 110 断路器恢复运行。

5. 处理过程

（1）监控班值班员遥控操作，断开 110kV 南母（失压母线）上的联络线 Y1 断路器。

（2）向调度汇报。请示恢复仿 110kV 南母运行，恢复供电，再检查处理仿 1 号主变压器问题。同时，通知运维班到现场检查处理。向运维班作简要、清楚的说明。

相关要求：互通单位，互报姓名；简要、明确地汇报故障发生时间和故障象征，使用规范的调度术语。

汇报的内容应包括故障时间、保护动作情况、断路器跳闸情况、设备异常情况和故障造成的停电范围。

（3）监控班值班员遥控操作，恢复仿 110kV 南母运行，恢复供电，恢复联络线运行。

操作程序如下：

1）投入仿 110 充电保护；合上仿 110 断路器，对仿 110kV 南母充电正常。

2）退出仿 110 充电保护。

3）检查 Y3 线、Y5 线已恢复正常供电（在合上仿 110 断路器时，两线路断路器没有断开）。

4）向调度汇报，请示 Y1 线是否具备恢复运行的条件。得到调度可以恢复运行的答复和操作指令。

5）合上 Y1 断路器。

6）向调度汇报。由调度命令在 Y1 线对侧执行同期并列。

（4）运维人员到达现场。现场操作，恢复站用电系统 380V Ⅰ段母线运行。操作程序如下：

1）退出站用电系统“自投”装置。

2）断开仿 1 号站用变压器低压侧开关 1QF。

3）合上 380V 母线分段开关 QF。

4）检查调度通信设备电源已自动切换，运行正常。

5）检查、恢复直流充电机、直流系统运行正常。

（5）现场对仿 1 号主变压器本体和主变压器差动保护范围内的一次设备进行外部检查，重点检查 10kV 侧各设备。

（6）检查发现故障点：**仿 1 号主变压器 10kV 侧出口避雷器 A、B 相外绝缘击穿**。其他设备均未发现异常。

（7）现场操作，将仿 1 号主变压器转冷备用，操作程序如下：

1）检查仿 111 断路器在断开位置，依次拉开仿 111 甲隔离开关、仿 111 南隔离开关。

2）检查仿 101 断路器在断开位置，依次将仿 101 手车、仿 101 甲手车拉到试验位置。

3）检查仿 221 断路器在断开位置，依次拉开仿 221 甲隔离开关、仿 221 南隔离开关。

4）拉开仿 221 中隔离开关、仿 111 中隔离开关。

（8）将仿 101 手车、仿 101 甲手车拉出柜外；检查柜内连接设备，未发现任何问题。

（9）仿 1 号主变压器做安全措施以后，具备故障抢修条件。

（10）按调度命令，推上仿 222 中隔离开关（仿 2 号主变压器 220kV 中性点接地运行），投入仿 2 号主变压器 220kV 零序过流保护压板。

（11）监控班值班员监视仿 2 号主变压器负荷情况。

（12）向调度汇报。

（13）向主管领导汇报，请求安排故障抢修。

（14）填写、整理各种记录，做好故障处理的善后工作。

6. 故障分析

仿 1 号主变压器差动保护动作跳闸的原因，是仿 1 号主变压器 10kV 侧 B 相避雷器接地故障，使另两相对地电压升高为线电压值，还有可能产生弧光接地过电压等，造成仿 1 号主变压器 10kV 侧避雷器 A 相击穿，形成短路，仿 1 号主变压器差动保护动作，三侧断路器跳闸，仿 110kV 南母失压。

7. 演习点评

（1）本演习题的故障设置，是仿 1 号主变压器连接设备故障，故障点不能与主变压器隔离。此种条件下，必须经合上仿 110 断路器后，才能恢复仿 110kV 南母运行。

（2）判断故障范围的依据，是跳闸之前有“10kV 东母接地”信号。本站 10kV 没有出线（只有电容器、TV 和站用变压器），接地点就在站内。

（3）本站 110kV 部分没有同期并列装置，Y1 线在恢复运行时，一般应在本站对线路充电，由调度命令在对侧恢复并列。事故处理中，如果有必要在本站恢复并列，则必须经过倒运行方式，在 220kV 侧并列。

三、主变压器主保护范围故障 2

仿真系统接线图参见图 11－3 和图 11－4。

1. 设定的运行方式和假设条件

仿 220kV 南、北母线经仿 220 断路器联络，仿 1 号主变压器经仿 110kV 南母带 110kV Y1 线（联络线）、Y3 线、Y5 线；仿 2 号主变压器经仿 110kV 北母带 110kV Y2 线、Y4 线、Y6 线。仿 221 断路器及 220kV E1 线、E3 线作联络线运行于仿 220kV 南母；仿 222 断路器及 220kV E2 线、E4 线作联络线运行于仿 220kV 北母。仿 110 断路器作备用。

仿 1 号主变压器 220kV 侧中性点及 110kV 侧中性点均接地运行（仿 221 中隔离开关、仿 111 中隔离开关均在合闸位置）；仿 2 号主变压器 220kV 侧中性点不接地（仿 222 中隔离开关在拉开位置），110kV 侧中性点接地运行（仿 112 中隔离开关在合闸位置）。

仿 1 号主变压器、仿 2 号主变压器总负荷为 163MW。

站用电系统运行方式：380V Ⅰ、Ⅱ段母线分列运行，仿 1 号站用变压器、仿 2 号站用变压器各带一段 380V 母线运行（QF 在分闸位置）。自投装置投入在“自投分段”位置。

2. 故障象征

0:00（设定演习开始时间），集控系统报出 220kV 仿真变电站事故信号。报出预告信号：“信号未复归”、仿 1 号主变压器“保护动作”，“110kV 南母计量电压消失”，“1QF 跳闸”“通信电源Ⅰ故障”。集控系统后台断路器位置显示：仿 221 断路器、仿 111 断路器、101 断路器、仿 4（第一组电容器）断路器闪动（跳闸）。

集控系统后台机母线电压显示：仿 110kV 南母和仿 10kV 东母电压显示三相均为 0kV。站用电系统 380V Ⅰ段母线电压显示为零。其他各母线电压显示正常。

检查保护动作情况：

仿 1 号主变压器保护屏Ⅰ、保护屏Ⅱ：“差动保护”。

10kV 电容器（仿 4 间隔）：“欠压保护”。

3. 初步分析判断

仿 1 号主变压器差动保护范围内可能发生故障。事故停电范围：仿 110kV 南母和仿 10kV 东母；故障点所在范围：仿 1 号主变压器三侧差动 TA 以内。

4. 处理过程 1

（1）监控班值班员遥控操作，断开 110kV 南母（失压母线）上的联络线 Y1 断路器。

（2）向调度汇报。请示恢复仿 110kV 南母运行，恢复供电，再检查处理仿 1 号主变压器问题。同时，通知运维班到现场检查处理。向运维班作简要、清楚的说明。

相关要求：互通单位，互报姓名；简要、明确地汇报故障发生时间和故障象征，使用规范的调度术语。

汇报的内容应包括故障时间、保护动作情况、断路器跳闸情况、设备异常情况和故障造成的停电范围。

（3）监控班值班员遥控操作，恢复仿 110kV 南母运行，恢复供电，恢复联络线运行。操作程序如下：

1）投入仿 110 充电保护，合上仿 110 断路器，对仿 110kV 南母充电正常。

2）退出仿 110 充电保护。

3）检查 Y3 线、Y5 先已恢复正常供电（合仿 110 断路器时，两线路断路器没有断开）。

4）向调度汇报，请示 Y1 线是否具备恢复运行的条件。得到调度可以恢复运行的答复和操作指令。

5）合上 Y1 断路器。

6）向调度汇报。由调度命令在 Y1 线对侧执行同期并列。

（4）运维人员到达现场。现场操作，恢复站用电系统 380V Ⅰ段母线运行。操作程序如下：

1）退出站用电系统“自投”装置。

2）断开仿 1 号站用变压器低压侧开关 1QF。

3）合上 380V 母线分段开关 QF。

4）检查调度通信设备电源已自动切换，运行正常。

5）检查、恢复直流充电机、直流系统运行正常。

（5）现场检查设备，对仿 1 号主变压器本体和主变压器差动保护范围内的一次设备进行外部检查。

（6）检查发现故障点：**仿 101C 相 TA 一次接线板严重烧伤**，外绝缘有过热烧损现象。其他设备均未发现任何异常。

（7）现场操作，将仿 101 断路器转冷备用（隔离故障），具体操作程序如下：

1）检查仿 101 断路器在断开位置。

2）将仿 101 手车拉到试验位置、将仿 101 甲手车拉到试验位置。

（8）将仿 101 手车、仿 101 甲手车拉出柜外；检查柜内连接设备，除仿 101 电流互感器以外，未发现任何问题。

5. 处理过程 1

处理过程中，**报出信号：“仿 2 号主变压器过负荷”**。

6. 处理过程 2

（1）检查仿 2 号主变压器负荷达到 160MW。

（2）向调度汇报。

（3）现场操作，仿 1 号主变压器高、中压侧加入运行。操作程序如下：

1）检查仿 221 中隔离开关、仿 111 中隔离开关均在合闸位置。

2）检查仿 1 号主变压器 220kV 零序过流保护、110kV 零序过流保护在投入位置。

3）合上仿 221 断路器。

4）检查仿 1 号主变压器充电正常。

5）合上仿 111 断路器。

6）检查仿 1 号主变压器、仿 2 号主变压器负荷分配正常。

（4）向调度汇报。仿 1 号主变压器、仿 2 号主变压器可以保持并列运行。

（5）仿 101TA 做安全措施以后，具备故障抢修条件。

（6）向调度汇报。

（7）向主管领导汇报，请求安排故障抢修。

（8）填写、整理各种记录，做好故障处理的善后工作。

7. 故障分析

仿 101TA 内部故障，导致仿 1 号主变压器差动保护电流回路有很大的不平衡电流，主变压器差动保护动作，三侧断路器跳闸，仿 110kV 南母失压。

8. 演习点评

（1）本演习题的故障设置，可以与仿 1 号主变压器隔离。此种条件下，故障点隔离之后，仿 1 号主变压器可以恢复高、中压侧运行。

（2）本演习题的仿 101TA 内部故障，没有造成 10kV 接地或短路故障，即设备对地、相间主绝缘没有损坏，仿 1 号主变压器本体没有通过短路电流。在 TA 内部，可能是绕组层间短路等故障，使仿 1 号主变压器差动保护电流回路有很大的不平衡电流，主变压器差动保护动作，三侧断路器跳闸。

四、主变压器主保护范围故障 3

仿真系统接线图参见图 11－3 和图 11－4。

1. 设定的运行方式和假设条件

仿 220kV 南、北母线经仿 220 断路器联络运行，仿 1 号主变压器、仿 2 号主变压器高中压并列运行；仿 110kV 南、北母线经仿 110 断路器联络运行。仿 221 断路器及 220kV E1 线、E3 线作联络线运行于仿 220kV 南母；仿 222 断路器及 220kV E2 线、E4 线作联络线运行于仿 220kV 北母。仿 111 断路器，110kV Y1 线作联络线，Y3 线、Y5 线作馈线运行于仿 110kV 南母；仿 112 断路器及 110kV Y2 线、Y4 线、Y6 线作馈线运行于仿 110kV 北母。

仿 1 号主变压器 220kV 侧中性点及 110kV 侧中性点均接地运行（仿 221 中隔离开关、仿 111 中隔离开关均在合闸位置）；仿 2 号主变压器 220kV 侧中性点不接地（仿 222 中隔离开关在拉开位置），110kV 侧中性点接地运行（仿 112 中隔离开关在合闸位置）。

仿 1 号主变压器、仿 2 号主变压器总负荷为 131MW。

站用电系统运行方式：380V Ⅰ、Ⅱ段母线分列运行，仿 1 号站用变压器、仿 2 号站用变压器各带一段 380V 母线运行（QF 在分闸位置）。自投装置投入在“自投分段”位置。

假设条件：事故时，值班室（控制室）有运维班人员。

2. 故障象征

0:00（设定演习开始时间为），报出事故信号。报出的预告信号："信号未复归"，仿1号主变压器"保护动作"，"110kV 南母计量电压消失"，"1QF 跳闸""通信电源Ⅰ故障"。综自后台机断路器位置显示：仿 221 断路器、仿 101 断路器、仿 110 断路器、仿 4（第一组电容器）断路器闪动（跳闸）。仿 111 断路器位置不闪动（未跳闸）。

检查综自后台机母线电压显示：仿 110kV 南母和仿 10kV 东母电压显示三相均为 0kV。站用电系统 380VⅠ段母线电压显示为零。其他各母线电压显示正常。

检查保护动作情况：

仿 1 号主变压器保护屏Ⅰ、保护屏Ⅱ："差动保护"。

仿 2 号主变压器保护屏Ⅰ、保护屏Ⅱ："110kV 复合电压闭锁方向过流Ⅰ段"。

10kV 电容器（仿 4 间隔）："欠压保护"。

3. 初步分析判断

仿 1 号主变压器差动保护范围内故障，主变压器差动保护动作，仿 221 断路器、101 断路器跳闸，仿 111 断路器拒动。因为仿 111 断路器没有跳闸，仿 2 号主变压器 110kV 复合电压闭锁方向过流Ⅰ段保护动作，仿 110 断路器跳闸。事故停电范围：仿 110kV 南母和仿 10kV 东母；故障点所在范围：仿 1 号主变压器三侧差动 TA 以内。

4. 处理过程

（1）断开 110kV 南母（失压母线）上的联络线 Y1 断路器。

（2）向调度汇报。请示恢复仿 110kV 南母运行，恢复供电，再检查处理仿 1 号主变压器问题。

相关要求：互通单位，互报姓名；简要、明确地汇报故障发生时间和故障象征，使用规范的调度术语。

汇报的内容应包括故障时间、保护动作情况、断路器跳闸情况、设备异常情况和故障造成的停电范围。

（3）控制室遥控操作，断开仿 111 断路器，发现仍未断开。检查仿 111 操作熔断器无问题。

（4）现场操作，将仿 111 断路器转冷备用（保留仿 111 断路器位置不动，方便事故技术原因调查）。操作程序如下：

1）拉开仿 111 甲隔离开关。

2）拉开仿 111 南隔离开关。

3）检查仿 111 北隔离开关在拉开位置。

（5）恢复仿 110kV 南母运行，恢复供电，恢复联络线运行。操作程序如下：

1）投入仿 110 充电保护。合上仿 110 断路器，对仿 110kV 南母充电正常。

2）退出仿 110 充电保护。

3）检查 Y3 线、Y5 先已恢复正常供电（合仿 110 断路器时，两线路断路器没有断开）。

4）向调度汇报，请示Y1线是否具备恢复运行的条件。得到调度可以恢复运行的答复和操作指令。

5）合上Y1断路器。

6）向调度汇报。由调度命令在Y1线对侧执行同期并列。

（6）恢复站用电系统380VⅠ段母线运行。操作程序如下：

1）退出站用电系统“自投”装置。

2）断开仿1号站用变压器低压侧开关1QF。

3）合上380V母线分段开关QF。

4）检查调度通信设备电源已自动切换，运行正常。

5）检查、恢复直流充电机、直流系统运行正常。

（7）对仿1号主变压器本体和主变压器差动保护范围内的一次设备进行外部检查。

（8）检查发现故障点：**仿101 B、C相TA烧毁**，有短路故障现象。其他设备均未发现任何异常。

（9）现场操作，将仿101断路器转冷备用（隔离故障），具体操作程序如下：

1）检查仿101断路器在断开位置。

2）将仿101手车拉到试验位置、将仿101甲手车拉到试验位置。

（10）将仿101手车、仿101甲手车拉出柜外；检查柜内连接设备，除仿101TA以外，未发现任何问题。

（11）仿101TA做安全措施以后，具备故障抢修条件。

（12）监控班值班员监视仿2号主变压器负荷情况。

（13）向调度汇报。

（14）向主管领导汇报，请求安排故障抢修，由专业人员检查仿111断路器拒动故障。

（15）填写、整理各种记录，做好故障处理的善后工作。

5. 故障分析

仿1号主变压器差动保护动作的原因，是仿101 B、C相TA短路。**仿111断路器因操动机构问题拒动**，使仿2号主变压器110kV复合电压闭锁方向过流Ⅰ段动作，仿110断路器跳闸，仿110kV南母、仿10kV东母失压。

6. 演习点评

（1）假设仿111断路器不发生拒动，仿1号主变压器差动保护动作，三侧断路器跳闸以后，仿110kV南母不会失压。

（2）仿111断路器发生拒动，导致仿110kV南母失压；同时，110kV联络线Y1线，是由线路对侧的“第Ⅲ段”保护动作跳闸。本侧的Y1线保护装置不反应反方向故障，故Y1线没有保护动作信号。演习人员的事故分析没有涉及到这一点。

（3）因仿1号主变压器本体和保护装置没有处理异常的工作，仅仅是仿111断路器拒动检查和更换仿101TA工作，可以暂不打开仿1号主变压器后备保护联跳仿220断路器、仿110断路器的保护压板。

五、主变压器主保护范围故障四，差动保护拒动

仿真系统接线图参见图 11－3 和图 11－4。

1. 设定的运行方式和假设条件

仿 220kV 南、北母线经仿 220 断路器联络运行，仿 1 号主变压器、仿 2 号主变压器高中压并列运行；仿 110kV 南、北母线经仿 110 断路器联络运行。仿 221 断路器及 220kV E1 线、E3 线作联络线运行于仿 220kV 南母；仿 222 断路器及 220kV E2 线、E4 线作联络线运行于仿 220kV 北母。仿 111 断路器，110kV Y1 线作联络线，Y3 线、Y5 线作馈线运行于仿 110kV 南母；仿 112 断路器及 110kV Y2 线、Y4 线、Y6 线作馈线运行于仿 110kV 北母。

仿 1 号主变压器 220kV 侧中性点及 110kV 侧中性点均接地运行（仿 221 中隔离开关、仿 111 中隔离开关均在合闸位置）；仿 2 号主变压器 220kV 侧中性点不接地（仿 222 中隔离开关在拉开位置），110kV 侧中性点接地运行（仿 112 中隔离开关在合闸位置）。

仿 1 号主变压器、仿 2 号主变压器总负荷为 131MW。

站用电系统运行方式：380V Ⅰ、Ⅱ段母线分列运行，仿 1 号站用变压器、仿 2 号站用变压器各带一段 380V 母线运行（QF 在分闸位置）。自投装置投入在“自投分段”位置。

假设条件：

（1）仿 1 号主变压器保护屏Ⅰ的保护装置，因电源故障而停用，正在由专业人员检查处理故障。

（2）事故时，值班室（控制室）有运维班人员。

2. 故障象征 1

0:00（设定的演习开始时间），警铃响，报出仿 1 号主变压器保护屏Ⅱ“保护装置异常告警”预告信号。

3. 故障象征 2

0:03 报出事故信号。报出的预告信号有：“信号未复归”，“1QF 跳闸”“通信电源Ⅰ故障”，仿 1 号主变压器“主变压器保护动作”，“110kV 南母计量电压消失”。综自后台机断路器位置显示：仿 221 断路器、仿 111 断路器、101 断路器、仿 110 断路器、仿 4（第一组电容器）断路器闪动（跳闸）。

综自后台机母线电压显示：仿 110kV 南母和仿 10kV 东母电压显示三相均为 0kV。站用电系统 380V Ⅰ段母线电压显示为零。其他各母线电压显示正常。

检查保护动作情况：

仿 1 号主变压器保护屏Ⅱ：“110kV 复合电压闭锁过流”，“220kV 复合电压闭锁方向过流Ⅰ段”，“220kV 复合电压闭锁方向过流Ⅱ段”。

仿 2 号主变压器保护屏Ⅰ、保护屏Ⅱ：“110kV 复合电压闭锁方向过流Ⅰ段”。

10kV 电容器（仿 4 间隔）：“欠压保护”。

4. 初步分析判断

有仿 1 号主变压器“220kV 复合电压闭锁方向过流Ⅰ段”、“220kV 复合电压闭锁方向过流Ⅱ段”保护动作信号，故障发生在仿 1 号主变压器及连接设备、仿 110kV 南母、仿 10kV 东母范围内可能性都有。从主变压器三侧后备保护的动作时限分析，10kV 侧后备保护时限最短，"110kV 复合电压闭锁过流"保护时限次之，"220kV 复合电压闭锁方向过流Ⅱ段"动作时限最长；仿 1 号主变压器 110kV 侧后备保护有动作信号，并且 110kV 侧分段断路器和仿 111 断路器、101 断路器已经跳闸，故障仍没有切除，使仿 1 号主变压器"220kV 复合电压闭锁方向过流Ⅱ段"保护动作跳闸。因此，仿 1 号主变压器及连接设备范围内发生故障的可能性较大；主变压器差动保护没有动作，又不能完全证实以上判断。

5. 处理过程 1

（1）检查仿 110kV 南母各出线、仿 1 号站用变压器均无保护动作信号。向调度汇报。

相关要求：互通单位，互报姓名；简要、明确地汇报故障发生时间和故障象征，使用规范的调度术语。

汇报的内容应包括故障时间、保护动作情况、断路器跳闸情况、设备异常情况和故障造成的停电范围。

（2）断开 110kV 联络线 Y1 断路器；断开 Y3 断路器、Y5 断路器。

（3）断开仿 10kV 仿 3 断路器。

（4）现场重点检查仿 1 号主变压器及连接设备；对仿 110kV 南母、仿 10kV 北母及连接设备进行检查。发现**仿 101 甲手车插头与仿 101TA 之间的 A、B 相支柱绝缘子损坏，导致相间短路**，其他部分无异常。

6. 进一步分析判断

根据发现的故障点分析判断，仿 101 甲手车插头与仿 101TA 之间相间短路，应该是主变压器差动保护动作跳闸。仿 1 号主变压器保护屏Ⅰ的保护在事故前已退出；事故发生前，仿 1 号主变压器保护屏Ⅱ有"保护装置异常告警"信号。可能是仿 1 号主变压器差动保护有问题，越级使后备保护动作跳闸。

7. 处理过程 2

（1）向调度汇报。

（2）恢复仿 110kV 南母运行，恢复对客户的供电，恢复联络线运行。操作程序如下：

1）投入仿 110 充电保护。合上仿 110 断路器，对仿 110kV 南母充电正常。

2）退出仿 110 充电保护。

3）合上 Y3 断路器，恢复 Y3 线正常供电。

4）合上 Y5 断路器，恢复 Y5 线正常供电。

5）向调度汇报，请示 Y1 线是否具备恢复运行的条件。得到调度可以恢复运行的答复和操作指令。

6）合上 Y1 断路器。

7）向调度汇报。由调度命令在 Y1 线对侧执行同期并列。

（3）恢复站用电系统 380VⅠ段母线运行。操作程序如下：

1）退出站用电系统"自投"装置。

2）断开仿 1 号站用变压器低压侧开关 1QF。

3）合上 380V 母线分段开关 QF。

4）检查调度通信设备电源已自动切换，运行正常。

5）检查、恢复直流充电机、直流系统运行正常。

（4）现场操作，将仿 101 转冷备用。操作程序如下：

1）检查仿 101 断路器在断开位置。

2）将仿 101 手车拉到试验位置。

3）将仿 101 甲手车拉到试验位置。

4）将仿 101 手车拉出柜外。

5）将仿 101 甲手车拉出柜外。

（5）检查、恢复直流充电机、直流系统运行正常。

（6）仿 101 甲手车柜、仿 101 柜内做安全措施以后，具备故障抢修条件。

（7）监控班值班员监视仿 2 号主变压器负荷情况。

（8）打开仿 1 号主变压器保护屏Ⅱ110kV 侧后备保护联跳仿 110 断路器压板，打开仿 1 号主变压器保护屏Ⅱ220kV 侧后备保护联跳仿 220 断路器压板。

（9）向调度汇报。

（10）向主管领导汇报，请求安排故障抢修，并由专业人员检查、处理仿 1 号主变压器差动保护拒动问题。

（11）填写、整理各种记录，做好故障处理的善后工作。

8. 故障分析

仿 101 甲手车插头与仿 101TA 之间相间短路，应该是差动保护动作。因为差动保护拒动，仿 1 号主变压器、仿 2 号主变压器“110kV 复合电压闭锁方向过流Ⅰ段”保护动作，仿 110 断路器跳闸；仿 1 号主变压器“220kV 复合电压闭锁方向过流Ⅰ段”保护动作，仿 111 断路器跳闸，故障仍没有切除；导致“220kV 复合电压闭锁方向过流Ⅱ段”保护动作，仿 221 断路器、仿 101 断路器跳闸，以较长的时限切除故障。

9. 演习点评

（1）查明故障点之前，有仿 1 号主变压器“220kV 复合电压闭锁方向过流Ⅰ段”“220kV 复合电压闭锁方向过流Ⅱ段”保护动作信号，说明需要检查的范围较大。查出故障点后，方能完全证实仿 1 号主变压器差动保护发生了拒动。因此，对仿 110kV 南母、仿 10kV 北母及连接设备的检查是有道理的。

（2）运维人员在演习中，没有做出检查、分析差动保护装置拒动原因的行动；起码应该到保护屏前，作外部检查，查看液晶显示的内容。

（3）主变压器不能没有主保护运行。如果用仿 1 号主变压器恢复仿 110kV 南母及线路运行，缺少差动保护装置，对电网安全不利。因此，合上仿 110 断路器，恢复仿 110kV 南母及线路运行，是比较妥当的。如果仿 2 号主变压器过负荷，可以转移部分负荷。

第四节　110kV 母线故障

一、110kV 母线保护动作跳闸，故障点无法隔离

仿真系统接线图参见图 11－3 和图 11－4。

1. 设定的运行方式和假设条件

仿 220kV 南、北母线经仿 220 断路器联络，仿 1 号主变压器、仿 2 号主变压器高中压并列运行；仿 110kV 南、北母线经仿 110 断路器联络运行。仿 221 断路器及 220kV E1 线、E3 线作联络线运行于仿 220kV 南母；仿 222 断路器及 220kV E2 线、E4 线作联络线运行于仿 220kV 北母。仿 111 断路器，110kV Y1 线作联络线，Y3 线、Y5 线作馈线运行于仿 110kV 南母；仿 112 及 110kV Y2 线、Y4 线、Y6 线作馈线运行于仿 110kV 北母。

仿 1 号主变压器 220kV 侧中性点及 110kV 侧中性点均接地运行（仿 221 中隔离开关、仿 111 中隔离开关均在合闸位置）；仿 2 号主变压器 220kV 侧中性点不接地（仿 222 中隔离开关在拉开位置），110kV 侧中性点接地运行（仿 112 中隔离开关在合闸位置）。

仿 1 号主变压器、仿 2 号主变压器总负荷为 131MW。

站用电系统运行方式：380V Ⅰ、Ⅱ段母线分列运行，仿 1 号站用变压器、仿 2 号站用变压器各带一段 380V 母线运行（QF 在分闸位置）。自投装置投入在“自投分段”位置。

事故时，值班室（控制室）有运维班人员。

2. 故障象征

0:00（设定的演习开始时间），报出事故信号；报出的预告信号有：“信号未复归”“110kV 母差保护动作”“110kV 母差跳母联”“110kV 南母计量电压消失”。综自后台机断路器位置显示：仿 111 断路器、仿 110 断路器、Y1 断路器、Y3 断路器、Y5 断路器闪动（跳闸）。

综自后台机母线电压显示：仿 110kV 南母电压显示三相均为 0kV。其他各母线电压显示正常。

检查保护动作情况：

仿 110kV 母差保护屏：“跳Ⅰ母”。

3. 初步分析判断

根据保护动作和断路器跳闸情况，停电范围为仿 110kV 南母及各出线，故障范围在仿 110kV 南母及连接设备。

4. 处理过程

（1）检查仿 110kV 南母各出线均无保护动作信号。

（2）向调度汇报。请示先检查失压的仿 110kV 南母及连接设备。

相关要求：互通单位，互报姓名；简要、明确地汇报故障发生时间和故障象征，使用规范的调度术语。

汇报的内容应包括故障时间、保护动作情况、断路器跳闸情况、设备异常情况和故

障造成的停电范围。

（3）现场检查设备，发现**仿 110kV 南母（管型母线）有一个 A 相支柱绝缘子炸裂、绝缘损坏**，未发现其他任何异常情况。

（4）改变仿 110kV 母差保护投入方式：投入仿 110kV 母差保护"投单母"压板，打开母差保护跳仿 110 断路器压板，退出仿 110kV 母线充电保护。

（5）向调度汇报。请示将 Y1 线、Y3 线、Y5 线倒至仿 110kV 北母热备用。操作程序如下：

1）检查 Y1 断路器在断开位置。

2）拉开 Y1 南隔离开关。

3）合上 Y1 北隔离开关。

4）检查 Y3 断路器在断开位置。

5）拉开 Y3 南隔离开关。

6）合上 Y3 北隔离开关。

7）检查 Y5 断路器在断开位置。

8）拉开 Y5 南隔离开关。

9）合上 Y5 北隔离开关。

（6）恢复 Y1 线、Y3 线、Y5 线运行。操作程序如下：

1）合上 Y3 断路器，检查 Y3 线运行正常。

2）合上 Y5 断路器，检查 Y5 线运行正常。

3）向调度汇报，请示 Y1 线是否具备恢复运行的条件。得到调度可以恢复运行的答复和操作指令。

4）合上 Y1 断路器。

5）向调度汇报。由调度命令在 Y1 线对侧执行同期并列。

（7）向调度汇报。请示将仿 111 断路器倒至仿 110kV 北母，恢复仿 1 号主变压器、仿 2 号主变压器高、中压侧并列运行。操作程序如下：

1）检查仿 111 断路器在断开位置。

2）拉开仿 111 南隔离开关。

3）合上仿 111 北隔离开关。

4）合上仿 111 断路器。

5）检查仿 1 号主变压器、仿 2 号主变压器负荷分配正常。

（8）现场操作，仿 110kV 南母转冷备用。操作程序如下：

1）检查仿 110 断路器在断开位置。

2）拉开仿 110 南隔离开关。

3）拉开仿 110 北隔离开关。

4）断开仿 110kV 南母 TV 二次开关。

5）断开仿 110kV 南母 TV 计量二次开关。

6）断开仿 110kV 南母 TV 保护二次开关。

7） 拉开仿 110 南表隔离开关。

8） 检查仿 110kV 南母所有连接隔离开关已全部拉开。

（9）仿 110kV 南母做安全措施以后，具备故障抢修条件。

（10） 向调度汇报。

（11） 向主管领导汇报，请求安排故障抢修。

（12） 填写、整理各种记录，做好故障处理的善后工作。

5. 故障分析

仿 110kV 南母 A 相接地故障，母差保护动作，跳Ⅰ母出口，仿 111 断路器、仿 110 断路器、Y1 断路器、Y3 断路器、Y5 断路器跳闸，仿 110kV 南母失压。

6. 演习点评

（1）双母线接线的优点是运行方式比单母线分段接线灵活，供电可靠性高。即使母线故障，故障点不能隔离，也可以经倒运行方式快速恢复供电。本演习的要求，是要经倒母线恢复供电。必须注意，倒换时的操作程序如下和正常倒母线相反，必须“先拉、后合”，防止将故障点合入运行母线而扩大事故。

（2）本次事故处理，也可以现将仿 110kV 南母所有隔离开关拉开，南母先转冷备用；然后再依次合上 Y1 北隔离开关、Y3 北隔离开关、Y5 北隔离开关，后合上各出线开关，恢复供电。优点是不容易出错；不足之处是恢复供电稍慢。演习值班员采用的操作程序也是正确的，只要基本功扎实，没有什么问题。

二、110kV 母线保护动作跳闸，故障点可以隔离

仿真系统接线图参见图 11－3 和图 11－4。

1. 设定的运行方式和假设条件

仿 220kV 南、北母线经仿 220 断路器联络，仿 1 号主变压器、仿 2 号主变压器高中压并列运行；仿 110kV 南、北母线经仿 110 断路器联络运行。仿 221 断路器及 220kV E1 线、E3 线作联络线运行于仿 220kV 南母；仿 222 断路器及 220kV E2 线、E4 线作联络线运行于仿 220kV 北母。仿 111 断路器，110kV Y1 线作联络线，Y3 线、Y5 线作馈线运行于仿 110kV 南母；仿 112 断路器及 110kV Y2 线、Y4 线、Y6 线作馈线运行于仿 110kV 北母。

仿 1 号主变压器 220kV 侧中性点及 110kV 侧中性点均接地运行（仿 221 中隔离开关、仿 111 中隔离开关均在合闸位置）；仿 2 号主变压器 220kV 侧中性点不接地（仿 222 中隔离开关在拉开位置），110kV 侧中性点接地运行（仿 112 中隔离开关在合闸位置）。

仿 1 号主变压器、仿 2 号主变压器总负荷为 131MW。

站用电系统运行方式：380VⅠ、Ⅱ段母线分列运行，仿 1 号站用变压器、仿 2 号站用变压器各带一段 380V 母线运行（QF 在分闸位置）。自投装置投入在“自投分段”位置。

2. 故障象征

0:00（设定的演习开始时间），集控系统报出 220kV 仿真变电站事故信号；预告信号

有："信号未复归""110kV 母差保护动作"，" 110kV 母差跳母联"，"110kV 南母计量电压消失"。集控系统后台机断路器位置显示：仿 111 断路器、仿 110 断路器、Y1 断路器、Y3 断路器、Y5 断路器闪动（跳闸）。

集控系统后台机母线电压显示：仿 110kV 南母电压显示三相均为 0kV。其他各母线电压显示正常。

检查保护动作情况：

仿 110kV 母差保护屏："跳Ⅰ母"。

3. 初步分析判断

根据保护动作和断路器跳闸情况，停电范围为仿 110kV 南母及各出线，故障范围在仿 110kV 南母母线及连接设备。

4. 处理过程

（1）监控班值班员检查仿 110kV 南母各出线均无保护动作信号。

（2）向调度汇报。同时，通知运维班到现场检查处理。向运维班作简要、清楚的说明；要求先检查失压的仿 110kV 南母及连接设备。

相关要求：互通单位，互报姓名；简要、明确地汇报故障发生时间和故障象征，使用规范的调度术语。

汇报的内容应包括故障时间、保护动作情况、断路器跳闸情况、设备异常情况和故障造成的停电范围。

（3）监控班值班员执行调度命令，遥控操作，将 Y3、Y5 线负荷转其他 220kV 变电站恢复供电。

（4）运维人员到达现场。检查设备，发现**仿 110kV 南母避雷器 A 相炸裂、绝缘损坏**，未发现其他任何异常情况。

（5）现场操作，仿 110kV 南母 TV 转冷备用，隔离故障点。操作程序如下：

1）断开仿 110kV 南母 TV 二次开关。

2）断开仿 110kV 南母 TV 计量二次开关。

3）断开仿 110kV 南母 TV 保护二次开关。

4）拉开仿 110 南表隔离开关。

（6）恢复仿 110kV 南母运行，恢复对客户的供电，恢复联络线运行。操作程序如下：

1）投入仿 110 充电保护。合上仿 110 断路器，对仿 110kV 南母充电正常。

2）退出仿 110 充电保护。

3）合上仿 110kV 南、北母 TV 二次联络开关。

4）检查仿 110kV 南、北母电压显示正常，仿 110kV 南、北母电压切换显示灯亮。

5）合上 Y3 断路器，恢复 Y3 线正常供电。

6）合上 Y5 断路器，恢复 Y5 线正常供电。

7）向调度汇报，请示 Y1 线是否具备恢复运行的条件。得到调度可以恢复运行的答复和操作指令。

8）合上 Y1 断路器。

9）向调度汇报。由调度命令在 Y1 线对侧执行同期并列。

（7）执行调度命令，恢复恢复仿 1 号主变压器、仿 2 号主变压器高、中压侧并列运行。操作程序如下：

1）合上仿 111 断路器。

2）检查仿 1 号主变压器、仿 2 号主变压器负荷分配正常。

（8）仿 110kV 南母 TV 做安全措施以后，具备故障抢修条件。

（9）向调度汇报。

（10）向主管领导汇报，请求安排故障抢修。

（11）填写、整理各种记录，做好故障处理的善后工作。

5. 故障分析

仿 110kV 南母避雷器 A 相炸裂、绝缘损坏，仿 110kV 母差保护动作，跳Ⅰ母出口，仿 111 断路器、仿 110 断路器、Y1 断路器、Y3 断路器、Y5 断路器跳闸，仿 110kV 南母失压。

6. 演习点评

（1）因故障点可以隔离，事故处理就可以不必倒母线，恢复供电较快。仿 110kV 南母 TV 已在隔离故障时停用，要考虑不能使保护装置失去 TV 二次电压。

（2）恢复仿 110kV 南母运行，也可以合上仿 111 断路器对母线充电。其优点是操作步骤少，用时稍短。缺点是主变压器后备保护动作时限长，并且仿 1 号主变压器 110kV 侧后备保护此时没有 TV 二次电压（仿 110kV 南母 TV 已在隔离故障时停用）。合上仿 110 断路器对母线充电，可以投入充电保护，保护动作时限较短。

三、110kV“母联死区故障”

仿真系统接线图参见图 11－3 和图 11－4。

1. 设定的运行方式和假设条件

仿 220kV 南、北母线经仿 220 断路器联络，仿 1 号主变压器、仿 2 号主变压器高中压并列运行；仿 110kV 南、北母线经仿 110 断路器联络运行。仿 221 断路器及 220kV E1 线、E3 线作联络线运行于仿 220kV 南母；仿 222 断路器及 220kV E2 线、E4 线作联络线运行于仿 220kV 北母。仿 111 断路器，110kV Y1 线作联络线，Y3 线、Y5 线作馈线运行于仿 110kV 南母；仿 112 断路器及 110kV Y2 线、Y4 线、Y6 线作馈线运行于仿 110kV 北母。

仿 1 号主变压器 220kV 侧中性点及 110kV 侧中性点均接地运行（仿 221 中隔离开关、仿 111 中隔离开关均在合闸位置）；仿 2 号主变压器 220kV 侧中性点不接地（仿 222 中隔离开关在拉开位置），110kV 侧中性点接地运行（仿 112 中隔离开关在合闸位置）。

仿 1 号主变压器、仿 2 号主变压器总负荷为 136MW。

站用电系统运行方式：380VⅠ、Ⅱ段母线分列运行，仿 1 号站用变压器、仿 2 号站用变压器各带一段 380V 母线运行（QF 在分闸位置）。自投装置投入在“自投分段”位置。

2. 故障象征

0:00（设定的演习开始时间），报出 220kV 仿真变电站事故信号。报出的预告信号有："信号未复归""110kV 母差保护动作""110kV 母差跳母联""110kV 南母计量电压消失""110kV 北母计量电压消失"。集控系统后台机断路器位置显示：仿 111 断路器、仿 112 断路器、仿 110 断路器、Y1 断路器、Y2 断路器、Y3 断路器、Y4 断路器、Y5 断路器、Y6 断路器闪动（跳闸）。

检查监控后台机母线电压显示：仿 110kV 南母、仿 110kV 北母电压显示三相均为 0kV。其他各母线电压显示正常。

检查保护动作情况：

仿 110kV 母差保护屏："跳Ⅰ母（南母）""跳Ⅱ母（北母）"。

3. 初步分析判断

根据保护动作和断路器跳闸情况分析，停电范围为仿 110kV 南母、仿 110kV 北母及各出线，故障范围在仿 110kV 南母、仿 110kV 北母。故障点可能在仿 110 断路器与仿 110TA 之间。

4. 处理过程

（1）监控班值班员检查站内无其他保护动作信号。向调度汇报。同时，通知运维班到现场检查处理。向运维班作简要、清楚的说明；要求先检查失压的仿 110kV 南、北母及连接设备。

相关要求：互通单位，互报姓名；简要、明确地汇报故障发生时间和故障象征，使用规范的调度术语。

汇报的内容应包括故障时间、保护动作情况、断路器跳闸情况、设备异常情况和故障造成的停电范围。

（2）监控班值班员执行调度命令，遥控操作，断开联络线 Y1 断路器，将 Y2、Y3、Y5、Y6 线负荷转其他 220kV 变电站恢复供电。

（3）运维人员到达现场。检查仿 110kV 南、北母及连接设备，重点检查仿 110 断路器及连接设备。发现**仿 110 断路器与仿 110TA 之间 A 相绝缘子破碎**；其他设备未发现任何异常情况。

（4）现场操作，拉开仿 110 南隔离开关，拉开仿 110 北隔离开关，隔离故障点。

（5）向调度汇报。按照调度命令，恢复仿 110kV 南母运行，恢复对各客户的供电，恢复联络线运行。操作程序如下：

1）检查仿 111 中隔离开关在合闸位置。

2）检查仿 1 号主变压器 110kV 零序过流保护在投入位置。

3）合上仿 111 断路器，对仿 110kV 南母充电正常。

4）合上 Y3 断路器，恢复 Y3 线正常供电。

5）合上 Y5 断路器，恢复 Y5 线正常供电。

6）向调度汇报，请示 Y1 线是否具备恢复运行的条件。得到调度可以恢复运行的答复和操作指令。

7）合上 Y1 断路器。

8）向调度汇报。由调度命令在 Y1 线对侧执行同期并列。

（6）向调度汇报。按调度命令，恢复仿 110kV 北母运行，恢复对各客户的供电。操作程序如下：

1）检查仿 112 中隔离开关在合闸位置。

2）检查仿 2 号主变压器 110kV 零序过流保护在投入位置。

3）合上仿 112 断路器，对仿 110kV 南母充电正常。

4）合上 Y2 断路器，恢复 Y2 线正常供电。

5）合上 Y4 断路器，恢复 Y4 线正常供电。

6）合上 Y6 断路器，恢复 Y6 线正常供电。

（7）打开仿 110kV 母差保护跳仿 110 断路器压板。

（8）向调度汇报。仿 110kV 南、北母暂维持分列运行。

（9）检查仿 110kV 母差保护装置投入方式符合当前运行方式。

（10）仿 110 断路器及 TA 做安全措施以后，具备故障抢修条件。

（11）向主管领导汇报，请求安排事故抢修。

（12）填写、整理各种记录，做好故障处理的善后工作。

5. 故障分析

仿 110 断路器与仿 110TA 之间 A 相绝缘子绝缘严重损坏，造成接地短路。110kV 母差保护两段均出口，动作于跳开全部 110kV 断路器。仿 110kV 南、北母均失压。

6. 演习点评

（1）本演习题的故障点设置是“母联死区”故障。仿 110 断路器与仿 110TA 之间发生故障，母差保护判断为仿 110kV 北母故障，当仿 110 断路器跳闸之后，故障没有与仿 110 南母隔离；母差保护经延时（躲过仿 110 断路器跳闸时间），“大差”动作于跳开仿 110kV 南母连接全部断路器。

（2）直接恢复仿 110kV 北母的运行的处理方式，没有倒南母运行（更换绝缘子所需时间不长），恢复供电较快，缺点是两台主变压器不能恢复并列运行。

四、110kV 母线故障，仿 110 断路器拒动

仿真系统接线图参见图 11－3 和图 11－4。

1. 设定的运行方式和假设条件

仿 220kV 南、北母线经仿 220 断路器联络，仿 1 号主变压器、仿 2 号主变压器高中压并列运行；仿 110kV 南、北母线经仿 110 断路器联络运行。仿 221 断路器及 220kV E1 线、E3 线作联络线运行于仿 220kV 南母；仿 222 断路器及 220kV E2 线、E4 线作联络线运行于仿 220kV 北母。仿 111 断路器，110kV Y1 线作联络线，Y3 线、Y5 线作馈线运行于仿 110kV 南母；仿 112 断路器及 110kV Y2 线、Y4 线、Y6 线作馈线运行于仿 110kV 北母。

仿1号主变压器220kV侧中性点及110kV侧中性点均接地运行（仿221中隔离开关、仿111中隔离开关均在合闸位置）；仿2号主变压器220kV侧中性点不接地（仿222中隔离开关在拉开位置），110kV侧中性点接地运行（仿112中隔离开关在合闸位置）。

仿1号主变压器、仿2号主变压器总负荷为138MW。

站用电系统运行方式：380VⅠ、Ⅱ段母线分列运行，仿1号站用变压器、仿2号站用变压器各带一段380V母线运行（QF在分闸位置）。自投装置投入在“自投分段”位置。

假设条件：事故时，值班室（控制室）有运维班人员。

2. 故障象征1

0:00（设定的演习开始时间），综自系统报出预告信号：仿110“控制回路断线”。

3. 故障象征2

0:01，上一个故障持续几十秒钟后，报出事故信号；报出的预告信号有：“信号未复归”“110kV母差保护动作”“110kV母差跳母联”“110kV南母计量电压消失”“110kV北母计量电压消失”。综自系统后台机断路器位置显示：仿111断路器、仿112断路器、Y1断路器、Y2断路器、Y3断路器、Y4断路器、Y5断路器、Y6断路器闪动（跳闸）。仿110断路器不闪动（仍在合闸位置）。

检查综自系统后台机母线电压显示：仿110kV南母、仿110kV北母电压显示三相均为0kV。其他各母线电压显示正常。

检查保护动作情况：

仿110kV母差保护屏：“跳Ⅰ母（南母）”“跳Ⅱ母（北母）”。

4. 初步分析判断

事故前报出仿110“控制回路断线”信号，事故跳闸时仿110断路器拒动。根据保护动作和断路器跳闸情况分析，事故停电范围为仿110kV南母、仿110kV北母及各出线；故障范围也在仿110kV南母或仿110kV北母。应属于仿110kV南母或仿110kV北母故障，因仿110断路器拒动，造成两段110 kV母线全部失压。区分仿110kV南母故障还是仿110kV北母故障，需要打印母差保护的事故信息报告，通过比对事件顺序（主要是保护动作出口顺序）区分和判断。

5. 处理过程1

（1）检查站内无其他保护动作信号。

（2）查看打印母差保护的事故信息报告。报告显示：0:01:00.786，“跳Ⅰ母（南母）”出口；0:01:01.916，“跳Ⅱ母（北母）出口”。

（3）检查仿110操作熔断器，发现熔断器座接触不良，经处理恢复正常。

（4）控制室遥控操作，断开仿110断路器。

6. 进一步分析判断

根据母差保护的事故信息报告，“跳Ⅰ母（南母）”出口，比“跳Ⅱ母（北母）出口”早100多ms。因此，很可能是仿110kV南母发生故障，仿110断路器拒动，导致“大差”又动作于跳仿110kV北母各连接断路器。

7. 处理过程 2

（1）向调度汇报。

相关要求：互通单位，互报姓名；简要、明确地汇报故障发生时间和故障象征，使用规范的调度术语。

汇报的内容应包括故障时间、保护动作情况、断路器跳闸情况、设备异常情况和故障造成的停电范围。

（2）现场检查仿 110kV 南、北母及连接设备，发现**仿 110kV 南母（管型母线）有一个 A 相支柱绝缘子炸裂、绝缘损坏**，未发现其他设备任何异常情况。

（3）拉开仿 110 南隔离开关，拉开仿 110 北隔离开关。

（4）改变仿 110kV 母差保护投入方式：投入仿 110kV 母差保护“投单母”压板，打开母差保护跳仿 110 断路器压板，退出仿 110 母线充电保护。

（5）向调度汇报。按调度命令，恢复仿 110kV 北母运行，恢复对各客户的供电。操作程序如下：

1）检查仿 112 中隔离开关在合闸位置。

2）检查仿 2 号主变压器 110kV 零序过流保护在投入位置。

3）合上仿 112 断路器，对仿 110kV 北母充电正常。

4）合上 Y2 断路器，恢复 Y2 线正常供电。

5）合上 Y4 断路器，恢复 Y4 线正常供电。

6）合上 Y6 断路器，恢复 Y6 线正常供电。

（6）向调度汇报。请示经倒母线操作，将 Y1 线、Y3 线、Y5 线倒至仿 110kV 北母热备用。操作程序如下：

1）检查 Y1 断路器在断开位置。

2）拉开 Y1 南隔离开关。

3）合上 Y1 北隔离开关。

4）检查 Y3 断路器在断开位置。

5）拉开 Y3 南隔离开关。

6）合上 Y3 北隔离开关。

7）检查 Y5 断路器在断开位置。

8）拉开 Y5 南隔离开关。

9）合上 Y5 北隔离开关。

（7）恢复 Y1 线、Y3 线、Y5 线运行。操作程序如下：

1）合上 Y3 断路器，检查 Y3 线运行正常。

2）合上 Y5 断路器，检查 Y5 线运行正常。

3）向调度汇报，请示 Y1 线是否具备恢复运行的条件。得到调度可以恢复运行的答复和操作指令。

4）合上 Y1 断路器。

5）向调度汇报。由调度命令在Y1线对侧执行同期并列。

（8）向调度汇报。请示将仿111断路器倒至仿110kV北母，恢复仿1号主变压器、仿2号主变压器高、中压侧并列运行。操作程序如下：

1）检查仿111断路器在断开位置。

2）拉开仿111南隔离开关。

3）合上仿111北隔离开关。

4）合上仿111断路器。

5）检查仿1号主变压器、仿2号主变压器负荷分配正常。

（9）现场操作，仿110kV南母转冷备用。操作程序如下：

1）检查仿110南隔离开关、仿110北隔离开关在拉开位置。

2）断开仿110kV南母TV二次开关。

3）断开仿110kV南母TV计量二次开关。

4）断开仿110kV南母TV保护二次开关。

5）拉开仿110南表隔离开关。

6）检查仿110kV南母所有连接隔离开关已全部拉开。

（10）打开仿1号主变压器保护屏Ⅰ、保护屏Ⅱ后备保护联跳仿110断路器压板。

（11）打开仿2号主变压器保护屏Ⅰ、保护屏Ⅱ后备保护联跳仿110断路器压板。

（12）仿110kV南母做安全措施以后，具备故障抢修条件。

（13）向调度汇报。

（14）向主管领导汇报，请求安排故障抢修。

（15）填写、整理各种记录，做好故障处理的善后工作。

8. 故障分析

仿110kV南母A相接地故障，母差保护动作，跳Ⅰ母出口，仿111断路器、Y1断路器、Y3断路器、Y5断路器跳闸，仿110kV南母失压。仿110断路器因操作熔断器接触不良而不跳闸，故障未切除。100多毫秒后，母差保护“大差”又动作于跳仿110kV北母各连接断路器。仿110kV南母及仿110kV北母全部失压。

9. 演习点评

（1）在检查设备时，发现故障点，接着将仿110断路器两侧隔离开关拉开。这是提前做出的一个处理步骤，可能是演习人的思路，考虑仿110 kV北母与故障点之间没有明显的断开点。这样做有一定的道理，有利也有弊，对于尽快恢复运行稍有影响。除非检查设备时将解锁钥匙带上，否则将延误时间。

（2）查看、打印保护装置的事故信息报告，是对事故分析判断的重要依据。本演习的故障点设置，仅仅凭所报出的信号、断路器跳闸情况、电压显示等象征，不能区分故障的具体范围。

（3）在母线恢复运行之前，将110kV母差保护改投“单母运行”方式。演习人对于改投操作的时机把握的比较好。

五、110kV母线故障，母差保护拒动

仿真系统接线图参见图11－3和图11－4。

1. 设定的运行方式和假设条件

仿220kV南、北母线经仿220断路器联络，仿1号主变压器、仿2号主变压器高中压并列运行；仿110kV南、北母线经仿110断路器联络运行。仿221断路器及220kV E1线、E3线作联络线运行于仿220kV南母；仿222断路器及220kV E2线、E4线作联络线运行于仿220kV北母。仿111断路器，110kV Y1线作联络线，Y3线、Y5线作馈线运行于仿110kV南母；仿112断路器及110kV Y2线、Y4线、Y6线作馈线运行于仿110kV北母。

仿1号主变压器220kV侧中性点及110kV侧中性点均接地运行（仿221中隔离开关、仿111中隔离开关均在合闸位置）；仿2号主变压器220kV侧中性点不接地（仿222中隔离开关在拉开位置），110kV侧中性点接地运行（仿112中隔离开关在合闸位置）。

仿1号主变压器、仿2号主变压器总负荷为138MW。

站用电系统运行方式：380VⅠ、Ⅱ段母线分列运行，仿1号站用变压器、仿2号站用变压器各带一段380V母线运行（QF在分闸位置）。自投装置投入在“自投分段”位置。

2. 故障象征1

0:00（设定的演习开始时间），集控系统报出220kV仿真变电站预告信号：110kV“母线保护装置异常”110kV“母线保护闭锁报警”。

3. 故障象征2

0:01，上一个故障持续几十秒钟后，报出220kV仿真变电站事故信号。报出预告信号有：“信号未复归”，仿1号主变压器、仿2号主变压器“主变压器保护动作”，“110kV南母计量电压消失”。集控系统后台机断路器位置显示：仿111断路器、仿110断路器闪动（跳闸）。

集控系统后台机母线电压显示：仿110kV南母电压显示三相均为0kV。其他各母线电压显示正常。

检查保护动作情况：

仿1号主变压器保护屏Ⅰ、保护屏Ⅱ：“110kV零序方向过流Ⅰ段”；

仿2号主变压器保护屏Ⅰ、保护屏Ⅱ：“110kV零序方向过流Ⅰ段”。

4. 初步分析判断

根据保护动作和断路器跳闸情况分析，停电范围为仿110kV南母及各出线；故障范围也在仿110kV南母及各出线。因为在事故跳闸之前，报出有110kV“母线保护装置异常”、110kV “母线保护报警闭锁”信号，母差保护被闭锁，说明故障也可能发生在仿110kV南母范围内（母差保护拒动）。

5. 处理过程

（1）监控班值班员检查仿110kV南母各出线均无保护动作信号。向调度汇报，同时，通知运维班到现场检查处理。向运维班作简要、清楚的说明；要求先检查失压的仿110kV

南母及连接设备。

相关要求：互通单位，互报姓名；简要、明确地汇报故障发生时间和故障象征，使用规范的调度术语。

汇报的内容应包括故障时间、保护动作情况、断路器跳闸情况、设备异常情况和故障造成的停电范围。

（2）监控班值班员执行调度命令，遥控操作，将Y1、Y3、Y5线负荷转其他220kV变电站恢复供电。

（3）运维人员到达现场。检查110kV母线保护屏，“母差保护装置异常”灯亮。

（4）现场检查设备，发现**仿110kV南母避雷器A相炸裂、绝缘损坏**，未发现其他任何异常情况。

（5）现场操作，仿110kV南母TV转冷备用，隔离故障点。操作程序如下：

1）断开仿110kV南母TV二次开关。

2）断开仿110kV南母TV计量二次开关。

3）断开仿110kV南母TV保护二次开关。

4）拉开仿110南表隔离开关。

（6）执行调度命令，恢复仿110kV南母运行，恢复对客户的供电，恢复联络线运行。操作程序如下：

1）投入仿110充电保护；合上仿110断路器，对仿110kV南母充电正常。

2）退出仿110充电保护。

3）合上仿110kV南、北母TV二次联络开关。

4）检查仿110kV南、北母电压显示正常，仿110kV南、北母电压切换显示灯亮。

5）合上Y3断路器，恢复Y3线正常供电。

6）合上Y5断路器，恢复Y5线正常供电。

7）向调度汇报，请示Y1线是否具备恢复运行的条件。得到调度可以恢复运行的答复和操作指令。

8）合上Y1断路器。

9）向调度汇报。由调度命令在Y1线对侧执行同期并列。

（7）根据调度命令，恢复仿1号主变压器、仿2号主变压器高、中压侧并列运行。操作程序如下：

1）合上仿111断路器。

2）检查仿1号主变压器、仿2号主变压器负荷分配正常。

（8）仿110kV南母TV安全措施以后，具备故障抢修条件。

（9）向调度汇报。

（10）向主管领导汇报，请求安排故障抢修，并由专业人员检查处理110kV母差保护异常问题。

（11）填写、整理各种记录，做好故障处理的善后工作。

6. 故障分析

仿 110kV 南母避雷器 A 相炸裂、绝缘损坏，仿 110kV 母差保护装置有异常而拒动，越级使仿 1 号主变压器、仿 2 号主变压器 110kV 零序方向过流Ⅰ段保护动作，仿 111 断路器、仿 110 断路器跳闸，仿 110kV 南母失压。

7. 演习点评

（1）仿 110kV 南母避雷器 A 相炸裂、绝缘损坏，应该是母差保护动作跳闸。母差保护拒动，才使两台主变压器零序方向过流Ⅰ段保护动作，仿 110 断路器、仿 111 断路器跳闸。从演习过程可以看出，主变压器后备保护动作跳闸，和母差保护动作跳闸的区别，就是各出线开关没有跳闸。主变压器后备保护动作跳闸，母线故障、线路故障越级跳闸的可能都有；而母差保护仅反应母线故障。

（2）事故处理中，因 110kV 母差保护有问题，造成两主变压器后备保护动作跳闸。演习人应在专业人员检查处理母差保护装置时，向调度汇报，请示退出母差保护。

第五节　越级跳闸造成 110kV 母线失压事故

一、线路故障，保护拒动

仿真系统接线图参见图 11－3 和图 11－4。

1. 设定的运行方式和假设条件

仿 220kV 南、北母线经仿 220 断路器联络，仿 1 号主变压器、仿 2 号主变压器高中压并列运行；仿 110kV 南、北母线经仿 110 断路器联络运行。仿 221 断路器及 220kV E1 线、E3 线作联络线运行于仿 220kV 南母；仿 222 断路器及 220kV E2 线、E4 线作联络线运行于仿 220kV 北母。仿 111 断路器，110kV Y1 线作联络线，Y3 线、Y5 线作馈线运行于仿 110kV 南母；仿 112 断路器及 110kV Y2 线、Y4 线、Y6 线作馈线运行于仿 110kV 北母。

仿 1 号主变压器 220kV 侧中性点及 110kV 侧中性点均接地运行（仿 221 中隔离开关、仿 111 中隔离开关均在合闸位置）；仿 2 号主变压器 220kV 侧中性点不接地（仿 222 中隔离开关在拉开位置），110kV 侧中性点接地运行（仿 112 中隔离开关在合闸位置）。

仿 1 号主变压器、仿 2 号主变压器总负荷为 131MW。

站用电系统运行方式：380VⅠ、Ⅱ段母线分列运行，仿 1 号站用变压器、仿 2 号站用变压器各带一段 380V 母线运行（QF 在分闸位置）。自投装置投入在“自投分段”位置。

2. 故障象征 1

0:00（设定的演习开始时间），集控系统报出 220kV 仿真变电站预告信号：Y3 线“保护装置异常”。

3. 故障象征 2

0:01，上一个故障持续几十秒钟后，报出 220kV 仿真变电站事故信号。报出的预告信号有：“信号未复归”，仿 1 号主变压器、仿 2 号主变压器“主变压器保护动作”，“110kV

南母计量电压消失”。集控系统后台机断路器位置显示：仿 111 断路器、仿 110 断路器闪动（跳闸）。

集控系统后台机母线电压显示：仿 110kV 南母电压显示三相均为 0kV。其他各母线电压显示正常。

检查保护动作情况：

仿 1 号主变压器保护屏Ⅰ、保护屏Ⅱ：“110kV 零序方向过流Ⅰ段”；

仿 2 号主变压器保护屏Ⅰ、保护屏Ⅱ：“110kV 零序方向过流Ⅰ段”。

4. 初步分析判断

根据保护动作和断路器跳闸情况分析，停电范围为仿 110kV 南母及各出线；故障范围也在仿 110kV 南母及各出线。母差保护未动作，可能是 110kV 线路故障越级跳闸。因为在事故跳闸之前，报出有 Y3 线“保护装置异常”信号，有可能是 Y3 线发生故障，越级跳闸。此分析需要进一步证实。

5. 处理过程

（1）监控班值班员检查仿 110kV 南母各出线均无保护动作信号。向调度汇报，同时，通知运维班到现场检查处理。向运维班作简要、清楚的说明；要求先检查仿 110kV 南母及连接设备。

相关要求：互通单位，互报姓名；简要、明确地汇报故障发生时间和故障象征，使用规范的调度术语。

汇报的内容应包括故障时间、保护动作情况、断路器跳闸情况、设备异常情况和故障造成的停电范围。

（2）监控班值班员执行调度命令，遥控操作，断开 110kV 联络线 Y1 断路器；断开 Y3 断路器、Y5 断路器。将 Y1、Y5 线负荷转其他 220kV 变电站恢复供电。

（3）运维人员到达现场。检查发现 Y3 线微机保护“运行”灯熄灭。向调度汇报。

（4）现场检查仿 110kV 南母及连接设备，未发现其他任何异常情况。检查仿 110 断路器、仿 111 断路器未发现任何异常情况。

（5）向调度汇报。

（6）现场操作，恢复仿 110kV 南母运行，恢复对客户的供电，恢复联络线运行。操作程序如下：

1）检查仿 111 中隔离开关在合闸位置。

2）检查仿 1 号主变压器 110kV 零序过流保护在投入位置。

3）合上仿 111 断路器，对仿 110kV 南母充电正常。

4）退出 Y5 线重合闸，合上 Y5 断路器，试送 Y5 线正常。

5）向调度汇报，请示 Y1 线是否具备恢复运行的条件。得到调度可以恢复运行的答复和操作指令。

6）退出 Y1 线重合闸，合上 Y1 断路器，试送 Y1 线正常。

7）向调度汇报。由调度命令在 Y1 线对侧执行同期并列。

8）投入 Y5 线重合闸。

9）按调度命令，投入 Y1 线重合闸于“无压重合”位置。

（7）根据调度命令，恢复恢复仿 1 号主变压器、仿 2 号主变压器高、中压侧并列运行。操作程序如下：

1）合上仿 110 断路器。

2）检查仿 1 号主变压器、仿 2 号主变压器负荷分配正常。

（8）向调度汇报。

（9）现场操作，Y3 线转冷备用，由线路维护单位查线。操作程序如下：

1）检查 Y3 断路器在断开位置。

2）拉开 Y3 甲隔离开关。

3）拉开 Y3 南隔离开关。

4）检查 Y3 北隔离开关在断开位置。

5）打开 110kV 母差保护跳 Y3 断路器压板。

（10）打印 Y3 线保护装置事故信息。

（11）向主管领导汇报，请求安排由专业人员检查处理 Y3 线保护异常问题。

（12）填写、整理各种记录，做好故障处理的善后工作。

6. 故障分析

Y3 线发生单相接地故障，保护拒动，越级使仿 1 号主变压器、仿 2 号主变压器 110kV 零序方向过流Ⅰ段保护动作，仿 111 断路器、仿 110 断路器跳闸，仿 110kV 南母失压。

7. 演习点评

与普通电磁式保护装置相比，微机保护装置具有明显的优越性。普通电磁式保护装置拒动，一般经外部检查不能发现问题；而微机保护装置能够不断地进行“自检”，装置发生异常能够报出信号，便于值班员分析判断，减少重新向故障线路合闸送电的机会。Y3 线报出“保护装置异常”信号，保护屏上“运行”灯熄灭，证明保护已经不起作用；因此，对 Y3 线不试送是正确的。

二、线路故障，断路器拒动

仿真系统接线图参见图 11－3 和图 11－4。

1. 设定的运行方式和假设条件

仿 220kV 南、北母线经仿 220 断路器联络，仿 1 号主变压器、仿 2 号主变压器高中压并列运行；仿 110kV 南、北母线经仿 110 断路器联络运行。仿 221 断路器及 220kV E1 线、E3 线作联络线运行于仿 220kV 南母；仿 222 断路器及 220kV E2 线、E4 线作联络线运行于仿 220kV 北母。仿 111 断路器，110kV Y1 线作联络线，Y3 线、Y5 线作馈线运行于仿 110kV 南母；仿 112 断路器及 110kV Y2 线、Y4 线、Y6 线作馈线运行于仿 110kV 北母。

仿 1 号主变压器 220kV 侧中性点及 110kV 侧中性点均接地运行（仿 221 中隔离开关、仿 111 中隔离开关均在合闸位置）；仿 2 号主变压器 220kV 侧中性点不接地（仿 222 中隔离开关在拉开位置），110kV 侧中性点接地运行（仿 112 中隔离开关在合闸位置）。

仿 1 号主变压器、仿 2 号主变压器总负荷为 131MW。

站用电系统运行方式：380V Ⅰ、Ⅱ段母线分列运行，仿 1 号站用变压器、仿 2 号站用变压器各带一段 380V 母线运行（QF 在分闸位置）。自投装置投入在“自投分段”位置。

2. 故障象征

0:00（设定的演习开始时间），报出 220kV 仿真变电站事故信号；报出的预告信号有：“信号未复归”，仿 1 号主变压器、仿 2 号主变压器“主变压器保护动作”“110kV 南母计量电压消失”。集控系统后台机断路器位置显示：仿 111 断路器、仿 110 断路器闪动（跳闸）。Y3 断路器不闪动（仍在合闸位置）。

集控系统后台机母线电压显示：仿 110kV 南母电压显示三相均为 0kV。其他各母线电压显示正常。

检查保护动作情况：

Y3 线保护屏：“零序Ⅰ段”，“零序Ⅱ段”，“零序Ⅲ段”。

仿 1 号主变压器保护屏Ⅰ、保护屏Ⅱ：“110kV 零序方向过流Ⅰ段”；

仿 2 号主变压器保护屏Ⅰ、保护屏Ⅱ：“110kV 零序方向过流Ⅰ段”。

3. 初步分析判断

根据保护动作和断路器跳闸情况分析，停电范围为仿 110kV 南母及各出线；故障范围在仿 110kV 南母及各出线。母差保护未动作，可能是 110kV 线路故障越级跳闸。事故时 Y3 线有保护动作信号，可能是 Y3 线线路发生单相接地故障，Y3 断路器拒动而越级跳闸。

4. 处理过程

（1）监控班值班员检查仿 110kV 南母、Y1 线、Y5 线均无保护动作信号，向调度汇报。同时，通知运维班到现场检查处理。向运维班作简要、清楚的说明；要求先检查仿 110kV 南母及连接设备。

相关要求：互通单位，互报姓名；简要、明确地的汇报故障发生时间和故障象征，使用规范的调度术语。

汇报的内容应包括故障时间、保护动作情况、断路器跳闸情况、设备异常情况和故障造成的停电范围。

（2）监控班值班员执行调度命令，遥控操作，断开 110kV 联络线 Y1 断路器；断开 Y3 断路器、Y5 断路器。操作中，发现 Y3 断路器断不开，仍在合闸位置。将 Y1、Y5 线负荷转其他 220kV 变电站恢复供电。

（3）运维人员到达现场。现场检查仿 110kV 南母及连接设备，未发现其他任何异常情况。检查仿 110 断路器、仿 111 断路器未发现任何异常情况。

（4）现场操作，隔离故障线路。操作程序如下：

1）拉开 Y3 甲隔离开关。

2）拉开 Y3 南隔离开关。

3）检查 Y3 北隔离开关在拉开位置。

（5）向调度汇报。

（6）现场操作，恢复仿 110kV 南母运行，恢复对客户的供电，恢复联络线运行。操作程序如下：

1）检查仿 111 中隔离开关在合闸位置，仿 1 号主变压器 110kV 零序过流保护在投入位置。

2）合上仿 111 断路器，对仿 110kV 南母充电正常。

3）退出 Y5 线重合闸，合上 Y5 断路器，试送 Y5 线正常。

4）向调度汇报，请示 Y1 线是否具备恢复运行的条件。得到调度可以恢复运行的答复和操作指令。

5）退出 Y1 线重合闸，合上 Y1 断路器，试送 Y1 线正常。

6）向调度汇报。由调度命令在 Y1 线对侧执行同期并列。

7）投入 Y5 线重合闸。

8）按调度命令，投入 Y1 线重合闸于“无压重合”位置。

（7）按调度命令，恢复仿 1 号主变压器、仿 2 号主变压器高、中压侧并列运行。操作程序如下：

1）合上仿 110 断路器。

2）检查仿 1 号主变压器、仿 2 号主变压器负荷分配正常。

（8）向调度汇报。由调度通知线路维护单位查线。

（9）打开 110kV 母差保护跳 Y3 断路器压板。

（10）打印 Y3 线保护装置事故信息。

（11）向主管领导汇报，请求安排由专业人员检查处理 Y3 断路器拒动问题。

（12）填写、整理各种记录，做好故障处理的善后工作。

5. *故障分析*

Y3 线发生单相接地故障，Y3 断路器因机构问题拒动；越级仿 1 号主变压器、仿 2 号主变压器 110kV 零序方向过流Ⅰ段保护动作，仿 111 断路器、仿 110 断路器跳闸，仿 110kV 南母失压。

6. *演习点评*

线路发生故障，造成越级到主变压器后备保护动作跳闸，有三种情况：

（1）线路保护拒动。

（2）线路保护动作，断路器拒动。

（3）线路保护动作，操作箱有问题而断路器不跳闸。

线路保护拒动，微机保护装置可以报出“装置异常”信号。操作箱有问题，会有“控制回路断线”信号。而断路器的操动机构有问题，则可能没有明显的象征可供分析判断。对于拒动的断路器采取直接拉开其各侧隔离开关的处理，应该是比较恰当的，这便于事故调查和技术原因查找，便于制定防范措施。

三、线路故障，线路保护拒动，仿 110 断路器拒动

仿真系统接线图参见图 11－3 和图 11－4。

1. 设定的运行方式和假设条件

仿 220kV 南、北母线经仿 220 断路器联络，仿 1 号主变压器、仿 2 号主变压器高中压并列运行；仿 110kV 南、北母线经仿 110 断路器联络运行。仿 221 断路器及 220kV E1 线、E3 线作联络线运行于仿 220kV 南母；仿 222 断路器及 220kV E2 线、E4 线作联络线运行于仿 220kV 北母。仿 111 断路器，110kV Y1 线作联络线，Y3 线、Y5 线作馈线运行于仿 110kV 南母；仿 112 断路器及 110kV Y2 线、Y4 线、Y6 线作馈线运行于仿 110kV 北母。

仿 1 号主变压器 220kV 侧中性点及 110kV 侧中性点均接地运行（仿 221 中隔离开关、仿 111 中隔离开关均在合闸位置）；仿 2 号主变压器 220kV 侧中性点不接地（仿 222 中隔离开关在拉开位置），110kV 侧中性点接地运行（仿 112 中隔离开关在合闸位置）。

仿 1 号主变压器、仿 2 号主变压器总负荷为 131MW。

站用电系统运行方式：380V Ⅰ、Ⅱ段母线分列运行，仿 1 号站用变压器、仿 2 号站用变压器各带一段 380V 母线运行（QF 在分闸位置）。自投装置投入在“自投分段”位置。

2. 故障象征 1

0:00（设定的演习开始时间），集控系统报出 220kV 仿真变电站预告信号：Y3 线“保护装置异常”。

3. 故障象征 2

0:01，上一个故障持续几十秒钟后，报出 220kV 仿真变电站事故信号；报出的预告信号有：“信号未复归”，仿 1 号主变压器、仿 2 号主变压器“主变压器保护动作”，“110kV 南母计量电压消失”，“110kV 北母计量电压消失”。集控系统后台机断路器位置显示：仿 111 断路器、仿 112 断路器闪动（跳闸）。仿 110 断路器不闪动（仍在合闸位置）。

集控系统后台机母线电压显示：仿 110kV 南母、仿 110kV 北母电压显示三相均为 0kV。其他各母线电压显示正常。

检查保护动作情况：

仿 1 号主变压器保护屏Ⅰ、保护屏Ⅱ：“110kV 零序方向过流Ⅰ段”；

仿 2 号主变压器保护屏Ⅰ、保护屏Ⅱ：“110kV 零序方向过流Ⅰ段”。

4. 初步分析判断

根据保护动作和断路器跳闸情况分析，停电范围为仿 110kV 南母、仿 110kV 北母及各出线；故障范围在仿 110kV 南母及各出线的可能较大，判断依据是 Y3 线报出“保护装置异常”信号。但是不能证明仿 110kV 北母及各出线范围内无问题。

5. 处理过程

（1）监控班值班员检查仿 110kV 南母和 110kV 北母极各出线均无保护动作信号，向调度汇报。同时，通知运维班到现场检查处理。向运维班作简要、清楚的说明；要求先检查仿 110kV 南、北母及连接设备。

相关要求：互通单位，互报姓名；简要、明确地汇报故障发生时间和故障象征，使用规范的调度术语。

汇报的内容应包括故障时间、保护动作情况、断路器跳闸情况、设备异常情况和故障造成的停电范围。

（2）监控班值班员执行调度命令，遥控操作，断开 110kV 联络线 Y1 断路器；断开仿 110kV 南、北母各出线断路器。将各出线负荷转其他 220kV 变电站恢复供电。

（3）运维人员到达现场。检查 Y3 线微机保护装置，发现“运行”灯熄灭。向调度汇报。

（4）现场检查仿 110kV 南母、仿 110kV 北母及连接设备，未发现其他任何异常情况。检查仿 110 断路器仍在合闸位置；检查 Y3 断路器在分闸位置。检查仿 111 断路器等其他设备，未发现任何异常情况。

（5）现场操作，仿 110 断路器转冷备用。操作程序如下：

1）拉开仿 110 南隔离开关。

2）拉开仿 110 北隔离开关。

（6）向调度汇报。请求仿 110kV 北母加入运行，恢复各出线的供电。操作程序如下：

1）检查仿 112 中隔离开关在合闸位置，仿 2 号主变压器 110kV 零序过流保护在投入位置。

2）合上仿 112 断路器，对仿 110kV 北母充电正常。

3）退出 Y2 线重合闸，合上 Y2 断路器，试送 Y2 线正常。

4）退出 Y4 线重合闸，合上 Y4 断路器，试送 Y4 线正常。

5）退出 Y6 线重合闸，合上 Y6 断路器，试送 Y6 线正常。

6）按调度命令，分别投入 Y2 线、Y4 线、Y6 线重合闸。

（7）恢复仿 110kV 南母运行，恢复对客户的供电，恢复联络线运行。操作程序如下：

1）检查仿 111 中隔离开关在合闸位置，仿 1 号主变压器 110kV 零序过流保护在投入位置。

2）合上仿 111 断路器，对仿 110kV 南母充电正常。

3）退出 Y5 线重合闸，合上 Y5 断路器，试送 Y5 线正常。

4）向调度汇报，请示 Y1 线是否具备恢复运行的条件。得到调度可以恢复运行的答复和操作指令。

5）退出 Y1 线重合闸，合上 Y1 断路器，试送 Y1 线正常。

6）向调度汇报。由调度命令在 Y1 线对侧执行同期并列。

7）投入 Y5 线重合闸。

8）按调度命令，投入 Y1 线重合闸于“无压重合”位置。

（8）向调度汇报。按调度命令，Y3 线转冷备用，由线路维护单位查线。操作程序如下：

1）检查 Y3 断路器在断开位置。

2）拉开 Y3 甲隔离开关。

3）拉开 Y3 南隔离开关。

4）检查 Y3 北隔离开关在断开位置。

5）打开 110kV 母差保护跳 Y3 断路器压板。

（9）打印 Y3 线保护装置事故信息。

（10）打开仿 1 号主变压器保护屏Ⅰ、保护屏Ⅱ后备保护联跳仿 110 断路器压板。

（11）打开仿 2 号主变压器保护屏Ⅰ、保护屏Ⅱ后备保护联跳仿 110 断路器压板。

（12）向主管领导汇报，请求安排由专业人员检查处理 Y3 线保护异常问题，检查处理仿 110 断路器拒动问题。

（13）填写、整理各种记录，做好故障处理的善后工作。

6. 故障分析

Y3 线发生单相接地故障，保护拒动，同时，仿 110 断路器拒动，越级使仿 1 号主变压器、仿 2 号主变压器 110kV 零序方向过流Ⅰ段保护动作，仿 111 断路器、仿 112 断路器跳闸，仿 110kV 南母及仿 110kV 北母失压。

7. 演习点评

Y3 线是怀疑有故障的重点，其他 110kV 出线都试送正常，剩余一个 Y3 线没有试送电，就证明 Y3 线有问题。Y3 线报出"保护装置异常"信号，保护屏上"运行"灯熄灭，证明保护已经不起作用；因此，为了减少重新向故障线路合闸送电的机会，对 Y3 线不试送是正确的。

即使 Y3 线线路故障已经消除或没有故障，因为 Y3 线保护装置有问题，保护屏上"运行"灯熄灭，保护装置被闭锁，Y3 线也不能恢复运行（在本站不能合闸送电）。

四、线路故障，线路保护拒动，仿 111 断路器拒动

仿真系统接线图参见图 11－3 和图 11－4。

1. 设定的运行方式和假设条件

仿 220kV 南、北母线经仿 220 断路器联络，仿 1 号主变压器、仿 2 号主变压器高中压并列运行；仿 110kV 南、北母线经仿 110 断路器联络运行。仿 221 断路器及 220kV E1 线、E3 线作联络线运行于仿 220kV 南母；仿 222 断路器及 220kV E2 线、E4 线作联络线运行于仿 220kV 北母。仿 111 断路器，110kV Y1 线作联络线，Y3 线、Y5 线作馈线运行于仿 110kV 南母；仿 112 断路器及 110kV Y2 线、Y4 线、Y6 线作馈线运行于仿 110kV 北母。

仿 1 号主变压器 220kV 侧中性点及 110kV 侧中性点均接地运行（仿 221 中隔离开关、仿 111 中隔离开关均在合闸位置）；仿 2 号主变压器 220kV 侧中性点不接地（仿 222 中隔离开关在拉开位置），110kV 侧中性点接地运行（仿 112 中隔离开关在合闸位置）。

仿 1 号主变压器、仿 2 号主变压器总负荷为 131MW。

站用电系统运行方式：380VⅠ、Ⅱ段母线分列运行，仿 1 号站用变压器、仿 2 号站用变压器各带一段 380V 母线运行（QF 在分闸位置）。自投装置投入在"自投分段"位置。

假设条件：事故时，值班室（控制室）有运维班人员。

2. 故障象征 1

0:00（设定的演习开始时间），警铃响；报出的预告信号：Y3 线“保护装置异常”。

3. 故障象征 2

0:01，上一个故障持续几十秒钟后，报出事故信号及警铃；报出的预告信号有：“信号未复归”，仿 1 号主变压器、仿 2 号主变压器“主变压器保护动作”，站用电系统“1QF 跳闸”“通信电源 I 故障”，“110kV 南母计量电压消失”。综自后台机断路器位置显示：仿 221 断路器、仿 101 断路器、仿 110 断路器、仿 4（第一组电容器）断路器闪动（跳闸）。仿 111 断路器不闪动（仍在合闸位置）。

检查监控后台机母线电压显示：仿 110kV 南母、仿 10kV 东母电压显示三相均为 0kV。其他各母线电压显示正常。

检查保护动作情况：

仿 1 号主变压器保护屏Ⅰ、保护屏Ⅱ：“110kV 零序方向过流Ⅰ段”“110 kV 零序方向过流Ⅱ段”“110kV 零序过流保护”；

仿 2 号主变压器保护屏Ⅰ、保护屏Ⅱ：“110kV 零序方向过流Ⅰ段”。

10kV 电容器（仿 4 间隔）：“欠压保护”。

4. *初步分析判断*

根据保护动作和断路器跳闸情况分析，停电范围为仿 110kV 南母、仿 10kV 东母及各出线；故障范围应在仿 110kV 南母及各出线。判断依据有：

（1）仿 1 号主变压器、仿 2 号主变压器 110kV 零序方向过流保护动作。

（2）仿 111 断路器拒动，仿 1 号主变压器 110kV 零序过流保护动作，仿 221 断路器、仿 101 断路器跳闸。

母差保护未动作，可能是 110kV 线路故障越级跳闸。事故前 Y3 线有保护异常信号，有可能是 Y3 线线路发生单相接地故障，Y3 线保护拒动而越级跳闸。

5. 处理过程

（1）控制室遥控操作，断开 110kV 联络线 Y1 断路器；断开 Y3 断路器、Y5 断路器。断开仿 111 断路器，仿 111 断路器不分闸。

（2）检查仿 110kV 南母、Y1 线、Y5 线均无保护动作信号。向调度汇报。

相关要求：互通单位，互报姓名；简要、明确地汇报故障发生时间和故障象征，使用规范的调度术语。

汇报的内容应包括故障时间、保护动作情况、断路器跳闸情况、设备异常情况和故障造成的停电范围。

（3）到现场检查设备的同时，检查站用电系统运行正常，380VⅠ、Ⅱ段母线分段开关 QF 已自投成功。

（4）现场检查仿 110kV 南母、仿 110kV 北母及连接设备，未发现其他任何异常情况。检查仿 111 断路器仍在合闸位置；检查仿 110 断路器等其他设备，未发现任何异常情况。

（5）现场操作，仿 111 断路器转冷备用。操作程序如下：

1）拉开仿 111 甲隔离开关。

2）拉开仿 111 南隔离开关。

3）检查仿 111 北隔离开关在拉开位置。

（6）恢复仿 110kV 南母运行，恢复对客户的供电，恢复联络线运行。操作程序如下：

1）投入仿 110 充电保护。合上仿 110 断路器，对仿 110kV 南母充电正常。

2）退出仿 110 充电保护。

3）退出 Y5 线重合闸，合上 Y5 断路器，试送 Y5 线正常。

4）向调度汇报，请示 Y1 线是否具备恢复运行的条件。得到调度可以恢复运行的答复和操作指令。

5）退出 Y1 线重合闸，合上 Y1 断路器，试送 Y1 线正常。

6）向调度汇报。由调度命令在 Y1 线对侧执行同期并列。

7）投入 Y5 线重合闸。

8）按调度命令，投入 Y1 线重合闸于"无压重合"位置。

（7）检查、恢复低压站用电系统正常运行。操作程序如下：

1）退出站用电系统"自投"装置。

2）检查调度通信设备电源已自动切换，运行正常。

（8）检查、恢复直流系统运行正常。

（9）向调度汇报。

（10）按照调度命令，Y3 线转冷备用，由线路维护单位查线。操作程序如下：

1）检查 Y3 断路器在断开位置。

2）拉开 Y3 甲隔离开关。

3）拉开 Y3 南隔离开关。

4）检查 Y3 北隔离开关在断开位置。

5）打开 110kV 母差保护跳 Y3 断路器压板。

（11）打印 Y3 线保护装置事故信息。

（12）打开 110kV 母差保护跳仿 111 断路器压板。

（13）仿 111 断路器做安全措施后，具备开关故障检查条件。

（14）向主管领导汇报，请求安排由专业人员检查处理 Y3 线保护异常问题，检查处理仿 111 断路器拒动问题。

（15）填写、整理各种记录，做好故障处理的善后工作。

6. 故障分析

Y3 线发生单相接地故障，保护拒动，同时，仿 111 断路器拒动，越级仿 1 号主变压器 110kV 零序方向过流Ⅰ、Ⅱ段保护及 110kV 零序过流保护动作，仿 2 号主变压器 110kV 零序方向过流Ⅰ段保护动作，仿 221 断路器、仿 101 断路器、仿 110 断路器跳闸，仿 110kV 南母及仿 10kV 东母失压。

7. 演习点评

因仿 111 断路器需要停电检查拒动原因，不能投运，低压站用电系统可以暂时维持仿 2 号站用变压器带全部站用电负荷运行。应该知道，仿 1 号主变压器可以随时加入高、低压侧运行，使仿 1 号站用变压器恢复运行。因系统需要投入第一组电容器时，仿 1 号主变压器也可以随时加入高、低压侧运行。简单地认为仿 1 号主变压器暂不再投运是不妥的。

第六节　220kV 母线失压事故

一、220kV 母线保护动作跳闸，故障点无法隔离

仿真系统接线图参见图 11－3 和图 11－4。

1. 设定的运行方式和假设条件

仿 220kV 南、北母线经仿 220 断路器联络，仿 1 号主变压器、仿 2 号主变压器高中压并列运行；仿 110kV 南、北母线经仿 110 断路器联络运行。仿 221 断路器及 220kV E1 线、E3 线作联络线运行于仿 220kV 南母；仿 222 断路器及 220kV E2 线、E4 线作联络线运行于仿 220kV 北母。仿 111 断路器，110kV Y1 线作联络线，Y3 线、Y5 线作馈线运行于仿 110kV 南母；仿 112 断路器及 110kV Y2 线、Y4 线、Y6 线作馈线运行于仿 110kV 北母。

仿 1 号主变压器 220kV 侧中性点及 110kV 侧中性点均接地运行（仿 221 中隔离开关、仿 111 中隔离开关均在合闸位置）；仿 2 号主变压器 220kV 侧中性点不接地（仿 222 中隔离开关在拉开位置），110kV 侧中性点接地运行（仿 112 中隔离开关在合闸位置）。

仿 1 号主变压器、仿 2 号主变压器总负荷为 131MW。

站用电系统运行方式：380V Ⅰ、Ⅱ段母线分列运行，仿 1 号站用变压器、仿 2 号站用变压器各带一段 380V 母线运行（QF 在分闸位置）。自投装置投入在“自投分段”位置。

2. 故障象征

0:00（设定的演习开始时间），集控系统报出 220kV 仿真变电站事故信号；报出的预告信号有：“信号未复归”“220kV 第一套母差保护动作”“220kV 第二套母差保护动作”“220kV 母差跳母联”“220kV 南母计量电压消失”。集控系统后台机断路器位置显示：仿 221 断路器、仿 220 断路器、E11 断路器、E31 断路器闪动（跳闸）。

集控系统后台机母线电压显示：仿 220kV 南母电压显示三相均为 0kV。其他各母线电压显示正常。

检查保护动作情况：

仿 220kV 第一套母差保护屏：“跳Ⅰ母”。

仿 220kV 第二套母差保护屏：“跳Ⅰ母”。

3. 初步分析判断

根据保护动作和断路器跳闸情况，停电范围为仿 220kV 南母及各出线，故障范围也

在仿 220kV 南母及各出线。故障点可能在仿 220kV 南母母线及连接设备。

4. 处理过程

（1）监控班值班员检查仿 220kV 南母各出线均无保护动作信号。向调度汇报，同时通知运维班到现场检查处理。向运维班作简要、清楚的说明；要求先检查仿 220kV 南母及连接设备。

相关要求：互通单位，互报姓名；简要、明确地汇报故障发生时间和故障象征，使用规范的调度术语。

汇报的内容应包括故障时间、保护动作情况、断路器跳闸情况、设备异常情况和故障造成的停电范围。

（2）监控班值班员遥控操作，按调度命令恢复 220kV 系统之间的联络。

（3）运维人员到达现场。检查设备，发现**仿 220kV 南母（管型母线）有一个 A 相支柱绝缘子炸裂、绝缘损坏**，未发现其他任何异常情况。

（4）监控班值班员执行调度命令，遥控操作，仿 2 号主变压器改投 220kV 侧中性点接地方式。操作程序如下：

1）投入仿 2 号主变压器 220kV 零序过流保护压板。

2）合上仿 222 中隔离开关。

3）打开仿 2 号主变压器 220kV 间隙零序过流保护压板。

（5）监控班值班员执行调度命令，遥控操作，改投仿 220kV 母差保护投入方式：

1）投入仿 220kV 第一套母差保护“投单母”压板。

2）投入仿 220kV 第二套母差保护“互联”压板。

3）退出仿 220kV 母线充电保护。

（6）现场操作，按调度命令，将 E1 线、E3 线倒至仿 220kV 北母热备用。操作程序如下：

1）检查 E11 断路器在断开位置。

2）拉开 E11 南隔离开关。

3）合上 E11 北隔离开关。

4）检查 E31 断路器在断开位置。

5）拉开 E31 南隔离开关。

6）合上 E31 北隔离开关。

（7）现场操作，恢复 E1 线、E3 线运行。操作程序如下：

1）向调度汇报，请示 E1 线、E3 线是否具备恢复运行的条件。得到调度可以恢复并列的答复和操作指令。

2）将 E1 线同期手柄投于“投入”位置。

3）将同期并列装置投于“检同期”位置。

4）经“检同期”合上 E11 断路器，检查 E1 线运行正常。

5）复归 E1 线同期手柄。

6）将E3线同期手柄投于“投入”位置。

7）经“检同期”合上E31断路器，检查E3线运行正常。

8）复归E3线同期手柄。

9）退出同期并列装置。

（8）现场操作，按调度命令，将仿221断路器倒至仿220kV北母，恢复仿1号主变压器、仿2号主变压器高压侧并列运行。操作程序如下：

1）检查仿221断路器在断开位置。

2）拉开仿221南隔离开关。

3）合上仿221北隔离开关。

4）合上仿221断路器。

5）检查仿1号主变压器、仿2号主变压器负荷分配正常。

（9）监控班值班员遥控操作，仿2号主变压器恢复220kV侧中性点原运行方式。操作程序如下：

1）投入仿2号主变压器220kV间隙零序过流保护压板。

2）拉开仿222中隔离开关。

3）打开仿2号主变压器220kV零序过流保护压板。

（10）现场操作，仿220kV南母转冷备用。操作程序如下：

1）检查仿220断路器在断开位置。

2）拉开仿220南隔离开关。

3）拉开仿220北隔离开关。

4）断开仿220kV南母TV二次开关。

5）断开仿220kV南母TV计量二次开关。

6）断开仿220kV南母TV保护二次开关。

7）拉开仿220南表隔离开关。

8）检查仿220kV南母所有隔离开关已全部拉开。

（11）仿220kV南母做安全措施以后，具备故障抢修条件。

（12）向调度汇报。

（13）打开220kV第一套、第二套母差保护跳仿220断路器压板。

（14）打开220kV失灵保护跳仿220断路器压板，打开仿220断路器启动失灵保护压板。

（15）检查220kV第一套、第二套母差保护各压板投入位置正确。

（16）向主管领导汇报，请求安排故障抢修。

（17）填写、整理各种记录，做好故障处理的善后工作。

5. 故障分析

仿220kV南母A相接地故障，母差保护动作，跳Ⅰ母出口，仿221断路器、仿220断路器、E11断路器、E31断路器跳闸，仿220kV南母失压。

6. 演习点评

和 110kV 母线故障事故处理相比，220kV 部分的一次倒运方操作基本相同。不同的是 220kV 如何恢复系统之间的联络，要判断线路侧是否有电。

220kV 母差或失灵保护动作，仿 221 断路器、仿 220 断路器、E11 断路器、E31 断路器跳闸，仿 220kV 南母失压。此时，仿 1 号主变压器仅高压侧跳闸，仿 221 中隔离开关在合闸位置，220kV 侧中性点接地，不影响主变压器安全；并且仿 1 号主变压器中、低压运行，仿 10kV 东母及仿 1 号站用变压器仍在运行，站用电系统仍正常运行。因此，事故处理时，可以以尽快恢复主系统为主线。

仿 2 号主变压器改投 220kV 侧中性点接地方式，是为了防止形成中性点不接地网络。及时倒换主变压器中性点运行方式、改变零序保护投退方式，使之符合电网运行要求，要体现在操作的时机是否恰当。

二、220kV 母线保护动作跳闸，故障点可以隔离

仿真系统接线图参见图 11－3 和图 11－4。

1. 设定的运行方式和假设条件

仿 220kV 南、北母线经仿 220 断路器联络，仿 1 号主变压器、仿 2 号主变压器高中压并列运行；仿 110kV 南、北母线经仿 110 断路器联络运行。仿 221 断路器及 220kV E1 线、E3 线作联络线运行于仿 220kV 南母；仿 222 断路器及 220kV E2 线、E4 线作联络线运行于仿 220kV 北母。仿 111 断路器，110kV Y1 线作联络线，Y3 线、Y5 线作馈线运行于仿 110kV 南母；仿 112 断路器及 110kV Y2 线、Y4 线、Y6 线作馈线运行于仿 110kV 北母。

仿 1 号主变压器 220kV 侧中性点及 110kV 侧中性点均接地运行（仿 221 中隔离开关、仿 111 中隔离开关均在合闸位置）；仿 2 号主变压器 220kV 侧中性点不接地（仿 222 中隔离开关在拉开位置），110kV 侧中性点接地运行（仿 112 中隔离开关在合闸位置）。

仿 1 号主变压器、仿 2 号主变压器总负荷为 131MW。

站用电系统运行方式：380V Ⅰ、Ⅱ段母线分列运行，仿 1 号站用变压器、仿 2 号站用变压器各带一段 380V 母线运行（QF 在分闸位置）。自投装置投入在“自投分段”位置。

2. 故障象征

0:00（设定的演习开始时间），集控系统报出 220kV 仿真变电站事故信号；报出的预告信号有：“信号未复归”“220kV 第一套母差保护动作”“220kV 第二套母差保护动作”“220kV 母差跳母联”“220kV 南母计量电压消失”。集控系统后台机断路器位置显示：仿 221 断路器、仿 220 断路器、E11 断路器、E31 断路器闪动（跳闸）。

集控系统后台机母线电压显示：仿 220kV 南母电压显示三相均为 0kV。其他各母线电压显示正常。

检查保护动作情况：

仿 220kV 第一套母差保护屏：“跳Ⅰ母”。

仿 220kV 第二套母差保护屏：“跳Ⅰ母”。

3. 初步分析判断

根据保护动作和断路器跳闸情况，停电范围为仿220kV南母及各出线，故障范围也在仿220kV南母及各出线。故障点可能在仿220kV南母母线及连接设备。

4. 处理过程

（1）监控班值班员检查仿220kV南母各出线均无保护动作信号。向调度汇报。同时，通知运维班到现场检查处理。向运维班作简要、清楚的说明；要求先检查仿220kV南母及连接设备。

相关要求：互通单位，互报姓名；简要、明确地汇报故障发生时间和故障象征，使用规范的调度术语。

汇报的内容应包括故障时间、保护动作情况、断路器跳闸情况、设备异常情况和故障造成的停电范围。

（2）监控班值班员遥控操作，按调度命令恢复220kV系统之间的联络。

（3）运维人员到达现场。检查设备，发现**仿220kV南母避雷器A相炸裂、绝缘损坏**，未发现其他任何异常情况。

（4）监控班值班员执行调度命令，遥控操作，仿2号主变压器改投220kV侧中性点接地方式。操作程序如下：

1）投入仿2号主变压器220kV零序过流保护压板。

2）合上仿222中隔离开关。

3）打开仿2号主变压器220kV间隙零序过流保护压板。

（5）运维人员现场操作，仿220kV南母TV转冷备用，隔离故障点。操作程序如下：

1）断开仿220kV南母TV二次开关。

2）断开仿220kV南母TV计量二次开关。

3）断开仿220kV南母TV保护二次开关。

4）拉开仿220南表隔离开关。

（6）现场操作，恢复仿220kV南母运行。操作程序如下：

1）投入仿220充电保护。

2）将仿220同期手柄投于“投入”位置；将同期并列装置投于“手合”位置。

3）合上仿220断路器，对仿220kV南母充电正常。

4）退出仿220充电保护。

5）合上仿220kV南、北母TV二次联络开关。

6）检查仿220kV南、北母电压显示正常，仿220kV南、北母电压切换显示灯亮。

（7）现场操作，恢复仿220kV南母各联络线运行。操作程序如下：

1）向调度汇报，请示E1线、E3线是否具备恢复运行的条件。得到调度可以恢复并列的答复和操作指令。

2）将E1线同期手柄投于“投入”位置。

3）将同期并列装置投于“检同期”位置。

4）经“检同期”合上 E11 断路器，检查 E1 线运行正常。

5）复归 E1 线同期手柄。

6）将 E3 线同期手柄投于“投入”位置。

7）经“检同期”合上 E31 断路器，检查 E3 线运行正常。

8）复归 E3 线同期手柄。

9）退出同期并列装置。

（8）监控班值班员遥控操作，按调度命令恢复仿 1 号主变压器、仿 2 号主变压器高压侧并列运行。操作程序如下：

1）合上仿 221 断路器。

2）检查仿 1 号主变压器、仿 2 号主变压器负荷分配正常。

（9）按调度命令，监控班值班员遥控操作，仿 2 号主变压器恢复 220kV 侧中性点原运行方式。操作程序如下：

1）投入仿 2 号主变压器 220kV 间隙零序过流保护压板。

2）拉开仿 222 中隔离开关。

3）打开仿 2 号主变压器 220kV 零序过流保护压板。

（10）仿 220kV 南母 TV 做安全措施以后，具备故障抢修条件。

（11）向调度汇报。

（12）检查 220kV 第一套、第二套母差保护各压板投入位置正确。

（13）向主管领导汇报，请求安排故障抢修。

（14）填写、整理各种记录，做好故障处理的善后工作。

5. 故障分析

仿 220kV 南母避雷器 A 相炸裂、绝缘损坏，仿 220kV 母差保护动作，跳Ⅰ母出口，仿 221 断路器、仿 220 断路器、E11 断路器、E31 断路器跳闸，仿 220kV 南母失压。

6. 演习点评

只有尽快恢复联络线运行，电网才能尽早恢复正常。实际事故处理中，也可以合 E1 断路器或 E3 断路器，对仿 220kV 南母充电，然后再“检同期”合仿 220 断路器并列。但应注意，利用外电源对母线充电，要考虑母差保护投、退方式符合现场规程要求；由于线路保护具有方向性，故合 E1 断路器或 E3 断路器对仿 220kV 南母充电，不如用合仿 220 断路器对仿 220kV 南母充电的方式妥当。

三、220kV 线路故障，断路器拒动

仿真系统接线图参见图 11－3 和图 11－4。

1. 设定的运行方式和假设条件

仿 220kV 南、北母线经仿 220 断路器联络，仿 1 号主变压器、仿 2 号主变压器高中压并列运行；仿 110kV 南、北母线经仿 110 断路器联络运行。仿 221 断路器及 220kV E1 线、E3 线作联络线运行于仿 220kV 南母；仿 222 断路器及 220kV E2 线、E4 线作联络线运行于仿 220kV 北母。仿 111 断路器，110kV Y1 线作联络线，Y3 线、Y5 线作馈线运行

于仿 110kV 南母；仿 112 断路器及 110kV Y2 线、Y4 线、Y6 线作馈线运行于仿 110kV 北母。

仿 1 号主变压器 220kV 侧中性点及 110kV 侧中性点均接地运行（仿 221 中隔离开关、仿 111 中隔离开关均在合闸位置）；仿 2 号主变压器 220kV 侧中性点不接地（仿 222 中隔离开关在拉开位置），110kV 侧中性点接地运行（仿 112 中隔离开关在合闸位置）。

仿 1 号主变压器、仿 2 号主变压器总负荷为 131MW。

站用电系统运行方式：380V Ⅰ、Ⅱ段母线分列运行，仿 1 号站用变压器、仿 2 号站用变压器各带一段 380V 母线运行（QF 在分闸位置）。自投装置投入在"自投分段"位置。

2. 故障象征

0:00（设定的演习开始时间），集控系统报出 220kV 仿真变电站事故信号；报出的预告信号有："信号未复归"，220kV"失灵保护动作Ⅰ"，220kV"失灵保护动作Ⅱ""220kV 南母计量电压消失"。集控系统后台机断路器位置显示：仿 221 断路器、仿 220 断路器、E11 断路器闪动（跳闸）。E31 断路器不闪动（在合闸位置）。

集控系统后台机母线电压显示：仿 220kV 南母电压显示三相均为 0kV。其他各母线电压显示正常。

检查保护动作情况：

E3 线微机型光纤差动保护屏："光差保护动作"。

E3 线微机高闭保护屏："保护动作""零序Ⅰ段""零序Ⅱ段""零序Ⅲ段"。

220kV 母差保护屏Ⅰ："220kV 失灵Ⅰ（南母）母跳闸"。

220kV 母差保护屏Ⅱ："Ⅰ（南）母失灵"。

3. 初步分析判断

根据保护动作和断路器跳闸情况分析，停电范围为仿 220kV 南母及各出线；故障范围也在仿 220kV 南母各出线。220kV 失灵保护动作，可能是 220kV 线路故障越级跳闸。事故时 E3 线有保护动作信号，应该是 E3 线线路发生故障，E3 断路器拒动而越级跳闸。

4. 处理过程

（1）监控班值班员遥控操作，断开 220kV 联络线 E31 断路器。操作中，发现 E31 断路器断不开，仍在合闸位置。

（2）监控班值班员检查仿 220kV 南母、E1 线、仿 1 号主变压器均无保护动作信号，向调度汇报。同时，通知运维班到现场检查处理。向运维班作简要、清楚的说明；要求先检查仿 220kV 南母及连接设备，重点检查 E3 断路器拒动情况。

相关要求：互通单位，互报姓名；简要、明确地汇报故障发生时间和故障象征，使用规范的调度术语。

汇报的内容应包括故障时间、保护动作情况、断路器跳闸情况、设备异常情况和故障造成的停电范围。

（3）监控班值班员遥控操作，按调度命令恢复 220kV 系统之间的联络。

（4）运维人员到达现场。检查仿 220 断路器、仿 221 断路器未发现任何异常情况。

（5）现场操作，隔离故障线路。操作程序如下：

1）拉开E31甲隔离开关。

2）拉开E31南隔离开关。

3）检查E31北隔离开关在拉开位置。

（6）向调度汇报。

（7）现场操作，恢复仿220kV南母运行。操作程序如下：

1）投入仿220充电保护。

2）将仿220同期手柄投于“投入”位置；将同期并列装置投于“手合”位置。

3）合上仿220断路器，对仿220kV南母充电正常。

4）退出仿220充电保护。

5）检查仿220kV南母电压显示正常。

（8）监控班值班员遥控操作，按调度命令恢复恢复仿1号主变压器、仿2号主变压器高压侧并列运行。操作程序如下：

1）检查仿221中隔离开关在合闸位置；检查仿1号主变压器220kV零序过流保护在投入位置。

2）合上仿221断路器。

3）检查仿1号主变压器、仿2号主变压器负荷分配正常。

（9）现场操作，恢复联络线E1线运行。操作程序如下：

1）向调度汇报，请示E1线是否具备恢复运行的条件。得到调度可以恢复并列的答复和操作指令。

2）将E1线同期手柄投于“投入”位置。

3）将同期并列装置投于“检同期”位置。

4）经“检同期”合上E11断路器，检查E1线运行正常。

5）复归E1线同期手柄。

6）退出同期并列装置。

（10）打印E3线保护装置事故信息报告。

（11）向调度汇报。由调度通知线路维护单位对E3线查线。

（12）打开E3线相关保护压板。操作程序如下：

1）打开仿220kV第一套母差保护跳E31断路器压板。

2）打开仿220kV第二套母差保护跳E31断路器压板。

3）打开E3线光纤差动保护屏启动失灵保护压板。

4）打开E3线高闭保护屏启动失灵保护压板。

（13）E31断路器做安全措施以后，具备故障抢修条件。

（14）向调度汇报。

（15）向主管领导汇报，请求安排由专业人员检查处理E31断路器拒动问题。

（16）填写、整理各种记录，做好故障处理的善后工作。

5. 故障分析

E3 线发生单相接地故障，E31 断路器因机构问题拒动；越级到 220kV 失灵保护动作，仿 221 断路器、仿 220 断路器、E11 断路器跳闸，仿 220kV 南母失压。

6. 演习点评

在恢复运行时，不是首先倒仿 2 号主变压器 220kV 侧中性点接地运行，而是在仿 220kV 南母带电后先恢复两主变压器高压侧并列运行。仿 221 断路器合上后，整个 220kV 南北母范围已经恢复中性点接地运行。这是一个减少操作步骤的方法。如果先倒仿 2 号主变压器 220kV 侧中性点接地运行，到恢复正常运行方式以后，还要再恢复中性点不接地运行，操作步骤较多，容易出现遗漏。

第七节　高、中、低压侧母线同时失压事故

一、220kV 母差及主变压器差动保护范围故障，仿 111 断路器拒动

仿真系统接线图参见图 11－3 和图 11－4。

1. 设定的运行方式和假设条件

仿 220kV 南、北母线经仿 220 断路器联络运行，仿 1 号主变压器、仿 2 号主变压器高中压并列运行；仿 110kV 南、北母线经仿 110 断路器联络运行。仿 221 断路器及 220kV E1 线、E3 线作联络线运行于仿 220kV 南母；仿 222 断路器及 220kV E2 线、E4 线作联络线运行于仿 220kV 北母。仿 111 断路器，110kV Y1 线作联络线，Y3 线、Y5 线作馈线运行于仿 110kV 南母；仿 112 断路器及 110kV Y2 线、Y4 线、Y6 线作馈线运行于仿 110kV 北母。

仿 1 号主变压器 220kV 侧中性点及 110kV 侧中性点均接地运行（仿 221 中隔离开关、仿 111 中隔离开关均在合闸位置）；仿 2 号主变压器 220kV 侧中性点不接地（仿 222 中隔离开关在拉开位置），110kV 侧中性点接地运行（仿 112 中隔离开关在合闸位置）。

仿 1 号主变压器、仿 2 号主变压器总负荷为 131MW。

站用电系统运行方式：380V Ⅰ、Ⅱ段母线分列运行，仿 1 号站用变压器、仿 2 号站用变压器各带一段 380V 母线运行（QF 在分闸位置）。自投装置投入在“自投分段”位置。

2. 故障象征

0:00（设定的演习开始时间），集控系统报出 220kV 仿真变电站事故信号；报出的预告信号有：“信号未复归”“220kV 第一套母差保护动作”“220kV 第二套母差保护动作”“220kV 母差跳母联”“220kV 南母计量电压消失”“110kV 南母计量电压消失”，仿 1 号主变压器“主变压器保护动作”、10kV“TV 断线”，仿 111 断路器“控制回路断线”“1QF 跳闸”。集控系统后台机断路器位置显示：仿 221 断路器、仿 101 断路器、仿 220 断路器、仿 110 断路器、E11 断路器、E31 断路器、仿 4 断路器闪动（跳闸）。仿 111 断路器不闪动（仍在合闸位置）。

检查监控后台机母线电压显示：仿 220kV 南母、仿 110kV 南母、仿 10kV 东母电压

显示三相均为0kV。其他各母线电压显示正常。

检查保护动作情况：

仿220kV第一套母差保护屏："跳Ⅰ母"。

仿220kV第二套母差保护屏："跳Ⅰ母"。

仿1号主变压器保护屏Ⅰ、保护屏Ⅱ："差动保护"。

仿2号主变压器保护屏Ⅰ、保护屏Ⅱ："110kV复合电压闭锁方向过流Ⅰ段"。

仿4（第一组电容器）："欠压保护"。

3. 初步分析判断

根据保护动作和断路器跳闸情况、断路器拒动情况分析，停电范围为仿220kV南母及各出线、仿110kV南母及各出线、仿10kV东母、第一组电容器及1号站用变压器；故障范围应在仿220kV南母及连接设备，故障在仿221间隔的可能性最大，属于母差保护和主变压器差动保护的双重保护范围。判断依据有：

（1）220kV母差保护和主变压器差动保护同时动作。

（2）仿221断路器跳闸，故障电流没有切除，导致仿2号主变压器"110kV复合电压闭锁方向过流Ⅰ段"保护动作。

（3）仿111断路器拒动，仿110断路器跳闸。

为了证实作出的判断，需要检查仿110kV南母及连接设备有无异常。

4. 处理过程

（1）监控班值班员检查仿220kV南母各出线均无保护动作信号。向调度汇报。同时，通知运维班到现场检查处理。向运维班作简要、清楚的说明；要求先检查仿221间隔和仿111间隔相关设备。

相关要求：互通单位，互报姓名；简要、明确地汇报故障发生时间和故障象征，使用规范的调度术语。

汇报的内容应包括故障时间、保护动作情况、断路器跳闸情况、设备异常情况和故障造成的停电范围。

（2）监控班值班员遥控操作，断开110kV联络线仿Y1断路器，按调度命令恢复220kV系统之间的联络，将受影响的110kV出线负荷倒其他220kV变电站。

（3）运维人员到达现场。检查发现仿111断路器操作电源熔断器座接触不良，经处理恢复正常。断开仿111断路器。

（4）现场检查仿110kV南母及连接设备，未发现任何异常。

（5）按调度命令，监控班值班员遥控操作，恢复仿110kV南母运行，恢复对客户的供电，恢复联络线运行。操作程序如下：

1）投入仿110充电保护；合上仿110断路器，对仿110kV南母充电正常。

2）退出仿110充电保护。

3）检查Y3线、Y5线已恢复正常运行。

4）向调度汇报，请示Y1线是否具备恢复运行的条件。得到调度可以恢复运行的答复和操作指令。

5）合上 Y1 断路器，Y1 线运行正常。

6）向调度汇报。由调度命令在 Y1 线对侧执行同期并列。

（6）现场检查仿 220kV 南母及连接设备，重点检查仿 221 间隔相关设备。发现**仿 221 间隔 A 相 TA 外绝缘损伤严重**，其他设备未发现任何异常。

（7）现场操作，仿 221 断路器转冷备用，隔离故障设备。操作程序如下：

1）检查仿 221 断路器在分闸位置。

2）拉开仿 221 甲隔离开关。

3）拉开仿 221 南隔离开关。

4）检查仿 221 北隔离开关在拉开位置。

（8）现场操作，按调度命令恢复仿 220kV 南母运行。操作程序如下：

1）投入仿 220 充电保护。

2）将仿 220 同期手柄投于“投入”位置。将同期并列装置投于“手合”位置。

3）合上仿 220 断路器，对仿 220kV 南母充电正常。

4）退出仿 220 充电保护。

5）检查仿 220kV 南母电压显示正常。

（9）现场操作，按调度命令恢复联络线 E1 线、E3 线运行（线路均有电）。操作程序如下：

1）将 E1 线同期手柄投于“投入”位置。

2）将同期并列装置投于“检同期”位置。

3）经“检同期”合上 E11 断路器，检查 E1 线运行正常。

4）复归 E1 线同期手柄。

5）将 E3 线同期手柄投于“投入”位置。

6）经“检同期”合上 E31 断路器，检查 E3 线运行正常。

7）复归 E3 线同期手柄。

8）退出同期并列装置。

（10）监控班值班员遥控操作，仿 2 号主变压器改投 220kV 侧中性点接地方式。操作程序如下：

1）投入仿 2 号主变压器 220kV 零序过流保护压板。

2）合上仿 222 中隔离开关。

3）打开仿 2 号主变压器 220kV 间隙零序过流保护压板。

（11）现场操作，检查、恢复低压站用电系统正常运行。操作程序如下：

1）退出站用电系统“自投”装置。

2）检查调度通信设备电源已自动切换，运行正常。

3）复归 1QF 控制手柄。

（12）现场操作，打开仿 221 间隔相关保护压板。操作程序如下：

1）打开仿 220kV 第一套母差保护跳仿 221 断路器压板。

2）打开仿 220kV 第二套母差保护跳仿 221 断路器压板。

3）打开仿 1 号主变压器保护屏Ⅰ仿 221 启动失灵保护压板。

4）打开仿 1 号主变压器保护屏Ⅱ仿 221 启动失灵保护压板。

（13）现场操作，打开仿 1 号主变压器保护屏Ⅰ、仿 1 号主变压器保护屏Ⅱ后备保护跳仿 220 断路器压板。

（14）检查 220kV 第一套、第二套母差保护各压板投入位置正确。

（15）仿 221 断路器做安全措施后，具备事故抢修条件。

（16）向调度汇报。

（17）向主管领导汇报，请求安排事故抢修。

（18）填写、整理各种记录，做好故障处理的善后工作。

5. 故障分析

仿 221 电流互感器 A 相外绝缘损坏；仿 220kV 母差保护动作和仿 1 号主变压器差动保护同时动作，仿 221 断路器、仿 101 断路器、仿 220 断路器、E1 断路器、E3 断路器跳闸。**仿 111 断路器因操作熔断器接触不良不跳闸**，越级使仿 2 号主变压器 110kV 复合电压闭锁方向过流保护动作，仿 110 断路器跳闸。仿 110kV 南母、仿 220kV 南母失压。

低压站用电系统，在仿 10kV 东母失压时，自动切换正常。

6. 演习点评

本次演习设置的故障点，是仿 221 电流互感器本体，是母差保护和主变压器差动保护的保护范围内故障。仿 111 断路器拒动，仿 1 号主变压器“110kV 复合电压闭锁方向过流Ⅰ段”因不能反应反方向故障，不会动作；仿 2 号主变压器“110kV 复合电压闭锁方向过流Ⅰ段”动作，仿 110 断路器跳闸。仿 110 断路器跳闸后，仿 1 号主变压器“110kV 复合电压闭锁过流”保护返回（因整定时间较长），所以没有其动作信号。

根据以上总结，分析保护装置是否应该动作，一般要看以下几点：

（1）是否通过了故障电流。

（2）故障量是否达到、超过整定值。

（3）故障电流的方向性。

（4）是否在保护范围，保护的原理能否反应。

（5）保护装置的整定时限配合。

值班员掌握了基本分析方法，对于事故分析判断很有帮助。另外，推上仿 222 中隔离开关的操作显得稍晚。

二、220kV 线路故障，线路断路器拒动

仿真系统接线图参见图 11－3 和图 11－4。

1. 设定的运行方式和假设条件

仿 220kV 南、北母线经仿 220 断路器联络运行，仿 1 号主变压器经仿 110kV 南母带 110kV Y1 线（联络线）、Y3 线、Y5 线；仿 2 号主变压器经仿 110kV 北母带 110kV Y2 线、

Y4 线、Y6 线。仿 221 断路器及 220kV E1 线、E3 线作联络线运行于仿 220kV 南母；仿 222 断路器及 220kV E2 线、E4 线作联络线运行于仿 220kV 北母。仿 110 断路器作备用。

仿 1 号主变压器 220kV 侧中性点及 110kV 侧中性点均接地运行（仿 221 中隔离开关、仿 111 中隔离开关均在合闸位置）；仿 2 号主变压器 220kV 侧中性点不接地（仿 222 中隔离开关在拉开位置），110kV 侧中性点接地运行（仿 112 中隔离开关在合闸位置）。

仿 1 号主变压器、仿 2 号主变压器总负荷为 131MW。

站用电系统运行方式：380V Ⅰ、Ⅱ段母线分列运行，仿 1 号站用变压器、仿 2 号站用变压器各带一段 380V 母线运行（QF 在分闸位置）。自投装置投入在“自投分段”位置。

2. 故障象征

0:00（设定的演习开始时间），集控系统报出 220kV 仿真变电站事故信号；报出的预告信号有：“信号未复归”，220kV“失灵保护动作Ⅰ”，220kV“失灵保护动作Ⅱ”，“220kV 南母计量电压消失”“110kV 南母计量电压消失”；10kV“TV 断线”“1QF 跳闸”。集控系统后台机断路器位置显示：仿 221 断路器、仿 220 断路器、E11 断路器、仿 4 断路器闪动（跳闸）。E31 断路器不闪动（在合闸位置）。

集控系统后台机母线电压显示：仿 220kV 南母、仿 110kV 南母、仿 10kV 东母电压显示三相均为 0kV。其他各母线电压显示正常。

检查保护动作情况：

E3 线微机型光纤差动保护屏：“光差保护动作”。

E3 线微机高闭保护屏：“保护动作”“零序Ⅰ段”“零序Ⅱ段”“零序Ⅲ段”。

220kV 母差保护屏Ⅰ：“220kV 失灵Ⅰ（南母）母跳闸”。

220kV 母差保护屏Ⅱ：“Ⅰ（南）母失灵”。

仿 4（第一组电容器）：“欠压保护”。

3. 初步分析判断

根据保护动作和断路器跳闸情况分析，停电范围为仿 220kV 南母、仿 110kV 南母及各出线以及仿 10kV 东母；故障范围应在仿 220kV 南母各出线。220kV 失灵保护动作，可能是 220kV 线路故障越级跳闸。事故时 E3 线有保护动作信号，应该是 E3 线线路发生故障，E31 断路器拒动而越级跳闸。

4. 处理过程

（1）监控班值班员遥控操作，断开 110kV 联络线 Y1 断路器。断开 220kV 联络线 E31 断路器。操作中，发现 E31 断路器断不开，仍在合闸位置。

（2）监控班值班员检查仿 220kV 南母、E1 线、仿 1 号主变压器均无保护动作信号。向调度汇报，同时，通知运维班到现场检查处理。向运维班作简要、清楚的说明；要求先检查 E3 间隔相关设备。

相关要求：互通单位，互报姓名；简要、明确地汇报故障发生时间和故障象征，使用规范的调度术语。

汇报的内容应包括故障时间、保护动作情况、断路器跳闸情况、设备异常情况和故障造成的停电范围。

（3）监控班值班员遥控操作，恢复仿 110kV 南母运行，恢复对客户的供电，恢复联络线运行。操作程序如下：

1）投入仿 110 充电保护；合上仿 110 断路器，对仿 110kV 南母充电正常。

2）退出仿 110 充电保护。

3）检查 Y3 线、Y5 线已恢复正常运行。

4）向调度汇报，请示 Y1 线是否具备恢复运行的条件。得到调度可以恢复运行的答复和操作指令。

5）合上 Y1 断路器，Y1 线运行正常。

6）向调度汇报。由调度命令在 Y1 线对侧执行同期并列。

（4）监控班值班员遥控操作，恢复 220kV 系统之间联络。

（5）运维班到达现场。现场操作，隔离故障线路。操作程序如下：

1）拉开 E31 甲隔离开关。

2）拉开 E31 南隔离开关。

3）检查 E31 北隔离开关在拉开位置。

（6）向调度汇报。现场操作，恢复仿 220kV 南母运行。操作程序如下：

1）投入仿 220 充电保护。

2）将仿 220 同期手柄投于“投入”位置；将同期并列装置投于“手合”位置。

3）合上仿 220 断路器，对仿 220kV 南母充电正常。

4）退出仿 220 充电保护。

5）检查仿 220kV 南母电压显示正常。

（7）现场操作，按调度命令，恢复恢复仿 1 号主变压器、仿 2 号主变压器高压侧并列运行。操作程序如下：

1）检查仿 221 中隔离开关在合闸位置；检查仿 1 号主变压器 220kV 零序过流保护在投入位置。

2）合上仿 221 断路器。

3）检查仿 1 号主变压器、仿 2 号主变压器负荷分配正常。

（8）现场操作，恢复联络线 E1 线运行。操作程序如下：

1）向调度汇报，请示 E1 线是否具备恢复运行的条件。得到调度可以恢复并列的答复和操作指令。

2）将 E1 线同期手柄投于“投入”位置。

3）将同期并列装置投于“检同期”位置。

4）“检同期”合上 E11 断路器，检查 E1 线运行正常。

5）复归 E1 线同期手柄。

6）退出同期并列装置。

（9）现场操作，检查、恢复低压站用电系统正常运行。操作程序如下：

1）退出站用电系统“自投”装置。

2）断开 380V 母线分段开关 QF。

3）合上仿 1 号站用变压器低压侧开关 1QF。

4）检查调度通信系统电源切换正常。

（10）合上仿 4 断路器，第一组电容器加入运行。

（11）打印 E3 线保护装置事故信息报告。

（12）向调度汇报。由调度通知线路维护单位对 E3 线查线。

（13）现场操作，打开 E3 线相关保护压板。操作程序如下：

1）打开仿 220kV 第一套母差保护跳 E31 断路器压板。

2）打开仿 220kV 第二套母差保护跳 E31 断路器压板。

3）打开 E3 线光纤差动保护屏启动失灵保护压板。

4）打开 E3 线高闭保护屏启动失灵保护压板。

（14）E31 断路器做安全措施以后，具备故障抢修条件。

（15）向调度汇报。

（16）向主管领导汇报，请求安排专业人员检查处理 Y3 断路器拒动问题。

（17）填写、整理各种记录，做好故障处理的善后工作。

5. 故障分析

E3 线发生单相接地故障，E31 断路器因机构问题拒动，越级到 220kV 失灵保护动作，仿 221 断路器、仿 220 断路器、E11 断路器跳闸，仿 220kV 南母失压。因事故发生之前仿 110 断路器处于热备用，故仿 110kV 南母、仿 10kV 东母失压。

低压站用电系统，在仿 10kV 东母失压时，自动切换正常。

6. 演习点评

同样的演习故障点设置，有不同的处理程序要求。同样是 E3 线线路故障，E31 断路器拒动，在两台主变压器高、中压侧并列运行方式下，仿 110kV 南母、仿 10kV 东母不会失压；而在两台主变压器高、中压侧分列运行方式下，仿 110kV 南母、仿 10kV 东母会失压。两台主变压器高、中压侧分列运行方式下，220kV 失灵保护动作跳闸，可以判定仿 110kV 南母、仿 10kV 东母没有故障，就可以先恢复仿 110kV 南母运行，恢复对客户的供电。

三、220kV 母线故障，仿 221 断路器拒动

仿真系统接线图参见图 11－3 和图 11－4。

1. 设定的运行方式和假设条件

仿 220kV 南、北母线经仿 220 断路器联络运行，仿 1 号主变压器、仿 2 号主变压器高中压并列运行；仿 110kV 南、北母线经仿 110 断路器联络运行。仿 221 断路器及 220kV E1 线、E3 线作联络线运行于仿 220kV 南母；仿 222 断路器及 220kV E2 线、E4 线作联络线运行于仿 220kV 北母。仿 111 断路器，110kV Y1 线作联络线，Y3 线、Y5 线作馈线运行于仿 110kV 南母；仿 112 断路器及 110kV Y2 线、Y4 线、Y6 线作馈线运行于仿 110kV

北母。

仿 1 号主变压器 220kV 侧中性点及 110kV 侧中性点均接地运行（仿 221 中隔离开关、仿 111 中隔离开关均在合闸位置）；仿 2 号主变压器 220kV 侧中性点不接地（仿 222 中隔离开关在拉开位置），110kV 侧中性点接地运行（仿 112 中隔离开关在合闸位置）。

仿 1 号主变压器、仿 2 号主变压器总负荷为 131MW。

站用电系统运行方式：380VⅠ、Ⅱ段母线分列运行，仿 1 号站用变压器、仿 2 号站用变压器各带一段 380V 母线运行（QF 在分闸位置）。自投装置投入在“自投分段”位置。

2. 故障象征

0:00（设定的演习开始时间），集控系统报出 220kV 仿真变电站预告信号：仿 221 断路器液压机构“压力降低”“打压超时”。

0:01，报出仿 221 断路器液压机构“压力降低闭锁”信号。

0:02，集控系统报出 220kV 仿真变电站事故信号；报出的预告信号有：“信号未复归”“220kV 第一套母差保护动作”“220kV 第二套母差保护动作”“220kV 母差跳母联”，“220kV 南母计量电压消失”，仿 1 号主变压器“主变压器保护动作”、10kV“TV 断线”“1QF 跳闸”。220kV“失灵保护动作Ⅰ”，220kV“失灵保护动作Ⅱ”。集控系统后台机断路器位置显示：仿 220 断路器、仿 110 断路器、E11 断路器、E31 断路器、仿 4 断路器闪动（跳闸）。仿 111 断路器、仿 101 断路器、仿 221 断路器不闪动（仍在合闸位置）。

检查监控后台机母线电压显示：仿 220kV 南母、仿 110kV 南母、仿 10kV 东母电压显示三相均为 0kV。其他各母线电压显示正常。

检查保护动作情况：

仿 220kV 第一套母差保护屏：母差“跳Ⅰ母”“220kV 失灵Ⅰ（南母）母跳闸”。

仿 220kV 第二套母差保护屏：母差“跳Ⅰ母”“Ⅰ（南）母失灵”。

仿 2 号主变压器保护屏Ⅰ、保护屏Ⅱ：“110kV 复合电压闭锁方向过流Ⅰ段”。

仿 4（第一组电容器）保护：“欠压保护”。

3. 初步分析判断

根据保护动作和断路器跳闸情况、断路器拒动情况分析，停电范围为仿 220kV 南母及各出线、仿 110kV 南母及各出线、仿 10kV 东母、第一组电容器及 1 号站用变压器；故障范围应在仿 220kV 南母及连接设备。判断依据有：

（1）220kV 母差保护和失灵保护同时动作，“跳Ⅰ母”出口；

（2）仿 221 断路器拒动，故障电流没有切除，导致仿 2 号主变压器“110kV 复合电压闭锁方向过流Ⅰ段”保护动作，仿 110 断路器跳闸。

为了证实该判断，可以检查仿 220kV 南母及连接设备有无异常。

4. 处理过程

（1）监控班值班员检查仿 220kV 南母各出线均无保护动作信号。遥控操作，断开仿 111 断路器、仿 101 断路器。断开 110kV 联络线仿 Y1 断路器。

（2）监控班值班员向调度汇报。同时，通知运维班到现场检查处理。向运维班作简要、清楚的说明；要求先检查仿221间隔相关设备，检查220kV南母及连接设备。

相关要求：互通单位，互报姓名；简要、明确地汇报故障发生时间和故障象征，使用规范的调度术语。

汇报的内容应包括故障时间、保护动作情况、断路器跳闸情况、设备异常情况和故障造成的停电范围。

（3）监控班值班员遥控操作，恢复220kV系统之间联络。

（4）监控班值班员遥控操作，按调度命令，仿2号主变压器改投220kV侧中性点接地方式。操作程序如下：

1）投入仿2号主变压器220kV零序过流保护压板。

2）合上仿222中隔离开关。

3）打开仿2号主变压器220kV间隙零序过流保护压板。

（5）监控班值班员遥控操作，恢复仿110kV南母运行，恢复对客户的供电，恢复联络线运行。操作程序如下：

1）投入仿110充电保护；合上仿110断路器，对仿110kV南母充电正常。

2）退出仿110充电保护。

3）检查Y3线、Y5线已恢复正常运行。

4）向调度汇报，请示Y1线是否具备恢复运行的条件。得到调度可以恢复运行的答复和操作指令。

5）合上Y1断路器，Y1线运行正常。

6）向调度汇报。由调度命令在Y1线对侧执行同期并列。

（6）运维人员到达现场。检查设备，发现**仿220kV南母避雷器A相炸裂、绝缘损坏**。检查**仿221断路器A相液压操动机构压力，降低到闭锁分合闸压力以下**。未发现其他任何异常情况。

（7）现场操作，仿220kV南母TV转冷备用，隔离故障点。操作程序如下：

1）断开仿220kV南母TV二次开关。

2）断开仿220kV南母TV计量二次开关。

3）断开仿220kV南母TV保护二次开关。

4）拉开仿220南表隔离开关。

（8）现场操作，仿221断路器转冷备用，隔离拒动的断路器。操作程序如下：

1）拉开仿221甲隔离开关。

2）拉开仿221南隔离开关。

3）检查仿221北隔离开关在拉开位置。

（9）现场操作，恢复仿220kV南母运行。操作程序如下：

1）投入仿220充电保护。

2）将仿220同期手柄投于“投入”位置；将同期并列装置投于“手合”位置。

3）合上仿220断路器，对仿220kV南母充电正常。

4）退出仿220充电保护。

5）合上仿220kV南、北母TV二次联络开关。

6）检查仿220kV南、北母电压显示正常，仿220kV南、北母电压切换显示灯亮。

（10）现场操作，恢复仿220kV南母各联络线运行。操作程序如下：

1）向调度汇报，请示E1线、E3线是否具备恢复运行的条件。得到调度可以恢复并列的答复和操作指令。

2）将E1线同期手柄投于“投入”位置。

3）将同期并列装置投于“检同期”位置。

4）经“检同期”合上E11断路器，检查E1线运行正常。

5）复归E1线同期手柄。

6）将E3线同期手柄投于“投入”位置。

7）经“检同期”合上E31断路器，检查E3线运行正常。

8）复归E3线同期手柄。

9）退出同期并列装置。

（11）现场操作，检查、恢复低压站用电系统正常运行。操作程序如下：

1）退出站用电系统“自投”装置。

2）检查调度通信设备电源已自动切换，运行正常。

3）复归1QF控制手柄。

（12）现场操作，打开仿221断路器线相关保护压板。操作程序如下：

1）打开仿220kV第一套母差保护跳仿221断路器压板。

2）打开仿220kV第二套母差保护跳仿221断路器压板。

3）打开仿1号主变压器保护屏Ⅰ仿221启动失灵保护压板。

4）打开仿1号主变压器保护屏Ⅱ仿221启动失灵保护压板。

（13）现场操作，打开仿1号主变压器保护屏Ⅰ、仿1号主变压器保护屏Ⅱ后备保护跳仿220断路器压板。

（14）检查220kV第一套、第二套母差保护各压板投入位置正确。

（15）仿221断路器及仿220kV南母TV、避雷器做安全措施后，具备事故抢修条件。

（16）向调度汇报。

（17）向主管领导汇报，请求安排事故抢修。

（18）填写、整理各种记录，做好故障处理的善后工作。

5. 故障分析

仿220kV南母避雷器A相炸裂、绝缘损坏，仿220kV母差保护动作，跳Ⅰ母出口，仿220断路器、E11断路器、E31断路器跳闸；仿221断路器因液压机构问题（压力降低，分合闸闭锁）拒动，220kV失灵保护动作，但因除仿221断路器以外的其他断路器均已跳闸，失灵保护并没有切除故障；仿2号主变压器“110kV复合电压闭锁方向过流Ⅰ段”保护动作，经过3.3s延时，仿110断路器跳闸。仿220kV南母、仿110kV南母及仿10kV

东母失压。

低压站用电系统在仿 10kV 东母失压时自动切换正常。

6. 演习点评

本事故的技术原因，可以这样分析：仿 220kV 南母发生故障之前，仿 221 断路器液压机构压力降低，因分、合闸闭锁而不能跳闸。仿 220kV 南母发生故障，保护装置动作跳闸的顺序如下：

（1）220kV 母差保护动作，仿 220 断路器、E11 断路器、E31 断路器跳闸；仿 221 断路器因分合闸闭锁而拒动。

（2）因仿 221 断路器拒动，220kV 失灵保护启动；但仿 220 断路器、仿 220kV 南母所连接开关均已跳闸，仅仿 221 断路器仍在合闸位置。

（3）仿 221 断路器拒动，故障电流没有切除，仿 2 号主变压器“110kV 复合电压闭锁方向过流Ⅰ段”保护动作，经过 3.3s 延时，仿 110 断路器跳闸。仿 1 号主变压器“110kV 复合电压闭锁方向过流Ⅰ段”保护，因不反应反方向故障而没有动作信号。

（4）仿 110 断路器跳闸后，仿 1 号主变压器其他后备保护因故障已切除而返回。

（5）仿 1 号主变压器“10kV 复合电压闭锁方向过流”保护，因没有通过故障电流而没有动作信号。

第八节　全站失压事故

一、220kV 母差“死区”故障

仿真系统接线图参见图 11－3 和图 11－4。

1. 设定的运行方式和假设条件

仿 220kV 南、北母线经仿 220 断路器联络运行，仿 1 号主变压器、仿 2 号主变压器高中压并列运行；仿 110kV 南、北母线经仿 110 断路器联络运行。仿 221 断路器及 220kV E1 线、E3 线作联络线运行于仿 220kV 南母；仿 222 断路器及 220kV E2 线、E4 线作联络线运行于仿 220kV 北母。仿 111 断路器，110kV Y1 线作联络线，Y3 线、Y5 线作馈线运行于仿 110kV 南母；仿 112 断路器及 110kV Y2 线、Y4 线、Y6 线作馈线运行于仿 110kV 北母。

仿 1 号主变压器 220kV 侧中性点及 110kV 侧中性点均接地运行（仿 221 中隔离开关、仿 111 中隔离开关均在合闸位置）；仿 2 号主变压器 220kV 侧中性点不接地（仿 222 中隔离开关在拉开位置），110kV 侧中性点接地运行（仿 112 中隔离开关在合闸位置）。

仿 1 号主变压器、仿 2 号主变压器总负荷为 131MW。

站用电系统运行方式：380V Ⅰ、Ⅱ段母线分列运行，仿 1 号站用变压器、仿 2 号站用变压器各带一段 380V 母线运行（QF 在分闸位置）。自投装置投入在“自投分段”位置。

假设条件：大风天气。

2. 故障象征

0:00（设定的演习开始时间），集控系统报出 220kV 仿真变电站事故信号；报出的预告信号有："信号未复归""220kV 第一套母差保护动作""220kV 第二套母差保护动作"，" 220kV 母差跳母联""220kV 南母计量电压消失""110kV 南母计量电压消失""220kV 北母计量电压消失""110kV 北母计量电压消失"；仿 1 号主变压器、仿 2 号主变压器"220kV 电压回路断线""110kV 电压回路断线""10kV 电压回路断线"；10kV 东母"TV 断线"，10kV 西母"TV 断线""1QF 跳闸""2QF 跳闸""QF 跳闸"。集控系统后台机断路器位置显示：仿 221 断路器、仿 222 断路器、仿 220 断路器、E11 断路器、E21 断路器、E31 断路器、E41 断路器、仿 4 断路器、仿 8 断路器闪动（跳闸）。

检查监控后台机母线电压显示：仿 220kV 南母、仿 220kV 北母、仿 110kV 南母、仿 110kV 北母、仿 10kV 东母、仿 10kV 西母电压显示三相均为 0kV。

站内交流照明全部熄灭。

检查保护动作情况：

仿 220kV 第一套母差保护屏："跳Ⅰ母""跳Ⅱ母"。

仿 220kV 第二套母差保护屏："跳Ⅰ母""跳Ⅱ母"。

仿 4（第一组电容器）保护："欠压保护"。

仿 8（第二组电容器）保护："欠压保护"。

3. 初步分析判断

根据保护动作和断路器跳闸情况分析，发生全站失压事故。故障范围在仿 220kV 南母、仿 220kV 北母范围。故障点可能在仿 220 断路器与仿 220 电流互感器之间，即母差"死区"故障。

4. 处理过程

（1）监控班值班员检查站内无其他保护动作信号。遥控操作，断开仿 110 断路器、仿 111 断路器、仿 112 断路器，断开 110kV 联络线 Y1 断路器。

（2）监控班值班员向调度汇报。同时，通知运维班到现场检查处理。向运维班作简要、清楚的说明；要求先检查仿 220 间隔相关设备，检查 220kV 南母、220kV 北母及连接设备。

相关要求：互通单位，互报姓名；简要、明确地汇报故障发生时间和故障象征，使用规范的调度术语。

汇报的内容应包括故障时间、保护动作情况、断路器跳闸情况、设备异常情况和故障造成的停电范围。

（3）监控班值班员遥控操作，按调度命令恢复 220kV 系统之间联络。转移受累停电的 110kV 各出线的负荷。

（4）运维人员到达现场。检查仿 220kV 南、北母及连接设备，重点检查仿 220 断路器及连接设备。发现**仿 220 断路器 A 相与 TA 之间有铁丝搭接短路痕迹，引线烧断 3 股**，其他设备无异常。迅速清理导线上的铁丝，鉴定其不影响运行。

（5）现场检查 E1 线、E3 线线路有电，按调度命令恢复仿 220kV 南母及各联络线运行。操作程序如下：

1）向调度汇报，请示 E1 线、E3 线是否具备恢复运行的条件。得到调度可以恢复并列的答复和操作指令。

2）将 E1 线同期手柄投于“投入”位置。

3）将同期并列装置投于“（不检同期）”位置。

4）合上 E11 断路器，检查仿 220kV 南母充电正常。

5）复归 E1 线同期手柄。

6）将 E3 线同期手柄投于“投入”位置。

7）将同期并列装置投于“检同期”位置。

8）经“检同期”合上 E31 断路器，检查 E3 线运行正常。

9）复归 E3 线同期手柄。

10）退出同期并列装置。

（6）现场操作，恢复仿 110kV 南母运行，恢复站用电及对客户的供电，恢复联络线运行。操作程序如下：

1）检查仿 221 中隔离开关、仿 111 中隔离开关在合闸位置，仿 1 号主变压器 220kV 零序过流保护在投入位置。

2）合上仿 221 断路器。

3）检查仿 1 号主变压器充电正常；检查站用电系统Ⅰ段母线恢复正常（10kV 东母“TV 断线”“1QF 跳闸”信号复归）。

4）合上仿 111 断路器。

5）检查仿 110kV 南母运行正常。

6）检查 Y3 线、Y5 线已恢复正常运行。

7）向调度汇报，请示 Y1 线是否具备恢复运行的条件。得到调度可以恢复运行的答复和操作指令。

8）合上 Y1 断路器，Y1 线运行正常。

9）向调度汇报。由调度命令在 Y1 线对侧执行同期并列。

（7）监控班值班员检查 E2 线、E4 线线路有电，按调度命令遥控操作，恢复仿 220kV 北母及各联络线运行。操作程序如下：

1）投入仿 220 充电保护；将仿 220 同期装置投于“投入”位置。

2）将同期并列装置投于“不检同期”位置。

3）合上仿 220 断路器，检查仿 220kV 北母充电正常，复归仿 220 同期手柄。

4）退出仿 220 充电保护。

5）将 E2 线同期装置投于“投入”位置。

6）将同期并列装置投于“检同期”位置。

7）经“检同期”合上 E21 断路器，检查 E2 线运行正常，复归 E2 线同期装置。

8）将 E4 线同期装置投于“投入”位置。

9）经“检同期”合上 E41 断路器，检查 E4 线运行正常，复归 E4 线同期装置。

10）退出同期并列装置。

（8）现场操作，恢复仿 110kV 北母运行，恢复对客户的供电。操作程序如下：

1）投入仿 2 号主变压器 220kV 零序过流保护。

2）合上仿 222 中隔离开关，检查仿 112 中隔离开关在合闸位置。

3）合上仿 222 断路器。

4）检查仿 2 号主变压器充电正常。

5）检查 10kV 西母恢复正常（10kV 西母“TV 断线”信号复归）。

6）合上仿 112 断路器。

7）检查仿 110kV 北母运行正常。

8）检查 Y2 线、Y4 线、Y6 线已恢复正常运行。

（9）监控班值班员遥控操作，按调度命令，仿 2 号主变压器中性点恢复原运行方式。操作程序如下：

1）拉开仿 222 中隔离开关，检查仿 112 中隔离开关在合闸位置。

2）退出仿 2 号主变压器 220kV 零序过流保护。

（10）监控班值班员遥控操作，合上仿 110 断路器，仿 110kV 南、北母恢复联络运行。

（11）现场操作，站用电系统恢复正常运行方式。操作程序如下：

1）退出站用电系统“备自投”装置。

2）检查站用电系统 380V 母线分段开关“QF”在断开位置。

3）合上“2QF”开关。

4）检查站用电系统 380VⅡ段母线电压显示正常。

5）投入站用电系统“备自投”装置于“自投分段”位置。

6）检查调度通信系统电源切换正常。

（12）按照调度命令，合上仿 4 断路器，第一组电容器加入运行。

（13）按照调度命令，合上仿 8 断路器，第二组电容器加入运行。

（14）检查直流系统两组开关电源、蓄电池已恢复正常运行。

（15）向调度汇报。

（16）向主管领导汇报，请求安排事故抢修。

（17）填写、整理各种记录，做好故障处理的善后工作。

5. 故障分析

仿 220 断路器与仿 220 电流互感器之间 A 相有铁丝搭接，母差保护“死区”故障。仿 220kV 母差保护动作，跳Ⅰ母出口，仿 220 断路器、仿 221 断路器、E11 断路器、E31 断路器跳闸；因故障点没有与仿 220kV 北母隔离，使母差保护“大差”动作，仿 222 断路器、E21 断路器、E41 断路器跳闸，全站失压。

第一组电容器、第二组电容器，因全站失压而“欠压”保护动作，仿 4 断路器和仿

8断路器跳闸。低压站用电系统，在仿10kV东、西母失压时，1QF、2QF、QF开关全部跳闸（无压释放）。

6. 演习点评

（1）先恢复仿1号主变压器运行，后恢复仿220kV北母及220kV系统的联络，是为了尽快恢复站用电。实际事故处理中，如果在全部220kV系统恢复原运行方式以后，再恢复主变压器运行，恢复对110kV各出线的供电和站用电，没有什么失误；优点是220kV主系统恢复较快，不足之处是恢复站用电较晚，恢复对客户供电也较晚。

（2）如果Y1线不能在对侧恢复并列，在本站与系统恢复并列的方法还是有的。例如：

1）合上E11断路器，对仿220kV南母充电正常。

2）合上仿221断路器，检查仿1号主变压器充电正常，断开仿221断路器。

3）断开E11断路器。

4）合上Y1断路器，对仿110kV南母充电正常。

5）合上仿111断路器。

6）检查仿1号主变压器充电正常。

7）合上仿221断路器，对仿220kV南母充电正常。

8）在仿220kV南母，利用检同期合上E11断路器，恢复并列。

恢复并列之后，再接着恢复系统和恢复供电的事故处理。

二、220kV母线故障，仿220断路器拒动

仿真系统接线图参见图11－3和图11－4。

1. 设定的运行方式和假设条件

仿220kV南、北母线经仿220断路器联络运行，仿1号主变压器、仿2号主变压器高中压并列运行；仿110kV南、北母线经仿110断路器联络运行。仿221断路器及220kV E1线、E3线作联络线运行于仿220kV南母；仿222断路器及220kV E2线、E4线作联络线运行于仿220kV北母。仿111断路器，110kV Y1线作联络线，Y3线、Y5线作馈线运行于仿110kV南母；仿112断路器及110kV Y2线、Y4线、Y6线作馈线运行于仿110kV北母。

仿1号主变压器220kV侧中性点及110kV侧中性点均接地运行（仿221中隔离开关、仿111中隔离开关均在合闸位置）；仿2号主变压器220kV侧中性点不接地（仿222中隔离开关在拉开位置），110kV侧中性点接地运行（仿112中隔离开关在合闸位置）。

仿1号主变压器、仿2号主变压器总负荷为131MW。

站用电系统运行方式：380V Ⅰ、Ⅱ段母线分列运行，仿1号站用变压器、仿2号站用变压器各带一段380V母线运行（QF在分闸位置）。自投装置投入在“自投分段”位置。

2. 故障象征

0:00（设定的演习开始时间），集控系统报出220kV仿真变电站事故信号；报出的预告信号有：“信号未复归”“220kV第一套母差保护动作”“220kV第二套母差保护动作”“220kV母差跳母联”“第一套母差保护失灵跳Ⅱ母”“第二套母差保护失灵跳Ⅱ母”，

“220kV 南母计量电压消失”“110kV 南母计量电压消失”“220kV 北母计量电压消失”“110kV 北母计量电压消失”，仿 1 号主变压器、仿 2 号主变压器“220kV 电压回路断线”“110kV 电压回路断线”“10kV 电压回路断线”，10kV 东母“TV 断线”，10kV 西母“TV 断线”“1QF 跳闸”“2QF 跳闸”“QF 跳闸”。集控系统后台机断路器位置显示：仿 221 断路器、仿 222 断路器、E11 断路器、E21 断路器、E31 断路器、E41 断路器、仿 4 断路器、仿 8 断路器闪动（跳闸）。仿 220 断路器不闪动（仍在合闸位置）。

集控系统后台机母线电压显示：仿 220kV 南母、仿 220kV 北母、仿 110kV 南母、仿 110kV 北母、仿 10kV 东母、仿 10kV 西母电压显示三相均为 0kV。

检查保护动作情况：

仿 220kV 第一套母差保护屏：“跳Ⅰ母”“跳Ⅱ母”“Ⅰ母失灵”。

仿 220kV 第二套母差保护屏：“跳Ⅰ母”“跳Ⅱ母”“失灵动作Ⅰ”。

仿 4（第一组电容器）保护：“欠压保护”。

仿 8（第二组电容器）保护：“欠压保护”。

3. *初步分析判断*

根据保护动作和断路器跳闸情况分析，发生了全站失压事故。故障范围应在仿 220kV 南母和北母范围。仿 220kV 南母范围故障的可能较大，母差保护动作，仿 221 断路器、E11 断路器、E31 断路器跳闸，仿 220 断路器拒动，失灵保护启动（有第一套母差保护“Ⅰ母失灵”、第二套母差保护“失灵动作Ⅰ”信号），仿 220kV 北母各连接断路器跳闸，全站失压。

4. *处理过程*

（1）监控班值班员检查站内无其他保护动作信号。遥控操作，断开仿 110 断路器、仿 111 断路器、仿 112 断路器，断开 110kV 联络线 Y1 断路器。

（2）监控班值班员向调度汇报。同时，通知运维班到现场检查处理。向运维班作简要、清楚的说明；要求先检查仿 220 间隔相关设备，检查 220kV 南母、220kV 北母及连接设备。

相关要求：互通单位，互报姓名；简要、明确地汇报故障发生时间和故障象征，使用规范的调度术语。

汇报的内容应包括故障时间、保护动作情况、断路器跳闸情况、设备异常情况和故障造成的停电范围。

（3）监控班值班员遥控操作，按调度命令恢复 220kV 系统之间联络。转移受累停电的 110kV 各出线的负荷。

（4）运维人员到达现场。现场操作，仿 220 断路器转冷备用（隔离仿 220 断路器，方便事故调查）。操作程序如下：

1）拉开仿 220 南隔离开关。

2）拉开仿 220 北隔离开关。

（5）运维人员现场检查仿 220kV 南、北母及连接设备。发现**仿 220kV 南母（管型母**

线）有一个 A 相支柱绝缘子炸裂、绝缘损坏，未发现其他任何异常情况。

（6）监控班值班员检查 E2 线、E4 线线路有电，遥控操作，恢复仿 220kV 北母及各联络线运行。操作程序如下：

1）向调度汇报，请示 E2 线、E4 线是否具备恢复运行的条件。得到调度可以恢复并列的答复和操作指令。

2）将 E2 线同期装置投于“投入”位置。

3）将同期并列装置投于“不检同期”位置。

4）合上 E21 断路器，检查仿 220kV 北母充电正常。

5）复归 E2 线同期装置。

6）将 E4 线同期装置投于“投入”位置。

7）将同期并列装置投于“检同期”位置。

8）经“检同期”合上 E41 断路器，检查 E4 线运行正常。

9）复归 E4 线同期手柄。

10）退出同期并列装置。

（7）现场操作，按调度命令恢复仿 110kV 北母运行，恢复站用电及对客户的供电。操作程序如下：

1）合上仿 222 中隔离开关，检查仿 112 中隔离开关在合闸位置。投入仿 2 号主变压器 220kV 零序过流保护。

2）合上仿 222 断路器。

3）检查仿 2 号主变压器充电正常；检查站用电系统Ⅱ段母线恢复正常（10kV 西母“TV 断线”“2QF 跳闸”信号复归）。

4）合上仿 112 断路器。

5）检查仿 110kV 北母运行正常。

6）检查 Y2 线、Y4 线、Y6 线已恢复正常运行。

（8）现场操作，恢复仿 110kV 南母运行，恢复对客户的供电，恢复联络线运行。操作程序如下：

1）投入仿 110 充电保护。

2）合上仿 110 断路器，对仿 110kV 南母充电正常。

3）退出仿 110 充电保护。

4）检查 Y3 线、Y5 线已恢复正常运行。

5）向调度汇报，请示 Y1 线是否具备恢复运行的条件。得到调度可以恢复运行的答复和操作指令。

6）合上 Y1 断路器，Y1 线运行正常。

7）向调度汇报。由调度命令在 Y1 线对侧执行同期并列。

（9）现场操作，改投仿 220kV 母差保护投入方式：

1）投入仿 220kV 第一套母差保护“投单母”压板。

2）投入仿 220kV 第二套母差保护“互联”压板。

3）退出仿 220kV 母线充电保护。

（10）现场操作，按调度命令将 E1 线、E3 线倒至仿 220kV 北母热备用。操作程序如下：

1）检查 E11 断路器在断开位置。

2）拉开 E11 南隔离开关。

3）合上 E11 北隔离开关。

4）检查 E31 断路器在断开位置。

5）拉开 E31 南隔离开关。

6）合上 E31 北隔离开关。

（11）现场操作，恢复 E1 线、E3 线运行。操作程序如下：

1）向调度汇报，请示 E1 线、E3 线是否具备恢复运行的条件。得到调度可以恢复并列的答复和操作指令。

2）将 E1 线同期手柄投于“投入”位置。

3）将同期并列装置投于“检同期”位置。

4）经“检同期”合上 E11 断路器，检查 E1 线运行正常。

5）复归 E1 线同期手柄。

6）将 E3 线同期手柄投于“投入”位置。

7）经“检同期”合上 E31 断路器，检查 E3 线运行正常。

8）复归 E3 线同期手柄。

9）退出同期并列装置。

（12）现场操作，按调度命令将仿 221 断路器倒至仿 220kV 北母备用，恢复仿 1 号主变压器、仿 2 号主变压器高、中压侧并列运行。操作程序如下：

1）检查仿 221 断路器在断开位置。

2）拉开仿 221 南隔离开关。

3）合上仿 221 北隔离开关。

4）合上仿 221 断路器。

5）检查仿 1 号主变压器充电正常。

6）合上仿 111 断路器。

7）检查仿 1 号主变压器、仿 2 号主变压器负荷分配正常。

（13）现场操作，仿 2 号主变压器恢复 220kV 侧中性点原运行方式。操作程序如下：

1）投入仿 2 号主变压器 220kV 间隙零序过流保护压板。

2）拉开仿 222 中隔离开关。

3）打开仿 2 号主变压器 220kV 零序过流保护压板。

（14）现场操作，站用电系统恢复正常运行方式。操作程序如下：

1）退出站用电系统“备自投”装置。

2）检查站用电系统380V母线分段开关“QF”在断开位置。

3）合上“2QF”开关。

4）检查站用电系统380VⅡ段母线电压显示正常。

5）投入站用电系统“备自投”装置于“自投分段”位置。

6）检查调度通信系统电源切换正常。

（15）现场操作，仿220kV南母转冷备用。操作程序如下：

1）断开仿220kV南母TV二次开关。

2）断开仿220kV南母TV计量二次开关。

3）断开仿220kV南母TV保护二次开关。

4）拉开仿220南表隔离开关。

5）检查仿220kV南母所有连接隔离开关已全部拉开。

（16）按调度命令，合上仿4断路器，第一组电容器加入运行。合上仿8断路器，第二组电容器加入运行。

（17）检查直流系统两组开关电源、蓄电池已恢复正常运行。

（18）现场操作，打开有关保护跳仿220断路器压板。操作程序如下：

1）打开220kV第一套母差保护跳仿220断路器压板。

2）打开220kV第二套母差保护跳仿220断路器压板。

3）打开仿220断路器启动失灵保护压板。

4）打开220kV失灵保护跳仿220断路器压板。

5）检查220kV第一套、第二套母差保护各压板投入位置正确。

（19）仿220kV南母及仿220断路器做安全措施以后，具备故障抢修条件。

（20）向调度汇报。向主管领导汇报，请求安排故障抢修，检查仿220断路器拒动原因。填写、整理各种记录，做好故障处理的善后工作。

5. 故障分析

仿220kV南母故障，无法隔离。仿220kV母差保护动作，跳Ⅰ母出口，仿221断路器、E11断路器、E31断路器跳闸；仿220断路器拒动，仿220kV失灵保护动作，仿222断路器、E21断路器、E41断路器跳闸，全站失压。

第一组电容器、第二组电容器，因全站失压而“欠压”保护动作，仿4断路器和仿8断路器跳闸。低压站用电系统，在仿10kV东、西母失压时，1QF、2QF、QF开关全部跳闸（无压释放）。

6. 演习点评

（1）先恢复仿220kV北母及220kV系统的联络，恢复仿2号主变压器运行，抓住了关键的一步，使得恢复站用电和对110kV部分的供电较快。

（2）母差保护屏的“Ⅰ母失灵”“失灵动作Ⅰ”灯亮，说明是母差“跳Ⅰ母”出口，由于仿220断路器拒动，失灵保护动作。有了正确的分析判断，才可能下决心在拉开仿220断路器两侧刀闸后，先从仿220kV北母开始恢复运行。

三、220kV 单母运行，线路故障断路器拒动

仿真系统接线图参见图 11－3 和图 11－4。

1. 设定的运行方式和假设条件

仿 220kV 南母运行，仿 220kV 北母冷备用。仿 1 号主变压器、仿 2 号主变压器高中压并列运行；仿 110kV 南、北母线经仿 110 断路器联络运行。220kV E1 线、E2 线、E3 线、E4 线作联络线运行于仿 220kV 南母；仿 111 断路器，110kV Y1 线作联络线，Y3 线、Y5 线作馈线运行于仿 110kV 南母；仿 112 断路器及 110kV Y2 线、Y4 线、Y6 线作馈线运行于仿 110kV 北母。

仿 1 号主变压器 220kV 侧中性点及 110kV 侧中性点均接地运行（仿 221 中隔离开关、仿 111 中隔离开关均在合闸位置）；仿 2 号主变压器 220kV 侧中性点不接地（仿 222 中隔离开关在拉开位置），110kV 侧中性点接地运行（仿 112 中隔离开关在合闸位置）。

仿 1 号主变压器、仿 2 号主变压器总负荷为 136MW。

站用电系统运行方式：380V Ⅰ、Ⅱ段母线分列运行，仿 1 号站用变压器、仿 2 号站用变压器各带一段 380V 母线运行（QF 在分闸位置）。自投装置投入在“自投分段”位置。

假设条件：

（1）仿 220 北隔离开关有停电检修、处理缺陷工作。

（2）两套 220kV 母差保护投于“投单母”方式。

2. 故障象征

0:00（设定的演习开始时间），集控系统报出 220kV 仿真变电站事故信号；报出的预告信号有：“信号未复归”“220kV 第一套母差保护失灵跳Ⅰ母”“第二套母差保护失灵跳Ⅰ母”，“220kV 南母计量电压消失”“110kV 南母计量电压消失”“110kV 北母计量电压消失”，仿 1 号主变压器、仿 2 号主变压器“220kV 电压回路断线”“110kV 电压回路断线”“10kV 电压回路断线”，10kV 东母“TV 断线”，10kV 西母“TV 断线”，“1QF 跳闸”“2QF 跳闸”“QF 跳闸”。集控系统后台机断路器位置显示：仿 221 断路器、仿 222 断路器、E11 断路器、E21 断路器、E41 断路器、仿 4 断路器、仿 8 断路器闪动（跳闸）。E31 断路器不闪动（仍在合闸位置）。

集控系统后台机母线电压显示：仿 220kV 南母、仿 110kV 南母、仿 110kV 北母、仿 10kV 东母、仿 10kV 西母电压显示三相均为 0kV。

站内交流照明全部熄灭。

检查保护动作情况：

仿 220kV 第一套母差保护屏：“跳Ⅰ母”“Ⅰ母失灵”。

仿 220kV 第二套母差保护屏：“跳Ⅰ母”“失灵动作Ⅰ”。

E3 线光纤差动保护屏：光差“保护动作”“距离Ⅱ段”“距离Ⅲ段”“跳 A”“跳 B”“跳 C”。

E3 线高闭保护屏：“保护动作”“距离Ⅱ段”“距离Ⅲ段”。

仿 4（第一组电容器）保护：“欠压保护”。

仿 8（第二组电容器）保护：“欠压保护”。

3. 初步分析判断

根据保护动作和断路器跳闸情况分析，发生了全站失压事故。属于 **E3 线线路发生短路故障，线路保护动作而断路器拒动，失灵保护启动**，仿 220kV 南母连接断路器全部跳闸，全站失压。

4. 处理过程

（1）监控班值班员检查站内无其他保护动作信号。遥控操作，断开仿 110 断路器、仿 111 断路器、仿 112 断路器，断开 110kV 联络线 Y1 断路器。

（2）监控班值班员向调度汇报。同时，通知运维班到现场检查处理。向运维班作简要、清楚的说明；要求先检查 E3 间隔相关设备，检查 220kV 南母及连接设备。

相关要求：互通单位，互报姓名；简要、明确地汇报故障发生时间和故障象征，使用规范的调度术语。

汇报的内容应包括故障时间、保护动作情况、断路器跳闸情况、设备异常情况和故障造成的停电范围。

（3）监控班值班员遥控操作，按调度命令恢复 220kV 系统之间联络。转移受累停电的 110kV 各出线的负荷。

（4）运维人员到达现场。检查 **E31 断路器未分闸**，相关设备无任何异常；现场操作，E31 断路器转冷备用（隔离故障，并隔离 E31 断路器，方便事故调查）。操作程序如下：

1）拉开 E31 甲隔离开关。

2）拉开 E31 南隔离开关。

3）检查 E31 北隔离开关在拉开位置。

（5）现场检查 220kV E1 线、E2 线、E4 线线路无电，110kV Y1 线线路有电。按照调度命令，仿 110kV 南母恢复运行，恢复站用电系统运行。操作程序如下：

1）断开 Y3 断路器，断开 Y5 断路器。

2）合上 Y1 断路器，对仿 110kV 南母充电正常。

3）检查仿 221 中隔离开关、仿 111 中隔离开关在合闸位置，仿 1 号主变压器 220kV 和 110kV 零序过流保护在投入位置。

4）合上仿 111 断路器。

5）检查仿 1 号主变压器充电正常；检查站用电系统Ⅰ段母线恢复正常（仿 10kV 东母“TV 断线”“1QF 跳闸”信号复归）。

6）合上“1QF”开关，合上“QF”开关。

7）检查站用电系统 380VⅡ段母线电压显示正常；检查 2QF 开关在分闸位置。

8）检查调度通信系统电源切换正常。

（6）根据调度命令，合上 Y3 断路器，首先恢复重要客户的供电。

（7）监控班值班员检查 E1 线来电，遥控操作，按照调度命令恢复仿 220kV 南母运行，恢复仿 110kV 系统与仿 220kV 系统之间并列。操作程序如下：

1）将E1线同期装置投于“投入”位置。

2）将同期并列装置投于“不检同期”位置。

3）合上E11断路器，检查仿220kV南母充电正常。

4）断开E11断路器。

5）合上仿221断路器。

6）将同期并列装置投于“检同期”位置。

7）经“检同期”合上E11断路器。

8）复归E1线同期装置。

9）退出同期并列装置。

（8）现场操作，恢复Y5线供电，恢复仿110kV北母运行及各出线的供电。操作程序如下：

1）合上Y5断路器，检查Y5线运行正常。

2）投入仿110断路器充电保护。

3）合上仿110断路器，对仿110kV北母充电正常。

4）退出仿110断路器充电保护。

5）检查Y2线、Y4线、Y6线已恢复正常运行。

（9）监控班值班员检查E2线、E4线来电，遥控操作，按照调度命令恢复仿220kV系统之间并列。操作程序如下：

1）向调度汇报，请示E2线、E4线是否具备恢复运行的条件。得到调度可以恢复并列的答复和操作指令。

2）将E2线同期装置投于“投入”位置。

3）将同期并列装置投于“检同期”位置。

4）经“检同期”合上E21断路器，检查E2线运行正常。

5）复归E2线同期装置。

6）将E4线同期装置投于“投入”位置。

7）经“检同期”合上E41断路器，检查E4线运行正常。

8）复归E4线同期装置。

9）退出同期并列装置。

（10）现场操作，恢复仿1号主变压器、仿2号主变压器高中压侧并列。操作程序如下：

1）合上仿222中隔离开关，检查仿112中隔离开关在合闸位置。

2）投入仿2号主变压器220kV零序过流保护压板；打开仿2号主变压器220kV间隙零序过流保护压板。

3）合上仿222断路器。

4）检查仿2号主变压器充电正常。

5）合上仿112断路器。

6）检查仿 1 号主变压器、仿 2 号主变压器负荷分配正常。

（11）现场操作，仿 2 号主变压器恢复 220kV 侧中性点原运行方式。操作程序如下：

1）投入仿 2 号主变压器 220kV 间隙零序过流保护压板。

2）拉开仿 222 中隔离开关。

3）打开仿 2 号主变压器 220kV 零序过流保护压板。

（12）现场操作，站用电系统恢复正常运行方式。操作程序如下：

1）退出站用电系统“备自投”装置。

2）断开站用电系统 380V 母线分段开关“QF”。

3）合上“2QF”开关。

4）检查站用电系统 380VⅡ段母线电压显示正常。

5）投入站用电系统“备自投”装置于“自投分段”位置。

6）检查调度通信系统电源切换正常。

（13）现场操作，合上仿 4 断路器，第一组电容器加入运行。

（14）现场操作，合上仿 8 断路器，第二组电容器加入运行。

（15）检查直流系统两组开关电源、蓄电池已恢复正常运行。

（16）现场操作，打开有关保护跳 E31 断路器压板。操作程序如下：

1）打开 220kV 第一套母差保护跳 E31 断路器压板。

2）打开 220kV 第二套母差保护跳 E31 断路器压板。

3）打开 E31 断路器启动失灵保护压板。

（17）E31 断路器做安全措施以后，具备故障抢修条件。

（18）向调度汇报。

（19）向主管领导汇报，请求安排故障抢修，检查 E31 断路器拒动原因。

（20）填写、整理各种记录，做好故障处理的善后工作。

5. 故障分析

E3 线线路发生短路故障，线路保护装置动作，E31 断路器拒动而启动失灵保护。仿 220kV 失灵保护动作，跳Ⅰ母出口，仿 221 断路器、仿 220 断路器、仿 222 断路器、E11 断路器、E21 断路器、E41 断路器跳闸，全站失压。

第一组电容器、第二组电容器，因全站失压而“欠压”保护动作，仿 4 断路器和仿 8 断路器跳闸。低压站用电系统，在仿 10kV 东、西母失压时，1QF、2QF、QF 开关全部跳闸（无压释放）。

6. 演习点评

如果在正常运行方式下，E3 线故障而 E31 断路器拒动，则不会导致全站失压。

本次演习中，主持人有意使 220kV 各线路全部无电，线路对侧跳闸，Y1 线首先来电。目的是考核值班员能否利用倒运行方式的办法，恢复 110kV 与 220kV 之间的并列。值班员要进一步了解 Y1 线返供负荷的能力，便于在实际处理事故时，能及时恢复部分重要客户的供电。

第十四章

500kV 仿真变电站反事故演习精选

第一节　35kV 部分及站用电系统异常和事故处理

一、35kV 单相接地故障 1

仿真系统接线图参见图 11－5 和图 11－6。

1. 设定的运行方式

500kV Ⅰ母、Ⅱ母经第 1、2、3、4、5、6 串环网运行。1 号、3 号主变压器并列运行。220kV 南母（西段和东段不分段）、北母（西段和东段暂不分段）经西 220 断路器联络运行。各 500kV 和 220kV 线路均作联络线运行。35kV 1 号母线及 1 号电容器组运行，35kV 3 号母线及 5 号电容器组运行；2 号电容器、6 号电容器、1 号电抗器、2 号电抗器、3 号电抗器、7 号电抗器、8 号电抗器、9 号电抗器热备用。

220kV 系统 Y1 线、Y3 线、Y5 线、Y7 线、Y9 线及 221 断路器运行于 220kV 北母；Y2 线、Y4 线、Y6 线、Y8 线及 223 断路器运行于 220kV 南母。

站用电系统运行方式：1 号站用变压器带 380V Ⅰ段母线运行，2 号站用变压器带 380V Ⅱ段母线运行，0 号站用变压器充电运行（作备用电源），站用电系统自投装置投于“自投 3801 开关”“自投 3802 开关”的位置。

2. 故障象征

0:00（设定的演习开始时间），集控系统报出 500kV 仿真变电站预告信号：“35kV 1 号母线接地”。集控系统后台机显示 35kV 1 号母线各相对地电压：U_a=0kV，U_b=U_c=37.5kV。

3. 初步分析判断

35kV 1 号母线 A 相金属性接地。故障发生在站内设备上。

4. 处理过程

（1）监控班值班员向调度汇报。同时，通知运维班到现场检查 35kV 1 号母线范围站内设备，向运维班作简要、清楚的说明。

相关要求：互通单位，互报姓名；使用规范的调度术语，简要、明确地汇报故障发生时间和故障象征。

（2）监控班值班员遥控操作，利用“瞬停法”进行故障选线。依次短时间断开站 1 断路器、容 1 断路器，接地故障均不消失。

（3）运维人员到达现场。穿绝缘靴，戴安全帽和绝缘手套，现场检查 35kV 1 号母线及其连接设备。发现故障点：**35kV 1 号母线 A 相 TV 高压熔断器瓷套破裂严重，冒出较大的电弧**。其他设备无任何异常。

（4）运维人员向调度汇报。请示使用 351 断路器切断接地故障点。

（5）现场操作，倒换站用电，用 351 断路器隔离接地故障点。操作程序如下：

1）断开 381 断路器。

2）检查站用电系统备自投装置已将 3801 断路器自动合上，检查 380V Ⅰ段母线及其各出线运行正常。

3）断开站 1 断路器。

4）断开容 1 断路器。

5）断开 351 断路器。

6）断开 35kV 1 号母线 TV 二次开关及二次计量开关。

7）拉开 35Ⅰ表隔离开关。

（6）现场操作，按调度命令，将 35kV 1 号母线恢复运行，恢复站用电系统正常运行方式。操作程序如下：

1）检查 35kV 1 号母线无异常，合上 351 断路器。

2）检查 35kV 1 号母线充电正常。

3）检查 381 断路器在断开位置，合上站 1 断路器，检查 1 号站用变压器充电正常。

4）断开 3801 断路器。

5）合上 381 断路器，检查 380V Ⅰ段母线及其各出线运行正常。

（7）根据系统电压情况，1 号电容器组加入运行。操作程序如下：

1）打开 1 号电容器组保护装置“低电压保护”压板。

2）合上容 1 断路器。

3）检查 1 号电容器运行正常。

（8）35kV 1 号母线 TV 做安全措施后，具备故障抢修条件。

（9）向主管领导汇报，请求安排故障抢修。

（10）填写、整理各种记录，做好故障处理的善后工作。

5. 故障分析

35kV 1 号母线 A 相 TV 高压熔断器瓷套绝缘击穿，导致母线接地。

6. 演习点评

（1）演习所设故障点，不能使用隔离开关拉开，必须使用断路器切断；否则，用隔离开关切接地故障电流，产生的电弧很大，对操作者人身安全威胁很大，并且可能会造成母线弧光短路。

（2）拉开接地故障点的方法还有用“人工接地法”，转移接地故障点后，再用断路器切断接地点，实际工作中为了安全，不主张使用“人工接地法”。

（3）故障点隔离后，35kV 1 号母线、1 号站用变压器、1 号电容器组可以加入运行。因为 35kV 1 号母线 TV 不能运行，应先退出其低电压保护。

（4）0 号、1 号、2 号站用变压器低压侧不能并列运行，380V 母线应停电倒负荷。

二、35kV 单相接地故障 2

仿真系统接线图参见图 11－5 和图 11－6。

1. 设定的运行方式和有关要求

500kV Ⅰ母、Ⅱ母经第 1、2、3、4、5、6 串环网运行。1 号、3 号主变压器并列运行。220kV 南母（西段和东段不分段）、北母（西段和东段暂不分段）经西 220 断路器联络运行。各 500kV 和 220kV 线路均作联络线运行。35kV 1 号母线及 1 号电容器组运行，35kV 3 号母线及 5 号电容器组运行；2 号电容器、6 号电容器、1 号电抗器、2 号电抗器、3 号电抗器、7 号电抗器、8 号电抗器、9 号电抗器热备用。

220kV 系统 Y1 线、Y3 线、Y5 线、Y7 线、Y9 线及 221 断路器运行于 220kV 北母；Y2 线、Y4 线、Y6 线、Y8 线及 223 断路器运行于 220kV 南母。

站用电系统运行方式：1 号站用变压器带 380V Ⅰ段母线运行，2 号站用变压器带 380V Ⅱ段母线运行，0 号站用变压器充电运行（作备用电源），站用电系统自投装置投于“自投 3801 断路器”“自投 3802 断路器”的位置。

2. 故障象征

0:00（设定的演习开始时间），集控系统报出 500kV 仿真变电站预告信号：“35kV 1 号母线接地”。集控系统台机显示 35kV 1 号母线各相对地电压：$U_a = 0$kV，$U_b = U_c = 37.5$kV。

3. 初步分析判断

35kV 1 号母线 A 相金属性接地。故障发生在站内设备上。

4. 处理过程

（1）监控班值班员向调度汇报。同时，通知运维班到现场检查 35kV 1 号母线范围站内设备，向运维班作简要、清楚的说明。

相关要求：互通单位，互报姓名；使用规范的调度术语，简要、明确地汇报故障发生时间和故障象征。

（2）监控班值班员遥控操作，利用“瞬停法”进行故障选线。短时间断开容 1 断路器，接地故障不消失；断开站 1 断路器时，接地信号消失。检查站用电系统切换正常，1 号站用变压器不再恢复运行。

（3）运维人员到达现场。穿绝缘靴，戴安全帽和绝缘手套，现场检查 35kV 1 号母线及其连接设备。发现 **1 号站用变压器 A 相避雷器外绝缘破裂严重**。其他设备无任何异常。

（4）隔离接地故障点。操作程序如下：

1）检查 381 断路器在分闸位置。

2）检查站用电系统备自投装置已将 3801 断路器自动合上，检查 380V Ⅰ段母线及其各出线运行正常。

3）检查站 1 断路器在分闸位置。

4）拉开站 1 母隔离开关。

（5）改变站用电系统备自投装置的自投方式，使之适应新的 380V 母线运行方式。

（6）1 号站用变压器做安全措施后，具备故障抢修条件。

（7）向主管领导汇报，请求安排故障抢修。

（8）填写、整理各种记录，做好故障处理的善后工作。

5. 故障分析

1 号站用变压器 A 相避雷器外绝缘损坏，导致母线接地。

6. 演习点评

此接地故障点，与 TV 高压侧接地故障相比，简单了一些，可以使用断路器切断接地故障点。接地故障点已经由监控班值班员切除，运维人员仅需要将 1 号站用变压器转检修状态，然后做安全措施和处理善后工作。由于处理接地故障，使 1 号站用变压器较长时间不能运行，改变站用电系统备自投装置的自投方式是很有必要的。

三、站用电系统故障

仿真系统接线图参见图 11－5 和图 11－6。

1. 设定的运行方式

500kV Ⅰ母、Ⅱ母经第 1、2、3、4、5、6 串环网运行。1 号、3 号主变压器并列运行。220kV 南母（西段和东段不分段）、北母（西段和东段暂不分段）经西 220 断路器联络运行。各 500kV 和 220kV 线路均作联络线运行。35kV 1 号母线及 1 号电容器组运行，35kV 3 号母线及 5 号电容器组运行；2 号电容器、6 号电容器、1 号电抗器、2 号电抗器、3 号电抗器、7 号电抗器、8 号电抗器、9 号电抗器热备用。

220kV 系统 Y1 线、Y3 线、Y5 线、Y7 线、Y9 线及 221 断路器运行于 220kV 北母；Y2 线、Y4 线、Y6 线、Y8 线及 223 断路器运行于 220kV 南母。

站用电系统运行方式：1 号站用变压器带 380V Ⅰ段母线运行，2 号站用变压器带 380V Ⅱ段母线运行，0 号站用变压器充电运行（作备用电源），站用电系统自投装置投于“自投 3801 断路器”“自投 3802 断路器”的位置。

2. 故障象征

0:00（设定的演习开始时间），集控系统报出 500kV 仿真变电站事故信号。集控系统后台机报出“1 号站用变故障”“380V Ⅰ段母线交流电压消失”“UPS Ⅰ段交流电源失压”“1 号主变风冷电源Ⅰ故障”“3 号主变风冷电源Ⅰ故障”预告信号。同时，“1 号站用变压器故障”“1 号充电机交流电源故障”“UPS Ⅰ段交流电源故障”光字牌闪动。

集控系统后台机屏幕断路器位置显示：站 1 断路器、381 断路器变位并闪动。1 号站用变压器电流、电压及功率显示为零。

检查保护动作情况：1 号站用变压器保护：“复合电压闭锁过流保护”“高压侧正序反时限过流保护”动作。

通过图像集控系统查看，500kV 仿真变电站主控室部分交流照明灯熄灭。

3. 初步分析判断

1 号站用变压器瓦斯保护没有动作，内部故障的可能不是很大。1 号主变压器保护没有动作，故障点在低压侧可能较大，不排除 1 号站用变压器内部和高压侧短路的可能。站用电自投装置未动作，3801 断路器未能自动合闸。

4. 处理过程 1

（1）监控班值班员向调度汇报。同时，通知运维班到现场检查 1 号站用变压器范围内设备，向运维班作简要、清楚的说明。

相关要求：互通单位，互报姓名；使用规范的调度术语，简要、明确地汇报故障发生时间和故障象征，停电范围。

汇报的内容包括故障发生时间、保护动作情况、断路器跳闸情况、设备的异常情况以及故障造成的停电范围。

（2）监控班值班员遥控操作，合上 3801 断路器失败，未能恢复 380VⅠ段母线运行。

（3）运维人员到达现场。现场检查 2 号站用变压器运行正常，低压交流Ⅱ段母线电压正常，所带分路运行正常。

（4）现场检查站用电系统，发现**自投装置电源显示灯不亮**；检查 3801 断路器、0 号站用变压器保护装置，没有动作信号。

（5）退出站用电系统自投装置。

5. 进一步分析判断

根据综自后台机所报信号和断路器跳闸情况，故障点可能在 1 号站用变压器至 381 断路器之间，不能排除高压侧和 380VⅠ段母线有故障。自投装置电源显示灯不亮，可能就是 3801 断路器不能合闸的原因。

6. 处理过程 2

（1）现场检查从站 1 断路器至 1 号站用变压器、380VⅠ段母线及连接设备，重点检查 1 号站用变压器本体、低压侧所属设备等。发现 **1 号站用变压器低压侧外电缆终端头相间烧损严重、相间短路**，并将检查结果向班长汇报。

（2）将 381 断路器拉到试验位置，再拉到检修位置。

（3）检查 380VⅠ段母线上重要负荷均已自动切换正常。检查 380VⅠ段母线及各分路盘内设备无异常，并断开 380VⅠ段母线各分路断路器。

（4）检查自投装置电源空气开关跳闸，重新合上后自投装置电源显示灯亮。

（5）恢复 380VⅠ段母线及各分路运行，具体操作程序如下：

1）合上 3801 断路器，检查 380VⅠ段母线电压显示正常。

2）送上Ⅰ段母线各分路并检查运行正常。

3）检查主控楼低压交直流室Ⅰ交流电源母线电压正常，检查 1 号充电机、UPS 屏运行情况，手动恢复报警音响，检查所有低压交直流屏运行正常。

（6）检查 22 保护小室内站用电系统自投装置的电源是否正常时，发现**自投装置的直**

流电源开关在分闸位置（自动跳闸）。

（7）合上站用电系统自投装置的直流电源开关，检查自投装置恢复正常。

（8）拉开站1母隔离开关。

（9）1号站用变压器做安全措施后，具备故障抢修的条件。

（10）向主管领导汇报，请求安排故障抢修。

（11）填写、整理各种记录，做好故障处理的善后工作。

7. 故障分析

1号站用变压器低压侧外电缆终端头处发生短路故障，1号站用变压器复合电压闭锁过流保护、高压侧正序反时限过流保护动作，站1断路器跳闸。因站用电系统自投装置的直流电源开关跳闸，自投装置未能动作，3801断路器未能自动合闸。

8. 演习点评

（1）381断路器跳闸，根据保护装置动作情况分析，演习正值班员的初步分析判断就故障点来讲不很准确，应该说“也有可能是高压侧有故障”。监控班遥控操作，不能将3801断路器合闸，原因应是自投装置失去电源。

（2）380VⅠ段母线恢复供电正常后，还需要检查重要的站用电负荷均已自动切换正常，恢复其告警信号。

（3）381断路器跳闸，3801断路器未能自动合闸时，不能轻易将380VⅠ段负荷切换到380VⅡ段。应使用3801断路器对380VⅠ段母线及各分路试送电。避免380VⅠ段母线及各分路上有故障，影响380VⅡ段的正常运行。

四、电容器故障造成35kV 1号母线失压事故

仿真系统接线图参见图11－5和图11－6。

1. 设定的运行方式

500kVⅠ母、Ⅱ母经第1、2、3、4、5、6串环网运行。1号、3号主变压器并列运行。220kV南母（西段和东段不分段）、北母（西段和东段暂不分段）经西220断路器联络运行。各500kV和220kV线路均作联络线运行。35kV 1号母线及1号电容器组运行，35kV 3号母线及5号电容器组运行；2号电容器、6号电容器、1号电抗器、2号电抗器、3号电抗器、7号电抗器、8号电抗器、9号电抗器热备用。

220kV系统Y1线、Y3线、Y5线、Y7线、Y9线及221断路器运行于220kV北母；Y2线、Y4线、Y6线、Y8线及223断路器运行于220kV南母。

站用电系统运行方式：1号站用变压器带380VⅠ段母线运行，2号站用变压器带380VⅡ段母线运行，0号站用变压器充电运行（作备用电源），站用电系统自投装置投于“自投3801断路器”“自投3802断路器”的位置。

2. 故障象征

0:00（设定的演习开始时间）：集控系统报出500kV仿真变电站事故信号。集控系统后台机屏幕显示：351断路器、381断路器变位并闪动（跳闸）；3801断路器变位闪动（自动合闸）。报出的预告信号有：“35kVⅠ段母线交流电压消失”“380VⅠ段低压交

流电源备自投动作”信号。1号主变压器“低压侧过流动作”“35kV侧交流电源消失”光字牌闪动。

集控系统后台机母线电压显示：35kV 1号母线电压、电流及功率显示为零。其他母线电压显示均正常。

保护动作情况：

1号主变压器保护Ⅰ屏：“35kV复合电压闭锁过流保护”。

1号主变压器保护Ⅱ屏：“35kV复合电压闭锁过流保护”。

3. 初步分析判断

根据断路器跳闸情况及保护动作信号，应为35kV 1号母线及连接设备故障，或电容器故障越级跳闸。

在35kV 1号母线运行的仅有1号电容器组、1号站用变压器和1号母线TV。1号电容器组和1号站用变压器均没有保护动作信号，而1号电容器组故障，电容器保护拒动的可能性较大；因为35kV 1号母线失压后，1号电容器组的低电压保护未动作，没有将容1断路器跳开。

4. 处理过程1

（1）监控班值班员向调度汇报。同时，通知运维班到现场检查1号电容器组相关设备，向运维班作简要、清楚的说明。

相关要求：互通单位，互报姓名；使用规范的调度术语，简要、明确地汇报故障发生时间和故障象征，停电范围。

汇报的内容包括故障发生时间、保护动作情况、断路器跳闸情况、设备的异常情况以及故障造成的停电范围。

（2）监控班值班员遥控操作，断开容1断路器，综自后台机显示容1断路器仍在合闸位置。

（3）监控班值班员检查1号主变压器高中压侧及3号主变压器三侧运行正常。检查380VⅠ段母线上重要负荷均已自动切换正常，检查站用电系统自投装置动作正确，3801断路器确已自动合闸。

（4）监控班值班员遥控操作，断开站1断路器。

（5）向运维班通报当前情况。

5. 进一步分析判断

经遥控操作容1断路器仍没有分闸，已经证明属于1号电容器组故障，因电容器保护拒动而导致越级跳闸。电容器组保护拒动的原因，可能是保护装置有问题；若属于容1断路器操作机构问题而拒分，则应有1号电容器组保护动作信号。

6. 处理过程2

（1）运维人员到达现场。检查35kV 1号母线及连接设备。重点检查1号电容器组及相关设备。

（2）现场检查发现故障点：**1号电容器组A相第25号、B相第27号电容器爆炸，**

导致接地短路；**容 1 断路器仍在合闸位置**。检查 35kV 1 号母线及其他设备无异常。

（3）现场操作，拉开容 1 母隔离开关。

（4）检查 22 保护小室 1 号电容器组保护屏保护及测控装置，**1 号电容器组保护无动作信号，液晶显示“黑屏”，“运行”灯不亮**。

（5）向调度汇报，请示恢复 35kV 1 号母线运行。

（6）按调度命令，控制室遥控及现场操作，恢复 35kV 1 号母线运行。操作程序如下：

1）合上 351 断路器，对 35kV 1 号母线充电正常。

2）根据 220kV、500kV 母线电压的情况，合上容 2 断路器，2 号电容器组加入运行。

（7）恢复 380V Ⅰ段母线的正常运行方式。操作程序如下：

1）断开 3801 断路器。

2）合上 381 断路器，检查 380V1 号母线电压显示正常。

3）检查 380V Ⅰ段母线各分路运行正常。

4）检查主控楼低压交直流室Ⅰ段交流电源母线电压正常，检查 1 号充电机、UPS 屏运行情况，手动恢复报警音响，检查所有低压交直流屏运行正常。

（8）1 号电容器组做安全措施后，具备故障抢修条件，向调度汇报。

（9）向主管领导汇报，请求安排故障抢修。

（10）填写、整理各种记录，做好故障处理的善后工作。

7. 故障分析

1 号电容器组 A 相第 25 号、B 相第 27 号电容器爆炸，导致接地短路，1 号电容器组保护拒动，容 1 断路器未跳闸，越级使 1 号主变压器 35kV 侧后备保护动作，351 断路器跳闸，35kV 1 号母线失压。

8. 演习点评

（1）35kV 1 号母线失压后，检查跳闸断路器的情况，发现容 1 断路器未跳闸，电容器组的低电压保护也未动作，应考虑是电容器组保护拒动的可能。

（2）本次事故处理判断准确。但检查发现电容器测控及保护装置“运行”灯不亮时，则应检查其直流电源开关是否跳闸，这是一个小遗漏。发现容 1 断路器在操作时仍不分闸，拉开容 1 母隔离开关则是正确的，这样便于故障分析和事故调查。

（3）1 号电容器组做安全措施时，应先推上容 1 中隔离开关，电容器组中性点接地之后，再推上容 1 地隔离开关。

第二节　220～500kV 设备异常运行

一、500kV 断路器 SF_6 压力降低至闭锁分合闸

仿真系统接线图参见图 11－5 和图 11－6。

1. 设定的运行方式

500kV Ⅰ母、Ⅱ母经第 1、2、3、4、5、6 串环网运行。1 号、3 号主变压器并列运行。

220kV 南母（西段和东段不分段）、北母（西段和东段暂不分段）经西 220 断路器联络运行。各 500kV 和 220kV 线路均作联络线运行。35kV 1 号母线及 1 号电容器组运行，35kV 3 号母线及 5 号电容器组运行；2 号电容器、6 号电容器、1 号电抗器、2 号电抗器、3 号电抗器、7 号电抗器、8 号电抗器、9 号电抗器热备用。

220kV 系统 Y1 线、Y3 线、Y5 线、Y7 线、Y9 线及 221 断路器运行于 220kV 北母；Y2 线、Y4 线、Y6 线、Y8 线及 223 断路器运行于 220kV 南母。

站用电系统运行方式：1 号站用变压器带 380V Ⅰ段母线运行，2 号站用变压器带 380V Ⅱ段母线运行，0 号站用变压器充电运行（作备用电源），站用电系统自投装置投于“自投 3801 断路器”“自投 3802 断路器”的位置。

2. 故障象征 1

0:00（设定的演习开始时间），集控系统台机报出 500kV 仿真变电站：“5051 断路器 A 相气室 SF_6 压力降低”信号。

3. 初步分析判断

5051 断路器 A 相气室 SF_6 压力降低，应检查压力降低情况，分析是否漏气。

4. 处理过程 1

监控班值班员立即向调度汇报。同时，通知运维班到现场检查设备，向运维班作简要、清楚的说明。

相关要求：互通单位，互报姓名；使用规范的调度术语，简要、明确地汇报故障发生时间和故障象征，停电范围。

汇报的内容包括故障发生时间、所报信号和设备的异常情况。

5. 故障象征 2

0:05，警铃响。集控系统后台机报出：“5051 断路器 A 相 SF_6 压力低闭锁分合闸”信号；500kV 第五串 5051 断路器“5051 断路器控制回路断线”“5051 断路器 A 相分合闸闭锁”光字牌闪动。

6. 进一步分析判断

报出 SF_6 压力降低信号以后，在很短时间内即报出 SF_6 压力低闭锁分合闸信号，判断可能是 5051 断路器 A 相 SF_6 气体泄露较快，使该断路器 A 相 SF_6 压力降低闭锁分合闸。

7. 处理过程 2

（1）监控班值班员向调度汇报。

（2）监控班值班员检查 JXⅠ线负荷及 5052 断路器运行情况正常。检查 500kV 设备区其他运行串设备运行正常。

（3）监控班值班员遥控操作，打开 5051 断路器保护屏重合闸出口压板，打开 5052 断路器保护屏的重合闸出口压板。

（4）运维人员到达现场。穿上防护衣，戴上防护面罩，现场检查 500kV 第五串范围内的一、二次设备，重点检查 **5051 断路器 A 相的 SF_6 气体压力情况。检查发现该相 SF_6 气体压力降低到 0.30MPa**（SF_6 压力降低至低于断路器分合闸闭锁压力值）。5051 断路器汇控柜内 5051 断路器绿灯熄灭。

（5）现场操作，断开 5051 断路器保护屏上“直流操作电源 1 开关”和“直流操作电源 2 开关”。

（6）向调度汇报，请示将 JXⅠ线负荷转移。

（7）现场操作，将 5051 断路器、5052 断路器重合闸切换手柄打至“停用”位置。

（8）现场操作，倒换运行方式，将 5051 断路器由运行转检修。操作程序如下：

1）检查 500kV 的 6 个串均正常运行，JXⅠ线负荷已转移；断开 5052 断路器、5053 断路器“直流操作电源 1 开关”和“直流操作电源 2 开关”。断开 5052 断路器、5053 断路器汇控柜内的合闸电源开关。

2）请示上级五防专责及领导，解除五防装置。拉开 50512 隔离开关、50511 隔离开关。

3）检查 50511、50512 隔离开关三相均已拉开。用间接验电的方法，确认 5051 断路器两侧无电，推上 505117、505127 接地开关。

4）合上 5052 断路器、5053 断路器 “直流操作电源 1 开关”和“直流操作电源 2 开关”。合上在 5052 断路器、5053 断路器汇控柜内的合闸电源开关。

5）投入 5052 断路器保护屏重合闸出口压板，并将重合闸切换手柄打至“单相”位置。

6）打开 5051 断路器保护屏所有保护压板，投入“置检修状态”压板，断开该屏直流控制电源开关。

（9）现场操作，改变相关保护装置投、退位置：

1）打开 500kVⅠ母母差保护Ⅰ屏、母差保护Ⅱ屏上的 5051 断路器跳闸出口压板，打开 5051 断路器启动失灵保护压板。

2）打开各断路器保护失灵跳 5051 断路器压板。

（10）向网调汇报，500kV JXⅠ线负荷恢复由本站带。

（11）向主管领导汇报，请求安排故障抢修。

（12）填写、整理各种记录，做好故障处理的善后工作。在检修人员到达之前，做好现场工作的安全措施。

8. 故障分析

5051 断路器 A 相气室密封破坏，SF_6 气体泄漏较快，断路器 A 相分合闸回路被闭锁。

9. 演习点评

（1）当本站 HGIS 断路器报出“断路器分合闸闭锁”后，应首先将该断路器重合闸退出，断开其直流控制电源。监控班值班员遥控操作，将重合闸退出，及时防止重合闸动作时造成严重后果，缩短了设备异常处理时间。

（2）运用等电位法操作，使用隔离开关拉合 3/2 主接线方式的母线环流，应注意至少有 3 个串断路器合环运行状态下进行。这种操作，应断开同串相邻断路器的直流操作电源，确保该断路器不会跳闸。

（3）故障设备隔离后，倒正常方式时，一定要及时改变保护及自动装置投、退方式，满足新的运行状态下的要求。

二、220kV 断路器 SF_6 压力降低至闭锁分合闸

仿真系统接线图参见图 11－5 和图 11－6。

1. 设定的运行方式

500kV Ⅰ母、Ⅱ母经第 1、2、3、4、5、6 串环网运行。1 号、3 号主变压器并列运行。220kV 南母（西段和东段不分段）、北母（西段和东段暂不分段）经西 220 断路器联络运行。各 500kV 和 220kV 线路均作联络线运行。35kV 1 号母线及 1 号电容器组运行，35kV 3 号母线及 5 号电容器组运行；2 号电容器、6 号电容器、1 号电抗器、2 号电抗器、3 号电抗器、7 号电抗器、8 号电抗器、9 号电抗器热备用。

220kV 系统 Y1 线、Y3 线、Y5 线、Y7 线、Y9 线及 221 断路器运行于 220kV 北母；Y2 线、Y4 线、Y6 线、Y8 线及 223 断路器运行于 220kV 南母。

站用电系统运行方式：1 号站用变压器带 380V Ⅰ段母线运行，2 号站用变压器带 380V Ⅱ段母线运行，0 号站用变压器充电运行（作备用电源），站用电系统自投装置投于“自投 3801 断路器”“自投 3802 断路器”的位置。

2. 故障象征 1

0:00（设定的演习开始时间），集控系统台机报出 500kV 仿真变电站“Y3 断路器气室压力降低”信号。

3. 初步分析判断

Y3 断路器气室 SF_6 压力降低，应检查压力降低情况，分析是否属于有漏气。

4. 处理过程 1

监控班值班员向调度汇报，同时，通知运维班到现场检查设备，向运维班作简要、清楚的说明。

相关要求：互通单位，互报姓名；使用规范的调度术语，简要、明确地汇报故障发生时间和故障象征。

汇报的内容包括故障发生时间、所报信号和设备的异常情况。

5. 故障象征 2

0:05，集控系统后台机报出 500kV 仿真变电站：“Y3 气室 SF_6 压力闭锁分合闸”信号。Y3 间隔的“断路器气室压力第二报警值”“断路器分合闸闭锁”“Y3 控制回路断线”光字牌闪动。

6. 进一步分析判断

Y3 断路器报出“Y3 气室 SF_6 压力闭锁分合闸”“Y3 断路器气室第二报警值”“Y3 控制回路断线”信号。特别是“压力降低”信号报出以后，很短时间内又报出“分合闸闭锁”信号，应判断为 Y3 断路器气室 SF_6 压力泄露所致。

7. 处理过程 2

（1）监控班值班员向调度汇报。按调度命令遥控操作，退出 Y3 线重合闸。

（2）运维人员到达现场。穿 SF_6 防护服，戴防护面罩，检查 Y3 断路器的情况。检查发现 **Y3 断路器气室 SF_6 压力已降至 0.30MPa 以下**；断路器控制手柄红绿灯均不亮。

（3）在 Y3 断路器汇控柜内断开断路器操作电源。

（4）向主管领导汇报，申报进行带电处理和对 Y3 断路器 SF_6 气室带电补气。得到答复为不能进行带电处理。

（5）现场操作，用倒换运行方式的方法，将 220kV 北母线负荷全部倒至 220kV 南母带，220kV 北母线只留 Y3 线由西 220 断路器串带，再用西 220 断路器断开 Y3 线。操作程序如下：

1）检查 Y3 线负荷已转移。将 220kV 第一套、第二套母线差动保护改投为单母运行方式：在 220kV 母差保护Ⅰ屏上，投入“单母运行”压板；在母差保护Ⅱ屏上，将母差保护切换手柄打至“Ⅰ、Ⅱ母互联”位置。

2）断开西 220 断路器保护屏直流操作电源。

3）合上 Y1 南隔离开关，拉开 Y1 北隔离开关。

4）合上 Y5 南隔离开关，拉开 Y5 北隔离开关。

5）合上 Y7 南隔离开关，拉开 Y7 北隔离开关。

6）合上 Y9 南隔离开关，拉开 Y9 北隔离开关。

7）合上 221 南隔离开关，拉开 221 北隔离开关。

8）合上西 220 断路器保护屏直流操作电源。

9）向调度汇报，将 Y3 线负荷转移，断开西 220 断路器。

10）拉开 Y3 甲隔离开关，拉开 Y3 北隔离开关。

（6）现场操作，按调度命令将 220kV 系统倒回正常运行方式。操作程序如下：

1）投入西 220 断路器充电保护，合上西 220 断路器，退出西 220 断路器充电保护，断开西 220 断路器保护屏直流操作电源。

2）合上 Y1 北隔离开关，拉开 Y1 南隔离开关。

3）合上 Y5 北隔离开关，拉开 Y5 南隔离开关。

4）合上 Y7 北隔离开关，拉开 Y7 南隔离开关。

5）合上 Y9 北隔离开关，拉开 Y9 南隔离开关。

6）合上 221 北隔离开关，拉开 221 南隔离开关。

7）合上西 220 断路器保护屏直流操作电源。

（7）按照现场规程规定，改变相关保护装置投、退位置：

1）将 220kV 第一套、第二套母线差动保护改投为正常运行方式：在 220kV 母差保护Ⅰ屏上，打开“单母运行”压板；在母差保护Ⅱ屏上，将母差保护切换手柄打至“Ⅰ、Ⅱ母不互联”位置。

2）打开 220kV 母差保护Ⅰ屏、母差保护Ⅱ屏及失灵保护跳 Y3 断路器压板。

3）打开 Y3 断路器启动失灵保护压板。

（8）Y3 断路器做安全措施后，具备抢修条件。

（9）向主管领导汇报，请求安排故障抢修。

（10）填写、整理各种记录，做好故障处理的善后工作。

8. 故障分析

Y3 断路器气室密封破坏，内部 SF_6 气体泄漏较快，使该断路器分合闸回路被闭锁。

9. 演习点评

（1）发生 SF_6 气体泄露时，检查设备时必须戴防护面罩，必要时还应穿防护服，并由两人共同进行，并注意风向，应从上风头进入故障现场。

（2）倒换母线运行方式时，一定要注意母差保护的切换，防止由于母差保护工作状态不正确而导致误动作。

（3）断路器 SF_6 气体泄露，致使压力降低闭锁断路器分合闸时，应尽快转移负荷，由母联断路器串带其运行，并由母联断路器来断开空线路。

（4）演习中，Y3 断路器 SF_6 气体压力下降，分合闸闭锁之后，值班员将 Y3 断路器汇控柜内断路器操作电源断开，没有选择断开保护屏上的操作电源是比较有利的。这样线路保护装置动作时，断路器不能跳闸，可以启动断路器失灵保护。

第三节　主变压器及高抗事故

一、500kV 线路高抗内部故障

仿真系统接线图参见图 11－5 和图 11－6。

1. 设定的运行方式

500kVⅠ母、Ⅱ母经第 1、2、3、4、5、6 串环网运行。1 号、3 号主变压器并列运行。220kV 南母（西段和东段不分段）、北母（西段和东段暂不分段）经西 220 断路器联络运行。各 500kV 和 220kV 线路均作联络线运行。35kV 1 号母线及 1 号电容器组运行，35kV 3 号母线及 5 号电容器组运行；2 号电容器、6 号电容器、1 号电抗器、2 号电抗器、3 号电抗器、7 号电抗器、8 号电抗器、9 号电抗器热备用。

220kV 系统 Y1 线、Y3 线、Y5 线、Y7 线、Y9 线及 221 断路器运行于 220kV 北母；Y2 线、Y4 线、Y6 线、Y8 线及 223 断路器运行于 220kV 南母。

站用电系统运行方式：1 号站用变压器带 380VⅠ段母线运行，2 号站用变压器带 380VⅡ段母线运行，0 号站用变压器充电运行（作备用电源），站用电系统自投装置投于“自投 3801 断路器”“自投 3802 断路器”的位置。

2. 故障象征

0:00（设定的演习开始时间），集控系统报出 500kV 仿真变电站事故信号。集控系统后台机屏幕显示：5052、5053 断路器变位并闪动（跳闸）。系统有明显的冲击。

集控系统后台机“500kV 高抗轻瓦斯”“500kV 高抗重瓦斯”“500kV 高抗第一套保

护动作”“500kV 高抗第二套保护动作”光字牌闪动。500kV XSH 线电压、电流及功率显示为零。

检查保护动作情况：

500kV XSH 线高抗保护Ⅰ屏：A 相“重瓦斯动作”“差动保护动作”。

500kV XSH 线高抗保护Ⅱ屏：A 相“重瓦斯动作”“差动保护动作”。

XSH 线保护Ⅰ屏：“光差保护动作”“远跳动作”。

XSH 线保护Ⅱ屏：“光差保护动作”“远跳动作”。

3. 初步分析判断

500kV XSH 线高抗发生内部故障，不排除线路同时发生故障的可能。检查处理按线路和高抗同时有故障考虑。

4. 处理过程

（1）监控班值班员向调度汇报。同时，通知运维班到现场检查设备，向运维班作简要、清楚的说明。

相关要求：互通单位，互报姓名；使用规范的调度术语，简要、明确地汇报故障发生时间、故障发生时间、保护动作情况、断路器跳闸情况、设备的异常情况以及故障造成的停电范围。

（2）运维人员到达现场。到保护小室检查保护动作情况，查看 XSH 线高抗保护、XSH 线线路保护动作情况，调出故障报告和测距情况，查看故障录波情况。经查看 XSH 线保护Ⅰ屏故障测距为 0.23km，XSH 线保护Ⅱ屏故障测距为 0.31km。打印保护动作报告后，恢复保护信号；将保护动作情况向调度汇报。

（3）现场对 500kV XSH 线高抗进行外部检查，发现 **XSH 线高抗 A 相压力释放阀喷油严重**，其他两相正常。判定为高抗 A 相内部故障，将检查情况向调度汇报。

（4）现场操作，倒换运行方式，将 XSH 线高抗由运行转检修，隔离故障设备。操作程序如下：

1）检查 5052 断路器在分闸位置，依次拉开 50522 隔离开关、50521 隔离开关。

2）检查 5053 断路器在分闸位置，依次拉开 50531 隔离开关、50532 隔离开关。

3）向调度汇报。

4）在 5053DK1 隔离开关线路侧（XSH 线线路）验明无电。

5）合上 505367 接地开关。

6）拉开 5053DK1 隔离开关。

7）在 5053DK1 隔离开关与 XSH 线高抗之间验明无电。

8）合上 5053DK17 接地开关。

9）向调度汇报。

（5）现场操作，倒运行方式，500kV XSH 线由检修转运行。操作程序如下：

1）拉开 505367 接地开关。

2）向调度汇报。

3）检查 5053 断路器在分闸位置，依次推上 50532 隔离开关、50531 隔离开关。

4）检查 5052 断路器在分闸位置，依次推上 50521 隔离开关、50522 隔离开关。

5）检查 500kV XSH 线保护装置、5053 和 5052 断路器保护装置投入位置正确。

6）向调度汇报。

7）按调度命令，“检同期”合上 5053 断路器及 5052 断路器，XSH 线加入运行。

（6）现场操作，按现场规程规定，改变相关保护装置投、退位置：

1）打开 500kV 高抗保护Ⅰ屏、高抗保护Ⅱ屏保护跳 5052 断路器压板。

2）打开 500kV 高抗保护Ⅰ屏、高抗保护Ⅱ屏保护跳 5053 断路器压板。

（7）向主管领导汇报，请求安排故障抢修。

（8）在 XSH 线高抗周围做好现场工作的安全措施，等候检修人员处理故障。

（9）整理好事故报告，并及时将保护动作报告传给调度。

（10）填写、整理各种记录，做好故障处理的善后工作。

5. 故障分析

500kV XSH 线高抗 A 相内部发生故障，高抗保护重瓦斯和差动保护、XSH 线线路光纤差动同时动作，5053 断路器和 5052 断路器跳闸。

6. 演习点评

（1）如果是 XSH 线线路保护故障测距稍长，则线路同时有故障的可能就很大。本次故障测距很近（0.23km），线路同时有故障的可能就变小了。

（2）XSH 线高抗发生故障后，及时将故障设备隔离。按调度指令，执行 XSH 线是否加入运行的操作。调度命令 XSH 线恢复运行，证明线路上没有发生故障。

（3）XSH 线高抗配置的保护与大型变压器的保护一样，只要是重瓦斯保护和差动保护同时动作，就能判定一定是高抗内部故障。

（4）为了及时将无故障的 XSH 线恢复运行，拉开 50522 隔离开关、50521 隔离开关、50531 隔离开关、50532 隔离开关的操作，可以由监控班值班员提前执行。

二、高抗内部故障，轻瓦斯保护动作

仿真系统接线图参见图 11－5 和图 11－6。

1. 设定的运行方式

500kVⅠ母、Ⅱ母经第 1、2、3、4、5、6 串环网运行。1 号、3 号主变压器并列运行。220kV 南母（西段和东段不分段）、北母（西段和东段暂不分段）经西 220 断路器联络运行。500kV 和 220kV 各线路均作联络线运行。35kV 1 号母线及 1 号电容器组运行，35kV 3 号母线及 5 号电容器组运行；2 号电容器、6 号电容器、1 号电抗器、2 号电抗器、3 号电抗器、7 号电抗器、8 号电抗器、9 号电抗器热备用。

220kV 系统 Y1 线、Y3 线、Y5 线、Y7 线、Y9 线及 221 断路器运行于 220kV 北母；Y2 线、Y4 线、Y6 线、Y8 线及 223 断路器运行于 220kV 南母。

站用电系统运行方式：1 号站用变压器带 380VⅠ段母线运行，2 号站用变压器带 380VⅡ段母线运行，0 号站用变压器充电运行（作备用电源），站用电系统自投装置投于“自投 3801 断路器”“自投 3802 断路器”的位置。

2. 故障象征

0:00（设定的演习开始时间），集控系统报出 500kV 仿真变电站预告信号：“500kV XSH 线 A 线高抗轻瓦斯动作”信号。XSH 线“A 相高抗轻瓦斯动作”光字牌闪动。

户外 500kV XSH 线 A 相高抗瓦斯继电器内，有颜色较淡的气体（此项是在现场检查设备时方能发布的象征）。

3. 初步分析判断

500kV XSH 线 A 相高压电抗器内部发生轻微故障。不排除误报信号的可能。

4. 处理过程 1

（1）监控班值班员向调度汇报，主要汇报设备发生异常的时间和异常情况。同时，通知运维班到现场检查设备，向运维班作简要、清楚的说明。

相关要求：互通单位，互报姓名；使用规范的调度术语，简要、明确地汇报故障发生时间和故障象征。

（2）监控班值班员检查 500kV XSH 线线路及高抗的电流、电压和负荷情况。按调度命令调整负荷潮流，做好将 XSH 线线路转冷备用的准备。

（3）运维人员到达现场。对 XSH 线高抗外部进行检查。

（4）现场检查 **500kV XSH 线 A 相高抗，发现气体继电器内有气体，本体内部有异常响声**。其他两相高抗无异常，将检查情况向调度汇报。

5. 进一步分析判断

由于站内没有其他工作，近段时期内 XSH 线高压电抗器也没有进行过加油等工作。气体继电器内有气体，同时本体内部有异常响声，基本可以判断为 XSH 线 A 相高抗内部发生轻微故障，如果发展下去，可能造成严重故障。因此，运维人员的取气分析，显得不是很紧要；可以待高抗停运后，由专业人员取气做色谱分析。

6. 处理过程 2

（1）运维人员判定为 XSH 线高抗 A 相内部发生轻微故障，向调度汇报，并向监控班值班员说明情况。

（2）XSH 线负荷转移后，按调度命令，倒换运行方式。监控班值班员遥控操作，将 XSH 线对端变电站的相应断路器断开并转冷备用。

（3）现场操作，将 XSH 线高抗由运行转检修，隔离故障设备。操作程序如下：

1）依次断开 5052 断路器、5053 断路器。

2）检查 5052 断路器在分闸位置，依次拉开 50522 隔离开关、50521 隔离开关。

3）检查 5053 断路器在分闸位置，依次拉开 50531 隔离开关、50532 隔离开关。

4）向调度汇报，得到 XSH 线线路对端已转冷备用的信息。

5）在 5053DK1 隔离开关线路侧（500kV XSH 线线路侧）验明无电。

6）合上 505367 接地开关。

7）拉开 5053DK1 隔离开关。

8）在5053DK1隔离开关与XSH线高抗之间验明无电。

9）合上5053DK17接地开关。

10）向调度汇报。

（4）监控班值班员执行调度命令，遥控操作，500kV XSH线由检修状态转运行。操作程序如下：

1）拉开505367接地开关。

2）向调度汇报。得到XSH线线路及对端已无安全措施的信息。

3）检查5053断路器在分闸位置，依次推上50532隔离开关、50531隔离开关。

4）检查5052断路器在分闸位置，依次推上50521隔离开关、50522隔离开关。

5）"检无压"合上5053断路器，对XSH线线路充电正常。

6）合上5052断路器，500kV第五串合环。

（5）现场对XSH线A相高抗气体继电器进行取气分析。检查气体非纯净、颜色较淡，可点燃。将检查情况向调度汇报。

（6）现场操作，按现场规程规定，改变相关保护装置投、退位置：

1）打开500kV高抗保护Ⅰ屏、高抗保护Ⅱ屏保护跳5052断路器压板。

2）打开500kV高抗保护Ⅰ屏、高抗保护Ⅱ屏保护跳5053断路器压板。

（7）向主管领导汇报，请求安排故障抢修，XSH线高抗A相取油样做色谱分析。

（8）整理好事故报告，并及时传给网调。

（9）填写、整理各种记录，做好故障处理的善后工作。

7. 故障分析

XSH线A相高抗内部发生轻微故障，轻瓦斯保护动作。

8. 演习点评

（1）500kV线路高抗瓦斯保护动作的处理，与变压器瓦斯保护动作的处理有很多相同之处。故障的分析、判断也基本相同。不同之处主要是高抗经隔离开关直接接于线路上，投、停线路高抗的操作，应在线路本侧已接地的情况下进行。

（2）XSH线高抗发生故障后，及时将故障设备隔离，按调度指令，执行XSH线是否加入运行的操作，线路应符合无高抗运行的条件。

（3）运维人员停运高抗时，监控班值班员按调度命令执行线路对端的遥控操作。运维人员将高抗转检修后，检查高抗本体问题。同时，监控班值班员按调度命令恢复XSH线运行，有效的缩短了事故处理的时间。

三、主变压器差动保护和220kV母线保护同时动作跳闸

仿真系统接线图参见图11－5和图11－6。

1. 设定的运行方式

500kVⅠ母、Ⅱ母经第1、2、3、4、5、6串环网运行。1号、3号主变压器并列运行。220kV南母（西段和东段不分段）、北母（西段和东段暂不分段）经西220断路器联络运行。各500kV和220kV线路均作联络线运行。35kV 1号母线及1号电容器组运行，35kV

3 号母线及 5 号电容器组运行；2 号电容器、6 号电容器、1 号电抗器、2 号电抗器、3 号电抗器、7 号电抗器、8 号电抗器、9 号电抗器热备用。

220kV 系统 Y1 线、Y3 线、Y5 线、Y7 线、Y9 线及 221 断路器运行于 220kV 北母；Y2 线、Y4 线、Y6 线、Y8 线及 223 断路器运行于 220kV 南母。

站用电系统运行方式：1 号站用变压器带 380V Ⅰ段母线运行，2 号站用变压器带 380V Ⅱ段母线运行，0 号站用变压器充电运行（作备用电源），站用电系统自投装置投于“自投 3801 断路器”“自投 3802 断路器”的位置。

2. 故障象征

0:00（设定的演习开始时间），集控系统报出 500kV 仿真变电站事故喇叭信号。集控系统后台机断路器位置显示：5011、5012、221、Y1、Y3、Y5、Y7、Y9、西 220、351、容 1 断路器和 381 断路器变位（跳闸），3801 断路器变位（自动合闸）。

集控系统后台机报出的预告信号有：“1 号主变压器纵差保护动作”“220kV 第一套母差保护动作”“220kV 第二套母差动保护动作”“母差跳Ⅰ母”“220kV 第一套母差跳母联”“220kV 第二套母差保护出口动作”“220kV Ⅰ段母线计量电压消失”“380V Ⅰ段低压交流电源备自投动作”“500kV 故障录波器启动”“220kV 故障录波器启动”。1 号主变压器“保护动作”1 号主变压器“第一套保护差动动作”“第二套保护差动动作”光字牌闪动；5011 及 5012 断路器“第一组出口跳闸”“第二组出口跳闸”光字牌闪动。

集控系统后台机母线电压显示：220kV 北母、35kV 1 号母线电压显示均为零，其他电压显示正常。

检查保护动作情况：

1 号主变压器保护Ⅰ屏：“纵差保护动作”“中压侧跳闸”“低压侧跳闸”。

1 号主变压器保护Ⅱ屏：“纵差保护动作”“中压侧跳闸”“低压侧跳闸”。

220kV 母差保护Ⅰ屏：“母差保护动作”“跳Ⅰ母”“跳母联”。

220kV 母差保护Ⅱ屏：“母差保护动作”“Ⅰ母出口”。

Y1 线、Y3 线、Y5 线、Y7 线、Y9 线保护屏上：“A 跳”“B 跳”“C 跳”。

5011、5012 断路器保护屏：“A 跳”“B 跳”“C 跳”。

1 号电容器组保护屏：“低电压保护”动作。

3. 初步分析判断

根据断路器跳闸情况及保护动作情况判断，可能为 1 号主变压器纵差保护和 220kV 母差保护的“交叉覆盖区”（221 间隔的相关气室）故障，使 1 号主变压器三侧断路器和 220kV 北母（Ⅰ段母线）上运行的各断路器跳闸。1 号主变压器三侧断路器跳闸，使 35kV 1 号母线失压；1 号电容器组“低电压保护”动作，容 1 断路器跳闸。站用电系统自投装置动作，0 号站用变压器低压侧 3801 断路器自投成功，380V Ⅰ段母线自动恢复供电。

4. 处理过程 1

（1）监控班值班员向调度汇报。同时，通知运维班到现场检查设备，向运维班作简要、清楚的说明。

相关要求：互通单位，互报姓名；使用规范的调度术语，简要、明确地汇报故障发生时间、保护动作情况、断路器跳闸情况、设备异常情况及故障造成的停电范围。

（2）监控班值班员遥控操作，断开站1断路器；执行调度命令，恢复220kV系统之间的联络；执行隔离故障的调度命令，将221断路器转冷备用。操作程序如下：

1）检查221断路器在分闸位置。

2）拉开221甲隔离开关。

3）拉开221北隔离开关。

4）检查221南隔离开关在拉开位置。

（3）监控班值班员严密监视3号主变压器负荷及潮流情况，防止其过负荷。检查容1断路器在分闸位置。

（4）监控班值班员检查站用电系统备自投正确动作，3801断路器自动合闸，380V Ⅰ段母线电压正常。

（5）运维人员到达现场。到51保护小室、22保护小室，检查1号主变压器保护、220kV 母线保护动作情况，打印保护动作报告后，恢复保护信号。将保护动作情况向调度汇报。

（6）现场调出500kV故障录波器、220kV故障录波器的录波信息和录波图。检查站用电系统自动切换正常。

5. 进一步分析判断

（1）由于1号主变压器纵差保护、220kV Ⅰ段母线保护同时动作，但1号主变压器轻、重瓦斯等保护均未动作，1号主变压器本身内部故障的可能性较小。

（2）根据1号主变压器纵差和220kV母线保护的保护范围，可以认为故障点发生在221断路器气室。

（3）由于低压站用电系统备自投动作，3801断路器自动合闸，380V低压系统应无异常。

6. 处理过程2

（1）运维人员现场检查一次设备。检查5011、5012间隔，检查1号主变压器本体及三侧连接设备（主变压器差动保护范围内）情况，重点检查主变压器中压侧外部设备。**检查221断路器A相气室时，发现该气室与母线侧TA之间的法兰处有SF_6气体的电弧分解物溢出，气室外壳接地扁铁的螺栓压接处有电弧烧损痕迹**，其他设备正常。因此，确定是221断路器A相内部故障，将检查情况和结果向调度汇报。

（2）现场检查221断路器在冷备用状态。

（3）专业人员对500kV故障录波器、220kV故障录波器的录波信息和录波图分析，证明1号主变压器中压侧A相有单相接地短路故障电流；并经分析，220kV北母及各线路无问题。

（4）执行调度命令，现场操作，恢复220kV北母运行，恢复Y1线、Y3线、Y5线、Y7线、Y9线运行及与系统之间联络。使用外部电源对220kV北母充电，充电正常后将

220kV 各分路并入系统运行。操作程序如下：

1）投入 Y1 线保护装置“充电及过流”保护压板。

2）合上 Y1 断路器，对 220kV 北母充电正常。

3）打开 Y1 线保护装置“充电及过流”保护压板。

4）经“检同期”合上西 220 断路器，220kV 北母与 220kV 南母及 500kV 系统恢复并列。

5）依次分别“检同期”合上 Y3、Y5、Y7、Y9 断路器，将各线路恢复联络运行。

（5）监控班值班员严密监视 3 号主变压器负荷及潮流情况，防止其过负荷。

（6）现场操作，将 221 断路器间隔由冷备用转检修。操作程序如下：

1）通过间接验电的方法，确认 221 断路器两侧均无电压。

2）合上 221 母地接地开关。

3）合上 221 甲地接地开关。

（7）现场检查 1 号主变压器及保护装置无任何异常，具备恢复高、低压侧运行的条件。但是，根据事故抢修 221 断路器气室的安全技术措施的需要，1 号主变压器暂不能恢复高、低压侧运行，将有关情况向调度汇报。

（8）现场操作，1 号主变压器转冷备用。操作程序如下：

1）检查 35kV 1 号母线所连接各设备断路器均在分闸位置。

2）检查 351 断路器在分闸位置。

3）拉开 351 甲隔离开关。

4）检查 221 断路器已转冷备用。

5）检查 5011 断路器在分闸位置。

6）依次拉开 50112 隔离开关、50111 隔离开关。

7）检查 5012 断路器在分闸位置。

8）依次拉开 50121 隔离开关、50122 隔离开关。

（9）现场操作，1 号主变压器 220kV 侧做安全措施。操作程序如下：

1）在 1 号主变压器与 221 甲隔离开关之间验明无电。

2）合上 221 地接地开关。

3）在 1 号主变压器 220kV 侧避雷器上部引线上装设接地线。

（10）现场操作，按现场规程规定，改变相关保护装置投、退位置：

1）打开 220kV 母差保护Ⅰ屏、母差保护Ⅱ屏及失灵保护跳 221 断路器压板。

2）打开 221 断路器启动失灵保护压板。

3）打开 1 号主变压器保护Ⅰ屏、1 号主变压器保护Ⅱ屏后备保护联跳西 220 断路器压板。

（11）向调度和主管领导汇报，请求安排故障抢修。

（12）由专业人员落实事故抢修的一、二次安全技术措施。

（13）整理保护动作报告及故障录波报告，按要求传给调度。

（14）填写、整理各种记录，做好故障处理的善后工作。

7. 故障分析

221断路器两侧TA之间的A相气室发生接地短路故障，即221断路器A相气室故障，也就是1号主变压器纵差保护和220kV母差保护的“交叉覆盖区”故障。两保护装置同时动作，使1号主变压器三侧断路器和220kV北母（Ⅰ段母线）上运行的各断路器跳闸。1号主变压器三侧断路器跳闸，使35kV 1号母线失压；1号电容器组“低电压保护”动作，容1断路器跳闸。站用电系统自投装置动作，0号站用变压器低压侧3801断路器自投成功，380VⅠ段母线自动恢复供电。

8. 演习点评

（1）根据保护动作情况及断路器跳闸情况，可以判断故障点在221断路器气室。检查设备时，发现的221断路器A相气室异常情况，证明了之前的判断。

（2）事故抢修至少需要用5天以上的时间。为了保障站用电和系统电压，根据需要，可以在1号主变压器高、低压侧也做安全措施，由检修人员将1号主变压器220kV侧引线拆除，既保障抢修安全，1号主变压器又可以恢复高、低压侧运行，恢复站用电系统正常运行方式，1号主变压器低压侧无功补偿设备也可以按调度命令投入运行。经事故抢修之后，再将1号主变压器停电，恢复拆除的接线。

（3）GIS设备母线保护动作跳闸，如果现场检查设备时没有发现异常，故障点在母线气室、各线路间隔的母差保护范围内的气室的可能性都有，任一线路也不敢倒另一母线上恢复运行。专业人员使用仪器检测的方法，查明故障点，需要较长的时间。经调度命令，将所有线路（主变压器）母线侧隔离开关全部拉开，合上各线路断路器，依次由对端进行充电，充电到该间隔的母线侧隔离开关气室；充电正常的线路，可以倒至另一母线上恢复运行和联络。这样做的风险是可能由对侧合于故障点。

第四节 母线失压事故

一、220kV母差保护动作220kVⅠ、Ⅱ段母线失压

仿真系统接线图参见图11－5和图11－6。

1. 设定的运行方式

500kVⅠ母、Ⅱ母经第1、2、3、4、5、6串环网运行。1号、3号主变压器并列运行。220kV南母（西段和东段不分段）、北母（西段和东段暂不分段）经西220断路器联络运行。500kV和220kV各线路均作联络线运行。35kV 1号母线及1号电容器组运行，35kV 3号母线及5号电容器组运行；2号电容器、6号电容器、1号电抗器、2号电抗器、3号电抗器、7号电抗器、8号电抗器、9号电抗器热备用。

220kV系统Y1线、Y3线、Y5线、Y7线、Y9线及221断路器运行于220kV北母；Y2线、Y4线、Y6线、Y8线及223断路器运行于220kV南母。

站用电系统运行方式：1号站用变压器带380VⅠ段母线运行，2号站用变压器带380VⅡ段母线运行，0号站用变压器充电运行（作备用电源），站用电系统自投装置投于“自

投 3801 断路器”“自投 3802 断路器”的位置。

2. 故障象征

0:00（设定的演习开始时间）：集控系统报出 500kV 仿真变电站事故信号。集控系统后台机显示：220kV 南北母所有断路器变位（跳闸）。

集控系统后台机报出的预告信号有：“220kV Ⅰ段母线交流电压断线”“220kV Ⅱ段母线交流电压断线”“220kV 母线第一套母差保护动作”“220kV 母线第二套母差保护动作”“220kV 故障录波器启动”，1 号主变压器“220kV 电压回路断线”，3 号主变压器“220kV 电压回路断线”“220kV 母线保护第一套母差跳母联”“220kV 母线保护第二套母差保护出口动作”“220kV 南北母计量电压消失”等。

集控系统后台机母线电压显示：220kV 南母、220kV 北母电压显示均为零，其他电压显示正常。

检查保护动作情况：

220kV 母差保护Ⅰ屏：“母差保护动作”“跳Ⅰ母”“跳Ⅱ母”“跳母联”。

220kV 母差保护Ⅱ屏：“母差保护动作”“Ⅰ母出口”“Ⅱ母出口”。

220kV 所有线路保护屏上：“A 跳”“B 跳”“C 跳”。

1 号主变压器及 3 号主变压器保护屏：“中压侧断路器跳闸”。

3. 初步分析判断

根据保护动作情况和 220kV 南、北母线上所有断路器跳闸的情况，可以判断是 220kV 母差保护死区故障。站内没有二次回路上的工作，可以排除人为因素造成保护误动作。

4. 处理过程 1

（1）监控班值班员向调度汇报。同时，通知运维班到现场检查设备，向运维班作简要、清楚的说明。

相关要求：互通单位，互报姓名；使用规范的调度术语，简要、明确地汇报故障发生时间、保护动作情况、断路器跳闸情况、设备异常情况及故障造成的停电范围。

（2）监控班值班员遥控操作，执行调度命令，恢复部分 220kV 系统之间的联络；

（3）监控班值班员检查 500kV 设备及两台主变压器高、低压侧运行情况和站用变压器运行情况。简要、明确地向主管领导汇报站内发生的故障情况和故障停电范围。

5. 进一步分析判断

由于母差保护动作，220kV Ⅰ母（北母）、Ⅱ母（南母）所有断路器都跳闸，220kV 第一套、第二套母差保护动作，“跳Ⅰ母”“跳Ⅱ母”“跳母联”信号均报出，故障点可能在西 220 断路器间隔范围。因为西 220 断路器气室是 220kV Ⅰ、Ⅱ段母线保护范围的交叉点，在这一点发生故障，Ⅰ、Ⅱ段母差都会判定为区内故障，动作跳两段母线上所有断路器。

6. 处理过程 2

（1）运维人员到达现场。到 220kV 设备区检查站内一次设备，重点检查西 220 断路器间隔。检查 22 保护小室内保护动作情况，打印保护动作报告，恢复保护动作信号，及时将检查结果向调度汇报。

（2）现场检查西 220 断路器间隔发现：**西 220 断路器 B 相与 TA2（西 220 断路器与西 220 南隔离开关之间的 TA）外壳连接处接地扁铁有电弧灼伤痕迹，西 220 断路器 B 相外壳接地扁铁有放电和烧伤痕迹**，及时将检查情况向调度汇报。

（3）监控班值班员遥控操作，按调度命令将西 220 断路器转冷备用，隔离故障设备。操作程序如下：

1）依次拉开西 220 南隔离开关、西 220 北隔离开关。

2）打开 220kV 母线保护Ⅰ屏西 220 跳闸出口一压板、西 220 跳闸出口二压板。

3）打开 220kV 母线保护Ⅱ屏西 220 跳闸出口一压板、西 220 跳闸出口二压板、西 220 母联启动失灵压板。

（4）现场操作，断开西 220 母联保护屏直流电源开关；改投 220kV 母差保护投入方式，使之适应 220kV 单母运行的要求：

1）投入 220kV 母差保护Ⅰ屏“投母联检修压板”“投单母”压板。

2）将 220kV 母差保护Ⅱ屏手柄投“互联”位置。

（5）监控班值班员按调度命令遥控操作，恢复 220kV 北母运行，恢复 Y1 线、Y3 线、Y5 线、Y7 线、Y9 线运行及与系统之间联络。用外部电源对 220kV 北母充电，充电正常后将 1 号主变压器及 220kV 各分路并入系统运行。操作程序如下：

1）投入 Y1 线保护装置“充电及过流”压板。

2）合上 Y1 断路器，对 220kV 北母充电正常。

3）打开 Y1 线保护装置“充电及过流”压板。

4）经“检同期”合上 221 断路器，220kV 北母与 500kV 系统恢复并列。

5）依次分别“检同期”合上 Y3、Y5、Y7、Y9 断路器，将各线路恢复联络运行。

（6）现场操作，恢复 3 号主变压器中压侧于 220kV 北母运行。操作程序如下：

1）检查 223 断路器在分闸位置。

2）拉开 223 南隔离开关。

3）合上 223 北隔离开关。

4）合上 223 断路器，主变压器恢复并列运行。

（7）现场操作，恢复 Y2 线于 220kV 北母运行，恢复及系统之间联络。操作程序如下：

1）检查 Y2 断路器在分闸位置。

2）拉开 Y2 南隔离开关。

3）合上 Y2 北隔离开关。

4）经“检同期”合上 Y2 断路器，恢复联络运行。

（8）现场操作，恢复 Y4 线于 220kV 北母运行，恢复及系统之间联络。操作程序如下：

1）检查 Y4 断路器在分闸位置。

2）拉开 Y4 南隔离开关。

3）合上 Y4 北隔离开关。

4）经“检同期”合上 Y4 断路器，恢复联络运行。

（9）现场操作，恢复 Y6 线于 220kV 北母运行，恢复及系统之间联络。操作程序如下：

1）检查 Y6 断路器在分闸位置。

2）拉开 Y6 南隔离开关。

3）合上 Y6 北隔离开关。

4）经“检同期”合上 Y6 断路器，恢复联络运行。

（10）现场操作，恢复 Y8 线于 220kV 北母运行，恢复及系统之间联络。操作程序如下：

1）检查 Y8 断路器在分闸位置。

2）拉开 Y8 南隔离开关。

3）合上 Y8 北隔离开关。

4）经“检同期”合上 Y8 断路器，恢复联络运行。

（11）现场操作，打开 1 号主变压器保护Ⅰ屏、Ⅱ屏保护跳西 220 断路器出口压板。

（12）现场操作，打开 3 号主变压器保护Ⅰ屏、Ⅱ屏保护跳西 220 断路器出口压板。

（13）现场操作，西 220 断路器做安全措施。操作程序如下：

1）检查西 220 断路器已在冷备用位置。

2）使用间接验电的方法，在西 220 断路器与西 220 南隔离开关之间验明无电。

3）合上西 220 南地接地开关。

4）使用间接验电的方法，在西 220 断路器与西 220 北隔离开关之间验明无电。

5）合上西 220 北地接地开关。

（14）现场操作，按照现场规程规定，改变相关保护装置投、退位置：

1）打开 220kV 母差保护Ⅰ屏、母差保护Ⅱ屏及失灵保护跳西 220 断路器压板。

2）打开西 220 断路器母差启动失灵保护压板。

（15）向调度和主管领导汇报，请求安排故障抢修。

（16）由专业人员落实事故抢修的一、二次安全技术措施。

（17）西 220 断路器作安全措施以后，具备抢修条件。

（18）填写、整理各种记录，做好故障处理的善后工作。

7. 故障分析

西 220 断路器 B 相气室或 B 相断路器与 TA 之间的气室，发生单相接地短路故障，两套 220kV 母差保护动作，全部 220kV 断路器跳闸。西 220 断路器气室在两组电流互感器之间。西 220 断路器北母侧的母差 TA 二次，接入Ⅱ段母线（南母）差动回路；西 220 断路器南母侧的母差 TA 二次，接入Ⅰ段母线（北母）差动回路；因此，西 220 断路器是 220kVⅠ、Ⅱ段母线保护范围的“交叉覆盖区”，在这一点发生故障，Ⅰ、Ⅱ段母差都会判定为区内故障而动作跳两段母线。

8. 演习点评

（1）演习的初步判断不够准确。根据本站的实际情况，220kV系统采用GIS组合电器，西220断路器两侧各有一组TA二次绕组接入母差保护，不存在母差“死区”，而是存在“交叉覆盖区”。

（2）第二次分析和结束时的故障分析非常好，很到位。

（3）隔离故障后，有两种恢复运行的方法。第一种是1号主变压器中压侧、Y1线、Y3线、Y5线、Y7线、Y9线恢复运行于220kV北母线；2号主变压器中压侧、Y2线、Y4线、Y6线、Y8线恢复运行于220kV南母线。第二种是1号主变压器中压侧、Y1线、Y3线、Y5线、Y7线、Y9线恢复运行于220kV北母线之后，2号主变压器中压侧、Y2线、Y4线、Y6线、Y8线全部倒220kV北母线，再恢复运行。二者相比，前者恢复运行比较快，但是在西220断路器在抢修期间，恢复主变压器并列运行较困难；后者全部恢复运行稍慢，但直接恢复了主变压器并列运行。因此，本次演习采用了第二种恢复运行的方法，还是妥当的。

二、HGIS设备内部故障，500kVⅡ母线失压

仿真系统接线图参见图11－5和图11－6。

1. 设定的运行方式

500kVⅠ母、Ⅱ母经第1、2、3、4、5、6串环网运行。1号、3号主变压器并列运行。220kV南母（西段和东段不分段）、北母（西段和东段暂不分段）经西220断路器联络运行。500kV和220kV各线路均作联络线运行。35kV 1号母线及1号电容器组运行，35kV 3号母线及5号电容器组运行；2号电容器、6号电容器、1号电抗器、2号电抗器、3号电抗器、7号电抗器、8号电抗器、9号电抗器热备用。

220kV系统Y1线、Y3线、Y5线、Y7线、Y9线及221断路器运行于220kV北母；Y2线、Y4线、Y6线、Y8线及223断路器运行于220kV南母。

站用电系统运行方式：1号站用变压器带380VⅠ段母线运行，2号站用变压器带380VⅡ段母线运行，0号站用变压器充电运行（作备用电源），站用电系统自投装置投于“自投3801断路器”“自投3802断路器”的位置。

2. 故障象征

0:00（设定的演习开始时间），集控系统报出500kV仿真变电站事故信号。集控系统后台机显示：5012、5013、5023、5033、5043、5053、5063断路器变位（跳闸）。

集控系统后台机报出的预告信号有：“500kⅡ母第一套母线差动保护动作”，报出“500kⅡ母第二套母线差动保护动作”“BX线第一套光纤差动保护动作”“BX线第二套光纤差动保护动作”“500kVⅡ母交流电压回路断线”“500kV故障录波器启动”“BX线第一套保护保护远跳启动”“BX线第二套保护远跳启动”。同时，后台机上“500kVⅡ母第一套母差保护动作”“500kVⅡ母第二套母差保护动作”“500kVⅡ母交流电压消失”“BX线第一套光纤差动保护动作”“BX线第二套光纤差动保护动作”“BX线第一套保护远跳启动”“BX线第二套保护远跳启动”光字牌闪动。

集控系统后台机母线电压显示：500kVⅡ母母线电压、BX线线路电压显示均为零，其他电压显示正常。

检查保护动作情况：

BX线保护Ⅰ屏：“光纤差动保护动作”“远跳启动”。

BX线保护Ⅱ屏：“光纤差动保护动作”“远跳启动”。

500kVⅡ母母差保护Ⅰ屏：“保护动作”。

500kVⅡ母母差保护Ⅱ屏：“保护动作”。

5012、5013、5023、5033、5043、5053、5063断路器保护屏：“A跳”“B跳”“C跳”。

3. 初步分析判断

根据保护动作和断路器跳闸情况，应为500kVⅡ母母线及连接设备故障。因为500kV母差保护和BX线保护同时动作，可能是两保护的“保护范围交叉覆盖区”故障。不排除500kVⅡ母母线及BX线线路同时故障的可能。

4. 处理过程1

（1）监控班值班员向调度汇报。同时，通知运维班到现场检查设备，向运维班作简要、清楚的说明。

相关要求：互通单位，互报姓名；使用规范的调度术语，简要、明确地汇报故障发生时间、保护动作情况、断路器跳闸情况、设备异常情况以及故障造成的停电范围。

（2）监控班值班员检查500kVⅠ段母线及其他线路运行情况。主要检查线路潮流变化，所带负荷是否超过规定，500kVⅠ段母线、1号主变压器、3号主变压器运行情况。检查500kV各运行线路的电流、电压、负荷等情况。

（3）监控班值班员遥控操作，执行调度命令，5013断路器和5012断路器转冷备用，隔离故障点。操作程序如下：

1）检查5012、5013、5023、5033、5043、5053、5063断路器三相均在分闸位置。

2）依次拉开50132隔离开关、50131隔离开关。

3）检查5012断路器三相均在分闸位置。

4）依次拉开50122隔离开关、50121隔离开关。

（4）运维人员到达现场。检查并打印保护装置动作及测距信息报告、故障录波报告。经检查，两套母差保护装置均显示500kVⅡ母母线C相故障；BX线保护装置显示C相接地短路故障，故障测距为0.053km。恢复保护动作信号。

5. 进一步分析判断

（1）由于500kVⅡ母第一套、第二套母差保护均动作，判定故障点应在500kVⅡ母及连接设备范围之内。

（2）500kV BX线第一套保护装置、第二套保护装置与母差保护同时动作。同时，该线路保护装置“保护远跳启动”，应判定母线的故障点在第一串上。

（3）500kVⅡ母母线保护和BX线线路保护都测定为C相故障，并且BX线线路保护装置的故障测距为 0.053km，证明故障点很可能在 5013 断路器相关气室内，BX 线线路上可能没有故障。

6. 处理过程 2

（1）运维人员向调度汇报，并检查站内一次设备，重点检查第一串 5013 间隔的相关气室（C 相）。

（2）现场检查发现 **5013 断路器（C 相）气室接地连接扁铁有电弧灼伤痕迹，同时设备外壳有熏黑痕迹**。检查其他各设备，5013 断路器 A、B 两相气室，5013 断路器 C 相其他气室均无异常。确认故障为：HGIS 设备（C 相）5013 断路器与两侧 TA 之间气室内部故障。

（3）运维人员向调度汇报。

（4）现场操作，按调度命令恢复 500kVⅡ母运行。操作程序如下：

1）投入 5023 断路器保护屏“充电保护”压板。

2）经“检无压”合上 5023 断路器，对 500kVⅡ母进行充电。

3）检查 500kVⅡ母充电正常。

4）打开 5023 断路器保护屏“充电保护”压板，向调度汇报。

5）按调度命令，依次合上 5033 断路器、5043 断路器、5053 断路器、5063 断路器，恢复第二串至第六串的环网运行。

6）检查以上各断路器三相均已合好，所带负荷及各线路电流、电压正常。

（5）执行调度命令，现场操作，500kV BX 线恢复运行。具体操作程序如下：

1）检查 500kV BX 线保护Ⅰ屏、保护Ⅱ屏保护装置投入位置正确。

2）检查 5012 断路器保护装置投入位置正确。

3）检查 5012 断路器三相均在分闸位置。

4）依次合上 50121 隔离开关、50122 隔离开关。

5）经“检无压”合上 5012 断路器，对 BX 线线路充电。

6）检查 5012 断路器三相确已合好，检查 BX 线线路充电正常，电压、电流、功率显示正常。

7）向调度汇报，待线路对端恢复联络后，检查 BX 线负荷情况和潮流情况。

（6）现场操作，5013 断路器做安全措施。具体操作程序如下：

1）检查 50131 隔离开关、50132 隔离开关三相均已全部拉开。

2）通过间接验电的方法，确认 5013 断路器两侧均无电压。

3）合上 501317 接地开关。

4）合上 501327 接地开关。

（7）现场操作，改变相关保护装置投、退位置：

1）打开 5013 断路器保护屏所有保护压板，投入屏上的“置检修状态”压板，断开其直流控制电源。

2）打开 500kVⅡ母母差保护Ⅰ屏、母差保护Ⅱ屏上的 5013 断路器跳闸出口压板，打开 5013 断路器启动失灵保护压板。

3）打开各断路器保护失灵跳 5013 断路器压板。

（8）向主管领导汇报站内故障情况，请求安排故障抢修。

（9）由专业人员落实事故抢修的一、二次安全技术措施。

（10）5013 断路器做安全措施后，向网调汇报，5013 断路器具备故障抢修条件。

（11）填写、整理各种记录，做好故障处理的善后工作。

7. 故障分析

500kV 第一串的 5013 断路器（C 相）及其两侧 TA 之间的气室内部故障，是 500kV Ⅱ母母差保护与 BX 线线路保护的“交叉覆盖区”。500kV Ⅱ母线第一套、第二套母差保护和 BX 线光纤差动保护同时动作，5012、5013、5023、5033、5043、5053、5063 断路器跳闸。其中，5012 断路器是由线路的保护装置动作跳开的。

8. 演习点评

（1）处理组合电器设备的母差保护动作跳闸事故，可根据保护的配置情况、保护动作情况进行分析，判断故障点。对于 3/2 接线方式，母线保护使用边断路器靠线路侧的 TA 二次绕组；而线路保护使用的是边断路器靠母线侧的 TA 二次绕组。母差保护和线路保护同时动作时，故障点一定是在两 TA 之间，即边断路器的相关气室内部故障。

（2）GIS、HGIS 设备内部发生故障，运维人员在没有检测仪器的条件下，检查发现内部故障的方法有：

1）检查螺栓压接的设备外壳接地部位、接地扁铁连接部位，是否有电弧灼伤痕迹，同时设备外壳有熏黑痕迹。有上述象征的部位，该气室及其相邻气室可能有故障。

2）外部检查各部盆式绝缘子、连接法兰部位有无 SF_6 气体电弧分解物（白色）溢出。有上述象征的部位，其相邻气室可能有故障。

3）外部检查各隔离开关气室的位置观察孔玻璃上有无 SF_6 气体电弧分解物（白色），若有则表明该气室可能有故障。

4）外部检查伸缩节有无损伤，外壁有无油漆有熔退、起泡痕迹，若有则表明该气室可能有问题。

三、220kV 母线侧隔离开关气室内部故障，母差保护动作跳闸

仿真系统接线图参见图 11－5 和图 11－6。

1. 设定的运行方式

500kV Ⅰ母、Ⅱ母经第 1、2、3、4、5、6 串环网运行。1 号、3 号主变压器并列运行。220kV 南母（西段和东段不分段）、北母（西段和东段暂不分段）经西 220 断路器联络运行。500kV 和 220kV 各线路均作联络线运行。35kV 1 号母线及 1 号电容器组运行，35kV 3 号母线及 5 号电容器组运行；2 号电容器、6 号电容器、1 号电抗器、2 号电抗器、3 号电抗器、7 号电抗器、8 号电抗器、9 号电抗器热备用。

220kV 系统 Y1 线、Y3 线、Y5 线、Y7 线、Y9 线及 221 断路器运行于 220kV 北母；Y2 线、Y4 线、Y6 线、Y8 线及 223 断路器运行于 220kV 南母。

站用电系统运行方式：1号站用变压器带380VⅠ段母线运行，2号站用变压器带380VⅡ段母线运行，0号站用变压器充电运行（作备用电源），站用电系统自投装置投于“自投3801断路器”“自投3802断路器”的位置。

2. 故障象征

0:00（设定的演习开始时间）：集控系统报出500kV仿真变电站事故信号。集控系统后台机上显示：Y1、Y3、Y5、Y7、Y9及221断路器及西220断路器变位（跳闸）。

集控系统后台机报出的预告信号有：“220kVⅠ段母线母差保护动作”“220kVⅠ段母线交流电压断线”“220kV母线第一套母差保护动作”“220kV母线第二套母差保护动作”“220kV故障录波器启动”，1号主变压器“220kV电压回路断线”“220kV第一套母差跳母联”“220kV第二套母差保护出口动作”“220kVⅠ段母线计量电压消失”。

集控系统后台机母线电压显示：220kV北母电压显示均为零，其他电压显示正常。

检查保护动作情况：

220kV母差保护Ⅰ屏：“母差保护动作”“跳Ⅰ母”“跳母联”。

220kV母差保护Ⅱ屏：“母差保护动作”“Ⅰ母出口”。

Y1线、Y3线、Y5线、Y7线、Y9线保护屏上：“A跳”“B跳”“C跳”。

西220断路器保护屏：“A跳”“B跳”“C跳”。

1号主变保护屏：“中压侧断路器跳闸”。

3. 初步分析判断

根据保护动作情况和220kV北母（Ⅰ段）母线上的所有断路器及西220断路器跳闸的情况，可以判断是220kV北母母线及母差保护范围内设备故障。

4. 处理过程1

（1）监控班值班员向调度汇报。同时，通知运维班到现场检查设备，向运维班作简要、清楚的说明。

相关要求：互通单位，互报姓名；使用规范的调度术语,简要、明确地汇报故障发生时间、保护动作情况、断路器跳闸情况、设备的异常情况以及故障造成的停电范围。主要汇报保护动作信号和站内跳闸的断路器及停电范围。

（2）监控班值班员遥控操作，按调度命令，恢复部分220kV系统间联络。

（3）监控班值班员监视3号主变压器运行情况，监视负荷潮流。

（4）运维人员到达现场。到22保护小室，检查220kV母线保护动作情况，打印保护动作报告后，恢复保护信号。及时将保护动作情况向调度汇报。调出、查看220kV故障录波器的录波信息和录波图。

（5）现场检查站内一次设备，重点检查220kV北母母线及所连接设备（母差保护范围以内部分）。在**Y9北隔离开关A相气室与TA气室之间的盆式绝缘子上，发现有SF_6气体电弧分解物溢出；Y9北隔离开关A相气室的触头观察窗内，也有SF_6气体电弧分解物；外壳的跨接接地扁铁上有电弧灼伤痕迹，同时外壳有熏黑痕迹**。其他设备无异常。

（6）将检查设备情况向调度汇报。简要、明确的向主管领导汇报站内发生的故障情况和故障停电范围。

5. 进一步分析判断

根据设备外部检查情况，可以判定是 Y9 间隔的 Y9 北隔离开关 A 相气室内发生故障，两套 220kV 母差保护动作，Y1、Y3、Y5、Y7、Y9、221 及西 220 断路器跳闸，220kV 北母失压。因为故障点在 Y9 北隔离开关 A 相气室内，有可能是隔离开关母线侧绝缘损坏，故 220kV 北母将不能恢复运行，并且在事故抢修时，母线也必须停电。

6. 处理过程 2

（1）现场操作，将 Y9 断路器转冷备用。操作程序如下：

1）检查 Y9 断路器在分闸位置。

2）拉开 Y9 甲隔离开关。

3）拉开 Y9 北隔离开关。

（2）按调度命令，现场操作，将 220kV 北母东段转冷备用。操作程序如下：

1）检查 Y7 断路器在分闸位置。

2）拉开 Y7 甲隔离开关。

3）拉开 Y7 北隔离开关。

4）检查 Y6 北、Y8 北隔离开关在分闸位置。

5）检查 223 北隔离开关在分闸位置。

6）检查西 220 断路器在分闸位置。

7）拉开北 220 东隔离开关。

8）拉开北 220 西隔离开关。

（3）现场操作，恢复 220kV 北母西段运行，恢复 Y1 线、Y3 线、Y5 线运行及与系统之间联络。向调度汇报，请示用外部电源对 220kV 北母西段充电，充电正常后将 1 号主变压器及 220kV Y1 线、Y3 线、Y5 线并入系统运行。操作程序如下：

1）投入 Y1 线保护装置“充电及过流”压板。

2）合上 Y1 断路器，对 220kV 北母西段充电正常。

3）打开 Y1 线保护装置“充电及过流”压板。

4）经“检同期”合上 221 断路器，220kV 北母西段与 500kV 系统恢复并列。

5）依次分别经“检同期”合上 Y3、Y5 断路器，将各线路恢复联络运行。

（4）现场操作，按调度命令，将 Y7 线恢复运行于 220kV 南母（东段）。操作程序如下：

1）检查 Y7 线线路侧无电压。

2）检查 Y7 断路器在分闸位置。

3）合上 Y7 甲隔离开关。

4）检查 Y7 南隔离开关、Y7 北隔离开关均在分闸位置。

5）合上 Y7 断路器。

6）由调度发令，监控班值班员遥控操作，Y7 线对侧对线路及 Y7 间隔设备充电正常。

7）监控班值班员遥控操作，将 Y7 线对侧断路器断开之后，断开 Y7 断路器。

8）合上 Y7 南隔离开关。

9）经“检无压”合上 Y7 断路器，恢复 Y7 线运行。

（5）现场操作，Y9 断路器转检修状态。操作程序如下：

1）检查 Y9 断路器已在冷备用位置。

2）使用间接验电的方法，在 Y9 断路器与 Y9 甲隔离开关之间验明无电。

3）合上 Y9 甲地接地开关。

4）使用间接验电的方法，在 Y9 断路器与 Y9 北隔离开关之间验明无电。

5）合上 Y9 母地接地开关。

（6）现场操作，220kV 北母东段做安全措施。

（7）现场操作，按现场规程规定，改变相关保护装置投、退位置：

1）打开 220kV 母差保护Ⅰ屏、母差保护Ⅱ屏及失灵保护跳 Y9 断路器压板。

2）打开 Y9 断路器启动失灵保护压板。

（8）向调度和主管领导汇报，请求安排故障抢修。

（9）由专业人员落实事故抢修的一、二次安全技术措施。

（10）整理保护动作报告及故障录波报告，按要求传给调度。

（11）填写、整理各种记录，做好故障处理的善后工作。

7. 故障分析

Y9 北隔离开关 A 相气室内部接地短路故障，220kV 两套母差保护动作，Y1、Y3、Y5、Y7、Y9、221 及西 220 断路器跳闸，220kV 北母失压。故障点在 Y9 北隔离开关 A 相气室内部，故障点与 220kV 北母东段不能隔离。

8. 演习点评

（1）本次演习中的一个亮点，就是在隔离故障点之后，仅有一条线路（Y7 线）经倒运行方式，恢复运行于 220kV 南母。这使恢复各线路运行、恢复系统联络的时间有效地缩短。如果原在 220kV 北母运行的 Y1 线、Y3 线、Y5 线、Y7 线、Y9 线和 1 号主变压器中压侧（221 断路器）都经倒母线恢复运行，将使系统恢复正常运行的时间过长。

（2）对于 Y7 线恢复运行的操作程序是比较谨慎的。由线路对侧反充电，验证该间隔无问题后，再倒至 220kV 南母上恢复运行，是一个很稳妥的方法。母差保护动作跳闸后，对于故障点在短时间内不能确定的情况下，经调度同意用此方法，可以验证线路间隔的有关气室（母差保护范围）有无问题。

第五节　500kV 断路器失灵

一、线路故障时中断路器拒分，断路器失灵保护动作

仿真系统接线图参见图 11－5 和图 11－6。

1. 设定的运行方式

500kVⅠ母、Ⅱ母经第 1、2、3、4、5、6 串环网运行。1 号、3 号主变压器并列运行。

220kV 南母（西段和东段不分段）、北母（西段和东段暂不分段）经西 220 断路器联络运行。各 500kV 和 220kV 线路均作联络线运行。35kV 1 号母线及 1 号电容器组运行，35kV 3 号母线及 5 号电容器组运行；2 号电容器、6 号电容器、1 号电抗器、2 号电抗器、3 号电抗器、7 号电抗器、8 号电抗器、9 号电抗器热备用。

220kV 系统 Y1 线、Y3 线、Y5 线、Y7 线、Y9 线及 221 断路器运行于 220kV 北母；Y2 线、Y4 线、Y6 线、Y8 线及 223 断路器运行于 220kV 南母。

站用电系统运行方式：1 号站用变压器带 380V Ⅰ段母线运行，2 号站用变压器带 380V Ⅱ段母线运行，0 号站用变压器充电运行（作备用电源），站用电系统自投装置投于“自投 3801 断路器”“自投 3802 断路器”的位置。

2. 故障象征

0:00（设定的演习开始时间），集控系统报出 500kV 仿真变电站事故信号。集控系统后台机显示：5061 断路器、5063 断路器变位（跳闸）。

集控系统后台机报出的预告信号有：“JXⅡ线第一套光纤差动保护动作”“JXⅡ线第二套光纤差动保护动作”“5062 断路器失灵启动 JXⅡ线第一套远跳”“5062 断路器失灵启动 JXⅡ线第二套远跳”“5062 断路器失灵启动”“5062 断路器失灵保护动作”。同时，后台机 500kV 第六串中“JXⅡ线第一套光纤差动保护动作”“JXⅡ线第二套光纤差动保护动作”“JXⅡ线交流电压回路断线”“500kV 故障录波器动作”光字牌闪动。

集控系统后台机母线电压显示：JXⅡ线电压显示均为零，其他电压显示正常。

检查保护动作情况：

JXⅡ线保护Ⅰ屏：“光纤差动保护动作”“远跳启动”。

JXⅡ线保护Ⅱ屏：“光纤差动保护动作”“远跳启动”。

5062 断路器保护屏：“断路器失灵保护动作”。

5061、5063 断路器保护屏：“A 跳”“B 跳”“C 跳”。

3. 初步分析判断

JXⅡ线线路发生故障，线路两套保护装置动作，5061 断路器跳闸；5062 断路器拒动，启动失灵保护动作，5063 断路器跳闸。XZH 线无“XZH 线交流电压回路断线”信号，故线路有电。

4. 处理过程 1

（1）监控班值班员向调度汇报。同时，通知运维班到现场检查设备，向运维班作简要、清楚的说明。

相关要求：互通单位，互报姓名；使用规范的调度术语，简要、明确地汇报故障发生时间、保护动作情况、断路器跳闸情况、设备的异常情况以及故障造成的停电范围。

（2）监控班值班员检查系统潮流变化，注意监视有无发生系统振荡的危险。检查 500kV Ⅰ、Ⅱ段母线及其他线路运行情况。主要检查线路潮流变化，所带负荷是否超过规定，母线及运行线路的电流、电压情况。

（3）监控班值班员执行调度命令，遥控操作断开 5062 断路器，5062 断路器仍不分闸。

（4）运维人员到达现场。现场检查并打印保护装置动作及测距信息报告、故障录波报告。JXⅡ线保护装置显示 C 相接地短路故障，故障测距为 16.23km。

（5）恢复保护动作信号。

5. 进一步分析判断

（1）由于第 6 串中 5061、5063 断路器均跳闸，而中断路器 5062 未动作，且 5062 断路器启动失灵动作，故可以判定 5062 断路器拒动。

（2）由于 XZH 线线路没有保护动作信号，而 JXⅡ线第一套、第二套光纤差动保护动作，JXⅡ线线路保护显示有故障电流，并且故障录波及测距结果均表明线路有故障；所以，可以判定是 JXⅡ线线路故障。

（3）5063 断路器跳闸，是因 5062 断路器启动失灵动作。XZH 线线路保护没有动作，应判定 XZH 线线路没有问题。

6. 处理过程 2

（1）现场检查第六串各断路器三相实际位置，及时将检查情况向调度汇报。

（2）现场操作，按调度命令将 JXⅡ线和 5062 断路器转冷备用，隔离故障线路及故障设备。操作程序如下：

1）检查 5061 断路器三相均在分闸位置。

2）依次拉开 50612 隔离开关、50611 隔离开关。

3）检查 5063 断路器三相均在分闸位置。

4）依次拉开 50621 隔离开关、50622 隔离开关。

（3）监控班值班员遥控操作，按调度命令将 XZH 线对端断开，由本侧对 XZH 线充电。操作程序如下：

1）检查站内 XZH 线线路侧设备及 5063 断路器无异常，检查 500kVⅡ母运行正常。

2）检查 XZH 线线路保护屏、5063 断路器保护屏保护投入位置正确。

3）经“检无压”合上 5063 断路器。

4）检查 5063 断路器三相确已合好，检查 XZH 线线路充电正常，电压、电流、功率显示正常。

5）监控班值班员向调度汇报，待线路对端环网后，检查 XZH 线负荷情况和潮流情况。

（4）现场操作，故障线路 JXⅡ线及 5062 断路器做安全措施。操作程序如下：

1）检查 50611、50612、50621、50622 隔离开关三相已全部拉开。

2）检查 JXⅡ线线路带电显示装置显示线路无电，在 JXⅡ线线路避雷器上端验明无电。

3）合上 506167 接地开关。

4）用间接验电的方法，确认5062断路器两侧均无电压。

5）依次合上506217、506227接地开关。

（5）现场操作，改变相关保护装置投、退位置：

1）打开5062断路器保护屏所有保护压板，投入屏上的“置检修状态”压板，断开其直流控制电源。

2）打开5062断路器启动失灵保护压板。

（6）完成JXⅡ线及5062断路器的安全措施之后，向网调汇报，JXⅡ线及5062断路器具备故障抢修条件。

（7）向主管领导汇报站内故障情况，请求安排故障抢修。

（8）填写、整理各种记录，做好故障处理的善后工作。

7. 故障分析

JXⅡ线线路C相发生接地短路故障，JXⅡ线两套保护装置动作，5061断路器跳闸，而5062断路器拒动，5062断路器保护装置启动失灵保护，使5063断路器跳闸。

8. 演习点评

（1）本次演习没有将5061断路器两侧接地开关合上，是因为5061断路器不需要检修。

（2）3/2接线方式，当线路故障，中断路器拒动，会造成该串上的两条线路都跳闸，致使该串开环，可能会引起系统负荷潮流的变化；这一点应特别注意，防止由于潮流变化引起系统失去稳定。

（3）确定断路器拒动后，应尽快将故障断路器隔离，恢复无故障线路的正常运行。

二、线路故障时边断路器拒分，断路器失灵保护动作

仿真系统接线图参见图11－5和图11－6。

1. 设定的运行方式

500kVⅠ母、Ⅱ母经第1、2、3、4、5、6串环网运行。1号、3号主变压器并列运行。220kV南母（西段和东段不分段）、北母（西段和东段暂不分段）经西220断路器联络运行。500kV和220kV各线路均作联络线运行。35kV 1号母线及1号电容器组运行，35kV 3号母线及5号电容器组运行；2号电容器、6号电容器、1号电抗器、2号电抗器、3号电抗器、7号电抗器、8号电抗器、9号电抗器热备用。

220kV系统Y1线、Y3线、Y5线、Y7线、Y9线及221断路器运行于220kV北母；Y2线、Y4线、Y6线、Y8线及223断路器运行于220kV南母。

站用电系统运行方式：1号站用变压器带380VⅠ段母线运行，2号站用变压器带380VⅡ段母线运行，0号站用变压器充电运行（作备用电源），站用电系统自投装置投于“自投3801断路器”“自投3802断路器”的位置。

2. 故障象征

0:00（设定的演习开始时间），集控系统报出500kV仿真变电站事故信号。集控系统后台机显示：5012、5023、5033、5043、5053、5063断路器变位（跳闸）。

集控系统后台机报出的预告信号有："BX 线第一套光纤差动保护动作""BX 线第二套光纤差动保护动作""500kVⅡ母交流电压回路断线""500kV 故障录波器启动""5013断路器失灵保护启动""BX 线第一套保护远跳启动""BX 线第二套保护远跳启动"。同时，后台机上"500kVⅡ母交流电压消失""BX 线第一套光纤差动保护动作""BX 线第二套光纤差动保护动作""BX 线第一套保护远跳启动""BX 线第二套保护远跳启动"光字牌闪动。

集控系统监控后台机母线电压显示：500kVⅡ母母线电压、BX 线线路电压显示均为零，其他电压显示正常。

检查保护动作情况：

BX 线保护Ⅰ屏："光纤差动保护动作""远跳启动"。

BX 线保护Ⅱ屏："光纤差动保护动作""远跳启动"。

5013 断路器保护屏："断路器失灵保护动作"。

5012、5023、5033、5043、5053、5063 断路器保护屏："A 跳""B 跳""C 跳"。

3. 初步分析判断

BX 线线路发生故障，线路保护装置动作，5012 断路器跳闸；边断路器 5013 拒分，5013 断路器失灵保护动作，5023、5033、5043、5053、5063 断路器跳闸。500kVⅡ母失压。故障点应在 BX 线线路上，隔离故障以后，500kVⅡ母应可以恢复运行。

4. 处理过程 1

（1）监控班值班员向调度汇报。同时，通知运维班到现场检查设备，向运维班作简要、清楚的说明。

相关要求：互通单位，互报姓名；使用规范的调度术语，简要、明确地汇报故障发生时间、保护动作情况、断路器跳闸情况、设备的异常情况以及故障造成的停电范围。

（2）监控班值班员检查 500kVⅠ段母线及其他线路运行情况。主要检查线路潮流变化，所带负荷是否超过规定，500kVⅠ段母线、1 号主变压器、3 号主变压器运行情况。检查 500kV 各运行线路的电流、电压、负荷等情况。

（3）监控班值班员按调度命令，遥控操作，BX 线和 5013 断路器转冷备用，隔离故障线路及故障设备。操作程序如下：

1）检查 5012、5023、5033、5043、5053、5063 断路器三相均在分闸位置。

2）拉开 50132 隔离开关。

3）拉开 50131 隔离开关。

4）检查 5012 断路器三相均在分闸位置。

5）拉开 50122 隔离开关。

6）拉开 50121 隔离开关。

（4）运维人员到达现场。检查并打印保护装置动作及测距信息报告、故障录波报告。BX 线保护装置显示 C 相接地短路故障，故障测距为 13.53km。恢复保护动作信号。

5. 进一步分析判断

（1）由于第一串5012中断路器跳闸，而边断路器5013未动作，且5013断路器启动失灵动作，故可以判定是5013断路器拒动。

（2）由于同串运行的1号主变压器没有保护动作信号，而BX线第一套、第二套光纤差动保护动作，BX线线路保护显示有故障电流，且故障录波及测距结果均表明线路有故障；所以可以判定是BX线线路故障。

6. 处理过程2

（1）现场检查第一串各断路器三相实际位置，检查500kVⅡ母侧各边断路器三相实际位置。及时将检查情况向调度汇报。

（2）监控班值班员遥控操作，按调度命令，500kVⅡ母恢复运行。操作程序如下：

1）投入5023断路器保护屏充电保护压板。

2）经"检无压"合上5023断路器对500kVⅡ母充电。

3）检查500kVⅡ母充电正常。

4）打开5023断路器保护屏充电保护压板，向调度汇报。

5）按调度命令，依次合上5033断路器、5043断路器、5053断路器、5063断路器，恢复第三串至第六串的环网运行。

6）检查以上各断路器三相均已合好，所带负荷及各线路电流、电压正常。

（3）现场操作，按调度命令，故障线路BX线及5013断路器做安全措施。操作程序如下：

1）检查50121、50122、50131、50132隔离开关三相已全部拉开。

2）检查BX线线路带电显示装置显示线路无电，在BX线线路避雷器上端验明无电。

3）合上501367接地开关。

4）用间接验电的方法，确认5013断路器两侧均无电压。

5）依次合上501317、501327接地开关。

（4）现场操作，改变相关保护装置投、退位置：

1）打开5013断路器保护屏所有保护压板，投入屏上的"置检修状态"压板，断开其直流控制电源。

2）打开500kVⅡ母母差保护Ⅰ屏、母差保护Ⅱ屏的5013断路器跳闸出口压板，打开5013断路器启动母差失灵保护压板。

（5）完成BX线及5013断路器安全措施之后，向调度汇报，BX线及5013断路器具备故障抢修条件。

（6）向主管领导汇报站内故障情况，请求安排故障抢修。

（7）填写、整理各种记录，做好故障处理的善后工作。

7. 故障分析

BX线线路C相发生接地短路故障，BX线两套保护装置动作，5012断路器跳闸，而5013断路器拒动，5013断路器保护装置启动失灵保护，使5023断路器、5033断路器、

5043 断路器、5053 断路器、5063 断路器跳闸。500kVⅡ母失压。

8. 演习点评

（1）本次演习没有将 5012 断路器两侧接地开关合上，是因 5012 断路器不需要检修。

（2）3/2 接线方式，当线路故障，边断路器拒动时，母线所连接各串的边断路器跳闸，导致各串开环，不会造成任一无故障线路、主变压器停运。确定断路器拒动后，应尽快将故障断路器隔离，尽快恢复 500kV 母线的正常运行。

（3）将 500kVⅡ母恢复运行的操作任务，可以由运维班执行，也可以由监控班值班员来执行。调度员下令时，只要处理程序合理，就可以分别给监控班值班员、运维班发出操作指令。

三、主变压器保护动作，边断路器拒分事故

仿真系统接线图参见图 11－5 和图 11－6。

1. 设定的运行方式

500kVⅠ母、Ⅱ母经第 1、2、3、4、5、6 串环网运行。1 号、3 号主变压器并列运行。220kV 南母（西段和东段不分段）、北母（西段和东段暂不分段）经西 220 断路器联络运行。500kV 和 220kV 各线路均作联络线运行。35kV 1 号母线及 1 号电容器组运行，35kV 3 号母线及 5 号电容器组运行；2 号电容器、6 号电容器、1 号电抗器、2 号电抗器、3 号电抗器、7 号电抗器、8 号电抗器、9 号电抗器热备用。

220kV 系统 Y1 线、Y3 线、Y5 线、Y7 线、Y9 线及 221 断路器运行于 220kV 北母；Y2 线、Y4 线、Y6 线、Y8 线及 223 断路器运行于 220kV 南母。

站用电系统运行方式：1 号站用变压器带 380VⅠ段母线运行，2 号站用变压器带 380VⅡ段母线运行，0 号站用变压器充电运行（作备用电源），站用电系统自投装置投于“自投 3801 断路器”“自投 3802 断路器”的位置。

2. 故障象征 1

0:00（设定的演习开始时间），集控系统报出 500kV 仿真变电站预告信号：“35kV 1 号母线接地”。

集控系统后台机显示 35kV 1 号母线各相对地电压：$U_a=0$kV，$U_b=U_c=37.5$kV。

3. 故障象征 2

0:01，集控系统报出 500kV 仿真变电站事故信号。集控系统后台机显示：5012、5021、5031、5041、5051、5061、221、351、容 1 断路器和 381 断路器变位（跳闸），3801 断路器变位（自动合闸）。

集控系统后台机报出的预告信号有：“1 号主变压器纵差保护动作”“380VⅠ段低压交流电源备自投动作”“500kVⅠ母交流电压回路断线”“220kV 故障录波器启动”“5011 断路器失灵保护启动”。同时，综自后台机上“500kVⅠ母交流电压消失”，1 号主变压器“保护动作”，1 号主变压器“第一套保护差动动作”，1 号主变压器“第二套保护差动动作”“5011 断路器失灵保护动作”光字牌闪动。5011 及 5012 断路器“第一组出口跳闸”“第二组出口跳闸”光字牌闪动。

集控系统后台机母线电压显示：500kVⅠ母母线电压、35kV 1号母线电压显示均为零，其他电压显示正常。

检查保护动作情况：

1号主变压器保护Ⅰ屏：“纵差保护动作”“中压侧跳闸”“低压侧跳闸”。

1号主变压器保护Ⅱ屏：“纵差保护动作”“中压侧跳闸”“低压侧跳闸”。

5011断路器保护屏：“断路器失灵保护动作”。

5012、5021、5031、5041、5051、5061断路器保护屏：“A跳”“B跳”“C跳”。

1号电容器组保护屏：“低电压保护”。

4. 初步分析判断

（1）根据断路器跳闸情况及保护动作情况分析，**1号主变压器纵差保护范围内故障，221、351、5012断路器跳闸。5011断路器拒分，启动失灵保护动作，500kVⅠ母所连接边断路器跳闸**。35kV 1号母线失压；1号电容器组“低电压保护”动作，容1断路器跳闸。站用电系统自投装置动作，0号站用变压器低压侧3801断路器自投成功，380VⅠ段母线自动恢复供电。

（2）事故跳闸前，有“35kV 1号母线接地”信号，短路故障点在1号主变压器35kV侧的可能性很大。

5. 处理过程1

（1）监控班值班员向调度汇报。同时，通知运维班到现场检查设备，向运维班作简要、清楚的说明。

相关要求：互通单位，互报姓名；使用规范的调度术语，简要、明确地汇报故障发生时间、保护动作情况、断路器跳闸情况、设备的异常情况以及故障造成的停电范围。

（2）监控班值班员检查500kVⅡ段母线及其他线路运行情况。主要检查线路潮流变化，所带负荷是否超过规定，500kVⅡ段母线、3号主变压器运行情况。检查500kV各运行线路的电流、电压、负荷等情况。

（3）监控班值班员严密监视3号主变负荷及负荷潮流情况，防止其过负荷。

（4）监控班值班员检查站用电系统备自投装置已正确动作，3801断路器已自动合闸，380VⅠ段母线电压正常。

（5）检查容1断路器在分闸位置。

（6）运维人员到达现场。检查并打印保护装置动作信息报告、故障录波报告。恢复保护动作信号。

（7）现场检查第一串各断路器三相实际位置，检查500kVⅠ母侧各边断路器三相实际位置。将检查情况向调度汇报。

6. 进一步分析判断

（1）由于第一串5012中断路器跳闸，而边断路器5011未动作，且5011断路器启动失灵保护动作，检查发现5011断路器仍在合闸位置，证明断路器失灵保护正确动作。

（2）1号主变压器纵差保护动作。事故跳闸前，报出“35kV 1号母线接地”信号，1

号主变压器本身内部故障的可能性较小。主变压器 35kV 侧接地故障发展成相间短路的可能性较大，也可能是不同相两点接地短路故障。

（3）由于低压站用电系统备自投动作，3801 断路器自动合闸，380V 低压系统应无异常。

（4）由于事故没有造成对外停电，没有使系统失去联络，主变压器差动保护范围内的设备检查，可以在将 5011 断路器转冷备用之后进行。

7. 处理过程 2

（1）监控班值班员遥控操作，按调度命令，将 5011 断路器、5012 断路器转冷备用，隔离故障。操作程序如下：

1）检查 5012、5021、5031、5041、5051、5061 断路器三相均在分闸位置。

2）拉开 50111 隔离开关。

3）拉开 50112 隔离开关。

4）检查 5012 断路器三相均在分闸位置。

5）拉开 50121 隔离开关。

6）拉开 50122 隔离开关。

（2）运维人员现场检查一次设备。检查 1 号主变压器及三侧连接设备（主变压器差动保护范围内），**发现 1 号主变压器 35kV 侧 A、B 两相避雷器绝缘子破裂严重，有明显的电弧放电痕迹**，1 号主变压器本体及其他设备均正常。将检查情况向调度汇报。

（3）现场操作，隔离故障，将 1 号主变压器转冷备用。操作程序如下：

1）检查 351 断路器在分闸位置。

2）拉开 351 甲隔离开关。

3）检查 221 断路器在分闸位置。

4）拉开 221 甲隔离开关。

5）拉开 221 北隔离开关。

6）检查 221 南隔离开关在拉开位置。

7）检查 5011、5012 断路器在冷备用位置。

（4）现场操作，按调度命令，500kV Ⅰ母恢复运行。具体操作程序如下：

1）投入 5021 断路器保护屏充电保护压板。

2）经“检无压”合上 5021 断路器对 500kV Ⅰ母充电。

3）检查 500kV Ⅰ母充电正常。

4）打开 5021 断路器保护屏充电保护压板，向调度汇报。

5）按调度命令，依次合上 5031 断路器、5041 断路器、5051 断路器、5061 断路器，恢复第三串至第六串的环网运行。

6）检查以上各断路器三相均已合好，所带负荷及各线路电流、电压正常。

（5）现场操作，按调度命令，5011 断路器做安全措施。操作程序如下：

1）检查 50111 隔离开关、50112 隔离开关均在分闸位置。

2）用间接验电的方法，确认 5011 断路器两侧均无电压。

3）依次合上 501117、501127 接地开关。

（6）现场操作，按调度命令，1 号主变压器做安全措施。操作程序如下：

1）检查 5011 断路器、5012 断路器、221 断路器均在冷备用位置。

2）在 1 号主变压器 500kV 侧避雷器上端验明无电。

3）合上 501167 接地开关。

4）检查 351 甲隔离开关在分闸位置。

5）在 351 甲隔离开关与 35kV 4 号母线之间验明无电。

6）合上 351 地接地开关。

7）在 1 号主变压器与 221 甲隔离开关之间端验明无电。

8）合上 221 地接地开关。

（7）现场操作，按现场规程规定，改变相关保护装置投、退位置：

1）打开 1 号主变压器保护Ⅰ屏、保护Ⅱ屏跳西 220 断路器压板。

2）打开 220kV 母差保护Ⅰ屏、母差保护Ⅱ屏跳 221 断路器压板，打开 221 断路器启动失灵保护压板。

3）打开 5011 断路器保护屏所有保护压板，投入屏上的“置检修状态”压板，断开其直流控制电源。

4）打开 500kVⅠ母母差保护Ⅰ屏、母差保护Ⅱ屏的 5011 断路器跳闸出口压板，打开 5011 断路器启动母差失灵保护压板。

5）打开 5012 断路器保护屏所有保护压板，投入屏上的“置检修状态”压板，断开其直流控制电源。

6）打开 5012 断路器失灵保护跳闸压板，打开 5012 断路器启动失灵保护压板。

（8）向各级调度和主管领导汇报，请求安排故障抢修。

（9）由专业人员落实事故抢修的一、二次安全技术措施。

（10）完成 1 号主变压器及 5011 断路器安全措施之后，向各级调度汇报，1 号主变压器及 5011 断路器具备故障抢修条件。

（11）整理保护动作报告及故障录波报告，按要求传给网调、省调。

（12）填写、整理各种记录，做好故障处理的善后工作。

8. 故障分析

1 号主变压器 35kV 侧 A 相避雷器绝缘损坏，发生单相接地故障。由于非故障相对地电压升高，以及接地点的电弧作用，导致 B 避雷器绝缘损坏，造成相间短路。1 号主变压器差动保护动作，221、351、5012 断路器跳闸，5011 断路器拒分。5011 断路器保护的失灵保护动作，500kVⅠ母所连接边断路器跳闸。事故造成 35kV 1 号母线失压；1 号电容器组“低电压保护”动作，容 1 断路器跳闸。站用电系统自投装置动作，0 号站用变压器低压侧 3801 开关自投成功，380VⅠ段母线自动恢复供电。

9. 演习点评

本次演习，设定 1 号主变压器跳闸后，3 号主变压器不过负荷。因此，1 号主变压器在事故抢修中可以做一些停电检查，不仅仅是只在抢修中更换 35kV 侧避雷器。如果在 1 号主变压器跳闸后，3 号主变压器过负荷严重，并且转移负荷困难，则经主管领导同意，事故抢修任务可以是仅更换 35kV 侧避雷器，安全措施也可以按仅更换 35kV 侧避雷器考虑。